Fundamente
| der Mathematik |

Autoren: Kathrin Andreae, Dr. Wolfram Eid, Dr. Ralf Benölken, Dr. habil. Lothar Flade, Daniel Geukes, Anna-Kristin Kracht, Sabine Krüger, Brigitta Krumm, Dr. Hubert Langlotz, Martina Müller, Dr. Andreas Pallack, Dr. habil. Manfred Pruzina, Melanie Quante, Dr. Ulrich Rasbach, Nadeshda Rempel, Reinhard Schmidt, Christian Theuner, Dr. Christian Wahle, Florian Winterstein, Anne-Kristina Wolff, Dr. Sandra Wortmann, Dr. Wilfried Zappe

Beraten durch: Thomas Brill (Naumburg), Dr. Wolfram Eid (Möckern), Dr. habil. Lothar Flade (Halle/Saale), Andrea Penne (Zahna-Elster), Dr. habil. Manfred Pruzina (Petersberg), Dr. Wilfried Zappe (Ilmenau)

Herausgeber: Dr. Andreas Pallack

Redaktion: Juliane Arnold, Maya Brandl, Anke Haschick, Dr. Karen Reitz-Koncebovski, Dr. Günter Liesenberg, Dr. Sonja Thiele

Illustration: Matthias Pflügner, Niels Schröder

Technische Zeichnungen: Christian Böhning, zweiband.media, Berlin

Umschlaggestaltung und Zwischentitel: hawemannundmosch GbR

Layoutkonzept: klein & halm GbR

Technische Umsetzung: zweiband.media, Berlin

Begleitmaterialien zum Lehrwerk	
für Schülerinnen und Schüler	
Arbeitsheft Klasse 6	978-3-06-009199-7
für Lehrerinnen und Lehrer	
Serviceband Klasse 6	978-3-06-040387-5
Lösungen	978-3-06-009476-9

www.cornelsen.de

Die Webseiten Dritter, deren Internetadressen in diesem Lehrwerk angegeben sind, wurden vor Drucklegung sorgfältig geprüft. Der Verlag übernimmt keine Gewähr für die Aktualität und den Inhalt dieser Seiten oder solcher, die mit ihnen verlinkt sind.

1. Auflage, 6. Druck 2025

Alle Drucke dieser Auflage sind inhaltlich unverändert und können im Unterricht nebeneinander verwendet werden.

© 2015 Cornelsen Schulverlage GmbH, Berlin
© 2017 Cornelsen Verlag GmbH, Mecklenburgische Str. 53, 14197 Berlin, E-Mail: service@cornelsen.de

Das Werk und seine Teile sind urheberrechtlich geschützt. Jede Nutzung in anderen als den gesetzlich zugelassenen Fällen bedarf der vorherigen schriftlichen Einwilligung des Verlages.
Hinweis zu §§ 60a, 60b UrhG: Weder das Werk noch seine Teile dürfen ohne eine solche Einwilligung an Schulen oder in Unterrichts- und Lehrmedien (§ 60b Abs. 3 UrhG) vervielfältigt, insbesondere kopiert oder eingescannt, verbreitet oder in ein Netzwerk eingestellt oder sonst öffentlich zugänglich gemacht oder wiedergegeben werden. Dies gilt auch für Intranets von Schulen und anderen Bildungseinrichtungen.

Der Anbieter behält sich eine Nutzung der Inhalte für Text- und Data-Mining im Sinne § 44b UrhG ausdrücklich vor.

Druck: Livonia Print, Riga

ISBN 978-3-06-009188-1 (Schülerbuch)
ISBN 978-3-06-009485-1 (E-Book)

PEFC zertifiziert
Dieses Produkt stammt aus nachhaltig bewirtschafteten Wäldern und kontrollierten Quellen.
www.pefc.de

Fundamente
|der Mathematik|

Sachsen-Anhalt

Gymnasium · Klasse 6

Herausgegeben von
Dr. Andreas Pallack

Inhaltsverzeichnis

Vorwort 4

1. Teilbarkeit natürlicher Zahlen 5
    Dein Fundament 6
1.1 Natürliche Zahlen auf Teilbarkeit untersuchen 8
1.2 Teilbarkeitsregeln anwenden 11
1.3 Gemeinsame Teiler und gemeinsame Vielfache 13
1.4 Vermischte Aufgaben 17
    Prüfe dein neues Fundament 18
    Zusammenfassung 20

2. Gebrochene Zahlen 21
    Dein Fundament 22
2.1 Gebrochene Zahlen darstellen und untersuchen 24
2.2 Gebrochene Zahlen vergleichen und ordnen 26
2.3 Gebrochene Zahlen addieren und subtrahieren 29
2.4 Gebrochene Zahlen multiplizieren 33
2.5 Brüche dividieren 37
2.6 Dezimalbrüche dividieren 40
2.7 Endliche und unendliche Dezimalbrüche 43
2.8 Rechengesetze und Rechenregeln nutzen 45
2.9 Zusammenhänge zwischen Zahlen erkennen 48
    Streifzug: Zahlen-Bingo* 52
2.10 Ganze Zahlen vergleichen und ordnen 54
2.11 Vermischte Aufgaben 57
    Prüfe dein neues Fundament 62
    Zusammenfassung 64

3. Gleichungen und Ungleichungen 65
    Dein Fundament 66
3.1 Sachverhalte mithilfe von Termen darstellen 68
3.2 Gleichungen lösen 70
3.3 Ungleichungen lösen 72
3.4 Vermischte Aufgaben 74
    Prüfe dein neues Fundament 76
    Zusammenfassung 78

4. Winkelbeziehungen 79
    Dein Fundament 80
4.1 Dynamische Geometrie-Software nutzen 82
4.2 Winkelsätze an Geraden verwenden 86
4.3 Mittelsenkrechte und Winkelhalbierende zeichnen ... 91
    Streifzug: Historische Aspekte der Geometrie* 93
4.4 Vermischte Aufgaben 94
    Prüfe dein neues Fundament 96
    Zusammenfassung 98

5. Kenngrößen von Daten 99
    Dein Fundament 100
5.1 Das arithmetisches Mittel berechnen 102
5.2 Das arithmetische Mittel interpretieren 105
5.3 Weitere Kennwerte von Daten ermitteln 107
5.4 Vermischte Aufgaben 110
    Prüfe dein neues Fundament 112
    Zusammenfassung 114

6.	Aufgabenpraktikum Teil (1)	115
7.	**Dreiecke**	**123**
	Dein Fundament	124
7.1	Dreiecksarten erkennen	126
7.2	Eigenschaften von Dreiecken erkennen	128
7.3	Zueinander kongruente Figuren vergleichen	129
7.4	Kongruenzsatz (sss) anwenden	132
7.5	Kongruenzsatz (sws) anwenden	134
7.6	Kongruenzsatz (wsw) anwenden	136
7.7	Kongruenzsatz (SsW) anwenden	138
7.8	Kongruenz von Dreiecken untersuchen	140
7.9	Innenwinkelsatz für Dreiecke anwenden	143
7.10	Besondere Linien im Dreieck zeichnen	145
7.11	Umkreis und Inkreis von Dreiecken zeichnen	147
7.12	Eindeutigkeitsuntersuchungen beim Konstruieren von Dreiecken	150
7.13	Kongruenzsätze beim Konstruieren von Dreiecken nutzen	152
7.14	Umfang und Flächeninhalt von Dreiecken	155
	Streifzug: Beweise in der Geometrie*	158
7.15	Vermischte Aufgaben	160
	Prüfe dein neues Fundament	162
	Zusammenfassung	164
8.	**Zuordnungen – Proportionalität**	**165**
	Dein Fundament	166
8.1	Zuordnungen erkennen und darstellen	168
8.2	Direkt proportionale Zuordnungen untersuchen	171
8.3	Indirekt proportionale Zuordnungen untersuchen	175
8.4	Grafische Darstellungen interpretieren	179
8.5	Aufgaben mit dem Dreisatz lösen	182
8.6	Tabellenkalkulationen nutzen	186
8.7	Vermischte Aufgaben	189
	Prüfe dein neues Fundament	192
	Zusammenfassung	194
9.	**Vierecke**	**195**
	Dein Fundament	196
9.1	Viereckarten erkennen und zeichnen	198
9.2	Innenwinkelsatz für Vierecke anwenden	202
9.3	Vierecke konstruieren	204
9.4	Umfang und Flächeninhalt von Vierecken	209
9.5	Vierecke unterscheiden	214
9.6	Vermischte Aufgaben	217
	Streifzug: Vielecke untersuchen*	220
	Prüfe dein neues Fundament	222
	Zusammenfassung	224
10.	**Aufgabenpraktikum Teil (2)**	**225**
11.	**Methoden**	**233**
12.	**Anhang**	**237**
	Stichwortverzeichnis	253
	Bildquellenverzeichnis	256

* Streifzüge sind fakultative Inhalte.

Vorwort

Liebe Schülerin, lieber Schüler,

hier findest du Hinweise, die dir helfen sollen, dich in deinem Buch zurechtzufinden.

Bauplan zu „Fundamente der Mathematik"

Dein Fundament: Am Anfang eines Kapitels findest du Aufgaben, die du zum *Prüfen des notwendigen Vorwissens* nutzen sollst. Das ist für das Verständnis im nachfolgenden Kapitel notwendig. *Die Lösungen dazu findest du im Anhang. (↗ S.)*

Einführungsaufgaben: Jeder Lernabschnitt beginnt mit einer *einführenden Aufgabe*, die zum nachfolgenden Thema passt.

Wissenskästen: In rot markierten Wissenskästen ist *Wichtiges* zusammengefasst.

Beispiele mit Übungsaufgaben: Neues wird immer an Beispielaufgaben mit Lösungswegen erklärt. Du kannst die direkt daran anschließenden Basisaufgaben nutzen, um dein neu erworbenes Wissen und Können sofort zu *testen und auszuprobieren*.

Weiterführende Aufgaben:
Jeder Lernabschnitt enthält drei besonders gekennzeichnete Übungsaufgaben.

Durchblick: Diese Aufgabe solltest du lösen können, wenn du alles verstanden hast.

Stolperstelle: Diese Aufgabe enthält typische Fehler, die du erkennen sollst. Das hilft dir, weitere Fehler zu vermeiden.

Ausblick: Diese Aufgabe enthält echte Herausforderungen. Bearbeite sie nur, wenn du die anderen Aufgaben sicher lösen konntest.

Löst die mit 👥 gekennzeichneten Aufgaben in Partner- oder in Gruppenarbeit.

Vermischte Aufgaben: Diese Aufgaben beinhalten Forderungen aus allen Lernabschnitten. Hier findest du auch besonders gekennzeichnete Blütenaufgaben 🌸 🌸 🌸. Entscheide bei diesen Aufgaben selbst, in welcher Reihenfolge du sie lösen willst. Finde heraus, was du bereits kannst, arbeite selbstständig, sei erfinderisch und kreativ.

Prüfe dein neues Fundament: An Ende eines Kapitels findest du Aufgaben, die du zum *Vorbereiten von Leistungskontrollen, Tests und Klassenarbeiten* nutzen kannst. *Die Lösungen dazu findest du im Anhang. (↗ S.)*

Zusammenfassung: Die letzte Seite eines Kapitels enthält *Wichtiges zum Nachschlagen*.

Streifzüge: Sie enthalten *Ergänzungen* und Themen, die über den regulären Lernstoff hinausgehen. Es sind fakultative Inhalte, die auch zum *Selbstlernen* dienen können.

Methodenkarten: Sie helfen dir, *typische Unterrichtssituationen* gut zu bewältigen.

Viel Erfolg im neuen Schuljahr!

1. Teilbarkeit natürlicher Zahlen

Hier sind 120 Fotos auf einer Bilderwand in 12 Spalten und 10 Reihen angeordnet. Die Fotos könnten auch in 10 Spalten und 12 Reihen oder in einer anderen Aufteilung angeordnet werden.

Dein Fundament

1. Teilbarkeit natürlicher Zahlen

Lösungen
↗ S. 238

Sicher multiplizieren

1. Berechne das Produkt. Kontrolliere dein Ergebnis mithilfe der Division.
   a) 9 · 7   b) 14 · 5   c) 12 · 7   d) 743 · 3   e) 28 · 5
   f) 479 · 0   g) 39 · 10   h) 835 · 2   i) 12 · 11   j) 45 · 10^2

2. Berechne das Produkt. Überschlage zuerst.
   a) 273 · 13   b) 208 · 32   c) 360 · 58   d) 339 · 40   e) 423 · 83

3. Zu lösen war die Multiplikationsaufgabe 483 · 180. Welches Ergebnis kann richtig sein?
   Tanja: 8694   Ole: 8604   Eva: 106 940   Emil: 7694   Max: 86 940

4. Gib zwei verschiedene Multiplikationsaufgaben mit dem Ergebnis 120 an.

5. Gib von den Zahlen 2 (4; 10; 16; 50; 70) jeweils an:
   a) das Doppelte   b) das Dreifache   c) die Hälfte
   d) das Fünffache   e) das Siebenfache   f) das Zehnfache

6. Welche natürlichen Zahlen ergeben mit 4 multipliziert ein Produkt kleiner als 35?

7. Untersuche, nach welcher Vorschrift die Zahlenfolge gebildet sein könnte. Erläutere die Vorschrift und setze die Folge entsprechend dieser Vorschrift um weitere drei Zahlen fort.
   a) 2; 4; 6; 8; 10; 12; …   b) 108; 96; 84; 72; 60; …
   c) 6; 7; 9; 12; 16; 21; …   d) 66; 63; 60; 57; 54; …

8. Löse die Gleichung.
   a) 5 · x = 75   b) 14 · 7 = x   c) x · 25 = 225   d) 7 · x = 56   e) x · 10 = 7800
   f) 123 · x = 0   g) 4 · x = 56   h) 3 · 123 = x   i) x · 9 = 72   j) 45 · x = 180

9. Ein vollautomatischer Abfüllautomat für Joghurtbecher kann in einer Stunde 3400 Becher befüllen. Ermittle, wie viele Becher in 8 (16; 40) Stunden befüllt werden können.

Sicher dividieren

10. Berechne den Quotienten. Kontrolliere dein Ergebnis mithilfe der Multiplikation.
    a) 642 : 2   b) 145 : 5   c) 1812 : 3   d) 2943 : 9   e) 2940 : 10
    f) 476 : 2   g) 34 500 : 10   h) 2835 : 3   i) 8124 : 4   j) 4500 : 100

11. Berechne den Quotienten. Überschlage zuerst.
    a) 273 : 13   b) 2208 : 32   c) 5369 : 59   d) 33 087 : 41   e) 4823 : 91

12. Zu lösen war die Divisionsaufgabe 39 483 : 123. Welches Ergebnis kann richtig sein?
    Anja: 3021   Tom: 3210   Eva: 321   Paul: 3201   Markus: 32 100

13. Ermittle den Divisor, wenn der Dividend 72 und der Quotient 9 ist.

14. Welchen Rest lässt die Zahl bei Division durch 2 (3; 5; 9; 10)?
    a) 34   b) 228   c) 425   d) 420   e) 481

Dein Fundament

15. Gib alle natürlichen Zahlen an, die die gegebene Zahl ohne Rest teilen.
    a) 12   b) 18   c) 7   d) 30   e) 24   f) 8   g) 32

16. Gib eine natürliche Zahl an, die durch genau vier (drei, zwei) natürliche Zahlen ohne Rest dividiert werden kann.

17. Löse die Gleichung.
    a) 363 : x = 121   b) 104 : x = 26   c) x : 2 = 234   d) x : 5 = 15   e) 2235 : 3 = x
    f) x : 10 = 340   g) 17 : x = 17   h) x : 35 = 0   i) 282 : x = 94   j) 516 : 4 = x

18. Bilde mit den vorgegebenen Zahlen sechs Divisionsaufgaben, die keinen Rest haben.
    Beispiel: 18 : 2 = 9

Dividend			Divisor			Quotient		
18	105	340	10	2	3	21	34	7
121	42	144	13	11	4	11	9	6
75	78	96	12	5	6	24	12	25

19. Überprüfe, ob die Aussage wahr ist. Begründe deine Entscheidung.
    a) Alle natürlichen Zahlen lassen sich immer ohne Rest durch 1 dividieren.
    b) Alle natürlichen Zahlen lassen sich immer ohne Rest durch sich selbst dividieren.
    c) Es gibt natürliche Zahlen, die sich nur durch genau zwei natürliche Zahlen ohne Rest dividieren lassen.

20. 1367 Eier sollen in Schachteln zu je 6 Stück abgepackt werden. Gib an, wie viele Schachteln sich damit vollständig füllen lassen.

Gerecht teilen

21. Tobias, Max und Lena bekommen von ihrer Oma 18 €. Die 18 € sollen sie so teilen, dass jeder von ihnen den gleichen Geldbetrag erhält. Welchen Geldbetrag bekommt Lena?

22. Beantworte folgende Fragen:
    a) Wie viele Stücke hat die Tafel Schokolade?
    b) Frank und Michael wollen sich die Tafel Schokolade gerecht teilen. Wie viele Stücke bekommt Michael?
    c) Wie viele Stücke bekommt jeder, wenn sich drei Kinder die Schokolade gerecht teilen?
    d) Katja hat zwei Stücke Schokolade gegessen. Wie viele Stücke darf sie noch essen, wenn sie sich mit ihren Freundinnen Tanja, Maria und Paula die Tafel gerecht teilen soll?
    e) Wie viele Personen haben sich die Tafel gerecht geteilt, wenn jede von ihnen genau zwei Stück bekommen?

23. Beantworte die Fragen. Begründe deine Antworten.
    a) Entscheide, ob Oma Schmidt 41 € so an ihre vier Enkelkinder verteilen kann, dass jedes Enkelkind den gleichen Geldbetrag erhält?
    b) Lassen sich 21 Murmeln gerecht an vier Kinder verteilen?
    c) Können 5 Stück Pflaumenkuchen gerecht an vier Kinder verteilt werden?
    d) Ist es möglich, 10 Einzelfahrscheine für den Bus gerecht an drei Kinder zu verteilen?

1.1 Natürliche Zahlen auf Teilbarkeit untersuchen

■ Leon ordnet seine Sammelkarten in einem Album. Nun ist es voll. Die verbleibenden Sammelkarten möchte er in seiner Klasse verteilen. Dabei fällt ihm etwas auf:
„Ich habe so viele Karten, dass ich sie ohne Rest auf zwei, auf drei oder auch auf fünf Personen aufteilen könnte."

Ermittle die Anzahl der Sammelkarten, die übrig bleiben könnten. Prüfe, ob es nur eine Lösung oder mehrere Lösungen geben kann? ■

Beim Multiplizieren einer natürlichen Zahl a mit einer anderen natürlichen Zahl (größer als 0), erhältst du ein **Vielfaches** von a, beispielsweise sind *Vielfache von 4: 4; 8; 12; 16; 20; 24; …*

Kann man eine natürliche Zahl b durch eine andere natürliche Zahl ohne Rest dividieren, so heißt diese Zahl **Teiler** von b.
Beispiele: Die Teiler von 4 sind 1; 2 und 4.   Die Teiler von 5 sind 1 und 5.

Zahlen wie 5, die genau zwei Teiler haben, heißen **Primzahlen**.
Weitere Primzahlen bis 20 sind die Zahlen 2; 3; 7; 11; 13; 17 und 19

> **Wissen: Vielfache und Teiler natürlicher Zahlen**
> Ist a : b mit b ≠ 0 eine natürliche Zahl, dann ist **a durch b teilbar.**
> *Schreibe für a durch b teilbar kurz:*   **b | a**
>
> Die natürliche Zahl a heißt **Vielfaches** der natürlichen Zahl b (b ≠ 0), wenn es eine natürliche Zahl n mit n ≥ 1 gibt, so dass gilt: **a = b · n**
>
> Die natürliche Zahl b heißt **Teiler** der natürlichen Zahl a, wenn a ein Vielfaches von b ist.
>
> Natürliche Zahlen, die genau zwei Teiler haben und sich selbst, heißen **Primzahlen**.
> Natürliche Zahlen, die durch 2 teilbar sind, heißen **gerade Zahlen,** alle anderen natürlichen Zahlen heißen **ungerade Zahlen.**

Hinweise:
3 ist ein Teiler von 9
Kurzschreibweise: 3 | 9

4 ist kein Teiler von 9
Kurzschreibweise: 4 ∤ 9

Die Zahl 1 ist keine Primzahl.

Gerade Zahlen enden auf 0; 2; 4; 6 oder 8.

Ungerade Zahlen enden auf 1; 3; 5; 7 oder 9.

Vielfache von Zahlen ermitteln

Beispiel 1:
a) Gib die ersten drei Vielfachen von 12 an.   b) Prüfe, ob 56 ein Vielfaches von 12 ist.

Lösung:
a)   Multipliziere 12 jeweils mit 1; 2 und 3.   12 · 1 = 12;   12 · 2 = 24;   12 · 3 = 36

b) Dividiere 56 durch 12. Dabei bleibt   56 : 12 = 4 Rest 8
   der Rest 8. Somit ist 56 kein Vielfaches von 12.

Basisaufgaben

1. a) Gib die ersten fünf Vielfachen der Zahlen 15 und 24 an.
   b) Untersuche, ob 82 ein Vielfaches von 24 und ob 168 ein Vielfaches von 14 ist.

1.1 Natürliche Zahlen auf Teilbarkeit untersuchen

2. a) Gib die ersten vier Vielfachen der Zahlen 11; 17; 121 und 1024 an.
   b) Untersuche, ob 120 ein Vielfaches von 2 (3; 4; 5; 6; 8; 10; 11; 12) ist.

3. a) Gib die ersten fünf Vielfachen der Zahlen 8; 14 und 26 an.
   b) Untersuche, ob 2970 ein Vielfaches von 2 (3; 4; 5; 6; 7; 8; 9; 10; 11) ist.

4. Gib an, welche Zahl hier vervielfacht wurde. Erkläre, wie du diese Zahl ermittelt hast. Ergänze drei (davor stehende) kleinere und drei (danach stehende) größere Vielfache.
   a) … 28; 35; 42; …   b) … 64; 72; 80; …   c) … 48; 60; 72; …

Hinweis zu 4:
Die Lösungen zu a) und b) findest du im Apfel, zu c) in der Birne.

Teiler einer Zahl ermitteln

Beispiel 2:
a) Gib alle Teiler von 15 an.
b) Ermittle alle Primzahlen zwischen 30 und 40.

Lösung:
a) Bestimme alle Zahlen, durch die du 15 ohne Rest dividieren kannst. Stelle dazu 15 als Produkt aus zwei Faktoren dar. Die Faktoren sind Teiler der Zahl 15.

$15 = 1 \cdot 15 = 15 \cdot 1$
und
$15 = 3 \cdot 5 = 5 \cdot 3$
Teiler von 15 sind: 1; 3; 5 und 15

b) Die geraden Zahlen zwischen 30 und 40 sind keine Primzahlen. Ermittle die Teiler der übrigen Zahlen zwischen 30 und 40. Primzahlen sind die Zahlen, die genau zwei Teiler haben.

$31 = 1 \cdot 31$ und $37 = 1 \cdot 37$
$33 = 1 \cdot 33 = 3 \cdot 11$ (Teiler: 1; 3; 11; 33)
$35 = 1 \cdot 35 = 5 \cdot 7$ (Teiler: 1; 5; 7; 35)
$39 = 1 \cdot 39 = 3 \cdot 13$ (Teiler: 1; 3; 13; 39)
Primzahlen sind: 31 und 37

Hinweis:
Da das Kommutativgesetz der Multiplikation gilt, kannst du die Produkte $15 \cdot 1$ und $5 \cdot 3$ auch weglassen.

Basisaufgaben

5. a) Gib alle Teiler von 18 (24; 29) an.   b) Ermittle alle Primzahlen zwischen 10 und 20.

6. Schreibe alle Teiler der Zahl auf und unterstreiche dann die Teiler, die Primzahlen sind.
   a) 10   b) 6   c) 14   d) 18   e) 25   f) 36   g) 40   h) 60

7. Zeichne einen Zahlenstrahl von 0 bis 20.
   a) Markiere alle Teiler von 20 in einer Farbe.
   b) Markiere alle Teiler von 16 in einer anderen Farbe.
   c) Unterstreiche alle Zahlen, die sowohl Teiler von 20 als auch Teiler von 16 sind.

8. Nenne alle Möglichkeiten, 24 Schüler einer Klasse in gleich große Gruppen einzuteilen.

Tipp zu 7:
Wähle für deinen Zahlenstrahl eine geeignete Einteilung und überlege dir vorher, wie viel Platz du brauchst.

Alle Teiler einer Zahl zusammen bilden die **Teilermenge** dieser Zahl.

Die Zahlen 1; 2; 4 und 8 sind alle Teiler der Zahl 8 und gehören deshalb zur Teilermenge der 8. Jede dieser Zahlen heißt **Element der Teilermenge**.

Schreibe für die „Teilermenge von 8" kurz: $T_8 = \{1; 2; 4; 8\}$

Schreibe für „2 ist Element der Teilermenge T_8" kurz: $2 \in T_8$

Schreibe für „7 ist kein Element der Teilermenge T_8" kurz: $7 \notin T_8$

Weiterführende Aufgaben

9. **Durchblick:** Schreibe alle Teiler von 30 und 48 auf. Orientiere dich an Beispiel 2 auf Seite 9.
   a) Welche Zahlen sind gemeinsame Teiler von 30 und 48?
   b) Gib die größte Zahl an, die gemeinsamer Teiler der beiden Zahlen ist?

10. Zeichne einen Zahlenstrahl von 1 bis 40.
    a) Markiere alle Vielfachen von 4 in einer Farbe.
    b) Markiere alle Vielfachen von 3 in einer anderen Farbe.
    c) Umkreise die gemeinsamen Vielfachen.

11. Gegeben sind die Zahlen 2; 5; 8; 9; 12; 15; 19; 23; 24; 27. Schreibe von diesen Zahlen auf:
    a) alle ungeraden Zahlen b) alle Vielfachen von 4 c) alle geraden Primzahlen
    d) alle Teiler von 30   e) alle Primzahlen   f) alle durch 3 teilbaren Zahlen

12. Gib jeweils drei Zahlen an, die als Teiler die folgenden Zahlen haben:
    a) 2 und 4   b) 5 und 10   c) 2; 4 und 6   d) 3; 6 und 9.

13. Gib jeweils drei Zahlen an, die Vielfache von folgenden Zahlen sind:
    a) 2 und 5   b) 3 und 5   c) 4 und 5   d) 5 und 15

14. Gestaltet zu zweit eine Übersicht zum Thema „Teiler und Vielfache natürlicher Zahlen" für euer Lerntagebuch, für ein Plakat oder für ein Tafelbild.

15. Gegeben sind die Zahlen 6; 11; 12; 18 und 23.
    a) Gib von jeder dieser Zahlen die Teilermenge an.
    b) Welche der gegebenen Zahlen sind Primzahlen?
    c) Gib von den gegebenen Zahlen alle geraden Zahlen an.
    d) Entscheide, ob die Aussagen wahr oder falsch ist. Begründe deine Entscheidung.
       ① $2 \in T_6$ ② $3 \in T_{18}$ ③ $5 \in T_{12}$ ④ $4 \notin T_6$ ⑤ $1 \notin T_{11}$

16. **Stolperstelle:** Überprüfe und begründe deine Entscheidung.
    a) $3 \nmid 36$ b) $4 \mid 28$ c) $0 \mid 6$ d) $5 \mid 0$ e) $3 \mid 3$ f) $0 \mid 0$

17. a) Die Mitglieder des Schulchores (maximal 50 Schülerinnen und Schüler) sollen sich für ihren Auftritt in gleich langen Reihen aufstellen. Sie versuchen es in Reihen mit 2; 3; 4 und 6 Personen. Doch jedes Mal bleibt eine Person übrig. Wie viele Sänger und Sängerinnen gehören zum Schulchor? Kannst du mehrere Möglichkeiten finden?

    b) Bei den Proben sollen die Mitglieder des Schulchores in gleich große Gruppen eingeteilt werden. Erkläre, wie der Chorleiter durch schnelles Rechnen feststellen kann, ob er 2; 3; 4 oder 5 Gruppen bilden kann. Woran erkennt er, dass eine gleichmäßige Aufteilung nicht möglich ist?

18. **Ausblick:** Notiere zu den Zahlen 1 bis 6 alle Teiler und unterstreiche davon jeweils den größten Teiler, der auch Teiler der Zahl 6 ist. Wie viele der Zahlen von 1 bis 6 haben mit der Zahl 6 den größten gemeinsamen Teiler 1? Notiere diese Anzahl.

1.2 Teilbarkeitsregeln anwenden

■ Jana sammelt für einen Ausflug von allen Mädchen ihrer Klasse 5 € für die Fahrtkosten ein. Insgesamt hat Jana 54 € eingesammelt. Kann das stimmen?
Emil hat für den Klassenfasching von jedem Schüler seiner Klasse 3 € eingesammelt. Insgesamt zählt er 68 €.

Begründe, warum Emil offensichtlich nicht aufgepasst hat. ■

Eine gerade natürliche Zahl ist immer durch 2 teilbar.
Bei geraden Zahlen ist die letzte Ziffer 0; 2; 4; 6 oder 8.
Für Teilbarkeitsuntersuchungen gibt es Teilbarkeitsregeln.

Beispiel 1:
a) Untersuche, ob die Zahlen 672, 150 und 125 durch 2; 5 und 10 teilbar sind.
b) Untersuche, ob die Zahlen 81 und 8361 durch 3 teilbar sind.

Lösung:
a) Du könntest dividieren. Es geht aber auch einfacher: Die Vielfachen von 2, 5 und 10 haben besondere Endziffern. An den Endziffern einer Zahl kannst du erkennen, ob sie durch 2; 5 oder 10 teilbar ist.

Vielfache von 2: 2; 4; 6; 8; 10; 12; …
Vielfache von 5: 5; 10; 15; 20; 25; …
Vielfache von 10: 10; 20; 30; 40; …
Die Zahl 672 ist durch 2 teilbar.
Die Zahl 150 ist durch 2; 5, und 10 teilbar.
Die Zahl 125 ist durch 5 teilbar.

b) Schreibe 81 als Summe eines Produktes mit einer Zehnerpotenz und einer natürlichen Zahl. Forme dann nach dem Distributivgesetz um. Der erste Summand ist durch 3 teilbar. Prüfe nun, ob 8 + 1 = 9 durch 3 teilbar ist.

$81 = 10 \cdot 8 + 1$
$81 = 9 \cdot 8 + 1 \cdot 8 + 1$
$81 = 3 \cdot (3 \cdot 8) + 8 + 1$
$8 + 1 = 9$ ist durch 3 teilbar.
Da auch der erste Summand durch 3 teilbar ist, ist auch 81 durch 3 teilbar.

Erinnere dich:
$(a + b) \cdot c = a \cdot c + b \cdot c$

Zehnerpotenzen sind:
$10^1 = 10$
$10^2 = 100$
$10^3 = 1000$
usw.

Allgemein gilt: Untersuche die Summe der Ziffern einer Zahl auf Teilbarkeit durch 3, dann weißt du auch, ob die Zahl selbst durch 3 teilbar ist.

Bei 8369 ist die Summe der Ziffern durch 3 teilbar, denn $8 + 3 + 6 + 1 = 18$ und 18 ist durch 3 teilbar. Somit ist auch 8369 durch 3 teilbar.

Wissen: Teilbarkeitsregeln für die Zahlen 2; 5; 10 und 3
Endziffernregeln:
Eine Zahl ist genau dann
durch 2 teilbar, wenn ihre letzte Ziffer eine **0, 2, 4, 6** oder **8** ist;
durch 5 teilbar, wenn ihre letzte Ziffer eine **0** oder **5** ist;
durch 10 teilbar, wenn ihre letzte Ziffer eine **0** ist.

Quersummenregel:
Eine Zahl ist genau dann **durch 3 teilbar,** wenn ihre **Quersumme durch 3** teilbar ist.

Hinweise:
Die Quersumme der Zahl 1345 ist:
$1 + 3 + 4 + 5 = 13$

Basisaufgaben

1. Untersuche die Zahlen auf Teilbarkeit.
   a) 243 auf Teilbarkeit durch 3
   b) 265 auf Teilbarkeit durch 2; 5; 10
   c) 24 470 auf Teilbarkeit durch 2 (5; 10)
   d) 8865 auf Teilbarkeit durch 2 (3; 5; 10)

2. Prüfe folgende Zahlen auf Teilbarkeit durch 2; 3; 5 und 10:
   a) 122   b) 861   c) 1035   d) 2180   e) 7635   f) 4530   g) 14 940

Weiterführende Aufgaben

3. **Durchblick:** Begründe mit einer Rechnung, warum man an der Quersumme von 5361 erkennt, dass diese Zahl durch 3 teilbar ist. Orientiere dich an Beispiel 1 auf Seite 11.

4. Setze für ■ passende Ziffern so ein, dass die Zahl durch die angegeben Zahlen teilbar ist.
   ① 74■   ② ■36   ③ ■2■   ④ 1■5■   ⑤ ■29■
   a) 2   b) 3   c) 5   d) 10   e) 2 und 5   f) 3 und 5

5. Frau Martin geht alle 3 Tage joggen und alle 7 Tage schwimmen. Letzten Montag, am 01. August, ist sie nach dem Joggen noch geschwommen. Nach wie vielen Tagen wird sie wieder beides machen? An welchem Datum wird das sein?

6. **Stolperstelle:** Jan behauptet, eine Zahl genau dann durch 5 teilbar ist, wenn ihre Quersumme durch 5 teilbar ist. Als Beispiel nennt er die Zahlen: 55; 145; 285 und 460. Ist Jans Regel eine gültige Teilbarkeitsregel?

Hinweis zu 7: Um zu zeigen, dass eine Regel nicht gilt, reicht ein einziges Gegenbeispiel.

7. Eine Eintrittskarte kostet 3 €. Es wurden insgesamt 1624 € Eintrittsgelder eingenommen.
   a) Erkläre, warum hier ein Fehler vorliegen muss.
   b) Die Kassiererin hat sich um einen 10-€-Schein verzählt. Wie hoch waren die Einnahmen?

8. Beantworte die folgenden Fragen in einer SMS mit höchstens 160 Zeichen:
   a) „Hi, ich habe nicht verstanden, wie man erkennt, ob eine Zahl durch 5 teilbar ist."
   b) „Weißt du noch, wie man die Quersumme einer Zahl bildet? Und wofür ist das gut?"

9. **Ausblick:** Zusätzlich zu den Teilbarkeitsregeln gilt auch: Sind zwei Zahlen durch a (a ≠ 0) teilbar, so ist auch ihre Summe durch a teilbar. Formuliere Regeln:
   a) für die Teilbarkeit durch 4   b) für die Teilbarkeit durch 6   c) für die Teilbarkeit durch 9

Überprüfe, ob die letzten beiden Ziffern einer Zahl durch 4 teilbar sind.
Die Zahl 124 = 100 + 24 ist durch 4 teilbar, da 100 : 4 = 25 und auch 24 : 4 = 6 keinen Rest haben. Alle Vielfachen von 100 sind durch 4 teilbar. Deshalb sind auch 224, 324, 424, ... durch 4 teilbar.

Überprüfe, ob eine Zahl durch 2 und auch durch 3 teilbar ist. Kombiniere die Teilbarkeitsregeln für die 2 und die 3.
Du kannst erkennen, dass die Zahl 3054 durch 6 teilbar ist, da die letzte Ziffer gerade und die Quersumme durch 3 teilbar ist.

Überprüfe, ob die Quersumme einer Zahl durch 9 teilbar ist.
Für die Hunderter von 864 gilt 800 = 8 · 99 + 8, es bleibt bei Division durch 9 der Rest 8. Für die Zehner ist 60 = 6 · 9 + 6, es bleibt der Rest 6. Die Einer haben den Rest 4. Insgesamt ist das derselbe Rest wie die Quersumme 8 + 6 + 4 = 18, und diese ist durch 9 teilbar, also auch 864.

1.3 Gemeinsame Teiler und gemeinsame Vielfache

■ Paula und Lars trainieren für einen Sponsorenlauf. Sie starten gleichzeitig an einer Parkbank und stoppen ihre Zeiten. Paula benötigt pro Runde um den See 12 min. Lars benötigt für eine Runde 8 Minuten.

Nach wie vielen Runden würden beide wieder gleichzeitig an der Parkbank ankommen, wenn sie für jede Runde jeweils etwa die gleiche Zeit benötigen? ■

Zahlen in Primfaktoren zerlegen

Wissen: Primfaktorzerlegung
Natürliche Zahlen, die keine Primzahlen sind, lassen sich eindeutig als Produkt schreiben, dessen Faktoren Primzahlen sind. Solch ein Produkt heißt **Primfaktorzerlegung** der Zahl.

Tipp:
Primfaktorzerlegung der Zahl 99:
$3 \cdot 3 \cdot 11 = 3^2 \cdot 11$

Beispiel 1: Zerlege die Zahl 414 in Primfaktoren.

Lösung:

1. Ermittle die kleinste Primzahl, die 414 teilt, es ist die 2. Schreibe 414 als Produkt aus der Primzahl und des verbliebenen Faktors. $414 = 2 \cdot 207$

2. Ermittle die kleinste Primzahl, die den verbliebenen Faktor teilt. Das ist die Zahl 3. Gehe wie im ersten Schritt vor. $= 2 \cdot 3 \cdot 69$

3. Wiederhole alles, bis der verbliebene Faktor eine Primzahl ist. $= 2 \cdot 3 \cdot 3 \cdot 23$

4. Fasse Primfaktoren mithilfe der Potenzschreibweise zusammen. $= 2^1 \cdot 3^2 \cdot 23^1$

Erinnere dich:
Der Exponent 1 kann weggelassen werden: z.B. $2^1 = 2$

Basisaufgaben

1. Zerlege die gegebene Zahl in Primfaktoren.
   a) 12   b) 57   c) 103   d) 306   e) 1000

2. Gib die kleinste Primzahl an, die Teiler der Zahl ist.
   a) 32   b) 81   c) 45   d) 35   e) 121

3. Zerlege das Produkt so, dass nur Primzahlen als Faktoren auftreten.
   a) $4 \cdot 9$ b) $3 \cdot 4 \cdot 15$ c) $7 \cdot 99$ d) $8 \cdot 49$ e) $11 \cdot 25 \cdot 33$

4. Im nebenstehenden Diagramm kannst du ablesen, wie oft ein Primfaktor bei der Primfaktorzerlegung der Zahl 72 ($72 = 2^3 \cdot 3^2$) auftritt.

   Welche Zahl gehört zum jeweiligen Diagramm?

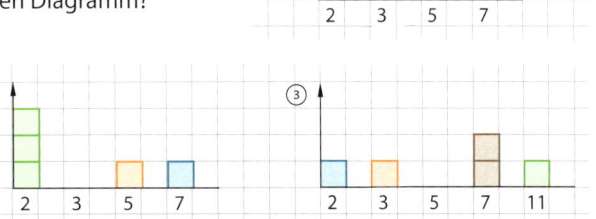

Hinweis:
Gemeinsame Teiler von 8 und 12 sind 1; 2 und 4.

Hinweis:
Gemeinsame Vielfache von 4 und 3 sind 12; 24; 36; 48; ...

> **Wissen: Größter gemeinsamer Teiler und kleinstes gemeinsames Vielfaches**
>
> Der **größte gemeinsame Teiler (ggT)** zweier natürlicher Zahlen ist die größte Zahl, die gleichzeitig beide Zahlen teilt. Ist der größte gemeinsame Teiler zweier Zahlen 1, so heißen die Zahlen „teilerfremd".
>
> Für den ggT von 4 und 6 schreibt man kurz: $\qquad$ ggT (4; 6) = 2
>
> Das **kleinste gemeinsame Vielfache (kgV)** zweier natürlicher Zahlen ist die kleinste Zahl, die gleichzeitig ein Vielfaches jeder der beiden Zahlen ist.
>
> Für das kgV von 10 und 15 schreibt man kurz: $\qquad$ kgV(10; 15) = 30

Den größten gemeinsamen Teiler von Zahlen ermitteln

Beispiel 2: Ermittle den ggT von 18 und 60.

Lösung:

Weg 1:
– Ermittle alle Teiler der kleinsten gegebenen Zahl.

Teiler von 18 sind: 1; 2; 3; 6; 9; 18
18 ∤ 60 und 9 ∤ 60, aber 6 | 60, denn 6 · 10 = 60.

– Beginne mit dem größten Teiler dieser Zahl und prüfe, ob diese Zahl auch Teiler von der größten Zahl ist.

6 ist der ggT von 18 und 60.
Kurzschreibweise:
ggT(18; 60) = 6

Hinweis:
Bei kleineren Zahlen ist das Verfahren mithilfe der Primfaktorzerlegung zu aufwändig, du kannst alle Teiler aufschreiben und durch Vergleich den ggT bestimmen.

Weg 2:
– Zerlege jede Zahl in Faktoren, die Primzahlen sind (Primfaktorzerlegung).

$18 = 2 \cdot 9 = 2 \cdot 3 \cdot 3 = 2^1 \cdot 3^2$

Nutze dazu die Potenzschreibweise.

$60 = 2 \cdot 30 = 2 \cdot 2 \cdot 15 = 2 \cdot 2 \cdot 3 \cdot 5 = 2^2 \cdot 3^1 \cdot 5^1$

– Bilde das Produkt der Primfaktoren, die in beiden Zahlen vorkommen, mit den jeweils niedrigsten Exponenten.

$ggT(18; 60) = 2^1 \cdot 3^1 = 6$

Basisaufgaben

5. Ermittle alle gemeinsamen Teiler der Zahlen.
   a) 4 und 8   b) 2 und 12   c) 12 und 18   d) 18 und 27
   e) 15 und 60   f) 22 und 30   g) 16 und 32   h) 15; 45 und 60

6. Ermittle den größten gemeinsamen Teiler der Zahlen.
   a) 36 und 60   b) 8 und 24   c) 125 und 50   d) 15 und 11
   e) 10 und 20   f) 15 und 25   g) 250 und 100 h) 6 und 30

7. Ermittle den größten gemeinsamen Teiler der Zahlen.
   a) 16 und 36   b) 50 und 60   c) 3 und 5   d) 8; 16 und 28

8. a) Nenne zwei zweistellige Zahlen, deren ggT gleich 5 (6; 11) ist.
   b) Nenne zwei einstellige Zahlen, deren ggT gleich 3 (4; 1) ist.
   c) Nenne zwei dreistellige Zahlen, deren ggT gleich 2 (3; 4) ist.
   d) Nenne zwei vierstellige Zahlen, deren ggT gleich 2 (3; 4) ist.

Das kleinste gemeinsame Vielfache von Zahlen ermitteln

Beispiel 3: Ermittle das kgV von 27 und 36.

Lösung:

Weg 1:
Bilde schrittweise das Vielfache der größeren Zahl und überprüfe jedes Mal, ob die kleinere Zahl Teiler des Vielfachen der größeren Zahl ist. Das erste Vielfache der größeren Zahl, das durch die kleinere Zahl teilbar ist, ist das kgV beider Zahlen.

$1 \cdot 36 = 36$, aber $27 \nmid 36$

$2 \cdot 36 = 72$, aber $27 \nmid 72$

$3 \cdot 36 = 108$ und $27 \mid 108$, denn $27 \cdot 4 = 108$

kgV (27; 36) = 108

Weg 2:
Zerlege beide Zahlen in Primfaktoren. Nutze die Potenzschreibweise. Bilde das Produkt aller auftretenden Primfaktoren mit dem jeweils höchsten Exponenten.

$27 = 3 \cdot 9 = 3 \cdot 3 \cdot 3 = 3^3$

$36 = 2 \cdot 18 = 2 \cdot 2 \cdot 9 = 2 \cdot 2 \cdot 3 \cdot 3 = 2^2 \cdot 3^2$

kgV (27; 36) = $2^2 \cdot 3^3 = 4 \cdot 27 = 108$

Hinweis: Bei kleinen Zahlen kannst du auch jeweils die ersten Vielfachen aufschreiben und durch Vergleich das kgV bestimmen.

Basisaufgaben

9. Ermittle das kleinste gemeinsame Vielfache der Zahlen.
   a) 14 und 21   b) 14 und 20   c) 14 und 55   d) 27 und 44   e) 55 und 121

10. Ermittle das kleinste gemeinsame Vielfache der Zahlen.
    a) 102 und 104   b) 1000 und 1002   c) 999 und 1443   d) 3 und 2 394 501

11. Ermittle das kgV der Zahlen. Erkläre dein Vorgehen.
    a) 2 und 4   b) 3 und 6   c) 13 und 26   d) 15 und 60   e) 3 und 7
    f) 2; 3 und 5   g) 2; 4 und 5   h) 5 und 11   i) 10 und 35   j) 2; 3; 5 und 7

12. Nenne – falls möglich – zwei (drei, vier) Zahlen, deren kgV die angegebene Zahl ist.
    a) 13   b) 50   c) 144   d) 176   e) 210

Weiterführende Aufgaben

13. **Durchblick:** Orientiere dich an den Beispielen 2 und 3 auf den Seiten 14 und 15.
    a) Ermittle den größten gemeinsamen Teiler von 72 und 108.
    b) Ermittle das kleinste gemeinsame Vielfache von 30 und 36.

14. Ermittle den größten gemeinsamen Teiler und das kleinste gemeinsame Vielfache der Zahlen. Beschreibe dein Vorgehen.
    a) 2 und 10   b) 9 und 16   c) 14 und 15   d) 36 und 51
    e) 87 und 132   f) 14, 20 und 36   g) 48, 92 und 69   h) 50 und 65

15. a) Gib für ■ solche Zahlen an, dass die Aussage wahr wird. Nenne immer 3 Möglichkeiten.
    ① Der ggT von 16 und ■ ist 4.   ② Der ggT von ■ und 24 ist 2.
    ③ Das kgV von 4 und ■ ist 36.   ④ Das kgV von ■ und 12 ist 60.
    b) Warum findest du für „Der ggT von 7 und ■ ist 2." keine Lösung?

16. Übertrage die Tabellen in dein Heft und fülle sie aus. Trage in die leeren Zellen jeweils das kgV bzw. den ggT ein. Einige Felder sind schon gefüllt. Lies die Tabelle so:
„Das kgV von 4 und 6 ist 12." und „Der ggT von 15 und 25 ist 5."

kgV	4	6	7	9	15
4	4	12			
6					
7	28			63	
9					
15					

ggT	15	16	25	32	48
15	15		5		
16	1				
25					
32		16			
48					16

17. Erkläre an selbst gewählten Beispielen, wie die Primfaktorzerlegung zum Ermitteln des ggT und des kgV von Zahlen funktioniert.

18. **Stolperstelle:** Gib an, welche der Aussagen falsch sind. Begründe jede Entscheidung.
   a) Jede natürliche Zahl hat mindestens einen Teiler.
   b) Alle Primzahlen sind ungerade Zahlen.
   c) Jede durch 2 teilbare Zahl ist keine Primzahl.
   d) Der kleinste gemeinsame Teiler zweier verschiedener Primzahlen ist stets 1.
   e) Eine ungerade Zahl kann nicht gemeinsamer Teiler zweier gerader Zahlen sein.

Hinweis zu 19:
Wenn du den ggT zweier beliebiger natürlicher Zahlen a und b bereits kennst, kannst du ihr kgV mit folgender Formel ermitteln:

$kgV(a;b) = \frac{a \cdot b}{ggT(a;b)}$

19. Ermittle mit nebenstehender Formel im Kopf das kgV der beiden Zahlen:
   a) 3 und 4   b) 7 und 21   c) 36 und 60   d) 210 und 350

20. Erläutere für a = 4 und b = 14, warum die Formel $kgV(a;b) = \frac{a \cdot b}{ggT(a;b)}$ gilt.
   Schreibe dazu zunächst die Primfaktorzerlegungen der Zahlen auf.

Hinweis zu 21:
2004 wurde eine neu entdeckte Primzahl mit der Herausgabe einer speziellen Briefmarke in Liechtenstein gefeiert.

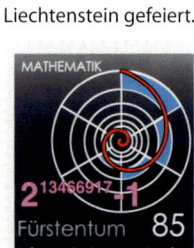

21. Recherchiere in Nachschlagewerken und im Internet nach Phänomenen, die mit Primzahlen zu tun haben, und stelle diese Phänomene deinen Mitschülern vor:
   – Was sind Primzahlzwillinge?
   – Was ist das „Sieb des Eratosthenes"?

22. Ein Karton soll vollständig mit Würfeln ausgelegt werden.
   a) Der Karton ist 6 cm breit, 9 cm lang und 15 cm hoch.
      Gib die größte Kantenlänge an, die ein solcher Würfel haben könnte.
   b) Die Kantenlänge eines Würfels betrage 5 cm.
      Gib für zwei Kartons mögliche Kantenlängen an.

23. Wenn man die Teilnehmer eines Geländelaufs in gleich große Gruppen einteilt, bleibt beim Einteilen in zwei gleich große Gruppen, beim Einteilen in drei gleich große Gruppen und beim Einteilen in fünf gleich große Gruppen jeweils immer ein Teilnehmer übrig. Gib an, wie viele Teilnehmer es insgesamt sein könnten. Begründe dein Ergebnis.

24. Im Partyraum soll ein 150 cm langer und 60 cm breiter Streifen vor dem Kamin gefliest werden. Angeboten werden quadratische Fliesen von 10, 15, 20, 25, 30 und 40 Zentimeter Kantenlänge. Welche Fliesen kommen in Frage, wenn man sie nicht zerschneiden will?

25. **Ausblick:** Ermittle den kleinsten gemeinsamen Nenner folgender Brüche:
   a) $\frac{1}{2}$ und $\frac{1}{5}$ b) $\frac{3}{4}$ und $\frac{5}{8}$ c) $\frac{1}{6}$ und $\frac{1}{10}$ d) $\frac{1}{2}$, $\frac{1}{3}$ und $\frac{1}{5}$ e) $\frac{5}{12}$ und $\frac{1}{9}$

1.4 Vermischte Aufgaben

1. Lisa behauptet, dass Zahlen, die mit der Ziffer 3 enden, immer durch 3 teilbar sind. Als Beispiel nennt sie die Zahlen 3, 33, 93, 123 und 453. Zeige durch ein Gegenbeispiel, dass Lisas Behauptung falsch ist.

   Hinweis zu 1: Um zu zeigen, dass eine Aussage nicht gilt, reicht ein einziges Gegenbeispiel.

2. Übertrage ins Heft und setze an Stelle von ■ eines der Zeichen | oder ∤ so ein, dass eine wahre Aussage entsteht.
   a) 3 ■ 192 b) 2 ■ 2223 c) 4 ■ 116 d) 5 ■ 550 e) 6 ■ 663
   f) 10 ■ 3300 g) 6 ■ 612 h) 9 ■ 369 i) 10 ■ 10001 j) 9 ■ 992

3. Eine Runde im Stadion beträgt auf der Innenbahn 400 m. Bei welchen Läufen fallen auf der Innenbahn Start und Ziellinie zusammen?
   a) 100 m b) 200 m c) 400 m d) 800 m e) 1000 m

4. Zeichne auf Kästchenpapier verschiedene Rechtecke mit 4 (5; 6; 7; 12) Kästchen. Gib an wie viele verschiedene Möglichkeiten es jeweils gibt.

5. Um 6:20 h fahren die Linien 320, 460 und 840 gleichzeitig vom Hauptbahnhof los. Linie 320 startet dort alle 4 Minuten, Linie 460 alle 6 Minuten und Linie 840 alle 10 Minuten. Zu welcher Uhrzeit fahren wieder alle Linien gleichzeitig vom Hauptbahnhof ab?

Hauptbahnhof	Abfahrt	
320	460	840
ab	ab	ab
6:20	6:20	6:20
6:24	6:26	6:30
6:28	6:32	6:40
6:32	6:38	6:50
6:36	6:44	7:00

6. a) Berechne und gib das Ergebnis mit Rest an:
   10 : 3;   100 : 3;   1000 : 3
   20 : 3;   200 : 3;   2000 : 3
   40 : 3;   5000 : 3;   800 : 3
   b) Begründe mit eigenen Worten, warum eine Zahl durch 3 teilbar ist, wenn die Summe der Reste durch 3 teilbar ist.
   c) Untersuche, ob deine Argumente aus c) auch für die Teilbarkeit durch 9 gelten.

7. a) Marie soll die Zahlen 504 und 696 auf Teilbarkeit durch 24 untersuchen. Erkläre, wie Marie vorgegangen ist.
   b) Formuliere eine allgemeine Regel für die Teilbarkeit von Summen und Differenzen.
   c) Prüfe die Zahlen 294, 686 und 1372 auf Teilbarkeit durch 14. Beschreibe dein Vorgehen mit eigenen Worten.

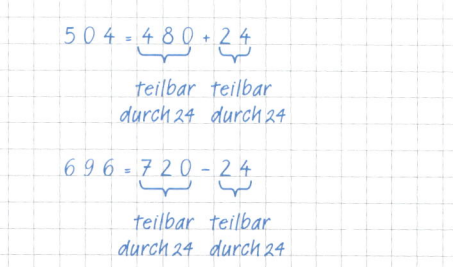

8. Antworte mit einer SMS, die höchstens 160 Zeichen hat. „Wir sollen begründen, warum alle Zahlen mit zwei Nullen am Ende durch 100 teilbar sind. Hast du dazu eine Idee?"

9. Für drei Stück Mohnkuchen soll Eva beim Bäcker 3,70 € bezahlen. Sie stellt sofort fest, dass das nicht stimmen kann.
   a) Erläutere, wie Eva so schnell den Rechenfehler ermitteln konnte.
   b) Gib einen möglichst in der Nähe liegenden Preis an, bei dem Eva vermutlich nicht so schnell reagiert hätte. Erläutere, wie du auf diesen Preis gekommen bist.

Prüfe dein neues Fundament

1. Teilbarkeit natürlicher Zahlen

Lösungen ↗ S. 239

1. a) Gib die ersten drei Vielfachen der Zahl 6 an.
   b) Gib die ersten fünf Vielfachen der Zahl 14 an.
   c) Ist 96 ein Vielfaches von 14?

2. Gib alle Vielfachen an:
   a) von 7 zwischen 40 und 60
   b) von 9 zwischen 84 und 101

3. Ermittle zwei gemeinsame Vielfache:
   a) von 2 und 5   b) von 2 und 3   c) von 4 und 6   d) von 3; 4 und 5

4. a) Nenne alle Teiler der Zahl 30.
   b) Prüfe, ob 7 ein Teiler der Zahl 97 ist.

5. Gib folgende Teilermengen an.
   a) T_{12} b) T_{50} c) T_{23} d) T_{36} e) T_{66} f) T_{88}

6. a) Gib alle Teiler der Zahl 24 an.
   b) Untersuche, ob die Zahlen 122 und 580 jeweils durch 2, 5 oder 10 teilbar sind.
   c) Ist die Zahl 1332 durch 3 teilbar? Begründe.

7. Gib an, ob die Aussage wahr oder falsch ist. Begründe deine Entscheidung.
   a) 3 | 15   b) 7 | 17   c) 3 | 733   d) 10 | 7700   e) 5 | 330   f) 6 | 252
   g) $3 \in T_{15}$ h) $4 \in T_{60}$ i) $7 \notin T_{21}$ j) $13 \notin T_{71}$ k) $5 \in T_{100}$ l) $2 \notin T_{330}$

8. Ersetze ■ durch eine Ziffer, so dass die Zahl durch 2 (3; 5; 10) teilbar ist.
   a) 25■   b) 20■   c) 28■   d) 2■0   e) 3■0   f) 1150■

9. Ermittle von den Zahlen 2; 3; 4; 7; 23; 24; 45; 51; 71 und 110:
   a) alle ungeraden Zahlen
   b) alle Primzahlen
   c) alle durch 2 teilbaren Zahlen
   d) alle Vielfachen von 5
   e) alle durch 2 und durch 3 teilbaren Zahlen
   f) zwei teilerfremde Zahlen

10. Gib alle Primzahlen zwischen 20 und 30 an.

11. Untersuche, ob die Zahlen 18; 52; 72; 117 und 224 durch 4 (6; 8; 9) teilbar sind.

12. Schreibe die Zahl als Summe zweier Primzahlen: *(Beispiel: 7 = 5 + 2)*
    a) 5   b) 16   c) 18   d) 20   e) 26   f) 30

13. Zerlege die Zahl in Primfaktoren.
    a) 24   b) 49   c) 44   d) 105   e) 13   f) 36

14. Auf einem Schulfest wird Kuchen zu 2 € pro Stück verkauft. Am Abend sind bei der Abrechnung 1311 € in der Kasse. Kann das stimmen? Begründe deine Antwort.

15. Bei der Rennbahn von Frank benötigt ein Auto für eine Runde 13 Sekunden.
    a) Wie viel Sekunden benötigt dieses Auto bei gleichbleibender Geschwindigkeit für 3; für 5; für 9 Runden?
    b) Prüfe, ob das Auto nach 85 Sekunden eine ganze Anzahl von Runden zurückgelegt hat. Begründe deine Entscheidung.

Prüfe dein neues Fundament

16. Ermittle den größten gemeinsamen Teiler der Zahlen:
    a) 6 und 10   b) 12 und 30   c) 15 und 35   d) 24 und 60   e) 14; 28 und 35

17. Übertrage in dein Heft. Ersetze ■ durch eine Zahl so, dass eine wahre Aussage entsteht:
    a) ggT (8; 12) = ■   b) ggT (5; 13) = ■   c) ggT (6; ■) = 2   d) ggT (■; 8) = 4

18. Nenne zwei Zahlen, deren größter gemeinsamer Teiler 4 (5; 6; 18) ist.

19. Ermittle das kleinste gemeinsame Vielfache der Zahlen:
    a) 2 und 3   b) 4 und 6   c) 20 und 12   d) 6 und 8   e) 4; 8 und 12

20. Übertrage in dein Heft. Ersetze ■ durch eine Zahl so, dass eine wahre Aussage entsteht:
    a) kgV (4; 7) = ■   b) kgV (18; 4) = ■   c) kgV (10; ■) = 100   d) kgV (■; 18) = 90

21. Überprüfe die Aussage. Begründe deine Entscheidung.
    a) Alle Primzahlen sind ungerade.   b) Es gibt zwei Primzahlen mit der Differenz 1.
    c) Alle durch 100 teilbaren Zahlen sind durch 10 teilbar.
    d) Es gibt durch 3 teilbare Zahlen, die nicht durch 6 teilbar sind.

22. Vom Postplatz fährt alle 12 Minuten eine Straßenbahn in Richtung Zoo und alle 9 Minuten ein Bus in Richtung Stadion. Um 6.00 Uhr fahren sowohl die Straßenbahn als auch der Bus zu gleicher Zeit los. Ermittle, wie oft sich dies bis 9.30 Uhr wiederholt.

23. Der Gartenzaun von Familie Sommer muss erneuert werden. Sommers Garten ist 40 m lang und 12 m breit. Die Pfeiler des Zaunes sollen in gleichen Abständen gesetzt werden. Die Abstände zwischen zwei Pfeilern sollen jeweils Vielfache von 1 m sein.
    Familie Sommer überlegt nun, wie viele Pfeiler sie benötigt. Gode meint: „Wenn man den größtmöglichen Abstand zwischen jeweils zwei Pfeilern wählt, benötigt man 26 Pfähle." Prüfe, ob das stimmen kann. Begründe deine Entscheidung.

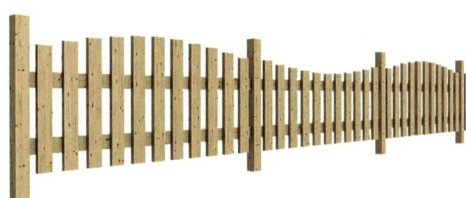

Wiederholungsaufgaben

1. Rechne in die nächstkleinere Einheit um.
   a) 2 €   b) 12 kg   c) 3 m   d) 3 dm^2 e) 1 ha   f) 2 m^3 g) 2 h

2. Auf einer Landkarte im Maßstab 1 : 100 000 ist ein Wanderweg von A-Dorf nach B-Dorf 7 cm lang. Wie lang ist die Strecke in Wirklichkeit?

3. Ulli hat in seiner Klasse nach Lieblingstieren gefragt. Die Antworten hat er in einer Häufigkeitstabelle zusammengefasst. Stelle den Sachverhalt in einem Säulendiagramm dar.

Lieblingstier	Häufigkeit
Hund	7
Katze	9
Pferd	3
Zwergkaninchen	3
Andere	4

4. Zeichne ein Schrägbild eines Würfels mit einer Kantenlänge von 2,00 m in einem geeigneten Maßstab in dein Heft.

Zusammenfassung

1. Teilbarkeit natürlicher Zahlen

Teiler, Vielfache, Primzahlen	Ist a : b mit b ≠ 0 eine natürliche Zahl, dann ist **a durch b teilbar**.	21 ist durch 7 teilbar, denn 21 : 7 = 3.
	Die natürliche Zahl a heißt **Vielfaches** der natürlichen Zahl b (b ≠ 0), wenn es eine natürliche Zahl n mit n ≥ 1 gibt, so dass gilt: **a = b · n**	21 ist ein Vielfaches von 7, denn 3 · 7 = 27.
	Die natürliche Zahl b heißt **Teiler** der natürlichen Zahl a (kurz: b | a) wenn a ein Vielfaches von b ist.	7 ist ein Teiler von 21 (7 | 21), denn 3 · 7 = 21. 5 ist kein Teiler von 9 (5 ∤ 9) (Es gibt keine natürliche Zahl n mit n ≥ 1, so dass gilt: 5 · n = 9)
	Alle Teiler einer Zahl n zusammen bilden die **Teilermenge** T_n dieser Zahl.	T_8 = {1; 2; 4; 8}; 2 ∈ T_8; 3 ∉ T_8; T_7 = {1; 7}
	Natürliche Zahlen, die genau zwei Teiler haben, heißen **Primzahlen**.	7 ist eine Primzahl, denn sie hat genau zwei Teiler, die Zahl 1 und die Zahl 7.
Teilbarkeitsregeln	**Endziffernregeln** Eine Zahl ist genau dann – durch 2 teilbar, wenn ihre letzte Ziffer eine 0, 2, 4, 6 oder 8 ist;	Durch 2 teilbar sind z. B. die Zahlen: 23**4**, 75**0**
	– durch 5 teilbar, wenn ihre letzte Ziffer eine 0 oder 5 ist;	Durch 5 teilbar sind z. B. die Zahlen: 87**0**, 98**5**
	– durch 10 teilbar, wenn ihre letzte Ziffer eine 0 ist.	Durch 10 teilbar sind z. B. die Zahlen: 7**0**, 92**0**
	Quersummenregel Eine Zahl ist genau dann durch 3 teilbar, wenn ihre Quersumme durch 3 teilbar ist.	Durch 3 teilbar ist z. B. die Zahl 162. Quersumme (1 + 6 + 2 = 9) ist durch 3 teilbar.
Primfaktorzerlegung	Natürliche Zahlen, die keine Primzahlen sind, lassen sich eindeutig als Produkt schreiben, dessen Faktoren Primzahlen sind. Solch ein Produkt heißt **Primfaktorzerlegung** der Zahl.	Primfaktorzerlegung der Zahlen 18 und 60: $18 = 2 \cdot 3 \cdot 3 = 2 \cdot 3^2$ $60 = 2 \cdot 2 \cdot 3 \cdot 5 = 2^2 \cdot 3 \cdot 5$
Größter gemeinsamer Teiler	Der **größte gemeinsame Teiler (ggT)** natürlicher Zahlen ist die größte Zahl, die alle diese Zahlen teilt.	ggT (18; 60) = 6, denn: T_{18} = {1; 2; 3; **6**; 9; 18} T_{60} = {1; 2; 3; 4; 5; **6**; 10; 12; 15; 20; 30; 60} oder Produkt der gemeinsamen Primfaktoren (mit ihrem jeweils kleinstem Exponenten) bilden: ggT(18; 60) = 2 · 3 = 6
	Ist der größte gemeinsame Teiler zweier Zahlen 1, so heißen die Zahlen **teilerfremd**.	Die Zahlen 6 und 25 sind teilerfremd: ggT (6; 25) = 1
Kleinstes gemeinsames Vielfaches	Das **kleinste gemeinsame Vielfache (kgV)** natürlicher Zahlen ist die kleinste Zahl, die Vielfaches dieser Zahlen ist.	kgV (18; 60) = 180 denn: Vielfache von 18: 18; 36; 54; 72; 90; 108; 126; 144; 162; **180**; 198; … Vielfache von 60: 60; 120; **180**; 240; … oder Produkt der gemeinsamen Primfaktoren mit ihrem jeweils höchstem Exponenten bilden: kgV (18; 60) = $2^2 \cdot 3^2 \cdot 5$ = 180

2. Gebrochene Zahlen

In einem Gewächshaus werden auf 0,5 ha verschiedene Gemüsesorten und mehrere Blumenarten bewässert. Auf $\frac{3}{5}$ der Fläche wächst Gemüse, $\frac{3}{4}$ davon sind Tomaten. Auf $\frac{2}{5}$ der Fläche wachsen Blumen, die Hälfte davon sind Rosen.

Dein Fundament

2. Gebrochene Zahlen

Lösungen
↗ S. 240

Kürzen und Erweitern von Brüchen

1. Kürze den Bruch vollständig.
   a) $\frac{6}{12}$ b) $\frac{12}{30}$ c) $\frac{72}{108}$ d) $\frac{144}{88}$ e) $\frac{15}{35}$

2. Erweitere den Bruch auf den Nenner 60.
   a) $\frac{1}{6}$ b) $\frac{5}{12}$ c) $\frac{3}{2}$ d) $\frac{3}{4}$ e) $\frac{16}{15}$

3. Erweitere oder kürze so, dass beide Brüche einen gemeinsamen Nenner haben.
   a) $\frac{1}{3}, \frac{1}{4}$ b) $\frac{3}{5}, \frac{4}{6}$ c) $\frac{3}{6}, \frac{8}{12}$ d) $\frac{3}{5}, \frac{2}{10}$ e) $\frac{3}{4}, \frac{5}{6}$

4. Kürze soweit wie möglich.
   a) $\frac{8}{12}$ b) $\frac{12}{18}$ c) $\frac{70}{100}$ d) $\frac{21}{42}$ e) $\frac{60}{100}$

Addieren und Subtrahieren gleichnamiger Brüche

5. Rechne im Kopf.
   a) $\frac{1}{5} + \frac{3}{5}$ b) $\frac{3}{7} + \frac{2}{7}$ c) $\frac{2}{11} + \frac{3}{11} + \frac{5}{11}$ d) $\frac{1}{8} + \frac{3}{8}$ e) $\frac{2}{9} + \frac{2}{9} + \frac{2}{9}$
   f) $\frac{4}{5} - \frac{3}{5}$ g) $\frac{3}{8} - \frac{1}{8}$ h) $\frac{7}{8} - \frac{2}{8}$ i) $\frac{5}{9} - \frac{2}{9}$ j) $\frac{7}{12} - \frac{1}{12}$

6. Zeichne zu jeder Teilaufgabe die gegebene Fläche in dein Heft.
   Färbe den Anteil der Fläche rot, der sich ergibt, wenn
   du zum ersten Anteil den zweiten Anteil hinzufügst.
   Welcher Anteil der Gesamtfläche ist rot gefärbt?
   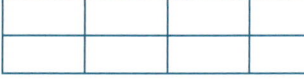
   a) $\frac{1}{8}, \frac{3}{8}$ b) $\frac{5}{8}, \frac{1}{8}$ c) $\frac{4}{8}, \frac{3}{8}$

7. Zeichne zu jeder Teilaufgabe die gegebene Fläche in dein Heft.
   Färbe den Anteil der Fläche blau, der sich ergibt,
   wenn du den zweiten Anteil vom ersten abziehst.
   Welcher Anteil der Gesamtfläche ist blau gefärbt?
   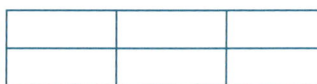
   a) $\frac{5}{6}, \frac{1}{6}$ b) $\frac{4}{6}, \frac{2}{6}$ c) $\frac{5}{6}, \frac{4}{6}$

8. Rechne im Kopf.
   a) $\frac{1}{4} + \frac{1}{4} + \frac{1}{4} + \frac{1}{4}$ b) $\frac{1}{2} + \frac{1}{2} + \frac{1}{2}$ c) $\frac{2}{3} + \frac{2}{3} + \frac{2}{3} + \frac{2}{3} + \frac{2}{3}$ d) $\frac{3}{5} + \frac{4}{5} - \frac{2}{5}$

9. Rechne im Kopf.
   a) $\frac{5}{8} - \frac{3}{8}$ b) $\frac{5}{9} + \frac{1}{9}$ c) $\frac{7}{12} + \frac{3}{12}$ d) $\frac{4}{5} - \frac{3}{5}$ e) $\frac{5}{6} - \frac{1}{6}$ f) $\frac{11}{7} - \frac{3}{7} + \frac{1}{7}$

Addieren und Subtrahieren von Dezimalbrüchen

10. Addiere im Kopf.
    a) 3,4 + 2,5   b) 2,3 + 0,12   c) 11,7 + 2,4   d) 10,4 + 6,6   e) 45,07 + 0,3

11. Subtrahiere im Kopf.
    a) 5,8 − 1,2   b) 12,6 − 0,8   c) 11,2 − 1,3   d) 12,3 − 0,03   e) 1,85 − 0,07

Dein Fundament

12. Rechne schriftlich. Führe zunächst einen Überschlag durch.
 a) 3,72 + 9,67   b) 12,67 − 9,89   c) 34,78 + 19,32   d) 123,03 − 99,5   e) 234,07 + 19,94

Multiplizieren von Dezimalbrüchen

13. Rechne im Kopf.
 a) 1,7 · 2   b) 1,3 · 0,2   c) 0,11 · 0,03   d) 12 · 0,5   e) 0,3 · 0,3
 f) 2,32 · 10   g) 12,3 · 0,1   h) 1,2 · 1,2   i) 2 · 0,8   j) 0,09 · 0,7

14. Setze das Komma im Ergebnis an die richtige Stelle. Füge, falls nötig, noch Nullen ein.
 a) 3,2 · 2,4 = 768   b) 0,1 · 0,97 = 97   c) 3,0 · 1,97 = 591   d) 5,1 · 0,123 = 6273

15. Rechne schriftlich. Führe zunächst einen Überschlag durch.
 a) 2,63 · 3,1   b) 7,9 · 2,05   c) 0,49 · 0,12   d) 2,61 · 0,048   e) 4,6 · 18

Kurz und knapp

16. Gib als unechten Bruch an.
 a) $2\frac{1}{3}$ b) $3\frac{3}{4}$ c) $5\frac{2}{5}$ d) $1\frac{2}{7}$ e) $1\frac{5}{6}$ f) $1\frac{1}{2}$

17. Wandle in einen Bruch um.
 a) 0,5   b) 3,2   c) 0,12   d) 1,75   e) 0,2   f) 0,125

18. Schreibe als Zehnerbruch und als Dezimalbruch.
 a) $\frac{4}{5}$ b) $\frac{1}{4}$ c) $\frac{5}{2}$ d) $\frac{7}{25}$ e) $\frac{12}{40}$ f) $\frac{7}{20}$

19. Ermittle das kleinste gemeinsame Vielfache der beiden Zahlen.
 a) 2 und 3   b) 4 und 8   c) 6 und 4   d) 10 und 15   e) 3 und 4

20. Runde die gegebene Zahl sowohl auf Zehntel als auch auf Hundertstel.
 a) 2,456   b) 12,7849   c) 0,994   d) 2,995   e) 17,089

21. Beantworte die Frage mithilfe der Skizze.
 a) Wie oft passt $\frac{1}{2}$ in zwei Ganze?   b) Wie oft passt $\frac{1}{3}$ in zwei Ganze?

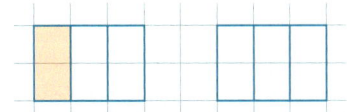

 c) Wie oft passen $\frac{2}{3}$ in zwei Ganze?   d) Wie oft passen $\frac{3}{4}$ in drei Ganze?

22. Wie oft muss man von der Zahl 3
 a) $\frac{1}{2}$ subtrahieren, um 0 zu erhalten?   b) $\frac{1}{4}$ subtrahieren, um 0 zu erhalten?

2.1 Gebrochene Zahlen darstellen und untersuchen

■ Kai hat auf einem Zahlenstrahl die Zahlen $\frac{2}{5}$, $\frac{4}{10}$, $\frac{8}{20}$ und 0,4 dargestellt. Er wundert sich:
„Ich habe vier verschiedene Brüche und sogar einen Dezimalbruch dargestellt, aber bei allen vier Zahlen denselben Punkt auf dem Zahlenstrahl markiert."

Hat Kai wirklich vier verschiedene Zahlen dargestellt? ■

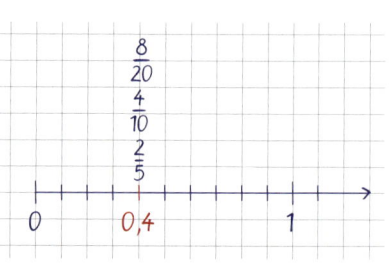

Der Bruch $\frac{2}{5}$ lässt sich auf verschiedene Weise veranschaulichen.

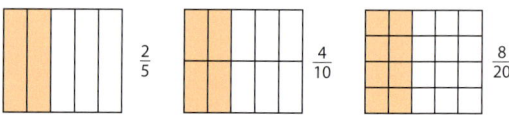

Wissen: Gebrochene Zahlen

Brüchen, die durch Kürzen oder Erweitern auseinander hervorgehen, wird auf dem Zahlenstrahl derselbe Punkt zugeordnet.
Alle solche Brüche und gleichwertige Dezimalbrüche bezeichnen dieselbe **gebrochene Zahl**.

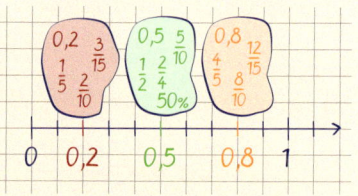

Alle gebrochenen Zahlen bilden die **Menge der gebrochenen Zahlen** $\mathbb{Q}_+$.
Brüche mit dem Nenner 1 sind gebrochene Zahlen, die auch natürliche Zahlen sind.

Erinnere dich:
Zehnerbrüche sind Brüche mit den Nennern:
10, 100, 1000, …
Zehnerbrüche und Dezimalbrüche können leicht ineinander umgewandelt werden.

Beispiel 1: Gib zu jeder gebrochenen Zahl drei gleichwertige Brüche und, wenn möglich, einen Dezimalbruch an.   a) $\frac{1}{2}$ b) 0,25   c) $\frac{1}{3}$

Lösung:

a) Die gebrochene Zahl ist als Bruch $\frac{1}{2}$ gegeben. Durch Erweitern des Bruches kannst du weitere gleichwertige Brüche angeben. Stelle den Bruch auch als Zehnerbruch (mit dem Nenner 10) und als Dezimalbruch (mit Komma) dar.

$\frac{1}{2} = \frac{2}{4} = \frac{3}{6} = \ldots$

$\frac{1}{2} = \frac{5}{10} = 0{,}5$

b) Die gebrochene Zahl ist als Dezimalbruch 0,25 gegeben. Schreibe den Dezimalbruch als Zehnerbruch (mit dem Nenner 100). Durch Kürzen oder Erweitern findest du gleichwertige Brüche.

$0{,}25 = \frac{25}{100}$

$\frac{25}{100} = \frac{5}{20} = \frac{1}{4} = \frac{2}{8}$

Hinweis:
Es gibt Brüche, die sich nicht als Zehnerbrüche schreiben lassen, beispielsweise:
$\frac{1}{3}$, $\frac{1}{7}$, $\frac{2}{13}$

c) Die gebrochene Zahl ist als Bruch $\frac{1}{3}$ gegeben. Durch Kürzen oder Erweitern findest du gleichwertige Brüche. Der Bruch $\frac{1}{3}$ lässt sich nicht als Zehnerbruch und damit auch nicht als endlicher Dezimalbruch angeben.

$\frac{1}{3} = \frac{2}{6} = \frac{3}{9} = \frac{4}{12} = \ldots$

Basisaufgaben

1. Gib zu jeder gebrochenen Zahl drei gleichwertige Brüche und, wenn möglich, einen Dezimalbruch an.

   a) $\frac{1}{5}$ b) $\frac{9}{10}$ c) $\frac{3}{2}$ d) $\frac{7}{25}$ e) $\frac{5}{7}$ f) $\frac{112}{100}$ g) $\frac{3}{100}$

2.1 Gebrochene Zahlen darstellen und untersuchen

2. Gib zu jedem Dezimalbruch zwei Brüche an, die zur gleichen gebrochenen Zahl gehören.
   a) 0,6   b) 0,16   c) 1,5   d) 0,2   e) 1,25   f) 0,12   g) 0,1

3. Gib für jeden Buchstaben einen Bruch und einen Dezimalbruch an.

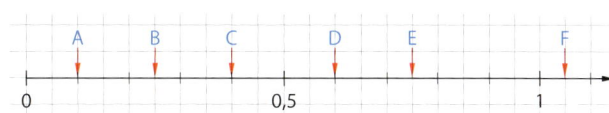

4. Schreibe auf, welcher Bruch und welcher Dezimalbruch dieselbe Zahl darstellen.
   Brüche: $\frac{1}{2}, \frac{1}{4}, \frac{3}{4}, \frac{2}{5}, \frac{1}{8}, \frac{1}{10}$ Dezimalbrüche: 0,1; 0,125; 0,25; 0,4; 0,5; 0,75

5. Prüfe, ob die beiden Zahlen dieselbe gebrochene Zahl darstellen und begründe das.
   a) $\frac{2}{3}$ und $\frac{14}{21}$ b) 0,6 und $\frac{3}{5}$ c) $\frac{12}{10}$ und 0,12   d) $\frac{17}{100}$ und 0,17   e) 1,4 und $\frac{7}{5}$

Weiterführende Aufgaben

6. **Durchblick:** Gib zu jeder Zahl drei gleichwertige Brüche und, wenn möglich, einen Dezimalbruch an. Beschreibe dein Vorgehen. Orientiere dich am Beispiel 1 auf Seite 24.
   a) $\frac{1}{4}$ b) 0,2   c) $\frac{2}{7}$ d) $\frac{11}{10}$ e) $\frac{3}{20}$ f) 1,4   g) $1\frac{3}{25}$

7. Stelle folgende Zahlen auf einem Zahlenstrahl dar. Verwende für eine Einheit 10 cm.
   a) 1,4   b) $\frac{3}{4}$ c) $\frac{2}{5}$ d) 0,75   e) 0,4   f) $\frac{5}{10}$ g) $\frac{7}{5}$ h) $\frac{4}{10}$ i) $\frac{3}{6}$ j) $1\frac{4}{10}$ k) 0,5

8. **Stolperstelle:** Prüfe, ob die Aussage wahr ist. Begründe deine Entscheidung.
   a) $\frac{1}{4}$ m = 0,25 m   b) $\frac{3}{4}$ m² = 0,75 m³   c) $\frac{1}{5}$ m² = 1,5 m²   d) 0,8 kg = $\frac{4}{5}$ kg   e) 0,5 h = $\frac{2}{4}$ h

9. Stelle, wenn möglich, die gebrochene Zahl $\frac{2}{3}$ durch einen Bruch mit dem Nenner 6 (8; 12; 14; 15; 17) dar. Erläutere dein Vorgehen.

10. Gib an, welche Brüche jeweils zu ein und derselben gebrochenen Zahl gehören.
    a) $\frac{3}{4}; \frac{2}{8}; \frac{75}{100}; \frac{12}{16}; \frac{12}{15}$ b) $\frac{2}{3}; \frac{3}{9}; \frac{22}{33}; \frac{8}{12}; \frac{12}{22}$ c) $\frac{5}{60}; \frac{3}{5}; \frac{1}{12}; \frac{3}{15}; \frac{6}{10}; \frac{3}{36}$

11. Schreibe jeweils den Anteil mithilfe einer gebrochenen Zahl auf.
    a) Von 12 Mädchen der Klasse 6a singen 6 im Schulchor mit.
    b) Von 20 Schokoherzen sind noch 4 übrig.
    c) Von 100 Schülern kommt jeder 4. Schüler mit dem Fahrrad zur Schule.

12. Gib die gebrochene Zahl $\frac{3}{5}$ durch einen Bruch mit dem angegebenen Zähler an.
    a) 6   b) 12   c) 21   d) 39   e) 15   f) 18

13. Überprüfe auf Fehler. Korrigiere, falls erforderlich.
    a) $\frac{2}{5} = 0,4$ b) $\frac{1}{4} = \frac{25}{10}$ c) $0,7 = \frac{70}{100}$ d) $\frac{54}{10} = 5,4$ e) $\frac{321}{100} = 0,321$

14. **Ausblick:** Mit welchem Mengenbild können die beiden Mengen dargestellt werden?
    a) A: Menge aller geraden Zahlen.
       B: Menge aller Vielfachen von 6.
    b) C: Menge aller Brüche, die durch Erweitern aus $\frac{1}{4}$ entstanden sind.
       D: Menge aller Brüche die durch Kürzen aus $\frac{30}{60}$ hervorgegangen sind.
    c) E: Menge aller natürlichen Zahlen.
       F: Menge aller gebrochenen Zahlen.

2.2 Gebrochene Zahlen vergleichen und ordnen

■ Ein König verfügt über ein Vermögen von 3 Mill. Gulden. Er entscheidet in seinem Testament, dass seine vier Söhne Josef, Otto, Paul und Wilhelm wie folgt erben sollen: Josef, der älteste der Söhne, bekommt $\frac{7}{24}$ von den 3 Mill. Gulden; Otto erhält 0,685 Mill. Gulden; Paul 0,69 Mill. Gulden und der jüngste Sohn Wilhelm $\frac{1}{4}$ vom Gesamtbetrag.

a) Prüfe, ob Josef oder Wilhelm mehr bekommt.
b) Prüfe, ob Otto oder Paul weniger bekommt.
c) Entscheide, wer am meisten und wer am wenigsten bekommt. ■

Gebrochene Zahlen können als Brüche und als Dezimalbrüche geschrieben werden.

Erinnere dich:
Von zwei gleichnamigen Brüchen ist der Bruch mit dem kleineren Zähler der kleinere.

Zwei Brüche können verglichen werden, wenn sie gleichnamig sind:
$\frac{1}{4} < \frac{7}{24}$, denn $\frac{1}{4} = \frac{6}{24}$ und $\frac{6}{24} < \frac{7}{24}$

Zwei Dezimalbrüche können stellenweise von links nach rechts verglichen werden:
0,685 < 0,69, denn 8 Hundertstel sind kleiner als 9 Hundertstel.

> **Wissen: Gebrochene Zahlen vergleichen**
> Von zwei gebrochenen Zahlen ist diejenige Zahl kleiner, die auf dem Zahlenstrahl weiter links liegt.
>
>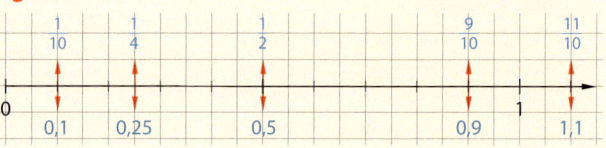
>
> Zum Vergleichen können gebrochene Zahlen in gleicher Form dargestellt werden, entweder als Bruch oder als Dezimalbruch.

Beispiel 1: Vergleiche beide Zahlen miteinander.
a) $\frac{4}{5}$ und 0,85   b) $\frac{2}{3}$ und 0,6   c) 3,5 und $\frac{23}{24}$

Lösung:

a) *Weg 1:* Schreibe 0,85 als Bruch. Mache die Brüche gleichnamig und vergleiche.

$0,85 = \frac{85}{100} = \frac{17}{20}$
$\frac{4}{5} = \frac{16}{20}$
$\frac{4}{5} < 0,85$; da $\frac{16}{20} < \frac{17}{20}$

Weg 2: Schreibe $\frac{4}{5}$ als Dezimalbruch und vergleiche.

$\frac{4}{5} = \frac{8}{10} = 0,8$
$\frac{4}{5} < 0,85$; da $0,8 < 0,85$

b) *Weg 1:* Schreibe 0,6 als Bruch. Mache die Brüche gleichnamig und vergleiche.

$0,6 = \frac{6}{10} = \frac{3}{5} = \frac{9}{15}$
$\frac{2}{3} = \frac{10}{15}$
$\frac{2}{3} > 0,6$; da $\frac{10}{15} > \frac{9}{15}$

Weg 2: $\frac{2}{3}$ ist nicht als Zehnerbruch und somit nicht als endlicher Dezimalbruch darstellbar.

c) 3,5 ist größer als 1 und $\frac{23}{24}$ ist kleiner als 1. $3,5 > \frac{23}{24}$

2.2 Gebrochene Zahlen vergleichen und ordnen

Basisaufgaben

1. Vergleiche beide Brüche miteinander. Wandle dazu den Dezimalbruch in einen Bruch um.
   a) 0,7 und $\frac{2}{3}$ b) 0,6 und $\frac{1}{6}$ c) $\frac{7}{20}$ und 0,35   d) 1,1 und $\frac{6}{5}$ e) $\frac{3}{5}$ und 0,57
   f) 1,9 und $\frac{9}{7}$ g) 0,85 und $\frac{7}{8}$ h) 1,4 und $\frac{6}{5}$ i) 0,7 und $\frac{6}{7}$ j) $\frac{9}{8}$ und 1,1

2. Vergleiche beide Brüche miteinander. Wandle dazu den Bruch in einen Dezimalbruch um.
   a) $\frac{3}{10}$ und 0,129   b) $\frac{9}{20}$ und 0,467   c) $\frac{26}{25}$ und 1,1   d) $\frac{23}{4}$ und 2,637   e) 0,75 und $\frac{59}{1000}$
   f) 0,99 und $\frac{24}{25}$ g) $\frac{8}{10}$ und 0,79   h) $\frac{1}{4}$ und 0,25   i) $\frac{18}{5}$ und 3,9   j) $\frac{3}{8}$ und 0,369

3. Vergleiche die Zahlen miteinander.
   a) $\frac{7}{3}$ und $\frac{9}{4}$ b) 1,98 und 1,89   c) $\frac{7}{30}$ und 0,25   d) $\frac{4}{5}$ und 0,95   e) 1,49 und $\frac{3}{2}$
   f) 0,48 und $\frac{12}{25}$ g) $\frac{1}{7}$ und 0,14   h) 4,3 und $\frac{4}{3}$ i) $\frac{9}{10}$ und 0,91   j) 0,4 und $\frac{7}{8}$
   k) $\frac{11}{20}$ und 0,54   l) $\frac{4}{5}$ und 1,7   m) 0,489 und $\frac{13}{25}$ n) $\frac{7}{10}$ und $1\frac{2}{7}$ o) 0,8 und $\frac{5}{6}$

Weiterführende Aufgaben

4. **Durchblick:** Vergleiche die Zahlen miteinander. Beschreibe, wie du vorgegangen bist. Orientiere dich am Beispiel 1 auf Seite 26.
   a) $\frac{3}{5}$ und 0,79   b) 0,75 und $\frac{17}{20}$ c) $\frac{3}{7}$ und 0,4   d) 2,7 und $\frac{5}{8}$

   Hinweis zu 6:
   Der Apfel enthält die Ergebnisse.

5. Stelle die Brüche 0,5; $\frac{2}{5}$; 0,75; $\frac{7}{5}$; $\frac{7}{10}$ und $\frac{1}{4}$ auf einem Zahlenstrahl dar. Ordne die Brüche dann der Größe nach. Beginne mit der kleinsten Zahl.

6. Übertrage ins Heft und setze für ■ eines der Zeichen =, < oder > so ein, dass eine wahre Aussage entsteht.
   a) 0,6 ■ $\frac{5}{6}$ b) $\frac{18}{10}$ ■ 1,08   c) 1,14 ■ $\frac{3}{2}$ d) $\frac{5}{4}$ ■ 1,25   e) $\frac{7}{10}$ ■ 0,7

7. Überprüfe und korrigiere, falls erforderlich.
   a) $\frac{6}{7} < \frac{3}{4}$ b) 0,789 > 0,779   c) 0,5 > $\frac{3}{8}$ d) $\frac{9}{10}$ = 0,9   e) $\frac{6}{5}$ < 1,02
   f) $\frac{3}{17} < \frac{3}{25}$ g) 0,789 < $\frac{78}{100}$ h) $\frac{1}{8}$ = 0,125   i) $\frac{18}{10} < \frac{10}{18}$ j) 2,37 > $\frac{32}{10}$

8. Prüfe, ob die Zahl kleiner als 0,5 ist. Begründe deine Antwort.
   a) 0,699   b) $\frac{47}{100}$ c) 1,05   d) $\frac{7}{20}$ e) $\frac{3}{7}$

9. Setze für x einen echten Bruch mit dem Nenner 12 ein, sodass eine wahre Aussage entsteht.
   a) x < $\frac{2}{3}$ b) x < 0,5   c) 0,75 < x   d) 0,8 > x   e) 0,25 > x
   f) x < 0,24   g) x < $\frac{1}{6}$ h) $\frac{2}{3}$ < x   i) 0,1 > x   j) x < $\frac{1}{5}$

10. Überprüfe und begründe deine Entscheidung.
    a) Wenn a > b und c ≠ 0, dann gilt: $\frac{a}{c} > \frac{b}{c}$
    b) Wenn a < b und sowohl a ≠ 0 als auch b ≠ 0, dann gilt: $\frac{a}{b} > \frac{b}{a}$
    c) Wenn b < a und sowohl a ≠ 0 als auch b ≠ 0, dann gilt: $\frac{a}{b} > \frac{b}{a}$

11. **Stolperstelle:** Überprüfe und korrigiere, falls die Aussage falsch ist.
    a) Fünf Siebentel sind kleiner als drei Achtel.   b) Sechs Sechstel sind größer als drei Drittel.
    c) Elf Fünftel sind kleiner als zwölf Neuntel.   d) Sechs Siebentel sind kleiner als eins.
    e) Drei Komma null vier ist kleiner als drei Komma eins.

12. Ersetze ■ im Heft so durch eine Ziffer oder Zahl, dass eine wahre Aussage entsteht.

a) 12,■4 < 12,14 b) 1,■ < $\frac{18}{15}$ c) $\frac{■}{6}$ = 1,5 d) $\frac{5}{4}$ > ■,25

e) 2,4 = $\frac{12}{■}$ f) 0,■ > $\frac{4}{5}$ g) 3,6 = $\frac{■}{5}$ h) ■,125 < $\frac{9}{8}$

i) $8\frac{3}{4}$ < ■,7 j) $\frac{9}{10}$ > 0,■4 k) $2\frac{4}{3}$ < $\frac{■}{3}$ l) $\frac{10}{9}$ < 1,■1

13. Ordne die Zahlen der Größe nach. Beginne mit der kleinsten Zahl.

a) 0,75; $\frac{1}{2}$; 0,3 b) $2\frac{1}{5}$; 1,99; $\frac{7}{8}$ c) 0,5; $\frac{1}{4}$; $\frac{1}{3}$ d) 0,3; 0,04; $\frac{1}{4}$

e) 0,99; $\frac{11}{10}$; 1,2 f) $\frac{3}{4}$; $\frac{3}{5}$; 0,7 g) $\frac{1}{2}$; 0,7; $\frac{1}{9}$ h) 0,3; 0,03; $\frac{1}{3}$

i) $\frac{4}{10}$; $\frac{3}{5}$; 1,05 j) 0,6; $\frac{3}{4}$; 0,7 k) $\frac{5}{3}$; $1\frac{2}{3}$; 1,6 l) 0,3; $\frac{1}{3}$; 0,333

Hinweis zu 14:
Lösungen von a) bis e) findest du in der Lampe.

14. Gib eine gebrochene Zahl an, die kleiner als die gegebene Zahl ist.

a) $\frac{1}{4}$ b) 0,0007 c) $\frac{1}{1000}$ d) 0,00001 e) $\frac{1}{8}$

f) 0,1 g) $\frac{1}{100}$ h) 1,1 i) $\frac{1}{6}$ j) $\frac{1}{3}$

15. Was ist mehr?

a) $\frac{6}{7}$ von 21 m oder $\frac{1}{2}$ von 36 m b) 50 % von 5 kg oder $\frac{1}{2}$ von 6 kg

c) $\frac{3}{8}$ von 40 m oder 25 % von 20 m d) 10 % von 60 km oder $\frac{1}{10}$ von 60 km

16. Ordne die Größenangaben. Beginne mit der kleinsten Größenangabe.

a) 3 km; $1\frac{3}{4}$ km; 500 m; $\frac{1}{4}$ km; $\frac{4}{5}$ km b) 5,67 m; $5\frac{3}{4}$ m; $5\frac{2}{5}$ m; 570 cm; $5\frac{1}{2}$ m

c) 0,8 g; $\frac{1}{2}$ g; $\frac{3}{8}$ g; 250 mg; 0,75 g d) $\frac{2}{3}$ h; 50 min; 0,5 h; 20 min; $\frac{3}{4}$ h

17. Vergleiche die beiden Größenangaben miteinander.

a) $\frac{1}{2}$ m und $\frac{3}{4}$ m b) $\frac{1}{4}$ kg und 200 g c) $\frac{1}{10}$ km und 100 m d) $\frac{2}{3}$ h und $\frac{3}{4}$ h

e) $\frac{1}{8}$ m und 0,5 m f) $1\frac{1}{2}$ km und 750 m g) 0,5 m und $\frac{1}{3}$ m h) $\frac{3}{8}$ ℓ und 0,25 ℓ

18. Betrachte die Tabelle und beantworte folgende Fragen.

	A	B	C	D	E
1	$\frac{1}{1}$	$\frac{2}{1}$	$\frac{3}{1}$	$\frac{4}{1}$	$\frac{5}{1}$
2	$\frac{1}{2}$	$\frac{2}{2}$	$\frac{3}{2}$	$\frac{4}{2}$	$\frac{5}{2}$
3	$\frac{1}{3}$	$\frac{2}{3}$	$\frac{3}{3}$	$\frac{4}{3}$	$\frac{5}{3}$
4	$\frac{1}{4}$	$\frac{2}{4}$	$\frac{3}{4}$	$\frac{4}{4}$	$\frac{5}{4}$
5	$\frac{1}{5}$	$\frac{2}{5}$	$\frac{3}{5}$	$\frac{4}{5}$	$\frac{5}{5}$

a) Beschreibe, wie die Tabelle aufgebaut ist.
b) Wo steht in jeder Zeile die kleinste, wo die größte gebrochene Zahl?
c) Wo steht in jeder Spalte die kleinste, wo die größte gebrochene Zahl?
d) In welchen Zeilen findest du gebrochene Zahlen, die kleiner als $\frac{1}{3}$ sind?
e) In welchen Spalten findest du gebrochene Zahlen, die kleiner als 0,5 sind?
f) Gib alle gebrochenen Zahlen an, die größer als 1,5 sind.

19. Ausblick: Setze für y eine gebrochene Zahl so ein, dass eine wahre Aussage entsteht.

a) 0 < y < $\frac{1}{4}$ b) $\frac{1}{4}$ < y < 0,5 c) 0,7 < y < 0,8 d) $\frac{3}{4}$ < y < 0,8 e) $\frac{9}{10}$ < y < 1

2.3 Gebrochene Zahlen addieren und subtrahieren

■ Nach Katrins Geburtstagsfeier blieben in einer Saftpackung $\frac{1}{4}$ Liter und in der anderen Saftpackung $\frac{2}{3}$ Liter Orangensaft übrig. Der Inhalt beider Saftpackungen soll nun in einen Krug mit einem Fassungsvermögen von 1 Liter gefüllt werden.

Was meinst du, ob der Saft überläuft? ■

Um das vorher zu prüfen, könnte Petra die Brüche $\frac{1}{4}$ und $\frac{2}{3}$ gleichnamig machen, und dann die Summe bilden.

$\frac{1}{4} + \frac{2}{3} = \frac{3}{12} + \frac{8}{12} = \ldots$ oder $\frac{1}{4} + \frac{2}{3} = \frac{6}{24} + \frac{16}{24} = \ldots$

Ungleichnamige Brüche addieren und subtrahieren

> **Wissen: Regeln zum Addieren und Subtrahieren ungleichnamiger Brüche**
> Mache zum **Addieren (Subtrahieren) ungleichnamige Brüche**
> – die Brüche gleichnamig und
> – addiere (subtrahiere) die gleichnamigen Brüche.

Erinnere dich:
$\frac{a}{n} + \frac{b}{n} = \frac{a+b}{n}$

Um Brüche gleichnamig zu machen, kann das kleinste gemeinsame Vielfache (kgV) der Nenner als gemeinsamer Nenner der Brüche gewählt werden. Dieser Nenner heißt **Hauptnenner**.

Beispiel 1: Löse die Aufgabe.

a) $\frac{1}{2} + \frac{2}{3}$ b) $\frac{5}{6} - \frac{1}{4}$ c) $1\frac{1}{3} + \frac{2}{5}$

Hinweis:
Unechte Brüche können auch als gemischte Zahlen angegeben werden.

Lösung:

a) Ermittle den Hauptnenner und mache die Brüche gleichnamig. Erweitere zuerst $\frac{1}{2}$ mit 3 und $\frac{2}{3}$ mit 2. Addiere dann die Zähler und behalte den gemeinsamen Nenner bei.

$\frac{1}{2} + \frac{2}{3} = \frac{3}{6} + \frac{4}{6}$ kgV (2; 3) = 6
$\frac{3}{6} + \frac{4}{6} = \frac{3+4}{6} = \frac{7}{6}$

b) Ermittle den Hauptnenner und mache die Brüche gleichnamig. Subtrahiere die Zähler und behalte den gemeinsamen Nenner bei.

$\frac{5}{6} - \frac{1}{4} = \frac{10}{12} - \frac{3}{12}$ kgV (6; 4) = 12
$\frac{10}{12} - \frac{3}{12} = \frac{10-3}{12} = \frac{7}{12}$

c) Schreibe die gemischte Zahl als unechten Bruch und verfahre dann wie beim Lösen der Aufgabe a).

$1\frac{1}{3} + \frac{2}{5} = \frac{4}{3} + \frac{2}{5} = \frac{20}{15} + \frac{6}{15}$ kgV (3; 5) = 15
$\frac{20}{15} + \frac{6}{15} = \frac{20+6}{15} = \frac{26}{15}$

Basisaufgaben

1. Berechne die Summe und kürze, falls möglich, das Ergebnis.

a) $\frac{1}{4} + \frac{2}{3}$ b) $\frac{1}{3} + \frac{5}{6}$ c) $\frac{3}{5} + \frac{3}{20}$ d) $\frac{3}{4} + \frac{1}{20}$ e) $\frac{5}{6} + \frac{1}{4}$
f) $\frac{3}{20} + \frac{4}{5}$ g) $\frac{7}{9} + \frac{5}{6}$ h) $\frac{4}{6} + \frac{5}{21}$ i) $\frac{5}{7} + \frac{0}{3}$ j) $\frac{3}{6} + \frac{7}{14}$
k) $\frac{2}{7} + \frac{1}{4}$ l) $\frac{3}{4} + \frac{1}{6}$ m) $\frac{3}{10} + \frac{3}{100}$ n) $\frac{5}{12} + \frac{8}{15}$ o) $\frac{1}{2} + \frac{5}{10}$

2. Berechne die Differenz und kürze, falls möglich, das Ergebnis.

a) $\frac{2}{3} - \frac{1}{6}$ b) $\frac{2}{3} - \frac{1}{4}$ c) $\frac{7}{9} - \frac{5}{12}$ d) $\frac{7}{12} - \frac{1}{13}$ e) $\frac{3}{4} - \frac{6}{8}$
f) $\frac{7}{12} - \frac{2}{5}$ g) $\frac{4}{6} - \frac{3}{9}$ h) $\frac{1}{2} - \frac{1}{3}$ i) $\frac{5}{6} - \frac{0}{12}$ j) $\frac{9}{10} - \frac{1}{2}$

3. Löse die Aufgabe.
   a) $1\frac{1}{2} + \frac{3}{8}$
   b) $\frac{2}{5} + 1\frac{2}{3}$
   c) $2\frac{3}{4} + \frac{1}{8}$
   d) $3\frac{2}{3} + 1\frac{1}{6}$
   e) $4\frac{1}{2} + 3\frac{1}{4}$
   f) $5\frac{3}{8} - \frac{3}{4}$
   g) $2\frac{3}{5} - \frac{3}{10}$
   h) $1\frac{2}{3} - \frac{8}{9}$
   i) $2\frac{3}{7} - 1\frac{1}{2}$
   j) $4\frac{1}{2} - 3\frac{1}{4}$

Gebrochene Zahlen addieren und subtrahieren

Erinnere dich:
Dezimalbrüche werden wie natürliche Zahlen stellengerecht addiert bzw. subtrahiert:

```
  0,75      1,50
+ 0,30    - 0,25
  ----      ----
  1,05      1,25
```

Gebrochene Zahlen können als Brüche und als Dezimalbrüche geschrieben werden. Dezimalbrüche kannst du bereits addieren und subtrahieren:
$0{,}75 + 0{,}3 = 1{,}05$ und $1{,}5 - 0{,}25 = 1{,}25$

Dezimalbrüche können in Brüche umgewandelt werden:
$0{,}3 = \frac{3}{10}$; $0{,}75 = \frac{3}{4}$; $1{,}5 = \frac{3}{2}$; $0{,}25 = \frac{1}{4}$

Beispiele: $0{,}75 + 0{,}3 = \frac{3}{4} + \frac{3}{10} = \frac{15}{20} + \frac{6}{20} = \frac{21}{20} = 1{,}05$

$\frac{3}{2} - \frac{1}{4} = \frac{6}{4} - \frac{1}{4} = \frac{5}{4} = 1\frac{1}{4} = 1{,}25$

> **Wissen: Regel zum Addieren und Subtrahieren gebrochener Zahlen**
> Treten beim Addieren oder Subtrahieren sowohl Brüche als auch Dezimalbrüche auf, wandle die Zahlen so um, dass nur eine Darstellungsform auftritt.

Beispiel 2: Löse die Aufgabe.   a) $0{,}2 + \frac{1}{2}$ b) $1{,}2 - \frac{3}{4}$ c) $0{,}5 + \frac{1}{3}$

Lösung:

a) *Weg 1:* Schreibe 0,2 als Bruch und addiere dann.

$0{,}2 = \frac{2}{10} = \frac{1}{5}$
$0{,}2 + \frac{1}{2} = \frac{1}{5} + \frac{1}{2} = \frac{2}{10} + \frac{5}{10} = \frac{7}{10}$

Weg 2: Schreibe $\frac{1}{2}$ als Dezimalbruch und addiere dann.

$\frac{1}{2} = 0{,}5$
$0{,}2 + 0{,}5 = 0{,}7$

b) *Weg 1:* Schreibe 1,2 als Bruch und subtrahiere dann.

$1{,}2 = \frac{12}{10} = \frac{6}{5}$
$1{,}2 - \frac{3}{4} = \frac{6}{5} - \frac{3}{4} = \frac{24}{20} - \frac{15}{20} = \frac{9}{20}$

Weg 2: Schreibe $\frac{3}{4}$ als Dezimalbruch und subtrahiere dann.

$\frac{3}{4} = 0{,}75$
$1{,}2 - 0{,}75 = 0{,}45$

c) *Weg 1:* Schreibe 0,5 als Bruch und addiere dann.

$0{,}5 = \frac{1}{2}$
$0{,}5 + \frac{1}{3} = \frac{1}{2} + \frac{1}{3} = \frac{3}{6} + \frac{2}{6} = \frac{5}{6}$

Weg 2: $\frac{1}{3}$ ist nicht als Zehnerbruch und somit nicht als endlicher Dezimalbruch darstellbar.

Basisaufgaben

4. Wandle die Dezimalbrüche in Brüche um und berechne.
   a) $0{,}5 + \frac{1}{6}$
   b) $\frac{7}{8} - 0{,}2$
   c) $\frac{2}{3} - 0{,}1$
   d) $\frac{4}{5} + 0{,}25$
   e) $1{,}5 - \frac{2}{5}$
   f) $\frac{3}{7} + 1{,}2$
   g) $1\frac{1}{3} - 0{,}75$
   h) $\frac{2}{5} - 0{,}4$
   i) $0{,}3 + \frac{3}{5}$
   j) $1{,}4 - \frac{2}{3}$

5. Wandle die Brüche in Dezimalbrüche um und berechne.
   a) $\frac{1}{2} - 0{,}2$
   b) $0{,}9 - \frac{2}{5}$
   c) $\frac{3}{10} - 0{,}3$
   d) $\frac{3}{4} - 0{,}15$
   e) $1{,}25 + \frac{1}{4}$
   f) $0{,}5 + \frac{7}{5}$
   g) $\frac{7}{10} + 1{,}03$
   h) $1{,}2 - \frac{1}{25}$
   i) $\frac{3}{20} - 0{,}05$
   j) $1\frac{7}{10} - 0{,}07$

2.3 Gebrochene Zahlen addieren und subtrahieren

6. Löse die Aufgabe.
   a) $0{,}25 + \frac{1}{4}$
   b) $\frac{9}{10} - 0{,}03$
   c) $0{,}5 - \frac{1}{2}$
   d) $\frac{3}{4} - 0{,}25$
   e) $\frac{0}{7} + 0{,}25$
   f) $1{,}3 - \frac{3}{10}$
   g) $\frac{4}{5} + 0{,}75$
   h) $1\frac{2}{4} - 0{,}4$
   i) $\frac{2}{3} - 0{,}1$
   j) $0{,}2 + \frac{2}{7}$

Weiterführende Aufgaben

7. **Durchblick:** Löse die Aufgabe und erkläre, wie du sie gelöst hast. Orientiere dich an den Beispielen 1 und 2 auf den Seiten 29 und 30.
   a) $\frac{1}{3} + \frac{2}{5}$
   b) $\frac{3}{4} - \frac{3}{8}$
   c) $1\frac{2}{3} - \frac{5}{6}$
   d) $0{,}7 - \frac{1}{7}$
   e) $\frac{3}{4} - 0{,}5$

8. Berechne und wandle das Ergebnis in eine gemischte Zahl um.
   a) $\frac{4}{5} + \frac{1}{3}$
   b) $\frac{5}{12} + \frac{5}{6}$
   c) $\frac{7}{8} + 0{,}25$
   d) $2\frac{1}{2} - \frac{3}{4}$
   e) $2 - \frac{5}{8}$
   f) $\frac{13}{7} - \frac{1}{4}$
   g) $0{,}75 + \frac{2}{3}$
   h) $1{,}25 - \frac{1}{7}$
   i) $\frac{3}{5} + \frac{2}{3}$
   j) $1{,}5 + \frac{1}{3}$

9. Übertrage die Rechenmauern ins Heft und fülle die leeren Steine aus. Der Wert eines Steines ist die Summe der Werte der beiden direkt darunterliegenden Steine.
   a)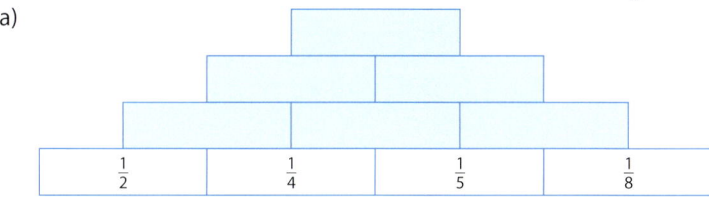
   b)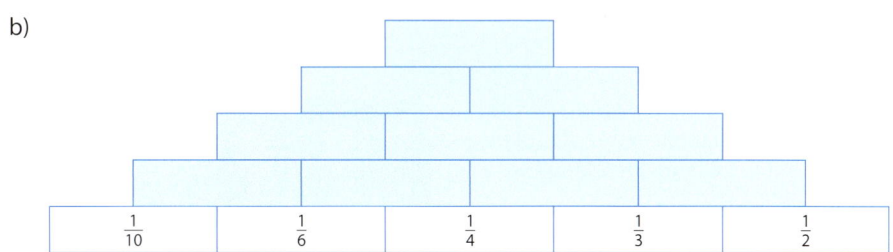

10. Übertrage die Tabelle ins Heft und fülle sie aus.

	a	b	a + b	a + a	2 − a	b − a
a)	$1\frac{1}{2}$	1,75				
b)	0,5		$1\frac{3}{8}$			
c)		1,5				$\frac{5}{6}$
d)	0,25	$\frac{1}{3}$				

Hinweis zu 12: Die Lösungen findest du im Ballon.

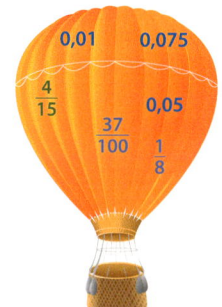

11. Subtrahiere von der gegebenen Zahl immer die Zahl $\frac{3}{4}$.
    a) 1
    b) $1\frac{3}{10}$
    c) $\frac{75}{100}$
    d) $2\frac{5}{6}$
    e) $\frac{4}{5}$
    f) $\frac{125}{100}$
    g) $\frac{9}{10}$
    h) 0,8

12. Subtrahiere jeweils die kleinere Zahl von der größeren Zahl.
    a) $\frac{1}{2}$; $\frac{5}{8}$
    b) 0,7; $\frac{3}{4}$
    c) $\frac{7}{10}$; $\frac{33}{100}$
    d) $\frac{3}{10}$; 0,29
    e) $\frac{3}{5}$; $\frac{1}{3}$
    f) 0,7; $\frac{5}{8}$

13. Löse die Gleichung.

a) $0{,}5 - x = \frac{1}{4}$
b) $0{,}5 - y = \frac{1}{3}$
c) $\frac{9}{10} + z = 1\frac{1}{2}$
d) $a - \frac{2}{3} = \frac{2}{3}$

14. Stelle $\frac{5}{4}$; $0{,}5$ und $\frac{3}{8}$ jeweils als Summe zweier ungleichnamiger Brüche dar.

15. Ermittle die natürliche Zahl x, die die Gleichung in eine wahre Aussage überführt.

a) $\frac{1}{4} - \frac{x}{8} = \frac{1}{8}$
b) $\frac{x}{4} + 1{,}25 = 1\frac{1}{2}$
c) $\frac{x}{7} + \frac{3}{7} = 1$
d) $\frac{5}{8} - \frac{x}{7} = \frac{5}{8}$
e) $1{,}2 - \frac{1}{x} = 1$

16. Fülle die Lücken so, dass die Rechnung stimmt.

a) $\frac{5}{8} + \frac{▼}{■} = \frac{23}{24}$
b) $\frac{▼}{■} - \frac{1}{3} = \frac{1}{6}$
c) $\frac{▼}{■} + \frac{1}{4} = \frac{1}{3}$
d) $\frac{▼}{■} - \frac{2}{5} = \frac{21}{60}$
e) $\frac{3}{10} + \frac{▼}{■} = \frac{11}{20}$
f) $\frac{2}{3} - \frac{▼}{■} = \frac{5}{9}$

17. Stolperstelle: Wer hat richtig gerechnet? Korrigiere falsche Rechnungen.

a) Peter: $\frac{5}{6} + \frac{4}{9} = \frac{9}{15} = \frac{3}{5}$
b) Mara: $\frac{5}{6} + \frac{4}{9} = \frac{5}{54} + \frac{4}{54} = \frac{9}{54}$
c) Leon: $\frac{5}{6} + \frac{4}{9} = \frac{15}{18} + \frac{8}{18} = \frac{23}{18}$
d) Michael: $\frac{5}{6} + \frac{4}{9} = \frac{5}{9} + \frac{4}{9} = \frac{9}{9} = 1$
e) Nina: $\frac{5}{6} + \frac{4}{9} = \frac{30}{36} + \frac{16}{36} = \frac{46}{36} = 1\frac{10}{36} = 1\frac{5}{18}$

18. In einer Flasche sind $\frac{7}{10}$ ℓ Orangensaft. Anna schüttet $\frac{1}{4}$ ℓ in ein Glas. Wie viel Liter Saft sind noch in der Flasche?

19. Laura spart jeden Monat 25 % ihres Taschengeldes, $\frac{1}{5}$ gibt sie für ihr Zwergkaninchen Timmy aus. Welcher Anteil ihres Taschengeldes bleibt ihr im Monat noch? Bereite dazu eine Präsentation vor.

20. Bei einem Sportwettkampf erreichten die vier schnellsten männlichen Läufer beim 5000-m-Lauf in folgender Reihenfolge das Ziel:

1. Mohamed Farah
2. Dejen Gebre
3. Thomas Kemei Longo
4. Bernard Lagat

Mohamed Farah schaffte die Strecke in 13 : 41 : 66 min. Gebre war $\frac{8}{25}$ s langsamer als Farah. Longo erreichte das Ziel $\frac{19}{50}$ s nach Gebre. Lagat war $\frac{63}{100}$ s langsamer als Longo.

a) Berechne, wie viel Sekunden Lagat mehr als Farah brauchte.
b) Berechne für jeden Läufer die Wettkampfzeit.

Hinweis zu 20:
13 : 41 : 66 min bedeutet:
13 Minuten,
41 Sekunden
und $\frac{66}{100}$ Sekunden.

21. Ausblick: Ergänze das Quadrat in deinem Heft zu einem magischen Quadrat, bei dem die Summe jeder Zeile, jeder Spalte und jeder Diagonale gleich ist.

a)

		$\frac{1}{6}$
	$\frac{7}{12}$	
	0,5	

b)

0,4		$\frac{1}{6}$
	$\frac{1}{3}$	
	0,5	

2.4 Gebrochene Zahlen multiplizieren

■ Grit soll den Flächeninhalt der farbigen Teilfläche des abgebildeten Quadrates mit der Seitenlänge von 1 m berechnen. Sie schreibt als Aufgabe:
$\frac{1}{2}$ m · $\frac{3}{4}$ m =
Grit erkennt, dass der Flächeninhalt der farbigen Teilfläche $\frac{3}{8}$ m² betragen muss, denn sie besteht aus drei von den acht gleich großen Teilen des Rechtecks.
Sie schreibt: $\frac{1}{2} \cdot \frac{3}{4} = \frac{3}{8}$
Beschreibe, wie Grit rechnen könnte. ■

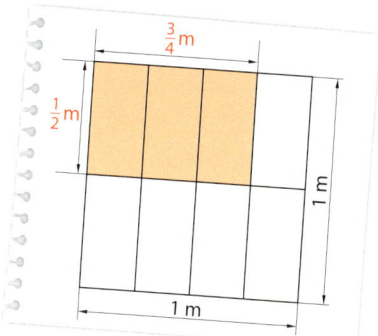

Brüche multiplizieren

> **Wissen: Regeln zum Multiplizieren von Brüchen**
> **Brüche** werden wie folgt **multipliziert**:
> Schreibe die Zähler auf einen Bruchstrich und die Nenner unter diesen Bruchstrich.
> **Multipliziere die Zähler** miteinander und **multipliziere die Nenner** miteinander.
> $\frac{a}{b} \cdot \frac{c}{d} = \frac{a \cdot c}{b \cdot d}$ (Zähler und Nenner sind natürliche Zahlen. Es gilt: b ≠ 0; d ≠ 0)
> Kürze nach Möglichkeit schon vor dem Multiplizieren oder im Ergebnis.
> *Es gilt stets:* $\frac{a}{b} \cdot 0 = 0 \cdot \frac{a}{b} = 0$ und $\frac{a}{b} \cdot 1 = 1 \cdot \frac{a}{b} = \frac{a}{b}$ für a, b ∈ ℕ; b ≠ 0)

Hinweis:
Zähler mal Zähler
und
Nenner mal Nenner

Beispiel 1: Berechne das Produkt.

a) $\frac{7}{5} \cdot \frac{3}{8}$ b) $\frac{7}{15} \cdot \frac{3}{14}$ c) $5 \cdot \frac{3}{8}$ d) $1\frac{1}{2} \cdot \frac{5}{7}$

Lösung:

a) Multipliziere die Zähler der Brüche miteinander und die Nenner der Brüche miteinander.

$\frac{7}{5} \cdot \frac{3}{8} = \frac{7 \cdot 3}{5 \cdot 8} = \frac{21}{40}$

b) Gehe wie bei Aufgabe a) vor, aber kürze vor dem Multiplizieren.

$\frac{7}{15} \cdot \frac{3}{14} = \frac{\overset{1}{7} \cdot \overset{1}{3}}{\underset{5}{15} \cdot \underset{2}{14}} = \frac{1}{10}$

c) Schreibe die Zahl 5 als Bruch mit dem Nenner 1 und gehe dann wie bei Aufgabe a) vor.

$5 \cdot \frac{3}{8} = \frac{5}{1} \cdot \frac{3}{8} = \frac{5 \cdot 3}{1 \cdot 8} = \frac{15}{18} = \frac{5}{6}$

d) Schreibe die gemischte Zahl $1\frac{1}{2}$ als unechten Bruch und gehe dann wie bei Aufgabe a) vor.

$1\frac{1}{2} \cdot \frac{5}{7} = \frac{3}{2} \cdot \frac{5}{7} = \frac{3 \cdot 5}{2 \cdot 7} = \frac{15}{14}$

Hinweis:
Prüfe, bei welcher Aufgabe das Kürzen vor dem Multiplizieren sinnvoll ist.
Kürze, wenn möglich, auch im Ergebnis.

Basisaufgaben

1. Berechne das Produkt.

   a) $\frac{5}{7} \cdot \frac{3}{2}$ b) $\frac{2}{5} \cdot \frac{2}{5}$ c) $\frac{5}{7} \cdot \frac{3}{2}$ d) $\frac{9}{5} \cdot \frac{3}{4}$ e) $\frac{13}{3} \cdot \frac{2}{9}$

2. Berechne das Produkt. Kürze, wenn möglich, schon vor dem Multiplizieren.

   a) $\frac{2}{7} \cdot \frac{14}{5}$ b) $\frac{3}{10} \cdot \frac{15}{4}$ c) $\frac{6}{5} \cdot \frac{3}{2}$ d) $\frac{7}{5} \cdot \frac{5}{2}$ e) $\frac{2}{9} \cdot \frac{9}{2}$
   f) $\frac{3}{4} \cdot \frac{2}{5}$ g) $\frac{3}{5} \cdot \frac{2}{15}$ h) $\frac{0}{3} \cdot \frac{6}{5}$ i) $\frac{3}{5} \cdot \frac{4}{9}$ j) $\frac{16}{9} \cdot \frac{21}{8}$

3. Löse die Aufgaben.
   a) $4 \cdot \frac{5}{3}$
   b) $\frac{3}{5} \cdot 3$
   c) $\frac{49}{50} \cdot 0$
   d) $\frac{3}{4} \cdot 1$
   e) $\frac{3}{4} \cdot 2$
   f) $5 \cdot \frac{3}{10}$
   g) $11 \cdot \frac{9}{22}$
   h) $\frac{8}{13} \cdot 26$
   i) $\frac{14}{15} \cdot 30$
   j) $7 \cdot \frac{7}{5}$

4. Löse die Aufgaben.
   a) $3\frac{2}{3} \cdot \frac{5}{8}$
   b) $\frac{7}{6} \cdot 1\frac{3}{10}$
   c) $\frac{11}{12} \cdot 1\frac{1}{11}$
   d) $4\frac{2}{3} \cdot \frac{5}{7}$
   e) $5\frac{3}{7} \cdot 2\frac{4}{19}$

5. Löse die Aufgaben.
   a) $\frac{15}{7} \cdot \frac{1}{12}$
   b) $9 \cdot \frac{5}{18}$
   c) $\frac{12}{7} \cdot \frac{21}{15}$
   d) $2\frac{4}{5} \cdot 3$
   e) $2 \cdot \frac{27}{28}$
   f) $\frac{3}{4} \cdot \frac{3}{4}$
   g) $\left(\frac{3}{2}\right)^2$
   h) $\frac{3}{10} \cdot \frac{20}{9}$
   i) $\frac{50}{21} \cdot \frac{3}{10}$
   j) $\left(\frac{22}{3}\right)^2$

Gebrochene Zahlen multiplizieren

Erinnere dich:
Multipliziere Dezimalbrüche zunächst ohne Komma.
Setze dann das Komma so, dass das Ergebnis so viele Dezimalstellen hat wie die Faktoren zusammen.

Gebrochene Zahlen können als Brüche und als Dezimalbrüche geschrieben werden.
Dezimalbrüche kannst du bereits miteinander multiplizieren: $1{,}2 \cdot 1{,}5 = 1{,}80$

Dezimalbrüche können in Brüche umgewandelt werden:

$1{,}2 = \frac{12}{10} = \frac{6}{5}$; $1{,}5 = \frac{15}{10} = \frac{3}{2}$

Die Aufgaben $1{,}2 \cdot 1{,}5$ und $\frac{6}{5} \cdot \frac{3}{2}$ haben die gleiche Zahl als Ergebnis: $\frac{6}{5} \cdot \frac{3}{2} = \frac{18}{10} = 1{,}8$

> **Wissen: Regel zum Multiplizieren eines Bruches mit einem Dezimalbruch**
> Treten beim Multiplizieren sowohl Brüche als auch Dezimalbrüche auf, wandle die Faktoren so um, dass nur eine Darstellungsform auftritt.

Tipp:
Bruch · Dezimalbruch = Bruch · Bruch
oder
Bruch · Dezimalbruch = Dezimalbruch · Dezimalbruch

Beispiel 2: Löse die Aufgabe.
a) $0{,}25 \cdot \frac{1}{2}$
b) $\frac{1}{5} \cdot 0{,}5$
c) $0{,}25 \cdot \frac{2}{3}$

Lösung:
a) *Weg 1:* Schreibe 0,25 als Bruch und multipliziere dann.

$0{,}25 = \frac{25}{100} = \frac{1}{4}$
$0{,}25 \cdot \frac{1}{2} = \frac{1}{4} \cdot \frac{1}{2} = \frac{1 \cdot 1}{4 \cdot 2} = \frac{1}{8}$

Weg 2: Schreibe $\frac{1}{2}$ als Dezimalbruch und multipliziere dann.

$\frac{1}{2} = 0{,}5$
$0{,}25 \cdot \frac{1}{2} = 0{,}25 \cdot 0{,}5 = 0{,}125$

b) *Weg 1:* Schreibe 0,5 als Bruch und multipliziere dann.

$0{,}5 = \frac{5}{10} = \frac{1}{2}$
$\frac{1}{5} \cdot 0{,}5 = \frac{1}{5} \cdot \frac{1}{2} = \frac{1 \cdot 1}{5 \cdot 2} = \frac{1}{10}$

Weg 2: Schreibe $\frac{1}{5}$ als Dezimalbruch und multipliziere dann.

$\frac{1}{5} = 0{,}2$
$\frac{1}{5} \cdot 0{,}5 = 0{,}2 \cdot 0{,}5 = 0{,}1$

c) *Weg 1:* Schreibe 0,25 als Bruch und multipliziere dann.

$\frac{25}{100} = \frac{1}{4}$
$0{,}25 \cdot \frac{2}{3} = \frac{1}{4} \cdot \frac{2}{3} = \frac{1 \cdot 2}{4 \cdot 3} = \frac{1}{6}$

Weg 2: $\frac{2}{3}$ ist nicht als Zehnerbruch und somit nicht als endlicher Dezimalbruch darstellbar.

Basisaufgaben

6. Wandle die Dezimalbrüche in Brüche um und berechne.
   a) $0{,}25 \cdot \frac{3}{2}$
   b) $\frac{3}{4} \cdot 0{,}5$
   c) $1{,}5 \cdot \frac{2}{5}$
   d) $\frac{3}{4} \cdot 2{,}5$
   e) $1{,}2 \cdot \frac{2}{3}$

2.4 Gebrochene Zahlen multiplizieren

7. Wandle die Brüche in Dezimalbrüche um und berechne.
   a) $\frac{3}{2} \cdot 0{,}1$ b) $0{,}2 \cdot \frac{5}{2}$ c) $1{,}3 \cdot \frac{3}{10}$ d) $\frac{5}{4} \cdot 0{,}75$ e) $\frac{2}{5} \cdot 3$

8. Schreibe als Bruch. Multipliziere den Bruch jeweils mit $\frac{10}{3}$; $\frac{5}{12}$ und $\frac{15}{8}$.
   a) 0,6   b) 1,2   c) 1,8   d) 0,12   e) 0,36

9. Schreibe als Dezimalbruch. Multipliziere den Dezimalbruch jeweils mit 0,5; 0,3 und 12,5.
   a) $\frac{1}{2}$ b) $\frac{2}{5}$ c) $\frac{1}{4}$ d) $\frac{1}{10}$ e) $\frac{5}{8}$

10. Berechne das Produkt. Überlege vorher, welcher Weg weniger aufwändig ist.
    a) $0{,}3 \cdot \frac{3}{4}$ b) $\frac{3}{2} \cdot 2{,}5$ c) $\frac{5}{2} \cdot 0{,}9$ d) $1{,}25 \cdot \frac{1}{10}$ e) $\frac{7}{5} \cdot 0$

Weiterführende Aufgaben

11. **Durchblick:** Löse die Aufgabe und erkläre, wie du sie gelöst hast. Orientiere dich an den Beispielen 1 und 2 auf den Seiten 33 und 34.
    a) $\frac{26}{15} \cdot \frac{5}{2}$ b) $4{,}4 \cdot \frac{1}{4}$ c) $7 \cdot 1\frac{2}{35}$ d) $\frac{1}{3} \cdot 0{,}6$

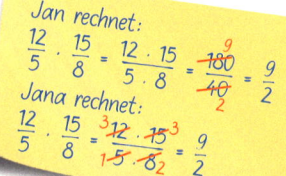

12. Vergleiche die Lösungswege von Jan und Jana. Welchen der Lösungswege würdest du bevorzugen? Begründe deine Antwort.

13. Übertrage die Tabelle ins Heft und fülle sie aus.

	a	b	c	a · b	a · c	b · c
a)	$\frac{1}{3}$	$\frac{3}{4}$	$\frac{6}{5}$			
b)	2	$\frac{3}{4}$	$1\frac{5}{6}$			
c)	2,1	$\frac{5}{7}$	7			
d)	0,3	$\frac{1}{3}$	3,6			
e)	$\frac{7}{4}$	0,5	4			

14. Übertrage ins Heft und ersetze dabei ■ so, dass die Rechnung stimmt.
    a) $\frac{4}{7} \cdot \frac{\blacksquare}{3} = \frac{20}{21}$ b) $\frac{\blacksquare}{3} \cdot \frac{1}{2} = 2$ c) $\frac{3}{5} \cdot \frac{\blacksquare}{7} = \frac{3}{5}$ d) $\frac{5}{\blacksquare} \cdot 1\frac{1}{2} = \frac{15}{14}$ e) $2\frac{1}{3} \cdot \frac{3}{4} = \frac{\blacksquare}{4}$

15. **Stolperstelle:** Beschreibe die Fehler und rechne dann korrekt.
    a) $\frac{3}{7} \cdot \frac{4}{7} = \frac{3 \cdot 4}{7} = \frac{12}{7}$ b) $\frac{3}{8} \cdot \frac{5}{8} = \frac{3 \cdot 5}{16} = \frac{15}{16}$ c) $5 \cdot \frac{1}{2} = \frac{5 \cdot 1}{5 \cdot 2} = \frac{5}{10} = \frac{1}{2}$
    d) $2\frac{3}{5} \cdot 3\frac{5}{9} = 6\frac{3 \cdot 5}{5 \cdot 9} = 6\frac{1}{3}$ e) $0{,}2 \cdot \frac{2}{5} = 0{,}2 \cdot 0{,}4 = 0{,}8$ f) $2\frac{3}{4} \cdot 0{,}1 = 0{,}2 \cdot \frac{3}{4} = \frac{1}{5} \cdot \frac{3}{4} = \frac{3}{20}$

16. Berechne den Anteil.
    a) $\frac{1}{2}$ von $\frac{1}{4}$ kg   b) $\frac{2}{3}$ von $\frac{3}{4}$ h   c) $\frac{5}{6}$ von $\frac{7}{10}$ ℓ   d) $\frac{1}{6}$ von $\frac{3}{10}$ dm
    e) $\frac{1}{5}$ von $1\frac{1}{4}$ m   f) $\frac{3}{4}$ von 0,5 t   g) $\frac{1}{100}$ von 10 ha   h) $\frac{7}{10}$ von 0,7 dm

17. Berechne:
    a) $\left(\frac{4}{5}\right)^2$ b) $\left(\frac{3}{10}\right)^2$ c) $\left(\frac{1}{10}\right)^6$ d) $\left(1\frac{3}{5}\right)^2$ e) $0{,}2^2$

18. Bei der Rechenmauer steht über zwei Zahlen immer deren Produkt. Übertrage die Rechenmauer ins Heft und fülle sie aus.

a) 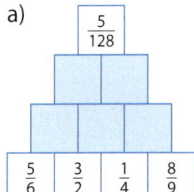 b) 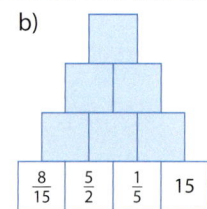 c)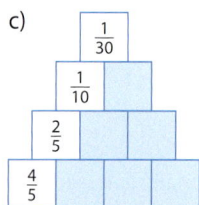

19. Berechne, und runde das Ergebnis auf Zehntel. Mache vorher einen Überschlag.
a) $0{,}6 \cdot 0{,}73$
b) $12{,}5 \cdot 0{,}7$
c) $2{,}04 \cdot 2{,}09$
d) $19{,}52 \cdot 3{,}4$
e) $0{,}5 \cdot 0{,}5^2$
f) $3{,}23 \cdot \frac{3}{10}$
g) $\frac{7}{100} \cdot 8{,}13$
h) $\frac{6}{5} \cdot 11{,}8$

20. Teile ein A-4-Blatt in zwei gleich große Teile. Wähle eine der Hälften aus und halbiere auch diese. Setze dies, wie in nebenstehender Abbildung, fort. Ermittle den Anteil des Flächeninhalts, den das blaue Rechteck vom gesamten A-4-Blatt Blatt einnimmt.

21. Wie ändert sich das Ergebnis eines Produktes aus zwei Brüchen bei folgender Änderung:
a) Der Zähler eines Bruches wird verdoppelt.
b) Der Nenner eines Bruches wird verdoppelt.
c) Die Zähler beider Brüche werden verdoppelt.
d) Die Nenner beider Brüche werden verdoppelt.
e) Der Zähler eines Bruches und der Nenner des anderen Bruches werden verdoppelt.
f) Der Zähler des ersten Bruches wird verdoppelt, der Nenner des anderen Bruches wird halbiert.
Notiere zu jeder Aufgabe ein Beispiel.

22. Prüfe, ob die Aussage für gebrochene Zahlen wahr ist. Begründe deine Antwort.
a) Es gibt Zahlen a und b, für die gilt: $a \cdot b > a$
b) Es gibt Zahlen x und y, für die gilt: $x \cdot y < x$
c) Es gibt Zahlen m und n mit $m \neq 1$ und $n \neq 1$, für die gilt: $m \cdot n = 1$

23. Prüfe, welche der Aussagen in Aufgabe 22 für natürliche Zahlen wahr sind.

24. Die Klasse 6c gestaltet den $40\,\text{m}^2$ großen Schulgarten neu. Auf $\frac{2}{5}$ der Fläche werden verschiedene Gemüsesorten gepflanzt. Auf $\frac{3}{4}$ der Fläche für Gemüse sind es Möhren.
a) Welcher Anteil der Gesamtfläche von $40\,\text{m}^2$ wird für Möhren genutzt?
b) Die restliche Gemüseanbaufläche soll zur Hälfte mit Kohlrabi, zu einem Drittel mit Feldsalat und zu einem Sechstel mit Schnittlauch bepflanzt werden. Berechne jeweils den Anteil der Gemüseanbaufläche an der Gesamtfläche von $40\,\text{m}^2$ und gib auch den Flächeninhalt dafür an.

25. Ausblick: Ermittle die Lösungen der Gleichungen für $x \in \mathbb{Q}_+$.
a) $12 \cdot x = 36$
b) $x \cdot 1{,}2 = 3{,}6$
c) $\frac{2}{5} \cdot x = \frac{6}{5}$
d) $1{,}2 \cdot x = \frac{3}{5}$
e) $x \cdot \frac{5}{3} = \frac{3}{5}$

2.5 Brüche dividieren

■ Luka möchte ein Brot beim Bäcker in Scheiben schneiden lassen.

Die automatische Brotschneidemaschine schneidet das Brot mit einer Gesamtlänge von 24 cm in gleich dicke Scheiben.

Jede Scheibe ist $1\frac{1}{2}$ cm dick.

Kannst du sagen, wie viele Scheiben es insgesamt werden?
Wie hast du dein Ergebnis ermittelt? ■

Die Division von $\frac{1}{2}$ durch 3 kann durch Teilen eines Kreises veranschaulicht werden. Das Ergebnis ist richtig, weil gilt:

$\frac{1}{6} \cdot 3 = \frac{1}{6} \cdot \frac{3}{1} = \frac{1 \cdot 3}{6 \cdot 1} = \frac{1}{2}$

$\frac{1}{6}$ kann geschrieben werden als: $\frac{1}{6} = \frac{1}{2 \cdot 3} = \frac{1}{2} \cdot \frac{1}{3}$

Also gilt: $\frac{1}{2} : 3 = \frac{1}{2} : \frac{3}{1} = \frac{1}{2} \cdot \frac{1}{3}$

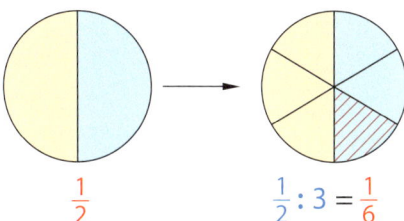

Die Divisionsaufgabe kann als Multiplikationsaufgabe dargestellt werden. Dabei nennt man $\frac{1}{3}$ den **Kehrwert (das Reziproke)** von $\frac{3}{1}$.

> **Wissen: Regeln zum Dividieren von Brüchen**
>
> **Brüche** werden wie folgt **dividiert**:
>
> 1. Bilde den Kehrwert (das Reziproke) des Divisors.
> 2. **Multipliziere den Dividenden** mit dem **Kehrwert des Divisors.**
>
> $\frac{a}{b} : \frac{c}{d} = \frac{a}{b} \cdot \frac{d}{c} = \frac{a \cdot d}{b \cdot c}$ Zähler und Nenner sind natürliche Zahlen.
> Es gilt: $b \neq 0$; $d \neq 0$; $c \neq 0$
>
> Kürze nach Möglichkeit schon vor dem Multiplizieren oder im Ergebnis.

Erinnere dich:
Dividend : Divisor
= Quotient

Beispiel 1: Löse die Aufgabe.

a) $\frac{7}{5} : \frac{3}{8}$ b) $\frac{7}{12} : \frac{3}{16}$ c) $5 : \frac{3}{8}$ d) $1\frac{3}{7} : 5$

Lösung:

a) Multipliziere $\frac{7}{5}$ mit dem Kehrwert von $\frac{3}{8}$. $\frac{7}{5} : \frac{3}{8} = \frac{7 \cdot 8}{5 \cdot 3} = \frac{56}{15}$

b) Multipliziere $\frac{7}{12}$ mit dem Kehrwert von $\frac{3}{16}$. Kürze und multipliziere dann. $\frac{7}{12} : \frac{3}{16} = \frac{7 \cdot \overset{4}{\cancel{16}}}{\underset{3}{\cancel{12}} \cdot 3} = \frac{28}{9}$

c) Schreibe die Zahl 5 als Bruch mit dem Nenner 1. Multipliziere $\frac{5}{1}$ mit dem Kehrwert von $\frac{3}{8}$. $5 : \frac{3}{8} = \frac{5}{1} \cdot \frac{3}{8} = \frac{5 \cdot 8}{1 \cdot 3} = \frac{40}{3}$

d) Schreibe die gemischte Zahl $1\frac{3}{7}$ als unechten Bruch und 5 als Bruch. Gehe dann wie bei b) vor. $1\frac{3}{7} : 5 = \frac{10}{7} : \frac{5}{1} = \frac{\overset{2}{\cancel{10}} \cdot 1}{7 \cdot \underset{1}{\cancel{5}}} = \frac{2}{7}$

Basisaufgaben

1. Dividiere die Brüche und kürze das Ergebnis soweit wie möglich.
   a) $\frac{5}{7} : \frac{3}{2}$
   b) $\frac{2}{5} : \frac{2}{5}$
   c) $\frac{5}{7} : \frac{3}{2}$
   d) $\frac{9}{5} : \frac{6}{5}$
   e) $\frac{14}{3} : \frac{2}{9}$

2. Dividiere die Brüche und kürze, wenn möglich, schon vor dem Multiplizieren.
   a) $\frac{2}{7} : \frac{14}{5}$
   b) $\frac{3}{10} : \frac{15}{6}$
   c) $\frac{1}{5} : \frac{2}{5}$
   d) $\frac{7}{3} : \frac{2}{6}$
   e) $\frac{2}{9} : \frac{2}{9}$
   f) $\frac{3}{8} : \frac{5}{2}$
   g) $\frac{5}{9} : \frac{25}{6}$
   h) $\frac{1}{3} : \frac{2}{3}$
   i) $\frac{6}{4} : \frac{9}{4}$
   j) $\frac{16}{6} : \frac{22}{4}$

3. Dividiere die Zahlen.
   a) $4 : \frac{5}{3}$
   b) $\frac{3}{5} : 3$
   c) $\frac{49}{50} : 0$
   d) $\frac{3}{4} : 1$
   e) $\frac{3}{4} : 2$
   f) $5 : \frac{3}{10}$
   g) $36 : \frac{9}{10}$
   h) $\frac{8}{10} : 12$
   i) $\frac{15}{14} : 60$
   j) $7 : \frac{7}{8}$

4. Dividiere die Zahlen.
   a) $3\frac{3}{5} : \frac{9}{5}$
   b) $\frac{5}{6} : 1\frac{2}{10}$
   c) $\frac{11}{12} : 1\frac{1}{11}$
   d) $4\frac{2}{3} : \frac{7}{9}$
   e) $5\frac{3}{7} : 3\frac{10}{14}$
   f) $\frac{15}{7} : \frac{1}{14}$
   g) $12 : \frac{3}{11}$
   h) $\frac{12}{7} : \frac{15}{21}$
   i) $2\frac{4}{5} : 7$
   j) $2 : \frac{27}{28}$

Weiterführende Aufgaben

5. **Durchblick:** Löse die Aufgabe und erkläre, wie du sie gelöst hast. Orientiere dich an Beispiel 1 auf Seite 37.
   a) $\frac{18}{14} : \frac{9}{7}$
   b) $4{,}4 : \frac{1}{5}$
   c) $26 : 1\frac{2}{11}$
   d) $\frac{1}{3} : 0{,}6$
   e) $\frac{1}{3} : \frac{2}{3}$

Hinweis zu 6:
Der Apfel enthält die Lösungen, aber eine Lösung fehlt.

$1\frac{1}{3}$ $1\frac{11}{16}$ $\frac{1}{3}$
$4\frac{2}{7}$ $2\frac{1}{6}$ $\frac{5}{6}$ 1

6. Berechne und kürze möglichst geschickt.
   a) $\frac{22}{3} : \frac{33}{6}$
   b) $\frac{27}{8} : \frac{32}{16}$
   c) $\frac{250}{9} : \frac{100}{3}$
   d) $\frac{54}{81} : \frac{2}{3}$
   e) $\frac{3}{999} : \frac{1}{111}$
   f) $\frac{40}{7} : \frac{28}{21}$
   g) $7\frac{2}{3} : \frac{2}{3}$
   h) $3\frac{1}{4} : 1\frac{1}{2}$

7. Übertrage die Aufgabe ins Heft und ersetze die Symbole jeweils so durch Zahlen, dass eine wahre Aussage entsteht.
   a) $\frac{8}{\blacktriangledown} : \frac{1}{2} = \frac{16}{3}$
   b) $\frac{\blacktriangledown}{3} : \frac{4}{5} = \frac{5}{6}$
   c) $\frac{2}{5} : \frac{2}{\blacktriangledown} = 1$
   d) $\frac{7}{3} : \frac{\blacktriangledown}{4} = \frac{28}{9}$
   e) $\frac{1}{2} : \frac{\blacktriangledown}{\blacktriangle} = \frac{1}{4}$
   f) $\frac{\blacktriangledown}{\blacktriangle} : \frac{1}{2} = 3$
   g) $1\frac{\blacktriangledown}{3} : \frac{2}{5} = \frac{25}{6}$
   h) $\frac{7}{8} : \frac{\blacktriangledown}{\blacktriangle} = 5$

8. Rechne möglichst vorteilhaft. Wie kannst du hier ohne Kehrwert rechnen?
   a) $\frac{1}{3} : \frac{1}{3}$
   b) $\frac{7}{8} : \frac{14}{8}$
   c) $20 : \frac{6}{3}$
   d) $3 : 1\frac{1}{2}$
   e) $100 : \frac{20}{2}$

9. Pia meint, dass man zwei Brüche auch dividieren kann, wenn man diese gleichnamig macht und dann nur noch die Zähler dividiert.
   Prüfe diese Regel an folgenden Beispielen:
   ① $\frac{14}{5} : \frac{7}{3}$
   ② $\frac{2}{3} : \frac{5}{9}$
   ③ $\frac{17}{25} : \frac{14}{15}$
   ④ $\frac{3}{8} : \frac{29}{80}$
   ⑤ $\frac{13}{16} : \frac{4}{15}$
   ⑥ $\frac{3}{35} : \frac{12}{49}$
   ⑦ $\frac{2}{17} : \frac{1}{19}$
   ⑧ $\frac{137}{1024} : \frac{11}{8}$

10. Bilde mit vier der Ziffern von 1 bis 9 eine Divisionsaufgabe mit zwei Brüchen. Verwende dabei jede Ziffer nur einmal. Für das Ergebnis der Division soll gelten:
    a) Es ist möglichst groß.
    b) Es ist möglichst klein.
    c) Es ist 1.
    d) Es ist 2.

2.5 Brüche dividieren

11. Stolperstelle: Eva und Laura haben im Internet einen Wissenstest zur Bruchrechnung gefunden. Laura sagt sofort: „32 kann aber nicht stimmen, das ist ja größer als 8." Was meinst du?

Das Ergebnis der Divisionsaufgabe $8 : \frac{1}{4}$ lautet:
☐ $\frac{1}{32}$ ☐ 1 ☐ 32

Beschreibe anhand von Beispielen, unter welchen Voraussetzungen das Ergebnis einer Divisionsaufgabe kleiner, größer oder gleich dem Dividenden ist.

12. Berechne. Beachte die Klammern.

a) $\left(\frac{2}{7} : \frac{3}{14}\right) : \frac{15}{21}$ b) $\frac{2}{7} : \left(\frac{3}{14} : \frac{15}{21}\right)$ c) $\left(\frac{3}{4} : \frac{12}{5}\right) : \frac{1}{10}$ d) $\frac{3}{4} : \left(\frac{12}{5} : \frac{1}{10}\right)$

Hinweis zu 12: Die Lösungen findest du in der Birne.

13. Übertrage ins Heft und gib für ☐ jeweils eine gebrochene Zahl so an, dass eine wahre Aussage entsteht.

a) $\frac{2}{3} : \square < \frac{10}{12}$ b) $\frac{3}{5} : \square < \frac{3}{5}$ c) $\frac{3}{2} : \square > 1{,}5$ d) $\square : \frac{3}{4} = \square$

e) $\frac{1}{3} : \square > \frac{1}{3}$ f) $\frac{2}{7} : \square = \frac{2}{7}$ g) $\square : \frac{3}{4} > \square$ h) $\square : 0{,}5 < 2$

14. Eine Gärtnerei hat $8\frac{1}{2}$ t Muttererde für ihre zehn Gewächshäuser geliefert bekommen.
a) Prüfe, ob die Erde ausreicht, wenn für ein Gewächshaus jeweils $\frac{3}{4}$ t Erde eingeplant wurden.
b) Wie viel Kilogramm Erde fehlen noch oder sind zu viel geliefert worden?

15. Mit den Zahlen in drei aufeinanderfolgenden Feldern (von oben nach unten oder von links nach rechts) kannst du eine Divisionsaufgabe bilden. Gib alle Möglichkeiten dafür an.

Hinweis zu 15: In dem Quadrat verstecken sich insgesamt 6 richtige Aufgaben, wenn du das Beispiel $\frac{1}{8} : \frac{4}{5} = \frac{5}{32}$ mitzählst.

$\frac{3}{7}$	$\frac{3}{7}$	2	$\frac{5}{4}$	$\frac{5}{2}$
1	$\frac{1}{8}$	$\frac{4}{5}$	$\frac{5}{32}$	9
$\frac{1}{4}$	$\frac{3}{2}$	$\frac{1}{6}$	8	$\frac{11}{4}$
$\frac{17}{2}$	$\frac{9}{8}$	$\frac{12}{3}$	$\frac{11}{17}$	$\frac{11}{102}$
$\frac{1}{34}$	$\frac{13}{17}$	$\frac{17}{3}$	$\frac{2}{9}$	$\frac{51}{2}$

16. Welche Divisionsaufgabe passt zu der angegebenen Unterteilung? Berechne das Ergebnis und überprüfe anhand der Zeichnung.

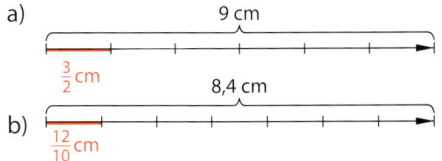

a) 9 cm, $\frac{3}{2}$ cm
b) 8,4 cm, $\frac{12}{10}$ cm

17. Von einem Rechteck sind der Flächeninhalt A und eine Seitenlänge a gegeben. Berechne die fehlende Seitenlänge b.

a) $A = \frac{23}{4}$ m², $a = \frac{8}{2}$ m   b) $A = \frac{17}{7}$ dm², $a = \frac{34}{14}$ dm   c) $A = \frac{120}{3}$ cm², $a = \frac{10}{9}$ cm

Erinnere dich: Für den Flächeninhalt des Rechtecks gilt $A = a \cdot b$.

18. $4\frac{1}{2}$ Liter Saft sollen in Flaschen mit jeweils einem Fassungsvermögen von $\frac{3}{4}$ Liter abgefüllt werden. Berechne, wie viele Flaschen benötigt werden.

19. Ausblick: Konrad meint: „Da für die Multiplikation von Brüchen *Zähler mal Zähler* und *Nenner mal Nenner* gilt, müsste für die Division von Brüchen *Zähler durch Zähler* und *Nenner durch Nenner* gelten."
Überprüfe diesen Vorschlag anhand folgender Beispiele. Beachte, dass man den Dividenden erweitern kann.

a) $\frac{9}{10} : \frac{3}{5}$ b) $\frac{3}{4} : \frac{1}{2}$ c) $\frac{3}{4} : \frac{3}{5}$ d) $\frac{1}{9} : \frac{2}{3}$ e) $\frac{2}{3} : \frac{5}{7}$

2.6 Dezimalbrüche dividieren

■ Die drei Geschwister Robin, Jonas und Sandra dürfen die 3,42 € Wechselgeld vom letzten Einkauf unter sich gerecht aufteilen.

*Berechne, wie viel Euro jeder bekommt und beschreibe dein Vorgehen.
Überlege, ob es aus mathematischer Sicht trotzdem Probleme beim Aufteilen der Münzen geben könnte.* ■

Bei der Rechnung 3,42 : 3 wird ein Dezimalbruch durch eine natürliche Zahl dividiert.

Division durch eine natürliche Zahl

Beim schriftlichen Rechnen kann das Komma unbeachtet bleiben, solange es nicht „überschritten" wird. Wenn das Komma „überschritten" wird, muss im Ergebnis ein Komma gesetzt werden.

Beispiel 1: Dividiere 3,42 : 3 schriftlich. Führe vorher einen Überschlag durch.

Lösung:
Dividiere die Stellen nacheinander durch 3. *Überschlag:* 3 : 3 = 1
Beginne bei der Einerstelle.
– Einer: 3 : 3 = 1 Rest 0. Lasse den Rest 0 stehen und ziehe die 4 herunter.
– Zehntel: 4 : 3 = 1 Rest 1. Lasse den Rest 1 stehen und ziehe 2 herunter.
– Hundertstel: 12 : 3 = 4 Rest 0.

```
  3, 4 2 : 3 = 1, 1 4
- 3
  ─
  0 4
  - 3
    ─
    1 2
  - 1 2
    ───
      0
```

Wissen: Regel zum Dividieren von Dezimalbrüchen durch natürliche Zahlen
Dividiere wie bei natürlichen Zahlen und setze das Komma im Ergebnis,
wenn der Einer des Dividenden dividiert worden sind.

Basisaufgaben

1. Dividiere schriftlich.
   a) 6,3 : 3   b) 22,8 : 4   c) 36,72 : 2   d) 7,84 : 7   e) 1,005 : 5   f) 897,6 : 4

2. Rechne im Kopf.
   a) 5,5 : 5   b) 5,5 : 50   c) 6,6 : 2   d) 6,6 : 20   e) 6,6 : 200   f) 0,24 : 4
   g) 0,24 : 40   h) 2,1 : 3   i) 4,2 : 14   j) 7,2 : 6   k) 0,6 : 2   l) 22,5 : 10
   m) 0,08 : 10   n) 8,8 : 50   o) 0,42 : 14   p) 0,72 : 6   q) 0,006 : 2   r) 2,25 : 10

3. Löse die Aufgaben.
   a) 55,5 : 2   b) 55,5 : 4   c) 55,5 : 6   d) 55,5 : 8
   e) 33,3 : 10   f) 33,3 : 100   g) 33,3 : 1000   h) 33,3 : 10 000

2.6 Dezimalbrüche dividieren

Division durch einen Dezimalbruch

Haben beide Zahlen ein Komma, forme solange um, bis der Divisor kein Komma mehr hat.

> **Wissen: Regel zum Dividieren von Dezimalbrüchen durch Dezimalbrüche**
> Wenn *Dividend und Divisor* Dezimalbrüche sind, beseitige das Komma im Divisor.
>
> Multipliziere dazu sowohl Dividend als auch Divisor mit mit 10, 100, 1000, … und dividiere dann wie bei natürlichen Zahlen.
> Setze das Komma im Quotienten, wenn die Einer des Dividenden dividiert worden sind.

Erinnere dich:
$5 : 7 = \frac{5}{7} = \frac{5 \cdot 100}{7 \cdot 100}$
$= (5 \cdot 100) : (7 \cdot 100)$
$= 500 : 700$

Beispiel 2: Löse die Divisionsaufgabe. Mache vorher einen Überschlag.
a) 2,76 : 0,6   b) 4,2 : 0,75   c) 6 : 0,8

Lösung:

a) Multipliziere sowohl den Dividenden als auch den Divisor mit 10. Das Komma wird dadurch jeweils um eine Stelle nach rechts verschoben. Der Divisor hat kein Komma mehr.

Überschlag: 4 : 1 = 4
Kommaverschiebung: 2,76 : 0,6 = 27,6 : 6
Rechnung: 27,6 : 6 = 4,6
Setze im Ergebnis ein Komma, wenn die Einer des Dividenden dividiert worden sind.

b) Multipliziere sowohl den Dividenden als auch den Divisor mit 100. Das Komma wird dadurch jeweils um um zwei Stellen nach rechts verschoben.
Dividiere 420 durch 75.
420 : 75 = 5 Rest 45
Setze jetzt das Komma im Ergebnis hinter die 5 und ziehe eine weitere Null herunter.
450 : 75 = 6 Rest 0

Überschlag: 5 : 1 = 5
Kommaverschiebung: 4,2 : 0,75 = 420 : 75
Beim Dividenden muss eine Null angefügt werden.
Rechnung: 420 : 75 = 5,6
– 375
 450
 – 450
   0

c) Multipliziere sowohl den Dividenden als auch den Divisor mit 10. Dividiere wie bei natürlichen Zahlen. Setze im Ergebnis ein Komma, wenn die Einer des Dividenden dividiert worden sind.

Überschlag: 6 : 1 = 6
Kommaverschiebung: 6 : 0,8 = 60 : 8
Beim Dividenden muss eine Null angefügt werden.
Rechnung: 60 : 8 = 7,5

Basisaufgaben

4. Mache zuerst einen Überschlag, dividiere dann.
a) 4,44 : 0,2   b) 3,232 : 0,32   c) 0,24 : 0,6   d) 55,5 : 3,3

5. Mache zuerst einen Überschlag, dividiere dann.
a) 22,22 : 2,2   b) 4,32 : 3,6   c) 4,83 : 2,3   d) 8,67 : 1,7
e) 10,8 : 3,6   f) 8,16 : 4,8   g) 2,04 : 0,3   h) 0,102 : 0,03

6. Rechne im Kopf.
a) 4,4 : 0,01   b) 4,4 : 0,02   c) 0,44 : 2,0   d) 44 : 0,02

7. Rechne schriftlich. Mache vorher einen Überschlag.
a) 3,2 : 0,16   b) 2,7 : 0,15   c) 2,1 : 0,12   d) 925,024 : 1,688

Weiterführende Aufgaben

8. **Durchblick:** Rechne schriftlich. Mache vorher einen Überschlag.
   Orientiere dich an Beispiel 2 auf Seite 41.
   a) 18,1 : 3   b) 12,8 : 4   c) 5,25 : 5   d) 24,55 : 5

9. Rechne schriftlich.
   a) 2,4 : 1,6   b) 20,8 : 6,5   c) 45,951 : 5,3 d) 19,825 : 0,5
   e) 37,5 : 1,25   f) 0,18 : 0,005 g) 102,5 : 0,82 h) 20 : 0,025

10. Berechne im Kopf. Stelle dann deinem Banknachbarn drei ähnliche Aufgaben.
    a) 4,2 : 6   b) 10 : 0,5   c) 6,4 : 0,05   d) 0,125 : 0,25

11. Schreibe zwei weitere Divisionsaufgaben mit gleichem Ergebnis auf, die sich nur durch die Nachkommastellen unterscheiden und gib das Ergebnis an.
    Beispiel: 2,6 : 0,2 = 26 : 2 = 0,26 : 0,02 = 13
    a) 18 : 0,6   b) 14,25 : 1,2   c) 28 : 2,5   d) 66 : 1,25

12. Übertrage ins Heft und ersetze ■ so durch Zahlen, dass eine wahre Aussage entsteht.
    a) 6,6 : 0,6 = ■ : 6   b) 100 : 0,1 = ■ : 1   c) ■ : 1,2 = 24 : 12
    d) 1,8 : ■ = 180 : 12   e) 1,75 : 0,25 = 175 : ■   f) 0,08 : 0,2 = ■ : 2

13. Prüfe, ob ein Komma fehlt, und ergänze es im Heft an der richtigen Stelle.
    a) 172 : 0,4 = 43   b) 198,1 : 20 = 99,05   c) 37 546 : 0,2 = 187,73
    d) 89,2 : 20 = 44 600   e) 0,735 : 0,5 = 147   f) 219,81 : 3 = 73,27
    g) 549,5 : 7 = 785   h) 789,8 : 1,1 = 71 800   i) 138,15 : 15 = 92,1

14. **Stolperstelle:** Hier gibt es Fehler. Beschreibe und berichtige sie.

    a) 8,24 : 0,02 = 8,24 : 2 = 4,12   b) 17,804 : 0,2 = 89,2
    c) 2,55 : 0,015 = 255 : 1 = 255   d) 69,5217 : 5,307 = 1,3001

15. Übertrage ins Heft und ersetze ■ so durch Ziffern, dass eine wahre Aussage entsteht.
    a) 4,44 : 1,■ = 3,7   b) 68,73 : 8,7 = ■,9
    c) 7,28 : 3,5 = 2,■8   d) 0,121 : ■,1 = 0,11

16. Kirsten kauft von den 3,85 € in ihrem Portemonnaie für sich und jede ihrer Freundinnen jeweils einen Schokoriegel für 0,60 €. Das Restgeld reicht aber nicht mehr, um ihrer kleinen Schwester auch einen Schokoriegel mitzubringen. Berechne, mit wie vielen Freundinnen Kirsten unterwegs ist.

17. In Cola-Getränken ist unter anderem sehr viel Zucker enthalten. In einer 1,5 l-Flasche befinden sich 163,5 g Zucker. Wie viel Gramm Zucker befinden sich in einem Glas mit 250 ml Cola?

18. **Ausblick:** Löse die Aufgaben und formuliere eine Regel für das Dividieren eines Dezimalbruchs durch eine Zehnerpotenz.
    a) 55,5 : 10   b) 33,3 : 100   c) 2,5 : 1000   d) 0,35 : 10 000
    e) 555,5 : 10   f) 0,005 : 100   g) 22,22 : 1000 h) 0,0012 : 10 000

2.7 Endliche und unendliche Dezimalbrüche

■ Lara, Mirco und Jan wollen sich einen Basketball für 10,00 € kaufen und sich zu gleichen Teilen beteiligen.
„Na, dann muss jeder $\frac{1}{3}$ des Preises bezahlen", meint Jan.
„Aber das geht doch gar nicht", antwortet Mirco.

Wie würdest du an Laras Stelle antworten? ■

Brüche in Dezimalbrüche umwandeln

Gebrochene Zahlen können als Bruch oder als Dezimalbruch dargestellt werden.
Ein Bruch lässt sich in einen Dezimalbruch umwandeln, indem der Bruchstrich als Divisionszeichen geschrieben, und dann dividiert wird.

Beispiel 1: Wandle den Bruch in einen Dezimalbruch um.

a) $\frac{17}{8}$ b) $\frac{1}{3}$

Lösung:

a) Schreibe den Bruchstrich als Divisionszeichen und dividiere schriftlich.
Rechne schrittweise von links nach rechts.

$$\frac{17}{8} = 17 : 8 = 2{,}125$$
$$\begin{array}{r} -16 \\ \hline 10 \\ -8 \\ \hline 20 \\ -16 \\ \hline 0 \end{array}$$

b) Schreibe den Bruchstrich als Divisionszeichen und dividiere schriftlich. Rechne schrittweise von links nach rechts.
Da sich der Rest immer wiederholt, wiederholen sich auch die Rechenschritte und die Überträge.
Es entsteht ein Bruch mit *unendlich vielen Nachkommastellen.*

$$\frac{1}{3} = 1 : 3 = 0{,}333\ldots$$
$$\begin{array}{r} -0 \\ \hline 10 \\ -9 \\ \hline 10 \\ -9 \\ \hline 1\ldots \end{array}$$

Wissen: Endliche und periodische Dezimalbrüche
Beim Umwandeln eines Bruches in einen Dezimalbruch entsteht entweder ein endlicher oder ein periodischer Dezimalbruch.
Ein **endlicher Dezimalbruch** hat endlich viele Dezimalstellen nach dem Komma.

Ein **periodischer Dezimalbruch** hat unendlich viele Dezimalstellen nach dem Komma mit einer sich *ständig wiederholenden Ziffer oder Zifferngruppe*, die **Periode** genannt wird.
Der Bruch $\frac{2}{11} = 0{,}18181818\ldots$ hat die **Periode 18**

geschrieben: $0{,}\overline{18}$ *gesprochen:* null Komma eins acht Periode eins acht

---

Hinweis:
Períodos (griechisch): Kreislauf, regelmäßige Wiederkehr

Eine Periode beim Dezimalbruch wird mit einem Strich über der Ziffer (Ziffergruppe) gekennzeichnet.

Es gibt auch unendliche **nicht-periodische Dezimalbrüche:**
0,101 001 000 100 001…

Basisaufgaben

1. Wandle in einen Dezimalbruch um.
   a) $\frac{2}{5}$ b) $\frac{7}{4}$ c) $\frac{25}{10}$ d) $\frac{8}{64}$ e) $\frac{9}{20}$ f) $\frac{55}{25}$ g) $5\frac{1}{4}$

2. Wandle in einen Dezimalbruch um.

a) $\frac{2}{3}$ b) $\frac{7}{9}$ c) $\frac{25}{9}$ d) $\frac{8}{6}$ e) $\frac{4}{9}$ f) $\frac{25}{99}$ g) $\frac{11}{30}$

3. Schreibe als Dezimalbruch und entscheide, ob er endlich oder unendlich ist.

a) $\frac{5}{4}$ b) $\frac{9}{5}$ c) $\frac{5}{6}$ d) $\frac{12}{6}$ e) $\frac{4}{7}$ f) $\frac{21}{7}$ g) $\frac{8}{7}$

Weiterführende Aufgaben

4. **Durchblick:** Orientiere dich an Beispiel 1 auf Seite 43.
Wandle den Bruch $\frac{7}{9}$, den Bruch $\frac{3}{11}$ und den Bruch $\frac{19}{15}$ jeweils in einen Dezimalbruch um. Erkläre dann, an welcher Stelle nach dem Komma die Periode beginnt und welche Länge (Anzahl der Ziffern) die Periode hat.

5. Schreibe ohne Punkte mit einem Periodenstrich.

a) 0,222… b) 0,1555… c) 0,121212… d) 1,243243…
e) 1,3434… f) 5,15757… g) 3,3333… h) 14,141414…

6. Schreibe mit Punkten ohne Periodenstrich.

a) 0,$\overline{4}$ b) 2,3$\overline{4}$ c) 0,$\overline{476}$ d) 12,4$\overline{102}$
e) 0,02$\overline{31}$ f) 125,$\overline{125}$ g) 0,003$\overline{10}$ h) 21,4$\overline{102}$

Hinweis zu 7:
Hier kannst du deine Lösungen überprüfen.

T	0,$\overline{69}$
L	2,$\overline{142857}$
G	1,$\overline{3}$
S	1,70$\overline{45}$
Ö	3,3$\overline{6}$
E	0,1$\overline{85}$

7. Wandle in einen Dezimalbruch um.

a) $\frac{4}{3}$ b) $\frac{101}{30}$ c) $\frac{75}{44}$ d) $\frac{23}{33}$ e) $\frac{5}{27}$ f) $\frac{15}{7}$

8. Gib als Dezimalbruch auf drei Stellen nach dem Komma gerundet an.

a) $\frac{4}{7}$ b) $1\frac{2}{3}$ c) $\frac{2}{9}$ d) $3,\overline{37}$ e) $\frac{111}{11}$ f) $1\frac{4}{7}$

9. Wandle in einen Dezimalbruch um.

a) $\frac{7}{3}$ b) $\frac{97}{33}$ c) $\frac{15}{7}$ d) $\frac{77}{90}$ e) $\frac{55}{120}$ f) $\frac{559}{11}$

10. Ordne die Zahlen mit der kleinsten Zahl beginnend.

a) 0,4; 0,445; 0,45; 0,$\overline{4}$; 0,444 b) 0,12; $\frac{1}{9}$; 0,$\overline{10}$; 0,111; 0,112
c) 1,2; 0,12; 1,22; 1,02; $1\frac{2}{9}$ d) 3,45; $3\frac{45}{99}$; 3,455; $3\frac{45}{100}$; 3,5

11. **Stolperstelle:** Finde und korrigiere die Fehler.

a) $7 + \frac{7}{9} = 7{,}7$ b) $\frac{4}{99} + \frac{6}{99} = 0{,}\overline{1}$ c) $1 - \frac{1}{7} = 0{,}\overline{857}$ d) $6 \cdot \frac{4}{9} = 2{,}\overline{3}$

12. Berechne und gib das Ergebnis mit drei Stellen nach dem Komma an.

a) $1{,}3 + \frac{1}{3}$ b) $4 + 3 \cdot 0{,}3$ c) $7{,}5 - \frac{1}{9} \cdot 0{,}1$ d) $4 \cdot \frac{1}{7} - 0{,}\overline{142857}$ e) $1{,}4 \cdot 0{,}09$

13. **Ausblick:**

a) *Es gilt:* $\frac{4}{9} = 0{,}\overline{4}$
Wandle $\frac{2}{9}, \frac{5}{9}$ und $\frac{7}{9}$ in Dezimalbrüche um, ohne zu rechnen.

b) Kann $0{,}\overline{9} = 1$ korrekt sein? Recherchiere im Internet.

2.8 Rechengesetze und Rechenregeln nutzen

■ Sofia hat an der Tafel eine Aufgabe gelöst. Jonas schaut sich die Rechnung von Sofia an und meint: „Da hast du aber umständlich gerechnet. Das geht doch viel einfacher."

Löse die Aufgabe vorteilhaft und erläutere dein Vorgehen. ■

$$0,5 \cdot \left(\frac{3}{4} + 1,25\right)$$
$$= 0,5 \cdot \frac{3}{4} + 0,5 \cdot 1,25$$
$$= 0,5 \cdot 0,75 + 0,5 \cdot 1,25$$
$$= 0,375 + 0,625$$
$$= 1$$

Durch Anwenden von Rechengesetzen können Rechenwege vereinfacht werden.

Mithilfe von Kommutativ- und Assoziativgesetz vorteilhaft rechnen

Wissen: Rechengesetze für gebrochene Zahlen
Für beliebige gebrochene Zahlen a, b und c gilt das Kommutativgesetz und das Assoziativgesetz:

Kommutativgesetz		Assoziativgesetz	
(Addition)	(Multiplikation)	(Addition)	(Multiplikation)
$a + b = b + a$	$a \cdot b = b \cdot a$	$a + (b + c) = (a + b) + c$	$a \cdot (b \cdot c) = (a \cdot b) \cdot c$

Es gilt stets:
$a + 0 = a$ $a - 0 = a$ $a \cdot 1 = a$ $a : a = 1 \; (a \neq 0)$
$0 + a = a$ $a - a = 0$ $1 \cdot a = a$ $0 : a = 0 \; (a \neq 0)$
  $a \cdot 0 = 0$ $a : 1 = a$
  $0 \cdot a = 0$

Erinnere dich:
Kommutativgesetz oder Vertauschungsgesetz

Assoziativgesetz oder Verknüpfungsgesetz

Beispiel 1: Löse vorteilhaft unter Nutzung von Rechengesetzen.
a) $0,4 \cdot 21,53$ b) $1,5 \cdot \frac{3}{8} \cdot 2$ c) $\frac{5}{6} + \frac{3}{4} + \frac{5}{3}$ d) $1,2 - \frac{1}{5} + 1,3$

Lösung:
a) Vertausche die Faktoren und multipliziere dann. $21,53 \cdot 0,4 = 8,612$

b) Multipliziere zuerst 1,5 mit 2. Multipliziere dann das Produkt der beiden Zahlen mit $\frac{3}{8}$. $(1,5 \cdot 2) \cdot \frac{3}{8} = 3 \cdot \frac{3}{8} = \frac{9}{8}$

c) Addiere zuerst $\frac{5}{6}$ und $\frac{5}{3}$.
Addiere dann zur Summe dieser Zahlen $\frac{3}{4}$. $\left(\frac{5}{6} + \frac{5}{3}\right) + \frac{3}{4} = \left(\frac{5}{6} + \frac{10}{6}\right) + \frac{3}{4} = \frac{5}{2} + \frac{3}{4} = \frac{13}{4}$

d) Addiere zuerst 1,2 und 1,3. Subtrahiere dann von der Summe dieser Zahlen $\frac{1}{5}$ oder 0,2. $(1,2 + 1,3) - \frac{1}{5} = 2,5 - 0,2 = 2,3$

Tipp:
Rechne nicht einfach von links nach rechts. Prüfe, ob sich Rechenvorteile ergeben.

Nebenrechnungen:

$3 \cdot \frac{3}{8} = \frac{3}{1} \cdot \frac{3}{8} = \frac{3 \cdot 3}{1 \cdot 8} = \frac{9}{8}$

$\frac{5}{6} + \frac{5}{3} = \frac{5}{6} + \frac{10}{6} = \frac{15}{6} = \frac{5}{2}$
$\frac{5}{2} + \frac{3}{4} = \frac{10}{4} + \frac{3}{4} = \frac{13}{4}$

$\frac{1}{5} = \frac{2}{10} = 0,2$

Basisaufgaben

1. Löse vorteilhaft.
    a) $0,03 \cdot 8,5$ b) $0,25 \cdot \frac{11}{9} \cdot 4$ c) $\frac{4}{5} \cdot 0,8 \cdot \frac{15}{4}$ d) $3,12 \cdot \frac{1}{2} \cdot 4$ e) $0,2 \cdot \frac{1}{2} \cdot 0,3 \cdot \frac{2}{3}$

2. Nutze beim Lösen Rechengesetze.
    a) $\frac{3}{4} + \frac{11}{6} + \frac{1}{2}$ b) $\frac{3}{8} + 0,75 - \frac{1}{4}$ c) $1\frac{1}{8} - 1,1 + 3\frac{3}{8}$ d) $10,6 - \frac{11}{2} + 0,4$

3. Löse vorteilhaft unter Nutzung von Rechengesetzen.

a) $1{,}92 + 0{,}46 + 3{,}08$
b) $\frac{5}{4} - \frac{1}{12} + \frac{3}{4} + \frac{1}{3}$
c) $0{,}75 + \frac{1}{2} - 0{,}05$
d) $0{,}5 \cdot \frac{3}{4} \cdot 0{,}4$
e) $0{,}25 \cdot 1{,}38 \cdot 8$
f) $0{,}2 + \frac{3}{10} + 0{,}9$
g) $0{,}8 \cdot \frac{5}{4} \cdot 1{,}1 \cdot \frac{10}{11}$
h) $\frac{3}{4} + 0{,}125 - \frac{1}{8}$

Mithilfe des Distributivgesetzes vorteilhaft rechnen

Erinnere dich:
Von links nach rechts:
Klammern auflösen
(Ausmultiplizieren)

Von rechts nach links:
Klammern setzen
(Ausklammern)

Wissen: Das Distributivgesetz (Verteilungsgesetz) für gebrochene Zahlen
Für beliebige gebrochene Zahlen a, b und c gilt das **Distributivgesetz**:
$$a \cdot (b + c) = a \cdot b + a \cdot c$$

Hinweis:
$\frac{5}{3} \cdot 3 = \frac{5}{3} \cdot \frac{3}{1} = \frac{5 \cdot 3}{3 \cdot 1} = \frac{5}{1} = 5$

Beispiel 2: Löse vorteilhaft. Nutze das Distributivgesetz, wenn es sinnvoll ist.

a) $\frac{5}{3} \cdot (0{,}5 + 2{,}5)$
b) $\frac{5}{3} \cdot \left(\frac{3}{8} + \frac{3}{10}\right)$
c) $\frac{1}{3} \cdot 0{,}7 + \frac{1}{3} \cdot 0{,}8$

Lösung:

a) Addiere zuerst in der Klammer, multipliziere dann.

$\frac{5}{3} \cdot (0{,}5 + 2{,}5) = \frac{5}{3} \cdot 3 = 5$

b) Beseitige zuerst die Klammern (Ausmultiplizieren), addiere dann.

$\frac{5}{3} \cdot \left(\frac{3}{8} + \frac{3}{10}\right) = \frac{5}{3} \cdot \frac{3}{8} + \frac{5}{3} \cdot \frac{3}{10} = \frac{5}{8} + \frac{5}{10} = \frac{5}{8} + \frac{1}{2}$
$= \frac{5}{8} + \frac{4}{8} = \frac{9}{8}$

c) Setze zuerst Klammern, schreibe als Produkt mit dem gemeinsamen Faktor $\frac{1}{3}$. Addiere dann in der Klammer und multipliziere zuletzt.

$\frac{1}{3} \cdot 0{,}7 + \frac{1}{3} \cdot 0{,}8 = \frac{1}{3} \cdot (0{,}7 + 0{,}8) = \frac{1}{3} \cdot 1{,}5$
$= \frac{1}{3} \cdot \frac{3}{2} = \frac{1}{2}$

Basisaufgaben

4. Löse vorteilhaft. Nutze das Distributivgesetz, wenn es sinnvoll ist.

a) $\frac{3}{10} \cdot (1{,}8 + 1{,}2)$
b) $\left(\frac{4}{3} + \frac{2}{3}\right) \cdot 0{,}7$
c) $\frac{1}{4} \cdot \left(\frac{4}{5} + 4\right)$
d) $10 \cdot \left(0{,}01 + \frac{1}{5}\right)$
e) $\frac{1}{4} \cdot \left(\frac{8}{5} + 0{,}4\right)$
f) $(1{,}15 + 0{,}35) \cdot \frac{4}{3}$
g) $\frac{5}{3} \cdot \left(0{,}3 + \frac{9}{100}\right)$
h) $\frac{7}{8} \cdot \frac{1}{3} + \frac{1}{8} \cdot \frac{1}{3}$

5. Berechne $\frac{1}{5} \cdot \left(0{,}5 + \frac{5}{4}\right)$ auf zwei unterschiedlichen Wegen, einmal mit Ausmultiplizieren und einmal ohne Ausmultiplizieren. Entscheide dann, welcher Rechenweg einfacher war. Begründe deine Antwort.

Terme mit mehreren Rechenoperationen und Klammern vereinfachen

Beim Rechnen mit gebrochen Zahlen gelten auch die Vorrangregeln.

Wissen: Vorrangregeln
Rechenoperationen **innerhalb einer Klammer** werden **zuerst** ausgeführt.
Beginne bei mehreren Klammern **innen**. Gehe dann schrittweise **von innen nach außen**.

Außerdem gilt:
– **Potenzieren** vor **Multiplizieren** und **Dividieren**
– **Punktrechnung** geht vor **Strichrechnung**

2.8 Rechengesetze und Rechenregeln nutzen

Beispiel 3: Berechne die Termwerte. Achte dabei auf die Vorrangregeln.

a) $\frac{1}{2} \cdot \left[\left(0{,}5 - \frac{1}{4}\right) + 0{,}25\right]$
b) $1{,}3 + \frac{1}{9} \cdot \left(\frac{3}{2}\right)^3$
c) $0{,}2 \cdot \left[\frac{1}{4} + \frac{1}{4} : \left(\frac{1}{2}\right)^2\right]$

Lösung:

a) Rechne zuerst $\left(0{,}5 - \frac{1}{4}\right)$. Es steht in den runden Klammern. Addiere dann 0,25 und multipliziere zum Schluss mit $\frac{1}{2}$.

$\frac{1}{2} \cdot \left[\left(0{,}5 - \frac{1}{4}\right) + 0{,}25\right]$
$= \frac{1}{2} \cdot [0{,}25 + 0{,}25] = \frac{1}{2} \cdot 0{,}5 = 0{,}25$

b) Potenziere zuerst, multipliziere danach und addiere zum Schluss.

$1{,}3 + \frac{1}{9} \cdot \left(\frac{3}{2}\right)^3 = 1{,}3 + \frac{1}{9} \cdot \frac{27}{8} = 1{,}3 + \frac{3}{8}$
$= 1{,}3 + 0{,}375 = 1{,}675$

c) Potenziere zuerst, rechne danach die eckige Klammer aus und multipliziere zum Schluss.

$0{,}2 \cdot \left[\frac{1}{4} + \frac{1}{4} : \left(\frac{1}{2}\right)^2\right] = 0{,}2 \cdot \left[\frac{1}{4} + \frac{1}{4} : \frac{1}{4}\right]$
$= 0{,}2 \cdot \left[\frac{1}{4} + 1\right] = \frac{1}{5} \cdot \frac{5}{4} = \frac{1}{4}$

Basisaufgaben

6. Löse die Aufgabe. Achte dabei auf die Vorrangregeln.
   a) $0{,}6 + 0{,}8 \cdot 0{,}5$
   b) $\frac{3}{2} - \frac{2}{5} \cdot \frac{1}{2}$
   c) $0{,}2^2 - 0{,}01$
   d) $\frac{5}{4} \cdot 0{,}75 + 1$
   e) $\left(\frac{2}{3}\right)^2 - \frac{1}{9}$
   f) $\frac{7}{2} - 1{,}5 \cdot \frac{2}{3}$
   g) $0{,}6 \cdot \frac{1}{2} + 0{,}4 \cdot \frac{1}{4}$
   h) $0{,}8^2 + 0{,}1^3 - \frac{1}{10} \cdot \frac{1}{100}$

7. Löse die Aufgabe. Achte dabei auf die Vorrangregeln.
   a) $0{,}4 \cdot \left[1 - \left(\frac{1}{2} - \frac{1}{4}\right)\right]$
   b) $\frac{13}{6} - \left(\frac{1}{10} + 2\right)$
   c) $0{,}7^2 - \left(3{,}5 - 3\frac{1}{4}\right)$
   d) $\frac{5}{3} \cdot \left[\frac{11}{10} - (3{,}1 - 2{,}9)\right]$

Weiterführende Aufgaben

8. **Durchblick:** Löse die Aufgabe und erkläre, wie du vorgegangen bist. Orientiere dich an den Beispielen 1, 2 und 3 auf den Seiten 45 bis 47.
   a) $\frac{5}{8} - 1{,}5 - \frac{1}{4}$
   b) $4 \cdot 1\frac{1}{2} \cdot 0{,}1$
   c) $1{,}2 - 0{,}2 \cdot 10{,}5$
   d) $\frac{4}{5} \cdot \left(\frac{13}{50} - 0{,}1^2\right)$

9. Rechne im Kopf.
   a) $2\frac{1}{4} - \frac{4}{3} \cdot \frac{3}{2}$
   b) $0{,}25 \cdot \left(\frac{2}{3} + \frac{4}{3}\right)$
   c) $0{,}25 : \left(\frac{1}{4} + 0{,}75\right)$
   d) $\frac{5}{6} \cdot 0{,}\overline{6} \cdot \frac{6}{5}$
   e) $1{,}3 + 7 \cdot \frac{1}{10} - \frac{1}{10}$
   f) $(1{,}3 + 7) \cdot \frac{1}{10} - \frac{1}{10}$
   g) $1{,}3 + 7 \cdot \left(\frac{1}{10} - \frac{1}{10}\right)$
   h) $7\frac{1}{10} - \left(1{,}3 - \frac{1}{10}\right)$

10. **Stolperstelle:** Beschreibe die Fehler und rechne dann korrekt.
    a) $5 - 3\frac{1}{2} = 1$
    b) $\left(\frac{5}{4} \cdot \frac{8}{3}\right) \cdot 2 = \frac{40}{3}$
    c) $48{,}8 : (4 + 8{,}2) = 20{,}4$
    d) $440 + 4 : 10 = 44{,}4$

11. Hier wurden Klammern vergessen. Übertrage die Aufgaben ins Heft und setze dabei Klammern so, dass wahre Aussagen entstehen.
    a) $5{,}4 + 1{,}08 \cdot 0{,}5 = 3{,}24$
    b) $3 : 4{,}5 + 3{,}5 = 0{,}375$
    c) $3 \cdot 0{,}5 + \frac{3}{4} \cdot 12 = 45$

12. Schreibe als Term und berechne den Termwert.
    a) die Summe aus 5,7 und dem Quadrat von 0,4
    b) das Produkt aus $\frac{2}{3}$ und der Summe von 1,5 und $\frac{3}{4}$
    c) der Quotient aus der Summe von 2,25 und $\frac{3}{4}$ und der Differenz von 2,25 und $\frac{3}{4}$
    d) die Differenz aus dem Produkt von $\frac{9}{4}$ und $\frac{4}{3}$ und der Summe aus $\frac{9}{4}$ und $\frac{4}{3}$

13. **Ausblick:** Rechne vorteilhaft. Nutze das Distributivgesetz.
    a) $7 \cdot 12{,}8$
    b) $12 \cdot 7{,}4$
    c) $5{,}3 \cdot 8$
    d) $\frac{4}{5} \cdot 15\frac{5}{8}$
    e) $15{,}3 \cdot 9$

Tipp zu 13:
$5 \cdot 18{,}7 = 5 \cdot (18 + 0{,}7)$
$= 5 \cdot 18 + 5 \cdot 0{,}7$
$= 90 + 3{,}5 = 93{,}5$

2.9 Zusammenhänge zwischen Zahlen erkennen

■ Louis hat Begriffe zum Stichwort „Zahl" aufgeschrieben und meint, dass er sie sich gar nicht alle merken kann. Anna glaubt aber, dass dies gar nicht so schwer ist, wenn man die Begriffe ordnet und sie entweder dem Begriff „natürliche Zahl" oder dem Begriff „gebrochene Zahl" zuordnet.

Versucht es einmal und gestaltet ein Plakat zum Thema „Zahlen". ■

Zusammenhänge zwischen natürlichen und gebrochenen Zahlen beschreiben

Wir kennen sowohl natürliche als auch gebrochene Zahlen. Auf einem Zahlenstrahl kann jeder natürlichen Zahl eine gebrochene Zahl zugeordnet werden. Es sind Brüche mit dem Nenner 1 oder Dezimalbrüche nur mit Nullen hinter dem Komma. Es gibt aber gebrochene Zahlen, die keine natürlichen Zahlen sind.

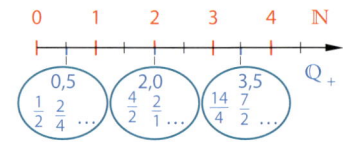

In **Mengendiagrammen** lassen sich Beziehungen zwischen Zahlenmengen veranschaulichen.

Erinnere dich:
Natürliche Zahlen $\mathbb{N}$:
0; 1; 2; 3…

Gebrochene Zahlen $\mathbb{Q}_+$:
0; 0,5; $\frac{2}{3}$; $0,\overline{7}$; $1\frac{3}{4}$; …

Hinweis:
Der Bruch $\frac{2}{3}$ ist kein Element der Menge der natürlichen Zahlen.
Man schreibt:
$\frac{2}{3} \notin \mathbb{N}$

> **Wissen: Natürliche und gebrochene Zahlen**
> Die Menge der natürlichen Zahlen ist in der Menge der gebrochenen Zahlen enthalten.
>
> Die Menge der natürlichen Zahlen ist **Teilmenge** von der Menge der gebrochenen Zahlen. Kurz: $\mathbb{N} \subset \mathbb{Q}_+$
>
>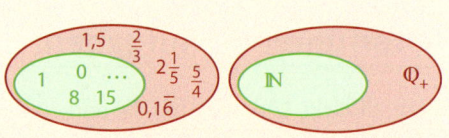
>
> $x \in \mathbb{N}$ bedeutet: Der Variablengrundbereich für x ist die Menge der natürlichen Zahlen.
> Alle Zahlen x sind natürliche Zahlen.
>
> $x \in \mathbb{Q}_+$ bedeutet: Der Variablengrundbereich für x ist die Menge der gebrochenen Zahlen.
> Alle Zahlen x sind gebrochene Zahlen.

Beispiel 1:
a) Ordne folgende Zahlen den Mengen $\mathbb{N}$ und $\mathbb{Q}_+$ zu:
 3,5 ; 7,8; 5; 125; 12,5; 0; $\frac{1}{3}$; $5,0\overline{1}$; $\frac{5}{4}$; $2\frac{3}{7}$; 1; 11; 1,1; 0,11

b) Gib an, welche Menge von welcher Menge eine Teilmenge ist:
 A = {0; 2; 4; 6; …}   B = {2,0; 2,1; 2,2; …; 2,9} $\mathbb{N}$ $\mathbb{Q}_+$

Lösung:
a) Suche zunächst alle natürlichen Zahlen heraus.
 Die restlichen Zahlen sind gebrochene Zahlen.

 Natürliche Zahlen: 5; 125; 0; 1; 11
 Gebrochene Zahlen: 3,5; 7,8; 12,5; $\frac{1}{3}$; $5,0\overline{1}$; $\frac{5}{4}$; $2\frac{3}{7}$; 1,1; 0,11

b) Alle Zahlen der Menge A sind sowohl natürliche als auch gebrochene Zahlen. Die Zahlen der Menge B sind gebrochene Zahlen. Alle natürlichen Zahlen sind auch gebrochene Zahlen.

 $A \subset \mathbb{N}$
 $A \subset \mathbb{Q}_+$
 $B \subset \mathbb{Q}_+$
 $\mathbb{N} \subset \mathbb{Q}_+$

2.9 Zusammenhänge zwischen Zahlen erkennen

Basisaufgaben

1. Ordne folgende Zahlen den Mengen $\mathbb{N}$ und $\mathbb{Q}_+$ zu:
   a) 1; 5; 5,5; 5,05; $\frac{5}{5}$; 0,0; 500; 49; 49,9999
   b) 0,03; 8,6; 7; 0; $101\frac{1}{10}$; 99; eine Million; ein Achtel; $\frac{12}{13}$

2. Entscheide, zu welcher der Mengen $\mathbb{N}$; $\mathbb{Q}_+$ und D (Menge aller Dezimalbrüche) die angegebene Menge eine Teilmenge ist.
   a) A = {1; 3; 5; 7; 9; 11; …}
   b) B = {1,0; 3,1; 5; 7; 9; 1,1}
   c) C ist die Menge aller Dezimalbrüche mit einer Dezimalstelle
   d) E ist die Menge aller echten Brüche

   Hinweis:
   Wenn zwei Mengen gleich sind, kann das Symbol ⊆ verwendet werden.

3. Stelle die Mengen in einem Mengendiagramm dar.
   a) die Menge aller geraden natürlichen Zahlen und die Menge aller durch 4 teilbaren Zahlen
   b) die Menge aller Teiler von 6 und die Menge aller Teiler von 12
   c) die Menge aller Primzahlen bis 10 und die Menge aller natürlichen Zahlen kleiner als 10

Ausführbarkeit von Rechenoperationen untersuchen

Mit natürlichen Zahlen kann man stets addieren und multiplizieren, subtrahieren und dividieren aber nicht immer.

Wissen: Ausführbarkeit von Rechenoperationen

Rechenart		$\mathbb{N}$	$\mathbb{Q}_+$
Addition:	a + b	immer ausführbar	immer ausführbar
Subtraktion:	a − b	nicht immer ausführbar	nicht immer ausführbar
Multiplikation:	a · b	immer ausführbar	immer ausführbar
Division:	a : b (b ≠ 0)	nicht immer ausführbar	immer ausführbar

Hinweis:
In $\mathbb{N}$ sind
5 − 9 und 9 : 5
nicht ausführbar.

In $\mathbb{Q}_+$ ist
5 − 9 nicht ausführbar,
9 : 5 aber ausführbar.

Durch Null darf niemals dividiert werden.

Beispiel 2: Untersuche, welche der folgenden Aufgaben im Bereich der natürlichen Zahlen ($\mathbb{N}$) und welche im Bereich der gebrochenen Zahlen ($\mathbb{Q}_+$) ausführbar sind. Gib bei Ausführbarkeit immer das Ergebnis an:

(1) x + y   (2) x − y   (3) x · y   (4) x : y

a) x = 14; y = 7   b) x = 15; y = 6   c) x = 9; y = 18

Lösung:
a) Untersuche, ob x > y und x ein Vielfaches von y ist.
   Es sind alle vier Rechnungen sowohl in $\mathbb{N}$ als auch in $\mathbb{Q}_+$ ausführbar.

   14 > 7;   14 = 2 · 7
   14 + 7 = 21;   14 − 7 = 7;
   14 · 7 = 98;   14 : 7 = 2

b) Gehe wie bei a) vor.
   Nur in $\mathbb{N}$ ist die Division nicht ausführbar.

   15 > 6;
   15 ist kein Vielfaches von 6
   15 + 6 = 21;   15 − 6 = 9;
   15 · 6 = 90;   15 : 6 = $\frac{5}{2}$ = 2,5

c) Gehe wie bei a) vor.
   In $\mathbb{N}$ sind Subtraktion und Division nicht ausführbar. In $\mathbb{Q}_+$ ist nur die Subtraktion nicht ausführbar.

   9 < 18;
   9 ist kein Vielfaches von 18
   9 + 18 = 27;   9 − 18 (nicht lösbar)
   9 · 18 = 162;   9 : 18 = $\frac{1}{2}$ = 0,5

Basisaufgaben

4. Untersuche, welche der folgenden Aufgaben im Bereich der natürlichen Zahlen ($\mathbb{N}$) und welche im Bereich der gebrochenen Zahlen ($\mathbb{Q}_+$) ausführbar sind. Gib bei Ausführbarkeit immer das Ergebnis an: (1) x + y   (2) x − y   (3) x · y   (4) x : y

   a) x = 4; x = 8   b) x = 16; y = 4   c) x = 4; y = 5   d) x = 17; y = 5

5. Gib die in der Menge $\mathbb{N}$ und die in der Menge $\mathbb{Q}_+$ nicht ausführbaren Aufgaben an. Berechne die lösbaren Aufgaben.

   a) 5 : 2   b) $5 - \frac{6}{5}$ c) $5 : \frac{5}{2}$ d) 2,5 − 5   e) 5 : (3 − 3)

Dichtheit gebrochener Zahlen erkennen

Erinnere dich:
12 ist Nachfolger von 11

Zwischen 11 und 12 liegt keine natürliche Zahl.

Zwischen 12 und 17 liegen die natürlichen Zahlen 13; 14; 15; 16.

Wir wissen, dass es zu jeder natürlichen Zahl einen Nachfolger gibt und dass zwischen zwei natürlichen Zahlen entweder mehrere natürliche Zahlen liegen, genau eine natürliche Zahl liegt oder keine weiteren natürlichen Zahlen liegen.

Dies gilt für gebrochene Zahlen nicht. Es lässt sich immer eine gebrochene Zahl finden, die zwischen zwei anderen gebrochenen Zahlen liegt.

> **Wissen: Dichtheit der gebrochenen Zahlen**
> Gebrochene Zahlen haben keinen Nachfolger.
>
> Zwischen zwei gebrochenen Zahlen liegen immer beliebig viele weitere gebrochene Zahlen.
>
>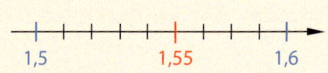
>
> *Man sagt:* **Gebrochene Zahlen liegen überall dicht.**

Beispiel 3: Gib drei gebrochene Zahlen an, die zwischen den gegebenen Zahlen liegen.

a) 2,7 und 2,8   b) 8,1 und 8,11   c) $\frac{1}{7}$ und $\frac{1}{6}$ d) $\frac{3}{4}$ und 0,745

Lösung:

a) Schreibe jeden Dezimalbruch mit zwei Stellen nach dem Komma. Gib dann drei weitere Dezimalbrüche an, die größer als 2,70 und kleiner als 2,80 sind.

   2,7 = 2,70   2,8 = 2,80
   2,70 < 2,75 < 2,76 < 2,791 < 2,80

b) Schreibe jeden Dezimalbruch mit drei Stellen nach dem Komma. Gib dann drei weitere Dezimalbrüche an, die größer als 8,100 und kleiner als 8,110 sind.

   8,1 = 8,100   8,11 = 8,110
   8,100 < 8,101 < 8,105 < 8,109 < 8,110

c) Erweitere die Brüche zu gleichnamigen Brüchen mit dem Nenner 128. Gib dann drei weitere Brüche an, die größer als $\frac{24}{168}$ und kleiner als $\frac{28}{168}$ sind.

   $\frac{1}{7} = \frac{6}{42} = \frac{24}{168}$ $\frac{1}{6} = \frac{7}{42} = \frac{28}{168}$

   $\frac{24}{168} < \frac{25}{168} < \frac{26}{168} < \frac{27}{168} < \frac{28}{168}$

d) Schreibe beide Brüche in der gleichen Darstellungsform, beispielsweise als Dezimalbruch. Gib dann drei weitere Brüche an, die größer als 0,745 und kleiner als 0,750 sind.

   $\frac{3}{4} = 0,75 = 0,750$
   $0,745 < 0,746 < 0,748 < 0,749 < \frac{3}{4}$

2.9 Zusammenhänge zwischen Zahlen erkennen

Basisaufgaben

6. Gib drei gebrochene Zahlen an, die zwischen den beiden Zahlen liegen.
   a) 7,5 und 7,6
   b) 11,79 und 11,8
   c) $\frac{3}{5}$ und $\frac{4}{5}$
   d) 1,81 und $\frac{9}{5}$

7. Ermittle eine gebrochene Zahl, die genau in der Mitte zwischen den beiden Zahlen liegt.
   a) 1,2 und 1,3
   b) 1,2 und 1,25
   c) $\frac{7}{11}$ und $\frac{8}{11}$
   d) $\frac{3}{5}$ und 0,61

Weiterführende Aufgaben

8. **Durchblick:** Löse die Aufgabe. Orientiere dich an den Beispielen auf den Seiten 48 bis 50.
   a) Entscheide, welche der Zahlen zur Menge $\mathbb{N}$ und welche zur Menge $\mathbb{Q}_+$ gehören:
      27; 27,0; neunundneunzig; $5\frac{3}{4}$; neun Halbe; 10,5; 0; $\frac{1}{100}$; 10^2; $\frac{0}{1}$
   b) Gib an, in welcher Beziehung die Mengen B und E stehen.
      B ist die Menge aller Brüche   E ist die Menge aller echten Brüche
   c) Welche Aufgabe ist in der Menge $\mathbb{N}$ nicht lösbar und welche nicht in der Menge $\mathbb{Q}_+$?
      (1) 6 : 3   (2) 3 : 6   (3) 6 – 3   (4) 3 – 6

9. Berechne den Abstand der beiden Zahlen voneinander.
   Gib jeweils eine Zahl an, die zwischen den beiden Zahlen liegt.
   a) 0,124 und $\frac{1}{8}$
   b) $\frac{1}{3}$ und 0,33
   c) $\frac{7}{8}$ und $\frac{8}{9}$
   d) 1,66 und $1,\overline{6}$

   Hinweis zu 9:
   Berechne den Abstand zweier Zahlen als Differenz beider Zahlen:
   „größere Zahl" minus „kleinere Zahl"

10. Runde die gegebene Zahl auf den in Klammern stehenden Stellenwert. Gib dann drei Zahlen an, die zwischen der gegebenen Zahl und der gerundeten Zahl liegen.
    a) 564 (auf Zehner)
    b) 5,66 (auf Zehntel)
    c) 0,748 (auf Hundertstel)

11. Stelle die natürliche Zahl 13 in einer anderen Schreibweise dar.
    a) als Dezimalbruch mit zwei Dezimalstellen
    b) als Bruch mit dem Nenner 1, mit dem Nenner 5 und mit dem Nenner 100

12. **Stolperstelle:** Prüfe, ob die Aussage wahr ist. Berichtige falsche Aussagen.
    a) Es gibt keine kleinste gebrochene Zahl.
    b) Zwischen den gebrochenen Zahlen 1,1 und 1,2 liegen genau 100 gebrochene Zahlen.
    c) Für beliebige gebrochene Zahlen a und b gilt:
       a : b < a

13. Beschreibe die Elemente der Menge am Beispiel.
    a) Menge der Nachfolger der geraden Zahlen
    b) Menge der natürlichen Zahlen mit genau zwei Teilern
    c) Menge der Brüche mit den Nennern 10, 100, 1000 usw.
    d) Menge der Brüche $\frac{a}{b}$ mit a > b > 0
    e) Menge aller natürlichen Zahlen zwischen 0,001 und 0,999

    Hinweis zu 13:
    Eine Menge, die kein Element enthält, heißt „leere Menge". Symbol für eine leere Menge: ∅

14. Entscheide, welche Aufgabe nicht lösbar ist, und begründe dies.
    a) $2,5 : \left(1,25 - \frac{5}{4}\right)$
    b) $\left(\frac{2}{3} - 0,\overline{6}\right) : 5,2$
    c) $(1,7 - 1,\overline{7}) : 2$
    d) $\left(\frac{4}{3} - 1,3\right) : \left(1,3 - \frac{4}{3}\right)$

15. **Ausblick:** Gib a mit a ≠ 0 und a ≠ 3 so an, dass $\frac{1}{a}$ folgende Bedingung erfüllt:
    a) $\frac{1}{a}$ unterscheidet sich von 0 um weniger als $\frac{1}{10}$
    b) $\frac{1}{a}$ unterscheidet sich von $\frac{1}{3}$ um weniger als $\frac{1}{6}$

Streifzug

2. Gebrochene Zahlen

Zahlen-Bingo

Tipp:
Zur Vorbereitung auf das Spiel soll die Zahl 0,25 möglichst unterschiedlich dargestellt werden. Ihr könnt auch Zeichnungen und Bilder verwenden.

Schreibt vor Spielbeginn auf, welche Zahlen zu den roten Strichen gehören.

■ Bei diesem Spiel sollen verschiedene Darstellungsformen von Zahlen geübt werden. Das Spielfeld befindet sich auf der hinteren Umschlagseite des Buches. Hier ist es verkleinert dargestellt.

Im oberen Teil liegt das Zahlenfeld. Zahlen kommen auf diesem Zahlenfeld mehrfach vor. Im unteren Teil befindet sich ein Zahlenstrahl.

Es sind unterschiedliche Spielvarianten möglich. Ihr könnt euch aber auch eure eigene Spielvariante ausdenken. ■

0,75		$\frac{1}{2}$	$\frac{3}{10}$		0,1
$\frac{6}{5}$	50 %	$\frac{3}{4}$	$\frac{2}{5}$	$\frac{1}{3}$	$0,\overline{6}$
2 %	30 %	$\frac{1}{10}$	1,2	75 %	$\frac{26}{20}$
0,6	1,3		0,4		0,02
	$\frac{1}{50}$	$0,\overline{3}$	60 %	0,5	$\frac{3}{5}$
40 %		10 %	$\frac{2}{3}$	$1\frac{1}{5}$	

Startfeld

Wissen: Spielregeln

Spielt zu dritt oder zu viert. Notiert die Siegpunkte für jeden Spieler in einer Tabelle. Wählt aus eurer Runde einen Spielleiter, der eine der Zahlen auf dem Spielfeld auswählt und die Zeit stoppt. Der Spielleiter spielt nicht mit.

Ein Runde dauert 5 s. Die Zeit wird gestartet, wenn der Spielleiter eine Zahl gesagt oder auf eine Zahl gezeigt hat. Innerhalb der 5 s zeigt jeder Mitspieler auf ein Feld, dessen Zahlenwert möglichst nahe an der vorgegebenen Zahl liegt. Die vorgegebene Zahl darf nicht ausgewählt werden. Sollte ein Spieler diese Zahl wählen, scheidet er aus.

Ein Siegpunkt geht an die Spieler mit dem Zahlenwerten, die die kleinste Differenz zur vorgegebenen Zahl haben. Wer den Punkt erhält, entscheidet der Spielleiter. Neuer Spielleiter wird der Spieler, der links vom bisherigen Spielleiter sitzt.

Ihr könnt die Ausgangszahl auch mit einer 5-Cent-Münze ermitteln. Legt dazu die Münze auf den roten Punkt vor dem Zahlenstrahl und schnippst sie mit dem Finger nach rechts. Für die Spielrunde gilt dann die Zahl, die zum roten Strich gehört, vor dem die Münze liegt. Rutscht die Münze über den Zahlenstrahl hinaus, wird noch einmal begonnen.

Beispiel 1: Abstände ermitteln

Der Spielleiter hat 50 % gewählt Ⓢ.
Zwei Spieler haben die mit ❶ und ❷ gekennzeichneten Felder gewählt. Welcher Spieler bekommt den Punkt?

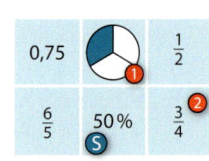

Lösung:
Es gilt: 50 % = $\frac{1}{2}$ ($\frac{1}{2}$ ist ausgeschlossen.)

Spieler ❶ hat $\frac{1}{3}$ gewählt.

Spieler ❷ hat $\frac{3}{4}$ gewählt.

Subtrahiere die kleinere von der größeren Zahl. Spieler ❶ erhält den Siegpunkt.

❶: $50\% - \frac{1}{3} = \frac{1}{2} - \frac{1}{3} = \frac{3}{6} - \frac{2}{6} = \frac{1}{6}$

❷: $\frac{3}{4} - 50\% = 75\% - 50\% = 25\% = 0,25 = \frac{1}{4}$

$\frac{1}{6} < \frac{1}{4}$

Streifzug

Aufgaben:

1. Prüft die anderen Felder und entscheidet, ob es eine noch bessere Wahl gegeben hätte.

2. Wer bekommt den Siegpunkt, wenn statt 50 % die Zahl 0,75 ausgewählt wird, beide Spieler aber genauso spielen?

3. Wer bekommt den Siegpunkt bei Wahl der Zahl $\frac{6}{5}$ durch den Spielleiter?

4. Notiert günstige Platzierungen der 1-Cent-Münze und besprecht sie anschließend.

Wissen: Spielregeln für „Eins gewinnt"

Legt die Münze auf das „Startfeld" unterhalb des Spielfelds und schnippst sie in das Zahlenfeld. Jeder Spieler darf höchstens dreimal schnippsen. Ziel des Spiels ist es, dass die Summe der erhaltenen Zahlen möglichst nahe an 1 liegt. Es zählt immer das Feld, auf dem der größte Teil der Münze liegt. Jeder Spieler entscheidet, ob er noch ein zweites oder drittes Mal schnippsen möchte. Spieler scheiden aus, wenn ihre Summe 1 übersteigt. Liegt die Münze außerhalb des Spielfeldes, gilt das als Fehlversuch. Es wird kein Punkt gegeben.

Beispiel 2: Summen und Abstände ermitteln

Hier wurden folgende Felder getroffen:

$2\% = \frac{2}{100}$; $\frac{1}{10}$; $\frac{3}{5}$

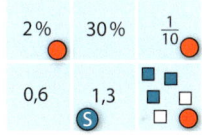

a) Berechne die Summe der drei Zahlen.
b) Berechne den Abstand zur Zahl 1.

Lösung:

a) Addiere die drei Zahlen. $\quad \frac{2}{100} + \frac{1}{10} + \frac{3}{5} = \frac{2}{100} + \frac{10}{100} + \frac{60}{100} = \frac{72}{100} = 0{,}72$

b) Subtrahiere das Ergebnis aus a) von 1. $\quad 1 - 0{,}72 = 0{,}28$

Aufgaben:

5. Julian hat bei den ersten beiden Versuchen die Zahlen 0,02 und $\frac{1}{10}$ getroffen. Gib geeignete Zahlen an, damit Julian näher an die 1 kommt als im Beispiel 2.

6. Spielt folgende Spielvariante: Wählt eine Zahl vom Zahlenfeld, die Ergebnis einer ausgedachten Rechnung sein soll. Jeder Mitspieler verwendet Zahlen vom Zahlenfeld und denkt sich eine Rechnung aus. Verwendete Zahlen dürfen vom nachfolgenden Spieler nicht mehr verwendet werden. Jede richtige Rechnung ergibt einen Siegpunkt.
    a) Das gewählte Feld hat die Aufschrift 0,02. Überprüfe die folgende Rechnung:
    $\left(10\% \text{ von } \frac{1}{2}\right) \cdot \frac{1}{10} = 0{,}02$
    b) Denkt euch Rechnungen mit dem Ergebnis 40 %. aus.

7. Eine Gruppe spielt „Eins gewinnt" in folgender Form: Jeder Mitspieler nennt eine Rechnung mit den getroffenen Zahlen, deren Ergebnis möglichst nah an der 1 liegt. Berechne das Ergebnis nach dieser Regel für die beiden getroffenen Zahlen aus Beispiel 2.

8. Entwickelt Gewinn-Strategien für die beschriebenen Spiele.

2.10 Ganze Zahlen vergleichen und ordnen

■ Im Deutschen Museum in München ist ein Barometer und das größte Thermometer Deutschlands am Museumsturm angebracht. Tom bemerkt, dass sich die 10 und die 20 zweimal darauf befinden.

Erkläre, warum das so ist. ■

Die Zeichen „+" und „–" sind **Rechenzeichen.** Sie können aber auch die Lage einer Größenangabe zu einem Bezugspunkt beschreiben. Dann sind es **Vorzeichen.**

Ganze Zahlen auf der Zahlengerade darstellen

Hinweis:
Eine Zahlengerade hat nur eine Pfeilspitze rechts von der Null. Die Pfeilspitze links von der Null wird weggelassen.

Beim Erweitern des Zahlenstrahls zu einer **Zahlengerade** werden Zahlen mit dem Vorzeichen „+" (**positive Zahlen**) rechts und Zahlen mit dem Vorzeichen „–" (**negative Zahlen**) links von Null abgetragen. Das Vorzeichen „+" kann auch weggelassen werden. Die Zahl Null hat kein Vorzeichen, sie ist weder positiv noch negativ.

> **Wissen: Ganze Zahlen darstellen**
> Zahlen, die auf der Zahlengeraden **symmetrisch zur Null** liegen, nennt man **zueinander entgegengesetzte Zahlen.** Die natürlichen Zahlen und die zu ihnen entgegengesetzten Zahlen nennt man ganze Zahlen. Die Menge der **ganzen Zahlen** bezeichnet man mit $\mathbb{Z}$.
>
>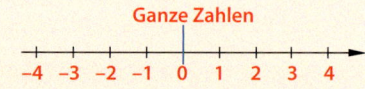

Beispiel 1: Markiere folgende Zahlen auf der Zahlengeraden:
a) die Zahl –4
b) alle ganzen Zahlen, die von der Zahl Null 3 Einheiten entfernt sind
c) die negative Zahl, die 5 Einheiten von Null entfernt ist

Lösung:
Zeichne eine geeignete Zahlengerade.
a) Gehe von Null vier Schritte nach links und markiere dort die Zahl –4.
b) Gehe von Null sowohl drei Schritte nach links als auch drei Schritte nach rechts und markiere dort die Zahlen –3 und 3.
c) Gehe von Null fünf Schritte nach links und markiere dort die Zahl –5.

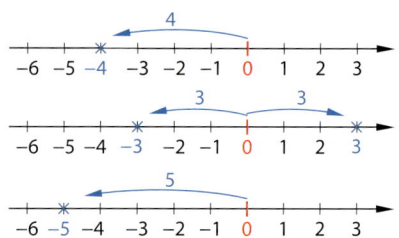

Basisaufgaben

1. Markiere die Zahlen auf einer Zahlengeraden.
   a) 0; –2; 3; 5; –8; –12
   b) 0; 15; –20; –35; 50; –50

2. Markiere auf einer Zahlengeraden alle ganzen Zahlen mit folgender Eigenschaft:
   a) Sie sind 4 Einheiten von der Zahl 0 entfernt.
   b) Sie liegen zwischen –8 und –5.
   c) Sie sind 5 Einheiten von der Zahl 2 entfernt.
   d) Sie sind kleiner als –2.

3. Markiere auf einer Zahlengeraden negative ganze Zahlen mit folgender Eigenschaft:
   a) Ihr Abstand zur Null beträgt 2.
   b) Der Abstand zwischen ihnen beträgt 2,5.

2.10 Ganze Zahlen vergleichen und ordnen

Ganze Zahlen vergleichen und ordnen

Von zwei Zahlen liegt die **kleinere Zahl** auf einem (**waagerechten**) **Zahlenstrahl** immer weiter links. Auch für Zahlen auf einer (**waagerechten**) **Zahlengeraden** ist das sinnvoll.

> **Wissen: Vergleichen ganzer Zahlen**
> Von zwei ganzen Zahlen ist die Zahl kleiner, die auf der Zahlengeraden **weiter links** liegt.
>
> – Vergleiche zwei positive ganze Zahlen stellenweise: 11 < 12   (11 liegt links von 12)
>
> – Negative ganze Zahlen sind kleiner als positive Zahlen: –5 < 2   (– 5 liegt links von 2)
>
> – Von zwei negativen ganzen Zahlen ist die Zahl kleiner,
>   die weiter von der Zahl 0 entfernt ist: –10 < –8   (–10 liegt links von –8)
>
>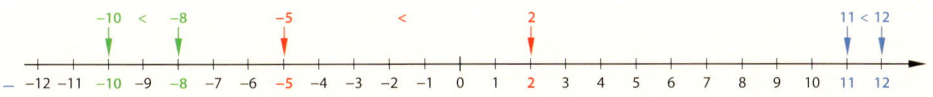

Beispiel 2 Vergleiche die Zahlen. Verwende dazu sowohl das Kleiner-Zeichen als auch das Größer-Zeichen und begründe.
a) Vergleiche die Zahlen –3 und 2.   b) Vergleiche die Zahlen –8 und –11.

Lösung:
Markiere die Zahlen an einer geeigneten Zahlengeraden.

a) –3 liegt auf der Zahlengeraden   –3 < 2   oder   2 > –3
   links von 2.   (Negative Zahlen sind immer kleiner als positive Zahlen.)

b) –11 liegt links von -8.   –11 < –8   oder   –8 > –11
                                     (–11 ist von 0 weiter entfernt als – 8.)

Basisaufgaben

4. a) Vergleiche jeweils die beiden Zahlen. Verwende das Kleiner-Zeichen und begründe.
      20 und –10; –2 und –8; –6 und 8; 5 und –9
   b) Vergleiche jeweils die beiden Zahlen. Verwende das Größer-Zeichen und begründe.
      –17 und –2; 5 und –4; –11 und 14; 4 und 19

5. Übertrage in dein Heft und ersetze ■ richtig durch > oder <.
   a) –6 ■ –8   b) –14 ■ –12   c) –9 ■ 9   d) 5 ■ –7   e) 0 ■ –4

6. Markiere die Zahlen auf einer Zahlengeraden und ordne sie dann in einer
   „Kleiner-als-Kette", so wie im Beispiel: –3 < – 2 < 3 < 10
   a) –5; – 8; 0; 4; – 6; – 2; – 10; – 3; 8   b) 25; – 80; – 12; 22; –22; 18; –18; 0; –52

Weiterführende Aufgaben

7. **Durchblick:** Markiere die Zahlen auf einer Zahlengeraden. Ordne sie dann der Größe nach.
   Beginne mit der kleinsten Zahl. Orientiere dich an Beispiel 2 auf Seite 55.
   a) –5; –3; 7; 11; –1; –10   b) –5; 0; –9; –7; –2; –3

8. Vergleiche die beiden Zahlen.
   a) −3 und 7   b) −4 und +8   c) +237 und −129   d) −102 und −115   e) −1212 und −1

9. Markiere auf einer (waagerechten) Zahlengeraden:
   a) zwei negative ganze Zahlen, von denen eine um 5 größer ist als die andere
   b) eine negative und eine positive ganze Zahl mit einem Abstand von 8 LE zueinander
   c) eine negative Zahl, deren Abstand zur 0 ein Vielfaches von 3 ist

Erinnere dich:
1 LE bedeutet
1 Längeneinheit.

Hinweis zu 10:
Die gesuchten Zahlen der Aufgaben findest du in der Blüte und in den Blättern.

10. Gib an, welche Zahlen rot markiert sind und gib ihren Abstand zur Null an.

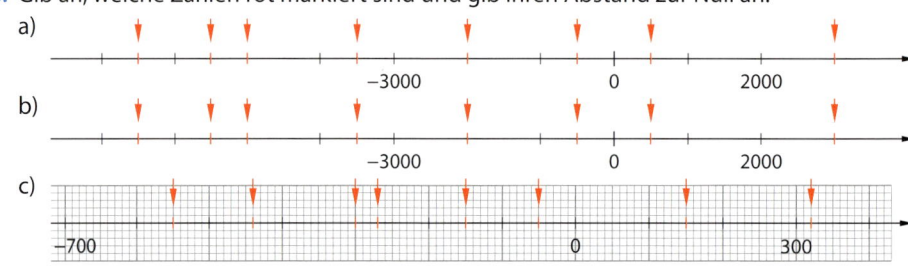

11. a) Lies die Temperatur ab.
    b) Was würde das Thermometer anzeigen, wenn die Temperatur um 10 Grad höher wäre?
    c) Was würde das Thermometer anzeigen, wenn die Temperatur um 10 Grad geringer wäre?

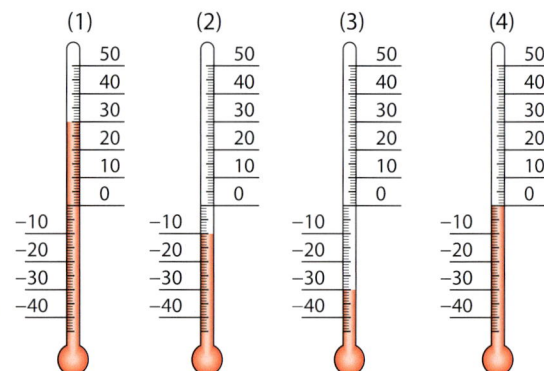

12. Nenne zwei ganze Zahlen:
    a) mit unterschiedlichen Vorzeichen
    b) jeweils mit dem Vorzeichen „−"
    c) jeweils mit dem Vorzeichen „+"

Hinweis zu 13:
Physiker schreiben: statt 3 °C wärmer auch 3 Grad wärmer

Die Höhe von Bergen bzw. die Tiefe von Gräben wird von Normalnull (NN) aus gemessen. NN ist die durchschnittliche Meereshöhe der Nordsee.

13. a) Man sagt „−6 °C ist kälter als +10 °C". Schreibe jeweils mit analogen Formulierungen auf:
    +12 °C und +3 °C; 5 kg und 3 kg; 10 m unter NN und 20 m unter NN
    b) Finde selbst drei weitere Beispiele und dazu passende Formulierungen.

14. **Stolperstelle:** Paul hat jeweils zwei Zahlen miteinander verglichen. Überprüfe seine Lösungen und beschreibe, welche Fehler er gemacht hat. Berichtige Pauls Fehler.
    a) −11 < −111   b) −5 > +4   c) +1 < −1   d) −5 = +5   e) −3 > +3   f) −1 000 000 > −1

15. Verwende zum Lösen der Aufgaben eine geeignete Zahlengerade.
    a) Welche ganze Zahl liegt in der Mitte zwischen −2 und 6 (−1 und 5)?
    b) Nenne alle nicht durch 2 teilbaren ganzen Zahlen, die zwischen −4 und 9 liegen.
    c) Wie viele ganze Zahlen liegen zwischen −12 und 7 (−14 und −19)?

16. **Ausblick:** Lisa sollte als Hausaufgabe eine Liste der höchsten Berge und der tiefsten Gräben erstellen. Sie hat folgende Angaben gemacht: Mount Everest (Himalaya) 8848 m, K2 (Karakorum) 8611 m, Lhotse (Himalaya) 8516 m, Zugspitze 2962 m, Marianengraben 11 034 m, Philippinengraben 10 540 m, Tongagraben 10 882 m, Tagebau Hambach 239 m.
    a) Schreibe Lisas Liste mit ganzen Zahlen. Verwende auch Vorzeichen.
    b) Gib den tiefsten Graben und den höchsten Berg von Lisas Liste an.
    c) Runde sinnvoll und markiere die Angaben auf einer Zahlengeraden.

2.11 Vermischte Aufgaben

1. Kürze oder erweitere folgende Brüche so, dass der Nenner ein Zehnerbruch ist (10, 100, 1000, ...). Wandle dann in einen Dezimalbruch um.
   a) $\frac{171}{300}$ b) $\frac{32}{5}$ c) $\frac{75}{250}$ d) $\frac{7}{4}$ e) $\frac{11}{125}$ f) $2\frac{5}{8}$ g) $7\frac{18}{25}$

2. Finde mindestens vier Zahlen in Bruch- und vier Zahlen in Dezimalbruchschreibweise. Beschreibe dein Vorgehen.
   a) zwischen 6,32 und 6,33
   b) zwischen $\frac{2}{5}$ und $\frac{1}{4}$
   c) die zwischen 0,5 und $\frac{4}{5}$
   d) zwischen $1,\overline{6}$ und $1,\overline{7}$

3. Übertrage den Zahlenstrahl ins Heft und ergänze die Werte an den roten Pfeilen als Dezimalbrüche.

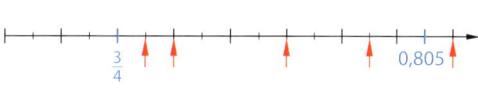

4. Trage die Zahlen $\frac{15}{100}$; $\frac{1}{4}$; 0,3; $\frac{2}{5}$; 0,525; 0,9; 1,45; $\frac{3}{2}$ an einem Zahlenstrahl im Heft ein.

   Hinweis zu 4:
   Achte darauf, dass du den richtigen Ausschnitt des Zahlenstrahls zeichnest.

5. Vergleiche und ersetze ■ durch <, > oder =.
   a) 0,7 ■ $\frac{4}{5}$ b) 1,55 ■ $\frac{3}{2}$ c) $\frac{1}{3}$ ■ 0,3   d) 2,25 ■ $2\frac{1}{4}$
   e) $\frac{1}{5}$ ■ 0,5   f) $\frac{14}{7}$ ■ 2   g) $10\frac{2}{5}$ ■ 10,25   h) $\frac{1}{9}$ ■ $\frac{1}{8}$

6. Setze für ■ geeignete Ziffern oder Zahlen ein, sodass die Aussage wahr ist.
   a) $\frac{3}{4} < 0,7$ ■   b) $0,5 = \frac{■}{8}$ c) $0,3 > \frac{■}{4}$ d) $0,8 = \frac{8}{■}$
   e) $0,3$ ■ $> \frac{3}{8}$ f) $\frac{■}{5} = 0,6$ g) $5 < \frac{■}{3}$ h) $2\frac{1}{3} > 2,3$ ■

7. Entscheide, ob die Behauptung wahr oder falsch ist. Gib ein Beispiel an.
   a) Es gibt zwischen zwei gebrochenen Zahlen immer genau eine weitere Zahl.
   b) Zwischen zwei Dezimalbrüchen gibt es immer weitere Dezimalbrüche.
   c) Jeder Bruch kann als endlicher Dezimalbruch geschrieben werden.

8. Hier stimmt etwas nicht. Formuliere im Heft so, dass die Aussage wahr ist.
   a) Von zwei Brüchen ist derjenige kleiner, der den kleineren Nenner hat.
   b) Von zwei Brüchen mit demselben Zähler ist derjenige mit dem größeren Nenner größer.
   c) Zwei Brüche, die denselben Zähler haben, sind gleich groß.

9. Gib geeignete Brüche an. Erkläre dein Vorgehen.
   a) Zwei gleichnamige Brüche, deren Summe 3 ist.
   b) Drei gleichnamige Brüche, deren Summe 1 ist.
   c) Zwei ungleichnamige Brüche, deren Summe 5 ist.

10. Schreibt Aufgaben mit der Zahl als Ergebnis auf. Verwendet sowohl Brüche als auch Dezimalbrüche. Bereitet die Präsentation eurer Aufgaben vor.
    a) $\frac{1}{4}$ b) $\frac{4}{10}$ c) 2,5   d) 0,01   e) $\frac{3}{5}$ f) $\frac{7}{8}$ g) 5   h) $\frac{5}{24}$ i) 4,2   j) 1

    Tipp zu 10:
    Tauscht eure Aufgaben gegenseitig und kontrolliert eure Rechnungen.

11. Was passiert mit der Summe $\frac{a}{b} + \frac{c}{d}$ ($b \neq 0$; $d \neq 0$) bei der angegeben Änderung? Setze zunächst Zahlen ein und verallgemeinere dann:
    a) d wird kleiner, a, b und c bleiben gleich
    b) c und d werden verdreifacht, a und b bleiben gleich
    c) b und d werden größer, a und c bleiben gleich

12. Berechne die Zahlenmauer als:
    a) Additionsmauer
    b) Subtraktionsmauer
    c) Multiplikationsmauer
    d) Divisionsmauer

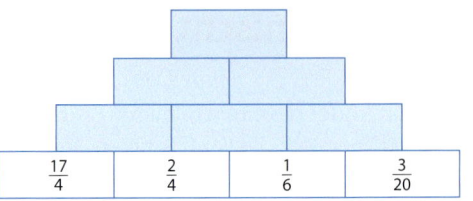

$\frac{17}{4}$ $\quad$ $\frac{2}{4}$ $\quad$ $\frac{1}{6}$ $\quad$ $\frac{3}{20}$

13. Entwirf eine eigene Additionsmauer (entsprechend Aufgabe 12) mit fünf unteren Steinen. Verwende gebrochene Zahlen so, dass alle Steine Ergebnisse enthalten und der oberste Stein eine natürliche Zahl ergibt.

14. Berechne die Summe der Brüche $\frac{1}{3}$ und $\frac{5}{8}$.
    a) Stelle die Rechnung zeichnerisch dar, indem du sowohl $\frac{1}{3}$ und $\frac{5}{8}$ als auch das Ergebnis in zwei flächengleichen (gleich großen) Rechtecken als Anteile einfärbst.
    b) Gib zwei Paare ungleichnamiger Brüche an, die addiert denselben Wert ergeben.
    c) Finde zwei Paare ungleichnamiger Brüche, die subtrahiert denselben Wert ergeben.

15. Schreibe als Term und berechne anschließend.
    a) Addiere $\frac{7}{12}$ zum Produkt der Zahlen $\frac{3}{4}$ und $\frac{5}{3}$.
    b) Multipliziere die Summe aus $\frac{4}{5}$ und $\frac{2}{7}$ mit $\frac{1}{3}$ und subtrahiere anschließend 0,2.
    c) Dividiere das Produkt der Zahlen $\frac{4}{9}$ und $\frac{3}{5}$ durch die Differenz der Zahlen $\frac{4}{8}$ und $\frac{3}{14}$.
    d) Subtrahiere $\frac{1}{8}$ vom Quotienten der Zahlen $\frac{1}{6}$ und $\frac{7}{8}$.

16. Schreibe als Term und berechne anschließend.
    a) Multipliziere die Summe aus 1,7 und 2,4 mit der Differenz aus 4,7 und 2,1.
    b) Addiere zum Quotienten aus 10,25 und 2,5 das Produkt der Zahlen 6,2 und 1,6.
    c) Dividiere die Summe aus 3,09 und 4,14 durch die Differenz aus 10,05 und 2,82.
    d) Subtrahiere den Quotienten aus 6,592 und 2,06 vom Produkt der Zahlen 3,7 und 4,6.

17. Entwerft Textaufgaben analog Aufgabe 15 und Aufgabe 16. Tauscht diese untereinander aus. Löst die Aufgaben und lasst eure Lösungen dann kontrollieren.

18. Schreibe für die gesuchte Zahl x, stelle eine Gleichung auf und löse diese.
    a) Der Quotient aus einer Zahl und 1,4 ergibt 1,6.
    b) 1,3 dividiert durch eine Zahl ergibt 1,95.
    c) Eine Zahl dividiert durch 2,7 ergibt 17,55.
    d) Der Quotient aus einer Zahl und 2,7 ist gleich dem Produkt der Zahlen 3 und 3,24.

19. Vergleiche und ersetze ■ durch >, < oder =.
    a) $\frac{1}{3} + \frac{5}{6}$ ■ $\frac{1}{2} \cdot \frac{3}{4}$ $\quad$ b) $\frac{2}{6} \cdot \frac{9}{5}$ ■ $\frac{7}{8} + \frac{2}{4}$ $\quad$ c) $\frac{8}{5} : \frac{7}{9}$ ■ $\frac{8}{15} - \frac{2}{5}$ $\quad$ d) $\frac{13}{17} \cdot \frac{34}{49}$ ■ $\frac{8}{5} - \frac{9}{25}$

20. Löse die Gleichung. Erkläre, wie du vorgegangen bist. Worauf musstest du achten?
    a) $12,5 \cdot x = 20$ $\quad$ b) $2,4 \cdot x = 36,72$ $\quad$ c) $23,083 : x = 4,1$
    d) $(2,05 + 2,35) \cdot x = 14,08$ $\quad$ e) $x : (6,1 + 1,1) = 48,96$ $\quad$ f) $24,32 : x = 0,4 \cdot 19$

21. Schreibe den Term in Wortform und berechne dann wie im folgenden Beispiel:

    Term: $2 \cdot \left(\frac{1}{2} + \frac{1}{3}\right)$ $\quad$ *Wortform:* Die Summe von $\frac{1}{2}$ und $\frac{1}{3}$ wird verdoppelt. $\quad$ *Ergebnis:* $\frac{5}{3}$

    a) $9 : \left(\frac{1}{4} - \frac{1}{8}\right)$ $\quad$ b) $\left(\frac{1}{5} - \frac{1}{8}\right) : \left(\frac{5}{6} + \frac{2}{3}\right)$ $\quad$ c) $\left[\frac{1}{7} \cdot \left(\frac{3}{5} + \frac{9}{8}\right)\right] + 4$ $\quad$ d) $\frac{1}{2} \cdot \left(\frac{7}{3} - \frac{2}{7}\right) + \frac{1}{3} : \left(\frac{1}{6} + \frac{5}{4}\right)$

2.11 Vermischte Aufgaben

22. Löse die Aufgabe und kürze soweit wie möglich.
  a) $\frac{3}{7} : \frac{99}{49} - \frac{1}{66}$
  b) $\left(\frac{2}{7} + \frac{5}{6}\right) : \frac{1}{8}$
  c) $\left(\frac{71}{15} - \frac{40}{30}\right) \cdot \left(\frac{1}{9} + \frac{5}{4}\right)$
  d) $\left(\frac{7}{9} \cdot \frac{3}{21}\right) + \left[\frac{1}{9} \cdot \left(\frac{2}{3} + \frac{4}{6}\right)\right]$

23. Was ist eigentlich das Geheimnis von Rechenkünstlern? Beginne mit einer beliebigen Zahl x und rechne wie vorgegeben. Versuche es zuerst mit einer natürlichen Zahl und dann mit einer gebrochenen Zahl. Was sagst du nun?

x $\xrightarrow{+\,0{,}75}$? $\xrightarrow{\cdot\,4}$? $\xrightarrow{-\,3}$? $\xrightarrow{\cdot\,\frac{1}{16}}$? $\xrightarrow{+\,\frac{1}{2}}$? $\xrightarrow{\cdot\,4}$? $\xrightarrow{-\,2}$?

24. a) Überlege, wo ein Dezimalbruch sinnvoller wäre. Begründe deine Antwort.
  ① Jan, Niklas und Nils teilen sich eine Pizza. Jeder isst also $\frac{1}{3}$ Pizza.
  ② Marie ist $\frac{1}{9}$ m größer als ihre jüngere Schwester Anna.
  ③ Sebastian kann 1000 m in $\frac{29}{3}$ min laufen.
  ④ Ein Liter Cola kostet $\frac{7}{9}$ €.

25. Übertrage ins Heft und berechne die fehlenden Größenangaben des Rechtecks.

	Flächeninhalt A	Länge der Seite a	Länge der Seite b
a)		$\frac{7}{24}$ cm	$\frac{5}{6}$ cm
b)	$\frac{8}{28}$ m²		$\frac{2}{7}$ cm
c)	$\frac{19}{45}$ cm²	$\frac{2}{17}$ mm	
d)		$\frac{1}{6}$ m	$\frac{46}{19}$ m
e)	$\frac{120}{90}$ km²		$\frac{3}{7}$ km

26. Die Klasse 6b besteht zu $\frac{2}{3}$ aus Mädchen, von denen keines blond ist. In der Klasse gibt es aber zwei blonde Jungen, das sind $\frac{1}{5}$ der Jungen. Berechne, wie viele Kinder in der 6b sind.

27. Lisa möchte einen Blumenstrauß für ungefähr 7 € kaufen. Eine Rose kostet 0,80 €, eine Tulpe 0,50 € und eine Nelke 0,40 €. Der Strauß soll zu $\frac{1}{3}$ aus Rosen und zu $\frac{1}{4}$ aus Nelken bestehen. Der Rest wird mit Tulpen aufgefüllt. Wie viele Rosen, Tulpen und Nelken sind es, wenn die 7 € aufgebraucht werden sollen?

28. Janas Schulweg ist 1,5 km lang. Lukas muss $\frac{7}{5}$ mal so weit fahren wie Jana. Leon wohnt 750 m weiter weg als Lukas. Anna hat den weitesten Weg, sie muss das $\frac{4}{3}$-fache von Leons Weg zurücklegen. Berechne die Längen der Schulwege von Lukas, Leon und Anna.

29. Rechne geschickt.
  a) $\dfrac{\frac{5}{3} + \frac{2}{6}}{\frac{1}{4} + \frac{7}{9}}$
  b) $\dfrac{\frac{1}{6} \cdot \left(\frac{1}{3} + \frac{8}{10}\right)}{\frac{5}{3} \cdot \left(\frac{2}{4} - \frac{1}{3}\right)}$
  c) $\dfrac{\frac{4}{9} \cdot \frac{1}{2} \cdot \frac{12}{8}}{\frac{1}{24} \cdot \frac{31}{6} \cdot \frac{48}{93}}$
  d) $\dfrac{\frac{4}{5} + \frac{1}{3} + \frac{3}{15} + \frac{4}{6}}{\frac{1}{3} \cdot \left(\frac{5}{2} - \frac{6}{9}\right)}$
  e) $\frac{6}{8} \cdot \left(\dfrac{\frac{1}{2} : \frac{1}{3}}{\frac{5}{9} + \frac{1}{2}}\right)$
  f) $\frac{7}{9} : \left[\frac{1}{2} \cdot \left(\frac{1}{24} : \frac{1}{48}\right)\right]$

Tipp zu 29:
Einen Doppelbruch kannst du als Divisionsaufgabe schreiben, achte jedoch auf die „Punkt-vor-Strich-Regel":

$$\dfrac{\frac{1}{3} + \frac{1}{2}}{\frac{2}{5}} = \left(\frac{1}{3} + \frac{1}{2}\right) : \frac{2}{5}$$

Hinweis zu 30:
Kilojoule (kJ) ist die Einheit der Energie. Manchmal sind zusätzlich die Kalorien angegeben.

30. Auf vielen Nahrungsmitteln befinden sich Angaben über die Nährwerte pro Portion, wie bei den Schokowaffeln auf dem Bild.
    a) Wie viel Kilojoule enthalten 100 g der Schokowaffeln ungefähr? Wie viel Kilojoule sind in der gesamten Packung enthalten?
    b) Jonas isst fünf Waffeln. Wie viel Gramm Fett und wie viel Gramm Zucker hat er dann zu sich genommen?

SCHOKOWAFFELN
Drei Waffeln ca. 20 g enthalten
470 kJ
6,9 g Zucker
7,4 g Fett
200 g

31. Johanna und Theresa machen Hausaufgaben. Sie sollen zuerst sagen, welche Ziffern auf den zwei Kassenbons gestrichen werden können, ohne dass es zu einem Informationsverlust kommt.
    a) Ergänze auf dem Kassenbon vom Tante-Emma-Laden die fehlenden Preisangaben so, dass der Gesamtpreis von 24,10 Euro stimmt. Erkläre, wie du vorgehst. Gib, falls es sie gibt, alle Lösungen an.
    b) Überschlage, wie viel Euro im Getränkeladen gezahlt werden müssen. Berechne anschließend den genauen Preis.

Tante Emma Laden
Inhaberin: Inge Krause

CHIPS	1,89
BONBONS	0,99
KNUSPERBREZEL	1,49
SALZSTANGEN	1,09
FRISCHFLEISCH	5,69
TRAUBENSAFT	1,▇9
ERDNUSSFLIPS	0,59
LEERGUT	−0,60
MAGERQUARK	1,09
MAGERQUARK	1,09
KIDNEY BOHNEN	0,99
GEMUESEMAIS	▇,59
PILZE	0,69
GEWUERZGURKEN	1,10
KAESE	1,69
MILCH	0,7▇
SENF	▇,59
KAUGUMMIS	0,69
TOTAL	24,10

Steffano's
Getränkeladen

Kasse 1

10 x 1,35 Kirschsaft	13,50
1 x 1,39 Tomatensaft	1,39
1 x 0,55 Apfelschorle	0,55
2 x 5,75 Wasser	11,50
5 x 0,89 Wasser ST.	4,45
1 x 1,79 Orangensaft	1,79
1 x 7,99 Traubensaft	7,99
PFAND	
2 x 3,00 Kiste Wasser	−6,00
5 x 3,75 Limo 1,0 L	−18,75
1 x 3,10 Kasten Limo	−3,10
1 x 3,10 Kasten Schorle	−3,10
1 x 3,10 Kasten Wasser	−3,10
1 x 0,48 Orangensaft	−0,48
1 x 3,42 Kasten Apfelsaft	−3,42
Gesamt EUR:	

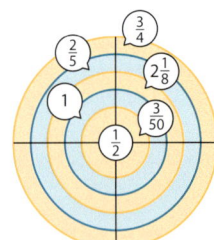

32. Jeder hat drei Schuss frei. Geschossen werden darf entweder nur auf die obere oder nur auf die untere Zielscheibe. Die getroffenen Zahlen jeder Scheibe werden dabei entweder addiert oder subtrahiert. Zum Beispiel: 1,5 − 0,5 + 0,1 = 1,1.
    🌸 Welche Zielscheibe würdest du wählen, um mit drei Schüssen genau 2,5 zu erzielen? Begründe an einem Beispiel.
    🌸 Getroffen wurden $\frac{2}{5}$, $2\frac{1}{8}$ und $\frac{1}{2}$. Nenne drei verschiedene Ergebnisse.
    🌸 Nenne die größte Zahl, die man mit drei verschiedenen Treffern erreichen kann.
    🌸 Prüfe, ob man bei der unteren Zielscheibe mit drei Treffern genau $\frac{23}{5}$ erreichen kann.
    🌸 Denk dir eine eigene Fragestellung aus, in der die Zahl „0" vorkommt. Löse die Aufgabe.

2.11 Vermischte Aufgaben

33. Jan möchte selbst Himbeereis herstellen. Im Internet findet er ein Rezept.

> Zutaten für 6 Portionen:
>
> $\frac{1}{4}$ kg   tiefgefrorene Himbeeren
>
> 0,1 kg   Zucker
>
> $\frac{1}{4}$ kg   Joghurt
>
> *Zutaten in einen Mixer geben und ca. $\frac{1}{2}$ Minute auf der höchsten Stufe mixen. Bei Bedarf umrühren und nochmals $\frac{1}{2}$ Minute mixen. Die Mischung ins Eisfach stellen. Spätestens in vier Stunden ist das Eis fertig.*

  Berechne die Menge der Zutaten für eine Portion.

  Wie viele Portionen würde Jan erhalten, wenn er sie etwas kleiner macht und nur $\frac{2}{3}$ der im Rezept angegebenen Mengen verwendet?

  Wie viele solcher Portionen würden in einen leeren Behälter passen, der 1 kg fasst?

  Jans Mutter meint, dass drei Portionen für vier Personen reichen müssten. Wie viel Gramm Eis hätte dann diese kleinere Portion?

34. Im Schulgarten soll eine rechteckförmige Fläche von 9 m × 10 m von der Klasse 6 b bearbeitet werden. Ein Drittel der Fläche wird von der Klasse gemeinsam bearbeitet, die restliche Fläche wird so aufgeteilt, dass jeweils fünf Kinder zusammen ein Beet bekommen.

Tipp zu 34:
Bei einigen Aufgaben gibt es mehrere Lösungen.

a) Es gibt 25 Schülerinnen und Schüler in der 6 b. Fertige eine maßstabsgerechte Skizze mit den Aufteilungen der zu bearbeitenden Fläche an.
b) Berechne die Flächeninhalte des „Klassenbeets" und der „Gruppenbeete".
c) Auch die 6c hat ein Klassenbeet mit den gleichen Maße wie die 6b. Auf der einen Hälfte dieses Klassenbeets soll eine Wildblumenwiese angelegt, auf der anderen Hälfte Obststräucher gesetzt werden, deren Stämme jeweils einen Abstand von $\frac{1}{3}$ m zueinander haben müssen. Wie viele Obststräucher können höchstens gesetzt werden?

35. Der Eiffelturm in Paris hat eine Höhe von 324 m. Ungewöhnliche Vergleiche helfen, sich die Höhe des Eiffelturms vorstellen zu können. Dazu kann man sich die Höhe durch gleichartige übereinandergestapelte Gegenstände vorstellen. Gib die Anzahl der dafür benötigten Gegenstände an.
a) Wasserkisten mit je einer Höhe von $2\frac{3}{5}$ dm
b) Camembert-Käse mit je einer Höhe von $2\frac{1}{2}$ cm,
c) Citroëns 2CV (auch „Ente" genannt) mit je einer Höhe von 1,6 m

Prüfe dein neues Fundament

2. Gebrochene Zahlen

Lösungen
↗ S. 240

1. Stelle die Brüche $\frac{7}{9}$, $\frac{2}{3}$ und $\frac{3}{2}$ gemeinsam auf einem Zahlenstrahl dar.

2. a) Welcher Bruch ist größer: $\frac{6}{16}$ oder $\frac{5}{16}$?   b) Welcher Bruch ist kleiner: $\frac{4}{5}$ oder $\frac{3}{4}$?

3. Schreibe als Dezimalbruch.
   a) $\frac{2}{5}$ b) $\frac{5}{2}$ c) $\frac{1}{6}$ d) $\frac{3}{30}$ e) $3\frac{1}{2}$ f) $1:4$

4. Ermittle für die beiden Brüche den kleinsten gemeinsamen Nenner.
   a) $\frac{3}{8}$ und $\frac{4}{9}$ b) $\frac{5}{6}$ und $\frac{2}{3}$ c) $\frac{1}{6}$ und $\frac{3}{4}$ d) $1\frac{1}{2}$ und $\frac{1}{5}$ e) $\frac{3}{4}$ und $\frac{4}{3}$ f) $\frac{1}{12}$ und $\frac{1}{15}$

5. Löse die Aufgabe.
   a) $\frac{2}{3}+\frac{3}{4}$ b) $\frac{4}{7}+\frac{1}{3}$ c) $\frac{3}{9}+\frac{2}{12}$ d) $\frac{2}{10}+0{,}6$ e) $\frac{6}{9}-\frac{1}{4}$ f) $\frac{6}{12}-0{,}4$
   g) $\frac{13}{14}-\frac{3}{11}$ h) $\frac{99}{100}-\frac{1}{99}$ i) $\frac{1}{3}+0{,}25$ j) $\frac{1}{10}-\frac{1}{100}-\frac{1}{1000}$ k) $\frac{1}{11}+\frac{1}{13}+\frac{21}{143}$

6. Multipliziere die Zahlen und kürze, falls möglich.
   a) $\frac{1}{3}\cdot\frac{1}{2}$ b) $\frac{3}{5}\cdot\frac{2}{7}$ c) $\frac{5}{8}\cdot\frac{1}{3}$ d) $\frac{12}{13}\cdot\frac{7}{11}$ e) $\frac{21}{22}\cdot\frac{23}{28}$ f) $1\frac{1}{2}\cdot3\frac{3}{4}$

7. Rechne geschickt.
   a) $\frac{2}{3}\cdot\frac{6}{4}$ b) $\frac{5}{9}\cdot\frac{36}{55}$ c) $\frac{21}{11}\cdot\frac{88}{91}$ d) $\frac{1}{3}\cdot\frac{3}{1}$ e) $0{,}7\cdot\frac{3}{49}$ f) $9\frac{2}{12}\cdot5\frac{3}{5}$

8. Löse die Aufgabe.
   a) $\frac{3}{4}:3$ b) $\frac{8}{3}:2$ c) $\frac{36}{4}:6$ d) $\frac{45}{9}:5$ e) $4\frac{5}{7}:11$ f) $\frac{1}{2}:0{,}3$
   g) $\frac{2}{3}:4$ h) $\frac{5}{6}:6$ i) $\frac{16}{20}:5$ j) $0{,}75:\frac{1}{4}$ k) $22:\frac{3}{11}$ l) $\frac{0}{12}:\frac{12}{3}$
   m) $\frac{1}{2}:\frac{1}{3}$ n) $\frac{3}{5}:0{,}5$ o) $\frac{3}{4}:\frac{6}{16}$ p) $\frac{16}{20}:\frac{4}{25}$ q) $\frac{56}{21}:\frac{64}{77}$ r) $0{,}8:\frac{4}{5}$

9. Runde die angegebenen Dezimalbrüche auf die jeweils angegebene Nachkommastelle.
   a) 1,324 auf die 2. Nachkommastelle   b) 2,378 auf Zehntel
   c) 1,3799 auf die 3. Nachkommastelle   d) 1,125 auf Hundertstel

10. Schreibe den Dezimalbruch 3,2 als Zehnerbruch und erweitere diesen mit 10. Schreibe dann das Ergebnis wieder als Dezimalbruch. Was stellst du fest?

11. Dividiere die Zahlen.
    a) $23{,}2:4$ b) $56{,}8:2$ c) $45{,}95:5$ d) $8{,}61:7$ e) $151{,}3:17$
    f) $13{,}2:1{,}1$ g) $24{,}7:1{,}3$ h) $128{,}8:2{,}3$ i) $3781{,}2:6{,}9$ j) $6{,}63:2{,}21$

12. Übertrage ins Heft und setze im Dividenden das Komma so, dass eine wahre Aussage entsteht.
    a) $342:12=2{,}85$ b) $441:7=6{,}3$ c) $132:1{,}1=12$ d) $2912:3{,}2=9{,}1$

13. Löse vorteilhaft. Erläutere dein Vorgehen.
    a) $2{,}31\cdot6\cdot\frac{1}{3}$ b) $2\frac{5}{12}-1{,}1+1\frac{1}{12}$ c) $\frac{2}{3}\cdot\left(\frac{5}{4}+\frac{7}{4}\right)$ d) $1{,}4+\frac{4}{5}\cdot\left(\frac{1}{2}\right)^2$

14. Gib drei gebrochene Zahlen an, die zwischen den beiden Zahlen liegen.
    a) 5,7 und 5,8   b) 0,619 und 0,62   c) $\frac{11}{12}$ und $\frac{13}{12}$ d) $\frac{3}{8}$ und 0,376

15. Ordne die Zahlen der Größe nach. Beginne mit der kleinsten Zahl.
    a) $-1; -11; 0; -4; 8; -8$ b) $9; -9; 10; -10; 5; -5; 0$ c) $500; -489, 50; -89; -4$

Prüfe dein neues Fundament

16. Mona hat zum Geburtstag 100 € bekommen. Sie kauft dafür ein Poster für 5,15 €, Schuhe für 24,95 €, ein T-Shirt für 8,95 € und Sammelkarten für 1,47 €. Den Rest des Geldes möchte sie sparen. Wie viel Euro hat Mona ausgegeben und wie viel Euro hat sie noch übrig? Mache zunächst einen Überschlag und berechne anschließend.

17. Die Hälfte der 24 Kinder aus der 6b spielt gern Fußball, ein Drittel davon sogar im Verein.
    a) Berechne, wie hoch der Anteil der Kinder aus der Klasse 6b ist, die im Verein spielen.
    b) Berechne, wie viele Kinder der Klasse im Verein spielen.

18. Jan möchte 45 Zimtschnecken backen. Das Rezept in der Randspalte ist jedoch für 15 Zimtschnecken gedacht. Berechne, welche Mengen an Zutaten dafür notwendig sind.

Zutaten für 15 Zimtschnecken
– $\frac{1}{8}$ kg Butter
– $\frac{1}{4}$ ℓ Milch
– 100 g Zucker
– Je $\frac{1}{2}$ Teelöffel Salz, Zimt und Kardamom
– $\frac{1}{2}$ kg Weizenmehl
– $\frac{1}{20}$ kg Puderzucker
– 1 Ei

19. Nina, Kathrin und Mathias unterhalten sich darüber, wie lange sie jeweils pro Woche im Internet „surfen". Nina ist pro Woche fünfmal eine halbe Stunde im Internet, Kathrin dreimal eine Dreiviertelstunde und Mathias an jedem Tag der Woche eine Viertelstunde. Wer verbringt in einer Woche die meiste Zeit mit dem „Surfen" im Internet?

20. Der Fußboden eines 3,6 m langen Badezimmers soll mit quadratischen Fliesen ausgelegt werden. Die Fliesen sind 0,6 dm lang und 0,6 dm breit.
    a) Berechne, wie viele Fliesen für eine Reihe benötigt werden.
    b) Das Bad ist 2,4 m breit. Wie viele Fliesen werden insgesamt benötigt?

Wiederholungsaufgaben

1. Gib jeweils zwei Beispiele an.
   a) Was könnte ungefähr 5 m lang sein?
   b) Was könnte 45 min dauern?
   c) Was könnte etwa 5000 m² groß sein?
   d) Was könnte 4 kg schwer sein?

2. Zeichne ein Schrägbild eines Würfels mit der Kantenlänge 5 cm in dein Heft und gib das Volumen des Quaders an.

3. Auf einer Karte mit einem Maßstab von 1 : 50 000 beträgt die Entfernung zwischen zwei Punkten 12 cm. Berechne, wie viel Meter das in der Wirklichkeit sind.

4. a) Übertrage das Quadrat ins Heft und färbe dann einen Anteil von 75 %.
   b) Gib an, welchen Anteil 6 Kästchen des Quadrates ausmachen.

5. a) Miss die Länge der Strecke $\overline{AB}$.
   b) Miss die Größe des Winkels α.

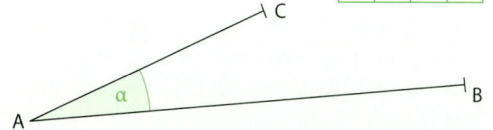

Zusammenfassung

2. Gebrochene Zahlen

Gebrochene Zahlen	**Dezimalbrüche** und **Brüche** können auf einem Zahlenstrahl dargestellt werden.	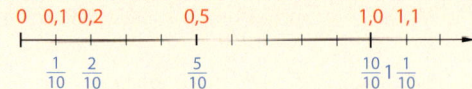
	Brüche und Dezimalbrüche, die zum selben Punkt des Zahlenstrahls gehören, bezeichnen dieselbe **gebrochene Zahl**. Die **natürlichen Zahlen** sind eine **Teilmenge der gebrochenen Zahlen**.	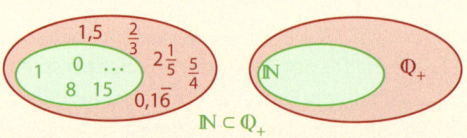 $\mathbb{N} \subset \mathbb{Q}_+$
	Gebrochene Zahlen liegen **überall dicht**.	Zwischen zwei gebrochenen Zahlen liegt stets eine weitere gebrochene Zahl.
	Die **Division** gebrochener Zahlen ist **stets ausführbar** (außer durch 0).	$2 : 5 = 0{,}4$
	Die kleinere von zwei gebrochenen Zahlen liegt auf dem Zahlenstrahl weiter links.	0,1 liegt auf dem Zahlenstrahl links von 1,2. *Somit gilt:* $0{,}1 < 1{,}2$
Brüche addieren und subtrahieren	**Brüche addieren (subtrahieren):** Mache – die Brüche gleichnamig und – addiere (subtrahiere) die gleichnamigen Brüche.	$\frac{2}{5} + \frac{1}{3} = \frac{2 \cdot 3}{5 \cdot 3} + \frac{1 \cdot 5}{3 \cdot 5} = \frac{6+5}{15} = \frac{11}{15}$ $\frac{3}{4} - \frac{2}{3} = \frac{3 \cdot 3}{4 \cdot 3} - \frac{2 \cdot 4}{3 \cdot 4} = \frac{9-8}{12} = \frac{1}{12}$
Brüche multiplizieren	**Brüche miteinander multiplizieren:** Multipliziere – jeweils die Zähler der Brüche und – jeweils die Nenner der Brüche.	$\frac{3}{4} \cdot \frac{5}{7} = \frac{3 \cdot 5}{4 \cdot 7} = \frac{15}{28}$ $\frac{3}{4} \cdot \frac{8}{9} = \frac{3 \cdot 8}{4 \cdot 9} = \frac{2}{3}$
Brüche dividieren	**Brüche dividieren:** Multipliziere den Dividenden mit dem Kehrwert des Divisors.	$\frac{3}{5} : \frac{2}{3} = \frac{3}{5} \cdot \frac{3}{2} = \frac{3 \cdot 3}{5 \cdot 2} = \frac{9}{10}$
Dezimalbrüche dividieren	**Dezimalbrüche (Divisor ungleich Null) dividieren:** – Dividend und Divisor mit Zehnerpotenzen so multiplizieren, dass der Divisor eine natürliche Zahl wird – dann wie natürliche Zahlen dividieren – und im Ergebnis das Komma setzen, wenn die Einer des Dividenden dividiert worden sind	$15{,}72 \;\; : \;\; 1{,}2 = 157{,}2 : 12$ (mal 10) (mal 10) $157{,}2 : 12 = 13{,}1$ 12 37 36 12 12 0
Rechengesetze für gebrochene Zahlen	Für alle gebrochenen Zahlen gilt: – das **Kommutativgesetz** der Addition und der Multiplikation – das **Assoziativgesetz** der Addition und der Multiplikation – das **Distributivgesetz**	$a + b = b + a$ $a \cdot b = b \cdot a$ $(a + b) + c = a + (b + c)$ $(a \cdot b) \cdot c = a \cdot (b \cdot c)$ $(a + b) \cdot c = a \cdot c + b \cdot c$
Brüche in Dezimalbrüche umwandeln	Ein **Zehnerbruch** (Nenner 10; 100; 1000; ...) ist als endlicher Dezimalbruch darstellbar. Wandle einen **Bruch durch Division** in einen **Dezimalbruch** um. Dabei können periodische Dezimalbrüche entstehen.	$\frac{25}{100} = 0{,}25$ $\frac{1}{4} = 1 : 4 = 0{,}25$ $0{,}666\ldots = 0{,}\overline{6}$

3. Gleichungen und Ungleichungen

Mit Termen, Gleichungen und Ungleichungen kannst du Situationen beschreiben. Gibt es beispielsweise 280 Bootsliegeplätze und ist x die Anzahl der Boote, die am Hafen liegen, dann ist 280 − x die Anzahl der freien Plätze und es gilt: 280 − x ≥ 0.

Dein Fundament

3. Gleichungen und Ungleichungen

Lösungen ↗ S. 241

Sicher mit gebrochenen Zahlen rechnen

1. Rechne möglichst im Kopf.
   a) $\frac{1}{2} + \frac{1}{4}$
   b) $\frac{1}{2} + \frac{2}{3}$
   c) $\frac{1}{6} + \frac{2}{3}$
   d) $0{,}27 + 0{,}05$
   e) $\frac{1}{5} + 0{,}3$
   f) $\frac{1}{2} - \frac{1}{4}$
   g) $\frac{1}{2} - \frac{1}{3}$
   h) $\frac{2}{3} - \frac{1}{6}$
   i) $1{,}2 - 0{,}12$
   j) $\frac{7}{10} - 0{,}5$

2. Rechne möglichst im Kopf.
   a) $\frac{3}{5} \cdot \frac{2}{7}$
   b) $\frac{2}{3} \cdot \frac{6}{11}$
   c) $\frac{2}{3} : \frac{5}{7}$
   d) $\frac{2}{5} : \frac{4}{9}$
   e) $\frac{3}{5} : \frac{9}{10}$
   f) $\frac{1}{2} : 0{,}5$
   g) $0{,}25 \cdot \frac{1}{2}$
   h) $0{,}25 : \frac{1}{2}$
   i) $0{,}1 \cdot \frac{1}{7}$
   j) $0{,}5 : \frac{1}{4}$

3. Zeige mithilfe der Umkehroperation, dass die Aufgabe richtig gelöst ist.
   a) $\frac{2}{3} \cdot \frac{6}{7} = \frac{4}{7}$
   b) $\frac{3}{4} : \frac{7}{8} = \frac{6}{7}$
   c) $2 : \frac{1}{2} = 4$
   d) $\frac{2}{3} + \frac{1}{6} = \frac{5}{6}$
   e) $\frac{2}{5} - \frac{1}{10} = \frac{3}{10}$

4. Ermittle von den Zahlen $\frac{1}{2}$; $\frac{3}{4}$; $0{,}6$ und $\frac{3}{7}$ jeweils:
   a) das Doppelte
   b) das Dreifache
   c) die Hälfte
   d) das Zehnfache

5. Bilde aus den Zahlen 6 Subtraktionsaufgaben mit richtigem Ergebnis. (Beispiel: $\frac{1}{2} - \frac{1}{4} = \frac{1}{4}$)

Minuend			Subtrahend			Differenz		
$\frac{1}{2}$	$\frac{1}{3}$	$\frac{3}{10}$	$\frac{2}{10}$	$\frac{1}{4}$	$0{,}1$	$1{,}05$	$\frac{1}{4}$	0
$\frac{5}{6}$	$1{,}1$	$1{,}4$	$\frac{3}{8}$	$\frac{1}{10}$	$\frac{1}{14}$	$0{,}8$	$\frac{9}{14}$	$\frac{1}{6}$
$\frac{5}{7}$	$\frac{3}{4}$	$1\frac{1}{4}$	$0{,}6$	$\frac{2}{3}$	$\frac{1}{3}$	$\frac{3}{8}$	$0{,}2$	1

6. Überprüfe die Aussage.
   a) Für alle gebrochenen Zahlen $\frac{a}{b}$ mit $b \neq 0$ gilt: $\frac{a}{b} \cdot 1 = \frac{a}{b}$.
   b) Zu jeder gebrochenen Zahl $\frac{a}{b}$ mit $b \neq 0$ gibt es eine gebrochene Zahl $\frac{c}{d}$ mit $d \neq 0$, so dass $\frac{a}{b} \cdot \frac{c}{d} = 1$ gilt.
   c) Bei Division einer gebrochenen Zahl a ($a \neq 0$) durch sich selbst, erhält man stets 1.

Termwerte berechnen

7. Übertrage ins Heft und berechne die Termwerte.

x	$15 + x$	$6 + 6x$	$(0{,}5 + x) : \frac{1}{2}$	$\frac{3}{4} + x - 0{,}25$	$\frac{x}{4} \cdot 8$	$x : \frac{2}{3}$
3						
5						
0						

8. Berechne den Termwert für $a = 0{,}2$; $b = 2$ und $c = \frac{3}{5}$.
   a) $a + b + c$
   b) $b + a \cdot c$
   c) $(b + a) \cdot c$
   d) $a : b + b$
   e) $\frac{2}{5} + b : a$

9. Schreibe als Term und ermittle den Termwert.
   a) Subtrahiere vom Produkt der Zahlen 7 und 9 die Zahl 11.
   b) Dividiere die Summe der Zahlen 19 und 14 durch 3.
   c) Multipliziere das Quadrat der Zahl 3 mit 9.

Dein Fundament

10. Ersetze ■ und ▲ durch ein Operationszeichen so, dass der Term zum Text passt.
    a) das Dreifache einer Zahl x vermindert um 7   3 ▲ x ■ 7
    b) das Doppelte der Summe aus einer Zahl x und 5   2 ■ (x ▲ 5)

11. Schreibe mit Hilfe von Variablen:
    a) das Fünffache einer Zahl   b) das Doppelte einer Zahl vermehrt um 2
    c) die Summe zweier Zahlen   d) das Quadrat einer Zahl vermindert um diese Zahl

12. Überprüfe die Aussage. Begründe deine Antwort.
    a) Es gibt natürliche Zahlen x, für die der Wert des Terms $3 - x$ keine natürliche Zahl ist.
    b) Es gibt eine natürliche Zahl x, für die der Wert des Terms $15 : x$ nicht erklärt ist.

13. Mit welchem Term lässt sich zu jeder oberen Zahl die darunter stehende Zahl ermitteln?

    a)
a	1	2	3	4	5
?	2	4	6	8	10

    b)
b	0	1	2	3	5	7
?	2	3	4	5	7	9

    c)
c	0	5	6	9	11	12
?	0	15	18	27	33	36

Einfache Gleichungen lösen

14. Löse die Gleichung durch Probieren oder durch Verwenden der Umkehroperation.
    a) $3 + x = 8$ b) $9 - y = 2$ c) $z : 5 = 2$ d) $2 \cdot x = 12$ e) $36 : y = 6$
    f) $3x + 4,5 = 6$ g) $0,25 - x = 0$ h) $y : \frac{7}{8} = 0$ i) $\frac{3}{4} - z = \frac{1}{4}$ j) $\frac{2}{5} \cdot x = \frac{2}{15}$

15. Beschreibe den Zusammenhang mit einer Gleichung und löse diese möglichst im Kopf.
    a) Das Dreifache einer Zahl beträgt 39.   b) Die Hälfte einer Zahl ist 0,4.
    c) Wenn man von einer Zahl 5 subtrahiert, erhält man 17,2.

16. Untersuche, für welche der Zahlen 0; 1; 2; 3; 4; 5; 6; 7 eine wahre Aussage entsteht.
    a) $6 : x = 3$ b) $4 \cdot x = x + 9$ c) $x + 1 = 2 \cdot x$ d) $x \cdot x = 2 \cdot x$ e) $(x - 4) \cdot (x - 7) = 0$

17. Beschreibe mit einer Gleichung und überprüfe, ob 0; 1; 2 oder 3 eine Lösung ist.
    a) Das Doppelte einer Zahl ist gleich dem Dreifachen der gleichen Zahl vermindert um 3.
    b) Eine Zahl vermehrt um 6 ist gleich dem Vierfachen der gleichen Zahl.

18. Löse die Gleichung und führe eine Probe durch.
    a) $6x + 3 = 21$ b) $3x = 15$ c) $22 = 2x + 6$ d) $\frac{1}{4}x + 3 = 4$ e) $0,5x = 5$

19. Übertrage in dein Heft und ersetze ■ richtig durch eines der Zeichen <, > oder =.
    a) $14 + 17 \; ■ \; 21$ b) $2\frac{5}{6} \; ■ \; \frac{1}{2} + \frac{3}{4}$ c) $0,9 \cdot 0,1 \; ■ \; 0,9 \cdot \frac{1}{10}$ d) $\frac{1}{2} : \frac{1}{4} \; ■ \; 1 : 0,5$

20. Die blauen Dosen auf der Tafelwaage sind alle gleich schwer. Gib an, wie viel Gramm eine blaue Dose wiegt.

21. Die roten Dosen auf der Tafelwaage sind alle gleich schwer. Gib an, wie viel Gramm eine rote Dose wiegt.

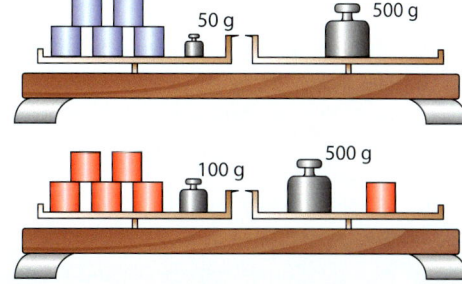

3. Gleichungen und Ungleichungen

3.1 Sachverhalte mithilfe von Termen darstellen

■ Anja und Sven haben sich ein Würfelspiel ausgedacht. Anja verdreifacht die gewürfelte Augenzahl und subtrahiert 2. Sven verdoppelt die gewürfelte Augenzahl und addiert 1.
Es gewinnt, wer die größere Zahl erreicht hat.

Bei welchen Würfelergebnissen gewinnt Anja, bei welchen Sven? ■

Variablen sind Platzhalter, für die man z. B. Zahlen oder Größen einsetzen kann. Werden Variable durch Zahlen oder Größen ersetzt, kann der Wert eines Terms berechnet werden.

Hinweis:
Als größtmöglichen Grundbereich kennen wir die gebrochenen Zahlen $\mathbb{Q}_+$.

> **Wissen: Bedeutung von Variablen, Variablengrundbereich**
> Beim Beschreiben von Sachverhalten mit Termen oder Gleichungen, die Variablen enthalten, muss die Variable und deren Bedeutung festlegt werden.
>
> Zu jeder Variablen muss deren **Variablengrundbereich** angegeben werden.
> Ist kein Grundbereich angegeben, verwende den größtmöglichen Grundbereich.

Sachverhalte mit Termen beschreiben

Beispiel 1:
Beschreibe den Sachverhalt *„ein Viertel einer Strecke wird um 3,5 cm verlängert"* durch einen Term.

Lösung:
Entscheide dich für eine Variable.
Gib deren Bedeutung an.

Variable: s
Bedeutung: Maßzahl einer Strecke in Zentimeter

Gib deren Grundbereich an.

Grundbereich: $s \in \mathbb{Q}_+$

Übersetze den Text:
– *„ein Viertel einer Strecke"* kannst du mit $\frac{s}{4}$ beschreiben; $\frac{s}{4}$
– *„…um 3,5 cm verlängert"* bedeutet Addition von 3,5. $+ 3{,}5$

Der Term $\frac{s}{4} + 3{,}5$ beschreibt den Sachverhalt.   *Term:* $\frac{s}{4} + 3{,}5$

Basisaufgaben

1. Beschreibe den Sachverhalt mit einem Term.
   a) Das Doppelte einer Strecke wird um 7,5 km verkürzt.
   b) die Hälfte des Alters von Jens
   c) das Dreifache einer Zahl vermehrt um 5

2. Schreibe als Term.
   a) die Differenz aus einer Zahl und 7
   b) das Quadrat von der Hälfte einer Zahl
   c) eine Zahl vermehrt um ihr Doppeltes
   d) ein Viertel der Schüleranzahl
   e) die Hälfte eines spitzen Winkels verringert um 10,5°

3.1 Sachverhalte mithilfe von Termen darstellen

Sachverhalte mit Gleichungen beschreiben

Beispiel 2:
Beschreibe den Sachverhalt mit einer Gleichung.
a) Vermindert man das Sechsfache einer Zahl um 3, so erhält man ihr Dreifaches.
b) Die Klasse 6b besteht aus 27 Schülerinnen und Schüler.
   Es sind doppelt so viele Mädchen wie Jungen in der Klasse.

Lösung:
a) Entscheide dich für eine Variable und übersetze den Text: Variable: y mit y ∈ ℚ₊
   – „… das Sechsfache einer Zahl"   (bedeutet als Term „6y")   6y
   – „… vermindert um 3"   (bedeutet „–3")   6y – 3
   – „… so erhält man ihr Dreifaches"   (bedeutet „= 3y")   6y – 3 = 3y (Gleichung)

   6y – 3 = 3y ist die zum Text gehörende Gleichung.

b) Entscheide dich für eine Variable und übersetze den Text: Variable: j (Anzahl der
   Wenn es j Jungen in der Klasse gibt,   Jungen) mit j ∈ ℕ
   dann sind es 2j Mädchen.   j + 2j = 27 (Gleichung)

Basisaufgaben

3. Beschreibe den Sachverhalt mit einer Gleichung.
   a) Das Dreifache einer Zahl vermindert um 1,5 beträgt 12.
   b) Die Hälfte einer gedachten Zahl vermehrt um 3 ist gleich dem Doppelten dieser Zahl.

4. Beschreibe den Sachverhalt mit einer Gleichung.
   a) Eva addiert zu einer Zahl 7, halbiert das Ergebnis und addiert 6. Sie erhält 11.
   b) Klaus ist 3 Jahre jünger als Jana. Zusammen sind sie 15 Jahre alt.

Weiterführende Aufgaben

5. **Durchblick:** Schreibe als Term oder Gleichung, wie in den Beispielen auf Seite 68/69.
   a) Eine Fläche wird um 3,25 cm² vergrößert.
   b) Das Doppelte einer gedachten Zahl ist genauso groß, wie diese Zahl vermehrt um 3.
   c) Tom kauft zwei CD's für 43 €. Eine der CD's kostet 7 € weniger als die andere.

6. Schreibe als Term oder als Gleichung:
   a) Das Produkt aus einer natürlichen Zahl und aus ihrem Vorgänger wird um 1 vermindert.
   b) Das Produkt zweier gleicher Zahlen ist gleich der Summe dieser Zahlen.

7. **Stolperstelle:** In die 6 c mit 24 Schülerinnen und Schülern gehen dreimal so viele Mädchen wie Jungen. Paul beschreibt das mit $3x + x = 24$ und Marie mit $\frac{1}{3}y + y = 24$. Begründe, dass beide den Sachverhalt richtig beschreiben. Gib die Bedeutung der Variablen an.

8. Formuliere einen Text, der den Term oder die Gleichung beschreibt.
   a) $4a + 2$ b) $2x - 3$ c) $4(x + 1) = 12$ d) $x^2 + 2 = x + 2$ e) $x + 2x$

9. **Ausblick:** Beschreibe den Sachverhalt mit einer Gleichung. Ein Rechteck hat einen Umfang von 24 cm. Die eine Seitenlänge ist 2 cm länger als die andere.

3.2 Gleichungen lösen

■ Simon stellt Sina ein Zahlenrätsel.
Er denkt sich eine Zahl und rechnet damit.
Sina soll ihm die gedachte Zahl nennen.

*Versuche das Rätsel zu lösen und erkläre,
wie du vorgegangen bist.* ■

Wenn ich die Summe aus meiner gedachten Zahl und der Zahl 4 vervierfache, so erhalte ich die Zahl 22. Wie heißt die gedachte Zahl?

Du kennst schon einfache Gleichungen,
die durch inhaltliche Überlegungen lösbar sind.

Erinnere dich:
Ist eine Zahl Lösung einer Gleichung, dann erfüllt sie die Gleichung.

> **Wissen: Lösung einer Gleichung**
> Eine Zahl aus dem Variablengrundbereich heißt **Lösung** einer Gleichung, wenn beim Ersetzen der Variablen die Gleichung zu einer **wahren Aussage** wird.

Gleichungen der Form $a \cdot (x + b) = c$ lösen

Beispiel 1: Löse die Gleichung $3 \cdot (x + 0{,}3) = 27$ für $x \in \mathbb{Q}_+$.

Lösung:

Ermittle eine Zahl, die mit 3 multipliziert 27 ergibt. Die gesuchte Zahl ist 9.	$3 \cdot (x + 0{,}3) = 27 \quad \rightarrow \quad 3 \cdot 9 = 27$ $x + 0{,}3 = 9$
Ermittle eine Zahl, die zu 0,3 addiert 9 ergibt.	$x = 8{,}7$
Führe eine Probe durch. Setze dazu $x = 8{,}7$ in die Ausgangsgleichung ein.	*linke Seite:* $3 \cdot (8{,}7 + 0{,}3) = 3 \cdot 9 = 27$ *rechte Seite:* 27

Basisaufgaben

1. Löse die Gleichung und führe eine Probe durch.
   a) $3 \cdot (x + 5{,}5) = 27$
   b) $5 \cdot (y + 4{,}1) = 25$
   c) $(3 + z) \cdot 2 = 8{,}4$
   d) $36 = 6 \cdot (x - 6{,}6)$

2. Löse die Gleichung. Beachte den Grundbereich.
   a) $5 \cdot (2 + y) = 15;\ y \in \mathbb{N}$
   b) $2 \cdot (a + 3) = 9;\ a \in \mathbb{N}$
   c) $(x - \frac{1}{2}) \cdot 4 = 1;\ x \in \mathbb{Q}_+$
   d) $2 \cdot (x + 2) = 5;\ x \in \mathbb{N}$
   e) $3{,}5 \cdot (x + 2) = 7;\ x \in \mathbb{N}$
   f) $(x + 2) \cdot 2 = 5;\ x \in \mathbb{Q}_+$

Gleichungen der Form $\frac{a}{x} = c$ lösen

Beispiel 2: Löse die Gleichung $\frac{6}{x} = 12$ für $x \in \mathbb{Q}_+$ mit $x \neq 0$.

Lösung:

Hinweis:
Jeder Bruch $\frac{a}{b}$ mit $b \neq 0$ lässt sich auch als Quotient $a : b$ schreiben.

Für $\frac{6}{x} = 12$ kannst du auch $6 : x = 12$ schreiben. Die Multiplikation ist die Umkehroperation zur Division. Es gilt: $12 \cdot x = 6$	$\frac{6}{x} = 12 \quad \rightarrow \quad 6 : x = 12$ $12 \cdot \frac{1}{2} = 6$
Gib eine Zahl x an, die mit 12 multipliziert 6 ergibt. Das gilt für $x = \frac{1}{2}$.	$x = \frac{1}{2}$
Führe eine Probe durch.	*linke Seite:* $\frac{6}{x} = 6 : \frac{1}{2} = 6 \cdot 2 = 12$ *rechte Seite:* 12

3.2 Gleichungen lösen

Basisaufgaben

3. Löse die Gleichung und führe eine Probe durch.
   a) $\frac{x}{4} = 2$ b) $\frac{5}{x} = 1$ c) $0,7 = \frac{4,2}{x}$ d) $\frac{2,1}{x} = 4,2$ e) $2 = \frac{0,8}{x}$ f) $\frac{4}{x} = \frac{2}{3}$

4. Löse die Gleichung und führe eine Probe durch.
   a) $\frac{9}{x} = \frac{3}{4}$ b) $\frac{2}{x} = \frac{1}{3}$ c) $0,2 : y = 1$ d) $\frac{1}{x} = 2$ e) $1 : x = 4$ f) $\frac{1}{2} : x = \frac{1}{4}$

Weiterführende Aufgaben

5. **Durchblick:** Löse die Gleichung wie in den Beispielen auf Seite 70. Erkläre dein Vorgehen.
   a) $5 \cdot (x + 3) = 35$; $y \in \mathbb{N}$ b) $\frac{3}{x} = 12$; $x \in \mathbb{N}$ c) $0,3 : a = 3$; $a \in \mathbb{Q}_+$

6. Löse die Gleichung.
   a) $\frac{1}{2} \cdot (x + \frac{1}{4}) = \frac{1}{4}$ b) $\frac{1}{4} \cdot (a - 3) = \frac{1}{2}$ c) $0,1 \cdot (x + 3,5) = 1$ d) $(z - 0,5) \cdot 0,4 = 0,8$
   e) $3 \cdot (a + 3,6) = 36$ f) $2 \cdot (1,5 + z) = 24$ g) $\frac{2}{x} = \frac{1}{2}$ h) $\frac{1}{2} \cdot (y + 0,3) = 2$

7. Überprüfe die angegebene Lösung mit einer Probe und korrigiere, falls erforderlich.
   a) $2x + 2 = 16$; $x = 8$ b) $\frac{3}{y} = 5$; $y = \frac{1}{5}$ c) $4 \cdot (x + 4) = 16$; $x = 0$ d) $\frac{3}{5} : x = 2$; $x = 0,3$

8. a) Wie groß muss a in $\frac{a}{x} = 2,4$ sein, damit die Gleichung die Lösung 2 hat?
   b) Wie groß muss b in $\frac{1,5}{x} = b$ sein, damit die Gleichung die Lösung 3 hat?

9. **Stolperstelle:** Löse folgende Gleichung.
   a) $2(x - 6) = 0$ b) $\frac{2}{3} : x = 4$ c) $\frac{0}{y} = 1$ d) $\frac{3}{z} = 0$ e) $\frac{3}{2} : x = \frac{9}{4}$

10. Löse die Gleichungen der Form $a \cdot x = b$ und $a \cdot x + b = c$.
    a) $\frac{3}{4} \cdot x = \frac{1}{2}$ b) $4 \cdot y = 1$ c) $2 \cdot z + 3 = 3,6$ d) $2 \cdot x + 7 = 8$ e) $0,2 \cdot x = 2$
    f) $\frac{3}{4} \cdot x + 2 = 5$ g) $\frac{2}{3} \cdot x = 1$ h) $\frac{1}{5} \cdot x + 3 = 3\frac{2}{5}$ i) $2 \cdot x - 3 = 0$ j) $x - 0,7 = 0$

11. Löse die Gleichung und führe eine Probe durch.
    a) $3 \cdot (y + 2,1) = 15$; $y \in \mathbb{Q}_+$ b) $4 \cdot z = 2$; $z \in \mathbb{Q}_+$ c) $3 \cdot a + 7 = 10$; $a \in \mathbb{N}$
    d) $\frac{3}{x} = \frac{12}{20}$; $x \in \mathbb{N}$ e) $0,2 \cdot (a + 1) = 2$; $a \in \mathbb{Q}_+$ f) $\frac{1}{5} \cdot x = 1$; $x \in \mathbb{Q}_+$

12. Überprüfe, welche natürlichen Zahlen von 0 bis 10 Lösungen der Gleichung sind.
    a) $3 \cdot (x - 4) = 0$ b) $x \cdot x = x + x$ c) $(x - 2) \cdot (x - 9) = 0$ d) $2 \cdot x + 3 = 25$ e) $\frac{6}{x} = 12$

    Hinweis zu 12 b:
    $2 + 2 + 2 = 3 \cdot 2$
    $x + x + x = 3 \cdot x$

13. Löse die Aufgabe. Beschreibe den Sachverhalt zunächst mit einer Gleichung.
    a) Die Geschwister Mia, Franz und Paul sind zusammen 50 Jahre alt. Franz ist zwei Jahre jünger und Paul 4 Jahre älter als Mia. Wie alt sind die beiden Brüder?
    b) Von einem 185 cm langen Brett werden fünf gleich lange Bretter abgesägt. Ein 35 cm langes Stück bleibt übrig. Wie lang ist jedes der fünf abgesägten Stücke?

14. **Ausblick:**
    Ermittle mit einer Tabellenkalkulation die Lösungen der Gleichung $x \cdot x - 19 \cdot x + 60 = 0$ im Bereich der natürlichen Zahlen zwischen 0 und 21.

3.3 Ungleichungen lösen

■ Sina stellt Mia ein Zahlenrätsel:
„Denke dir eine Zahl. Wenn du die Zahl mit 5 multiplizierst und dann 10 addierst, ist das Ergebnis kleiner als 60."
Das kann man ja gar nicht lösen!", sagt Mia.

Was sagst du dazu? ■

> Sinas Zahl mit 5 multipliziert, dann 10 addiert. Ergebnis: kleiner als 60

Wissen: Lösung und Lösungsmenge einer Ungleichung
Eine Zahl aus dem Variablengrundbereich heißt **Lösung** einer Ungleichung, wenn durch Ersetzen der Variablen die Ungleichung zu einer **wahren Aussage** wird. Alle diese Zahlen können zur **Lösungsmenge** der Ungleichung zusammengefasst werden.

Beispiel 1: Löse die Ungleichung und stelle die Lösungen auf einem Zahlenstrahl dar.
a) $2x < 5$; $x \in \mathbb{N}$
b) $2x + 2 < 14$; $x \in \mathbb{Q}_+$

Lösung:
a) Überlege, für welche natürlichen Zahlen das Doppelte dieser Zahl kleiner als 5 ist. Beginne mit der kleinsten natürlichen Zahl.
Die Zahlen 0; 1 und 2 sind die Lösungen der Ungleichung $2x < 5$.

Markiere die Lösungen am Zahlenstrahl. Es sind die einzelnen Zahlen 0; 1 und 2.

x	2x < 5	Wahre Aussage?
0	2 · 0 < 5	ja
1	2 · 1 < 5	ja
2	2 · 2 < 5	ja
3	2 · 3 < 5	nein

Lösungsmenge: $L = \{0; 1; 2\}$

b) Überlege, für welche Zahl die Gleichung $2x + 2 = 14$ gilt. Für alle kleineren Zahlen ist die Ungleichung $2x + 2 < 14$ wahr. Diese Ungleichung hat unendlich viele gebrochene Zahlen als Lösung. Deshalb kann man nicht nur einzelne Punkte auf dem Zahlenstrahl markieren, sondern es ist ein Bereich (Intervall) zu markieren, der links von der 6 liegt.
Die Zahl 6 gehört nicht mit dazu.

Die Zahl 6 ist die Lösung der Gleichung $2x + 2 = 14$. Also sind alle gebrochenen Zahlen x mit $x < 6$ Lösungen der Ungleichung.

Lösungsmenge: $L = \{x < 6;\ x \in \mathbb{Q}_+\}$

Kontrolle: Überprüfe für ausgewählte Zahlen der Lösungsmenge, ob sie die Ungleichung erfüllen.

$x = 5$ ist eine Lösung der Ungleichung $2x + 2 < 14$, denn $2 \cdot 5 + 2 < 14$ ist eine wahre Aussage.

Basisaufgaben

1. Löse die Ungleichung und stelle die Lösungsmenge auf einem Zahlenstrahl dar.
   a) $4x < 12$; $x \in \mathbb{N}$
   b) $\frac{1}{2}y < 5$; $y \in \mathbb{Q}_+$
   c) $\frac{1}{2}z + 4 < 6$; $z \in \mathbb{Q}_+$
   d) $7 > 2x$; $x \in \mathbb{N}$

2. Löse die Ungleichung und stelle die Lösungsmenge auf einem Zahlenstrahl dar.
   a) $2x < 8$
   b) $z + 2{,}5 < 10{,}5$
   c) $2y + 7 < 19$
   d) $0{,}5x < 4$
   e) $2a > 7$

3.3 Ungleichungen lösen

3. Löse die Ungleichung 2y + 4 < 20 im folgenden Grundbereich:
   a) im Bereich der natürlichen Zahlen
   b) im Bereich der Primzahlen
   c) im Bereich der ungeraden Zahlen
   d) im Bereich der gebrochenen Zahlen

Weiterführende Aufgaben

4. **Durchblick:** Löse die Ungleichung. Stelle die Lösungsmenge auf einem Zahlenstrahl dar. Orientiere dich an Beispiel 1 auf Seite 72.
   a) $5x < 20$; $x \in \mathbb{N}$
   b) $4y < 20$; $y \in \mathbb{Q}_+$
   c) $2x + 17 < 25$; $x \in \mathbb{Q}_+$

   Hinweis zu 4:
   Hat eine Gleichung oder Ungleichung keine Lösung, so ist die Lösungsmenge die leere Menge.
   Schreibweise:
   $L = \{\}$ oder $L = \emptyset$

   Die Schreibweise $L = \{\emptyset\}$ ist nicht erlaubt.

5. Ermittle, wenn möglich, eine gebrochene Zahl, die Lösung der Ungleichung ist.
   a) $\frac{1}{4}x < 8$
   b) $x - 1 > x$
   c) $x \cdot x > x + x$
   d) $x - 1 < x$
   e) $2 + x < 2$

6. Für welche der Zahlen 0; $\frac{1}{4}$; $\frac{2}{3}$; 1; 3 oder 4 wird die Ungleichung zu einer wahre Aussage?
   a) $\frac{3}{a} < 2$
   b) $2x > 3x$
   c) $2z < 8$
   d) $2 : z > 2$
   e) $3 - y > 2$

7. Ordne den Lösungsmengen auf dem Zahlenstrahl eine entsprechende Ungleichung zu.

   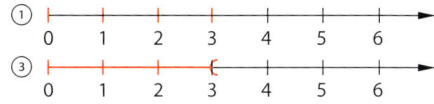
   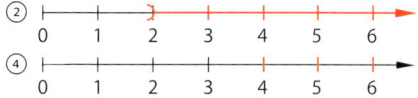

   a) $2x + 1,5 > 5,5$; $x \in \mathbb{Q}_+$
   b) $2 + x < 6$; $x \in \mathbb{N}$
   c) $x + 4 > 7$; $x \in \mathbb{N}$
   d) $2,1x < 6,3$; $x \in \mathbb{Q}_+$

8. Beschreibe mit einer Ungleichung die Situation der Waage und löse die Ungleichung.

   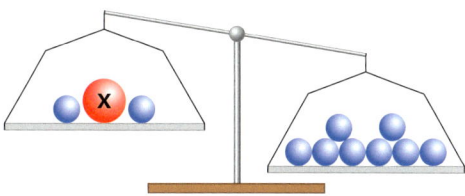

9. Löse die Ungleichung und veranschauliche die Lösungsmenge an einem Zahlenstrahl.
   a) $3y + 4 < 12$; $y \in \mathbb{Q}_+$
   b) $3 - z > 0$; $z \in \mathbb{N}$
   c) $2x + 2 < 9$; $x \in \mathbb{Q}_+$
   d) $x^2 < 16$; $x \in \mathbb{N}$
   e) $4x > 12$; $x \in \mathbb{Q}_+$
   f) $12y > 4$; $y \in \mathbb{Q}_+$
   g) $\frac{1}{4}x + 2 < 5$; $x \in \mathbb{Q}_+$
   h) $3x + 2 < 2$; $x \in \mathbb{N}$

10. Gib eine Ungleichung der Form $a \cdot x < b$ ($a \cdot x + b < c$) an, die die Lösungsmenge $L = \{x < 3,7 \text{ mit } x \in \mathbb{Q}_+\}$ hat.

11. **Stolperstelle:** Löse die Ungleichung.
    a) $6x < 6$; $x \in \mathbb{N}$
    b) $2y + 2 < 1$; $y \in \mathbb{N}$
    c) $6x < 6$; $x \in \mathbb{Q}_+$
    d) $2y + 2 > 1$; $y \in \mathbb{Q}_+$

12. Gib einen Grundbereich für die Ungleichung $2x + 3 < 25$ mit $L = \{0; 3; 6; 9\}$ an.

13. Die Monatskarte für den Bus kostet 35 €, ein Einzelfahrschein 1,80 €. Bei wie vielen Fahrten lohnt sich der Kauf einer Monatskarte? Stelle zunächst eine passende Ungleichung auf.

14. **Ausblick:**
    a) Beschreibe mit einer Ungleichung die Situation der Waage.
    b) Für welche Werte x ist die linke Seite der Waage schwerer als die rechte Seite?
    c) Zeichne eine Situation mit einer Waage, die die Ungleichung $5x + 2 > x + 4$ beschreibt.

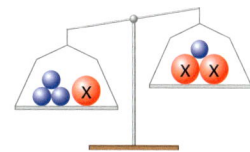

3.4 Vermischte Aufgaben

1. Beschreibe den Sachverhalt mit einem Term, einer Gleichung oder einer Ungleichung. Gib auch die Bedeutung der verwendeten Variablen an.
   a) Die Hälfte eines bestimmten Rauminhaltes wird um 350 cm³ vermindert.
   b) Addiert man zum Doppelten einer Strecke 75 cm, erhält man 3,25 m.
   c) Das Dreifache des Spargutahabens von Franz wird um 525 € vermindert.
   d) Der Quotient aus 8,8 und einer gedachten Zahl ist kleiner als 2.

2. Schreibe als Term und berechne den Termwert.
   a) Addiere zum Produkt der Zahlen 0,5 und 2,4 die Zahl $\frac{1}{5}$.
   b) Dividiere die Summe der Zahlen 1,8 und 1,2 durch das Produkt der Zahlen 0,5 und $\frac{1}{10}$.
   c) Dividiere die Differenz der zwei Zahlen $\frac{2}{3}$ und $\frac{1}{6}$ durch das Produkt dieser zwei Zahlen.

3. Übertrage den „Rechenbaum" in dein Heft. Gib jeweils den zu berechnenden Term an.

   a) 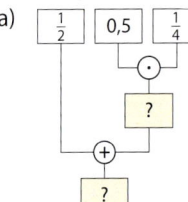   b) 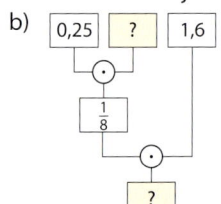   c)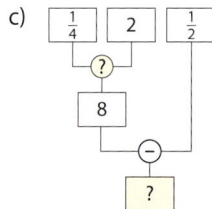

4. Prüfe, ob die Aussage wahr oder falsch ist.
   Alle gebrochenen Zahlen sind Lösung der Gleichung: $\frac{x^2}{x} = x$

5. Die Anfahrtsgebühr für eine Taxifahrt kostet 5,00 € und jeder gefahrene Kilometer 1,75 €. Beschreibe mit einem Term die Kosten für eine Taxifahrt.

6. Beschreibe den Term mit Worten.
   a) $6 - x$ b) $3x + 4$ c) $2x : 5$
   d) $18x - 3x$ e) $5 \cdot (x + 16)$ f) $(x - 8) : 2$

7. Löse die Gleichung.
   a) $4x = 2$ b) $\frac{1}{4} + x = 1{,}5$ c) $2(x + 3{,}2) = 8{,}2$ d) $2(x + 0{,}2) = 6{,}2$
   e) $\frac{0{,}5}{x} = 0{,}25$ f) $\frac{4}{x} = \frac{1}{7}$ g) $\frac{1}{x} = 0{,}25 + \frac{1}{4}$ h) $\frac{0{,}2}{x} = \frac{3}{5} - 0{,}4$

8. Wenn du eine Zahl um 3 vermehrst und das Ergebnis durch $\frac{1}{4}$ dividierst, erhältst du 16.
   a) Gib für den Sachverhalt eine Gleichung an.   b) Ermittle die Zahl x.

9. Petra denkt sich eine Zahl. Stelle eine Gleichung auf und ermittle die gedachte Zahl.
   a) Vermindere diese Zahl um $\frac{2}{5}$ und multipliziere das Ergebnis mit 0,1. Du erhältst 1.
   b) Addiere zu dieser Zahl 0,6 und multipliziere die Summe mit $\frac{1}{2}$. Du erhältst 2.
   c) Multipliziere die Zahl mit $\frac{1}{3}$ und vermindere dann das Produkt um $\frac{2}{3}$. Du erhältst 1.

10. Ollis Vater ist Kraftfahrer. Er fuhr am Donnerstag und am Freitag vergangener Woche insgesamt 953,5 km. Am Donnerstag waren es 125,7 km mehr als am Freitag.
    Berechne, wie viele Kilometer Ollis Vater an jedem der beiden Tage zurückgelegt hat.

3.4 Vermischte Aufgaben

11. Peter und Martin gehen zusammen auf den Rummelplatz. Auf dem Heimweg stellen sie fest, dass sie beide zusammen insgesamt 30,50 € für Karussellfahrten ausgegeben haben. Bei Martin waren es 2,50 € weniger als das Doppelte von dem, was Peter ausgegeben hat. Ermittle, wie viel Euro jeder der beiden Jungen für Karussellfahrten ausgegeben hat.

12. Löse die Ungleichung sowohl im Bereich der natürlichen Zahlen als auch im Bereich der gebrochenen Zahlen. Veranschauliche die Lösungsmengen jeweils auf einem Zahlenstrahl.
    a) $2,1 + x > 4,6$ b) $y + 0,5 < 7$ c) $z + 2,7 > 4,7$ d) $\frac{1}{4}x < 2$ e) $0,5x + 2 > 0$

13. Gib, falls möglich, einen Grundbereich an, für den die Ungleichung $2x + 3 < 6$ die angegebenen Lösungen hat:
    a) nur die Lösungen 0 und 1
    b) unendlich viele Lösungen

14. Gib eine Ungleichung an, die für den Grundbereich $\mathbb{N}$ die angegebenen Lösungen hat:
    a) nur die Lösungen 0; 1; 2; 3; 4 und 5
    b) keine Lösungen

15. Nina sollte angeben, wie viele Meerschweinchen im großen Zoogehege leben, wenn dort insgesamt 90 Füße gezählt worden sind. Sie hat als Lösung 22,5 angegeben. Was meinst du?

16. Für Mitglieder eines Theaterclubs kostet eine Theaterkarte 10 € und für Nichtmitglieder 13 €. Die Clubgebühr beträgt einmal jährlich 15 €. Ermittle, ab wie vielen jährlichen Theaterbesuchen sich eine Mitgliedschaft im Theaterclub aus finanziellen Gründen lohnt.

17. Beschreibe die auf dem Zahlenstrahl dargestellte Zahlenmenge durch eine Ungleichung mit zugehörigem Variablengrundbereich.
    a)

    b)

    c)

18. Die Summe dreier aufeinanderfolgender ungerader Zahlen ist kleiner oder gleich 108. Welche Zahlen kommen für die kleinste dieser drei Zahlen in Betracht?

19. In der Pizzeria Luigi kann man sich seine Pizza selbst zusammenstellen.
    a) Stelle einen Term auf, mit dem man den Preis einer beliebigen Pizza berechnen kann.
    b) Eine Pizza kostet 7,00 €. Nenne mindestens zwei Möglichkeiten für ihren Belag.

    > Zahlen Sie 3,50 € für Boden, Tomatensauce und Käse und wählen Sie Ihre Zutaten selbst. Für jede Zutat der Kategorie A zahlen Sie 0,50 € extra, für jede Zutat der Kategorie B 1,50 € extra.
    >
    > *Kategorie A:* Ananas, Paprika, Pilze, Peperoni, Schinken, Salami, Zwiebeln, Oliven, Mais, frische Tomaten
    > *Kategorie B:* Mozzarella, Krabben, Brokkoli, Putenbrust, Gyros, Thunfisch

Prüfe dein neues Fundament

3. Gleichungen und Ungleichungen

Lösungen ↗ S. 242

1. Schreibe als Term mit einer Variablen und gib die Bedeutung der Variablen an.
   a) das Fünffache einer Strecke
   b) das Doppelte einer um 3 verminderten Zahl

2. Ordne jeder Aussage den zugehörigen Term zu. Gib auch die Bedeutung der Variablen an.
   ① $400 - x$ ② $400 + 80x$ ③ $8x$ ④ $400 - 80x$ ⑤ $400 + x$ ⑥ $\frac{8}{100}x$
   a) Benzinverbrauch eines Autos in Liter, wenn es für 100 km durchschnittlich 8 ℓ Benzin benötigt.
   b) Von einem 400 cm langen Holzbrett wird ein Stück abgesägt.
   c) Eine Anzeige in einer Zeitung kostet 4 €, zusätzlich für jede Zeile 80 ct.

3. Stelle einen Term zur Berechnung des Umfangs der Figur auf.
   a) Quadrat   b) Dreieck mit gleich langen Seiten   c) Achteck mit gleich langen Seiten

4. Ermittle, welche der natürlichen Zahlen von 1 bis 15 eine Lösung der Gleichung sind.
   a) $4x + 3 = 51$ b) $2a + 1 = 6a - 7$ c) $(3y - 5) \cdot 2 = 80$ d) $7x - 19 = x + 11$ e) $\frac{x}{10} = \frac{1}{2}$

5. Finde alle natürlichen Zahlen von 0 bis 10, die Lösungen der Ungleichung sind.
   a) $2x > 10$
   b) $2x + 4 < 15$
   c) $\frac{1}{2}y > 8$
   d) $\frac{1}{4}z + 2 < 12$
   e) $x + 4,8 < 10$
   f) $0,5z + 2 < 6$
   g) $2x + 4 > 7,5$
   h) $x^2 > 5x$

6. Löse die Gleichung.
   a) $3,6x = 7,2$ b) $2x + 4,4 = 8,8$ c) $\frac{1}{2}(4x + 2) = 6$ d) $\frac{3}{x} = 1,5$ e) $\frac{3}{x} = 6$
   f) $3,5(x - 4) = 7$ g) $2,5x + 1,3 = 1,3$ h) $3(4,25 + x) = 27$ i) $\frac{6}{x} = \frac{2}{3}$ j) $x + 2,5 = 1,9$

7. a) Gib einen Grundbereich an, für den die Gleichung $2x = 1$ keine Lösung hat.
   b) Gib eine Gleichung an, deren Lösung 7 ist.

8. Löse die Ungleichung. Veranschauliche die Lösungen auf einem Zahlenstrahl.
   a) $y + 4 < 7,3$; $y \in \mathbb{N}$ b) $0,5x > 2$; $x \in \mathbb{Q}_+$ c) $3z + 2 > 9$; $z \in \mathbb{N}$ d) $y + \frac{3}{4} < 3\frac{3}{4}$; $y \in \mathbb{Q}_+$
   e) $2x + 4 < 9$; $x \in \mathbb{N}$ f) $3y + 4 < 4$; $y \in \mathbb{Q}_+$ g) $3,5z > 9$; $z \in \mathbb{N}$ h) $x - 3 > 3$; $x \in \mathbb{N}$

9. Gib eine Ungleichung mit der Lösungsmenge $L = \{0; 1; 2; 3; 4; 5\}$ an.

10. Ermittle alle natürlichen Zahlen mit folgender Eigenschaft:
    a) Ihr Vierfaches vermehrt um 5,5 ist kleiner als 10.
    b) Ihre Hälfte vermehrt um 5 ist kleiner als 10.

11. Überprüfe, ob die angegebene Lösung richtig ist. Korrigiere, falls erforderlich.
    a) $4x + 2,7 = 2,7$ b) $2,5(x + 3) = 10$ c) $\frac{2,1}{x} = 7$ d) $0,5x + \frac{1}{2} = 1$
    $x = 0$ $x = 1$ $x = 3$ $x = 2$

12. Bei einem Sponsorenlauf spendet ein Sponsor 100 € und für jeden gelaufenen Kilometer zusätzlich 50 ct.
    a) Stelle einen Term auf, der beschreibt, wie viel Euro erlaufen werden.
    b) Ermittle, wie viel Kilometer gelaufen worden sind, wenn der Sponsor insgesamt 165,50 € spendet.

Prüfe dein neues Fundament

13. Wenn Katja den Geldbetrag in ihrer Geldbörse verdoppelt, dann hat sie 80 ct weniger als 9,20 €. Gib an, wie viel Euro Katja in ihrer Geldbörse hat.

14. Die grünen Kugeln auf der Waage sind alle gleich schwer. Ermittle, wie schwer eine solche Kugel ist.

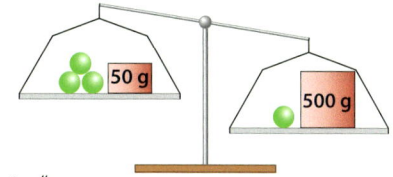

15. Ein Eisenbahnunternehmen berechnet Ticketpreise für Fernzüge als Summe aus dem Preis für „Tarifkilometer" und aus einem „Fernzug-Zuschlag".
    Der Preis für einen Tarifkilometer beträgt 18 ct, der Fernzug-Zuschlag beträgt 3,80 €.
    Erstelle eine Tabelle und fülle diese aus.
    Ermittle die Ticketpreise für 1 km, für 5 km, für 10 km, für 60 km und für 100 km.

    Hinweis zu 15:
    „Tarifkilometer", sind die Kilometer, die ein Gast bis zu einem Reiseziel fährt.

	A	B	C	D
1	Preis pro Tarifkilometer	Tarifkilometer	Zuschlag für Fernzüge	Ticketpreis
2				
3				

16. Die Abbildung zeigt ein Rechteck und ein gleichseitiges Dreieck. Schreibe für jede Figur einen Term auf, der den Umfang beschreibt.
    Für welche Zahl x haben die abgebildeten Figuren denselben Umfang?

    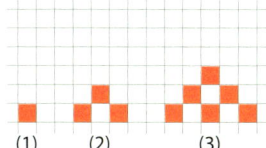 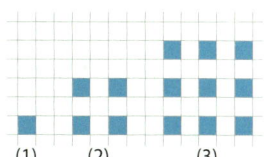

17. Die Bilder zeigen, wie eine Figur von Stufe zu Stufe immer mehr Karos bekommt.
    a) Skizziere jeweils die Bilder für die nächsten beiden Stufen.
    b) Welcher der folgenden Terme gibt die Anzahl der roten Karos und welcher Term die Anzahl der blauen Karos jeder Stufe an:
       $2n$; $n+1$; $2n+1$; n^2; $2n-1$; $\frac{n(n+1)}{2}$

Wiederholungsaufgaben

1. 200 zwölfjährige Kinder wurden gefragt, wofür sie den größten Teil ihres Taschengeldes ausgeben. Für Süßigkeiten und Getränke sagten 50 %, für „Klamotten" antworteten $\frac{1}{4}$ der Befragten, für Kinokarten ein Achtel und die restlichen Befragten sparen den größten Teil ihres Taschengeldes. Stelle das Befragungsergebnis in einem Diagramm dar.

2. Ein Auflauf wird um 10:51 Uhr in den Ofen geschoben und soll dort eine Stunde und 20 Minuten bleiben. Wann muss der Auflauf aus dem Ofen geholt werden?

3. Berechne den Umfang und den Flächeninhalt des im Rand abgebildeten Rechtecks.

4. In einem Fahrstuhl können bis zu 8 Personen mitfahren.
   Es stehen 17 Personen vor dem Fahrstuhl.
   Clara sagt: „17 : 8 = 2, bei Menschen muss man ja immer abrunden. Es sind also 2 Fahrten". Kommentiere Claras Aussage.

5. Wie viele Symmetrieachsen hat die nebenstehende Figur?

Zusammenfassung

3. Gleichungen und Ungleichungen

Sachverhalte mit Termen und Gleichungen darstellen

Es gibt mathematische Sachverhalte, die mit einem **Term** oder mit einer **Gleichung** beschrieben werden können.

Treten dabei **Variablen** auf, muss deren **Bedeutung** festgelegt werden.

Zu einer Variablen gehört die Angabe eines **Variablengrundbereichs** (kurz: **Grundbereich**).

Ist kein Grundbereich angegeben, so ist immer der größtmögliche (bekannte) Grundbereich zu verwenden, bei Zahlenmengen die Menge der gebrochenen Zahlen $\mathbb{Q}_+$.

Sachverhalt	Term
das Dreifache von 7 vermindert um 2	3 · 7 − 2
die Summe aus einer natürlichen Zahl und 4	n + 4 mit n ∈ ℕ
die Hälfte des Alters von Paul	p : 2 (p – Alter in Jahren)

Sachverhalt	Gleichung
Das Doppelte einer Zahl ist gleich der Summe dieser Zahl und 3.	2z = z + 3 mit z ∈ $\mathbb{Q}_+$
Zwei Bücher kosten 59 €, eins davon 7 € weniger als das andere.	x + x − 7 = 59 x – Preis des teureren Buches in Euro

Gleichungen lösen

Eine Zahl aus dem Grundbereich heißt **Lösung** einer Gleichung, wenn durch Ersetzen der Variablen die Gleichung zu einer **wahren Aussage** wird.

Gleichungen können durch **inhaltliche Überlegungen** oder mithilfe der **Umkehroperationen** gelöst werden.

Gleichungen kann man auch durch **systematisches Probieren** lösen.

Führe eine Probe durch. Überprüfe dazu, ob die erhaltene Zahl die Gleichung erfüllt.

Gleichung: 5 · x = 12
Umkehroperation: x = 12 : 5
Lösung: x = 2,4
Probe: 5 · 2,4 = 12   (wahr)

2x + 2,4 = x + 5,4		
x	2x + 2,4 = x + 5,4	Wahre Aussage?
0	2 · 0 + 2,4 = 0 + 5,4	nein
1	2 · 1 + 2,4 = 1 + 5,4	nein
2	2 · 2 + 2,4 = 2 + 5,4	nein
3	2 · 3 + 2,4 = 3 + 5,4	ja

Lösung: x = 3
Probe: 2 · 3 + 2,4 = 3 + 5,4
         6 + 2,4 = 8,4   (wahr)

Ungleichungen lösen

Eine Zahl aus dem Grundbereich heißt **Lösung** einer Ungleichung, wenn durch Ersetzen der Variablen die Ungleichung zu einer **wahren Aussage** wird.

Die Lösungen bei Ungleichungen mit einer Variablen sind meistens mehrere (oft unendlich viele) Zahlen.

Alle Lösungen einer Ungleichung kann man zur **Lösungsmenge** zusammenfassen und auf einem **Zahlenstrahl** darstellen.

Überprüfe zur **Kontrolle** für ausgewählte Zahlen der Lösungsmenge, ob sie die Ungleichung erfüllen.

Ungleichung: x + 2 < 6
eine Lösung: x = 3   (denn, 3 + 2 < 6)

Für **x ∈ ℕ** kann jede einzelne Lösung der Ungleichung angegeben werden.

Lösungsmenge: L = {0; 1; 2, 3}
Lösungsmenge am Zahlenstrahl:

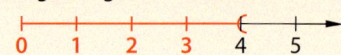

Für x ∈ $\mathbb{Q}_+$ hat die Ungleichung unendlich viele Lösungen.

Lösungsmenge: L = {x < 4; x ∈ $\mathbb{Q}_+$}
Lösungsmenge am Zahlenstrahl:

Das Lösungsintervall umfasst alle gebrochenen Zahlen links von 4.

4. Winkelbeziehungen

An vielen Gebäuden sind zueinander parallele und zueinander senkrechte Linien erkennbar. Zueinander senkrechte Linien haben immer einen gemeinsamen Schnittpunkt. Zueinander parallele Linien haben überall den gleichen Abstand.

Dein Fundament

4. Winkelbeziehungen

Lösungen
↗ S. 243

Punkt, Gerade, Strecke und Strahl

1. Übertrage das Bild mit den Punkten in dein Heft.
   a) Zeichne die Strecke $\overline{AB}$.
   b) Zeichne die Gerade g durch C und D.
   c) Zeichne den Strahl h von D durch E.
   d) Zeichne im Abstand von 2 cm eine zur Geraden g parallele Gerade. Wie viele solcher Geraden gibt es?
   e) Zeichne einen Punkt F so ein, dass die Gerade j durch A und F senkrecht zur Geraden g verläuft.

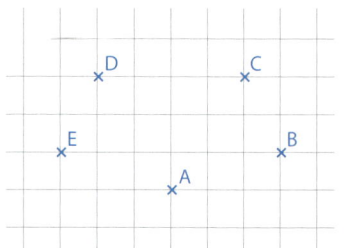

2. a) Löse Aufgabe 1 mithilfe einer Geometrie-Software am Computer. Zeichne zuerst die Punkte A, B, C, D und E nacheinander in alphabetischer Reihenfolge.
   b) Zeichne einen Pfeil von D nach C und verschiebe die Punkte A, B und E mit $\overrightarrow{DC}$.
   c) Der Punkt E' ist das Bild von E bei dieser Verschiebung. Beschreibe seine Lage bezüglich der Geraden EB und begründe, warum dies so sein muss.

3. Zeichne drei Geraden g, h und i so, dass sie einander schneiden.
   a) Es sollen genau drei Schnittpunkte entstehen.
   b) Es sollen genau zwei Schnittpunkte entstehen.
   c) Es soll genau ein Schnittpunkt entstehen.

4. Übertrage die Punkte in dein Heft und verbinde sie alle durch Strecken. Gib an, wie viele Strecken es insgesamt sind.

   a)  b)  c)

5. Übertrage die abgebildeten neun Punkte ins Heft. Zeichne vier Geraden so, dass alle Punkte auf diesen vier Geraden liegen und keine der Geraden zu einer anderen Geraden parallel ist.

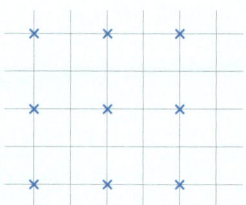

6. Arbeite entweder in deinem Heft oder mit einer Geometrie-Software:
   a) Zeichne eine Gerade durch zwei Punkte A und B. Bezeichne sie mit g.
   b) Zeichne einen weiteren Punkt C, der kein Punkt der Geraden g ist.
   c) Spiegele den Punkt C an der Geraden g.
   d) Zeichne durch die Punkte C und B eine weitere Gerade und benenne diese mit h.
   e) Verschiebe den Punkt C so, dass die Geraden g und h senkrecht zueinander sind.

7. Eine zweigleisige Straßenbahnstrecke kreuzt eine andere zweigleisige Straßenbahnstrecke.
   a) Fertige eine Skizze an und kennzeichne die dabei entstehenden Schnittpunkte.
   b) Gib an, wie viele Schnittpunkte dabei insgesamt entstehen.

Winkel zeichnen und messen

8. Löse folgende Aufgaben.
   a) Zeichne nach Augenmaß folgende Winkel: α = 45°; β = 60°; γ = 90°; δ = 135°; ε = 180°
   b) Miss die gezeichneten Winkel und schreibe die gemessene Größe an jeden Winkel.
   c) Gib jeweils an, welche Winkelart vorliegt.

9. Zeichne den Winkel α in der angegebenen Größe.
   Teile α in zwei gleich große Winkel und gib deren Größe an.
   a) α = 90°   b) α = 60°   c) α = 70°   d) α = 130°   e) α = 148°

10. Die folgende Abbildung zeigt sechs Kreise. Jeder Kreis ist in gleich große Teile aufgeteilt worden. Dabei sind jeweils gleich große Winkel entstanden. Ermittle jeweils die Größe des Winkels α.

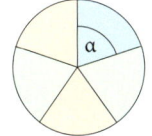 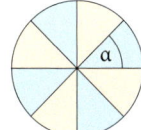 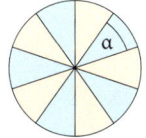 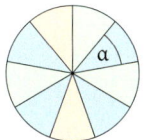 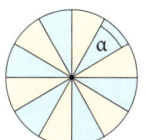 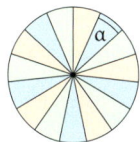

11. Die Zeiger einer Uhr lassen sich als Schenkel zweier Winkel interpretieren.
    a) Gib die Winkelart und (wenn möglich) die Größe des jeweils kleineren Winkels bei folgenden Uhrzeiten an: 14:00 Uhr; 8:00 Uhr; 9:00 Uhr; 24:00 Uhr; 6:00 Uhr.
    b) Gib für einen spitzen, einen rechten, einen stumpfen und einen überstumpfen Winkel jeweils zwei zugehörige Uhrzeiten an.

12. Berechne die fehlenden Winkelgrößen.

    a) 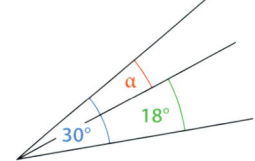   b) 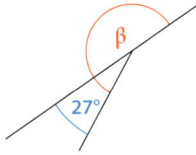   c)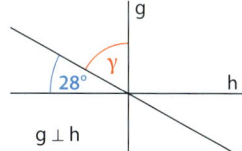

    g ⊥ h

13. Übertrage das Dreieck ABC in dein Heft.
    a) Miss die drei Winkel α, β und γ und ordne sie der Größe nach.
    b) Entscheide, welche Winkelart bei α, β und γ vorliegt.
    c) Miss die drei Seitenlängen a, b und c des Dreiecks ABC und ordne diese der Größe nach.
    d) Verlängere die Seiten des Dreiecks über die Eckpunkte hinaus.
       Es entstehen neue Winkel (außerhalb des Dreiecks).
       Miss deren Größe.

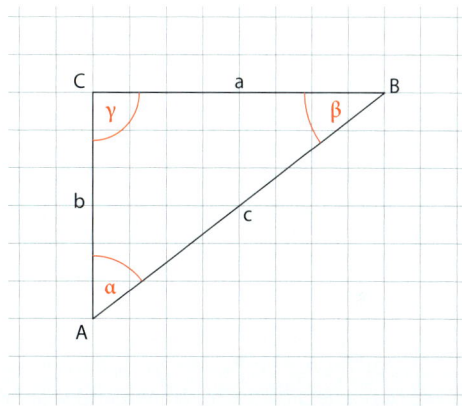

4.1 Dynamische Geometrie-Software nutzen

■ An einer geradlinigen Straße soll ein Baumarkt entstehen, der von zwei Orten gleich weit entfernt ist.

Erkläre, wie die Lage der roten Markierung zu ändern ist, und ermittle die Lage des Baumarktes mit einer dynamischen Geometrie-Software. ■

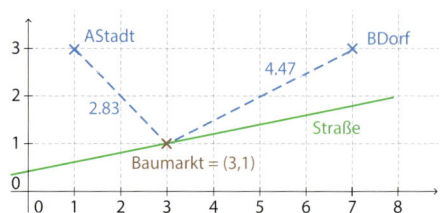

Mit einer dynamischen Geometrie-Software können geometrische Objekte, wie beispielsweise Punkte, Geraden, Dreiecke und Kreise, gezeichnet, verändert und verknüpft werden. Die Ergebnisse lassen sich speichern und später wieder verwenden.
Im Arbeitsbereich wird gezeichnet und konstruiert. Die dazu notwendigen Werkzeuge befinden sich in der Menüleiste am oberen Fensterrand. Nach dem Markieren eines Werkzeuges mit der Computermaus, werden die jeweiligen Objekte erzeugt und Anweisungen ausgeführt.

Gerade durch zwei Punkte zeichnen

Hinweis:
Mit dem Werkzeug

lassen sich Punkte zeichnen.

Mit dem Werkzeug

lässt sich eine Gerade durch zwei Punkte zeichnen.

Mit dem Werkzeug

lassen sich Objekte auswählen und verschieben.

Beispiel 1:
Bearbeite folgende Aufgaben mithilfe einer dynamischen Geometrie-Software.
a) Zeichne zwei Punkte A und B und eine Gerade g durch die beiden Punkte A und B.
b) Bewege den Punkt B in Richtung des Punktes A. Beschreibe, was geschieht.

Lösung:
a) Wähle das Werkzeug zum Zeichnen von Punkten aus und zeichne an zwei unterschiedlichen Stellen die Punkte A und B. Wähle das „Geraden-Werkzeug" aus und markiere nacheinander die Punkte A und B. Es entsteht die Gerade g.

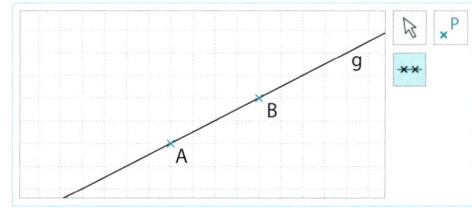

b) Wähle das „Auswahl-Werkzeug" und bewege B in Richtung A. Je näher sich beide Punkte kommen, umso stärker wirken sich die Bewegungen auf g aus. Liegen beide Punkte genau übereinander, verschwindet g. Eine Gerade ist durch zwei voneinander verschiedene Punkte festgelegt.

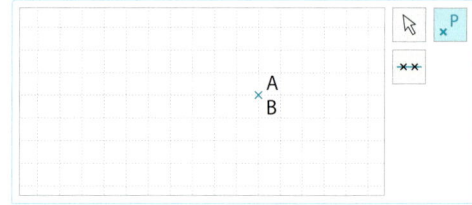

Basisaufgaben

Hinweis zu 1:
Mit den Werkzeugen

lässt sich zu einer Geraden eine parallele Gerade bzw. eine Senkrechte zeichnen.

1. Bearbeite folgende Aufgaben mithilfe einer dynamischen Geometrie-Software.
   a) Zeichne zwei Punkte A und B sowie eine Gerade g durch die beiden Punkte A und B.
   b) Zeichne einen Punkt C (der kein Punkt von g ist) und eine Gerade h durch A und C.
   c) Verschiebe den Punkt A so, dass die Geraden g und h zueinander senkrecht sind.

2. a) Zeichne zwei Punkte A und B und eine Gerade g durch die Punkte A und B.
   b) Zeichne einen Punkt C und durch Punkt C eine Gerade h, die zur Geraden g parallel ist.
   c) Bewege die Punkte nacheinander und erläutere, wie sich die Änderungen auswirken.

4.1 Dynamische Geometrie-Software nutzen

3. a) Zeichne drei Punkte A, B und C. Zeichne dann eine Gerade g durch A und B.
   b) Zeichne einen Punkt D auf g. Zeichne eine Gerade h durch C und D.
   c) Bewege die Punkte nacheinander und erläutere, wie sich die Änderungen auswirken.

Wenn eine Gerade g wie im Beispiel 1 auf Seite 82 gezeichnet wird, dann ist sie mit den beiden Punkten A und B verknüpft (die Gerade g ist von den Punkten A und B abhängig). Die Gerade g passt sich den Veränderungen von A und B dynamisch an.

Hinweis:
Die Pfeile symbolisieren, dass die Gerade g von den Punkten A und B abhängig ist.

Wird ein weiterer Punkt C (neben der Geraden g) gezeichnet, ist er nicht mit der Geraden g verknüpft. Selbst wenn der Punkt C genau über die Geraden g bewegt wird, gibt es keine Abhängigkeit zu g. Bei Lageveränderungen von A, B und g ändert sich die Lage des Punktes C nicht. Er bleibt an derselben Stelle liegen.

Voneinander abhängige (verknüpfte) Objekte zeichnen

Beispiel 2:
Füge auf einer Geraden g durch die Punkte A und B noch einen Punkt C hinzu.
a) Beschreibe das Verhalten von Punkt C, wenn einer der Punkte A oder B bewegt wird.
b) Erkläre die Abhängigkeiten (Verknüpfungen) der Punkte A, B und C zur Geraden g.

Lösung:
a) Zeichne in ein leeres Dokument zwei Punkte A und B und eine Gerade g durch die beiden Punkte A und B. Zeichne dann einen Punkt C auf der Geraden g. Bei Lageveränderungen von A oder B bewegt sich Punkt C mit. Punkt C ist mit der Geraden g verknüpft.

b) Punkt C ist Punkt der Geraden g. Er ist also von den Punkten A und B abhängig, da die Gerade g von den Punkten A und B abhängig ist.

Hinweis:
Nach Wahl des Werkzeugs

und anschließendem Klick auf eine Gerade erscheint die Gerade hervorgehoben. Der erzeugte Punkt ist ein Punkt der Geraden.

Basisaufgaben

4. Füge auf einer Strecke $\overline{AB}$ noch einen Punkt C hinzu.
   a) Beschreibe das Verhalten von Punkt C, wenn einer der Punkte A oder B bewegt wird.
   b) Erkläre die Abhängigkeiten der Punkte A, B und C zueinander.

Hinweis:
Mit dem Werkzeug

lässt sich eine Strecke zeichnen.

5. a) Zeichne durch zwei Punkte A und B eine Gerade g. Lege auf g einen Punkt C fest.
   b) Zeichne durch C die Senkrechte zu g.
   c) Bewege den Punkt C. Beschreibe und Erläutere, was passiert.

6. a) Zeichne eine Gerade g durch zwei Punkte A und B.
   b) Zeichne einen Punkt C außerhalb von g und dann das Lot von C auf g.
   c) Verschiebe die Punkte A, B und C nacheinander. Beschreibe und Erläutere, was passiert

4. Winkelbeziehungen

Hinweis:
Mit dem Werkzeug

lässt sich ein
Winkel messen.

Winkel messen

Mit einer Geometriesoftware lassen sich auch Winkel messen.

Beispiel 3:
Zeichne mit einer dynamischen Geometrie-Software zwei Punkte A und B und eine Gerade g durch die beiden Punkte A und B sowie einen weiteren (nicht auf g liegenden) Punkt C. Verbinde den Punkt C mit dem Punkt A zur Geraden h und miss den Winkel, den die Geraden g und h miteinander bilden.

Lösung:
Zeichne die Punkte A und B sowie die Gerade g wie im Beispiel 1 auf Seite 82 und dann die Gerade h durch A und C. Wähle das „Winkel-Mess-Werkzeug" und markiere nacheinander beide Geraden. Du kannst auch nacheinander die drei Punkte markieren.
Achte immer auf die Reihenfolge für die Auswahl der Punkte und darauf, dass der Scheitelpunkt des Winkels immer als zweiter Punkt markiert wird.

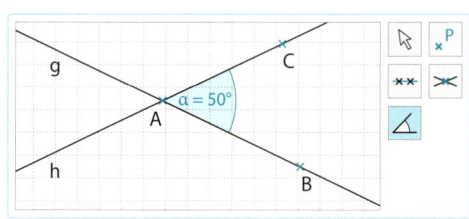

Basisaufgaben

Hinweis zu 7:
Mit dem Werkzeug

lassen sich Vielecke erstellen.

7. Zeichne mit einer dynamischen Geometrie-Software vier Punkte und verbinde diese zu einem Viereck. Miss alle Winkel, die die Seiten des Vierecks innen bilden.

8. Zeichne mit einer dynamischen Geometrie-Software ein Dreieck. Miss alle Winkel, die die Seiten in der Figur innen bilden.

9. Zeichne nacheinander mit einer dynamischen Geometrie-Software ein Fünfeck und ein Sechseck. Miss alle Winkel, die die Seiten der Figuren innen bilden.

Winkel an Geraden antragen

Mit einer Geometriesoftware lassen sich auch Winkel an Geraden antragen.

Beispiel 4:
Zeichne zwei Punkte A und B und eine Gerade g durch A und B. Zeichne dann eine Gerade h durch A, die mit der Geraden g einen Winkel von 50° bildet.

Hinweis:
Mit dem Werkzeug

lässt sich ein
Winkel antragen.

Lösung:
Zeichne die Punkte A und B sowie die Gerade g wie im Beispiel 1 auf Seite 82. Wähle das „Winkel-Antrage-Werkzeug" und markiere nacheinander den Punkt B und den Punkt A (als Scheitelpunkt). Trage dann in dem sich öffnenden Fenster 50° ein und entscheide dich „Gegen den Uhrzeigersinn" für den Drehsinn. Verbinde den entstandenen Punkt B' mit dem Punkt A.

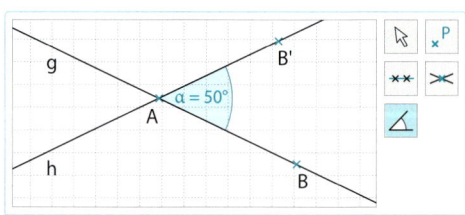

4.1 Dynamische Geometrie-Software nutzen

Basisaufgaben

10. Zeichne eine Strecke $\overline{AB}$ mit einer Länge von 8 cm und trage an den Endpunkten der Strecke Winkel von 50° bzw. 70° so an, dass ein Dreieck ABC entsteht.

11. a) Zeichne eine Strecke $\overline{AB}$ = 5 cm.
    b) Zeichne eine Strecke $\overline{BC}$ = 5 cm, die mit $\overline{AB}$ einen Winkel von 60° einschließt.
    c) Trage an $\overline{BC}$ einen Winkel von 60° im Uhrzeigersinn an. Beschreibe die Figur.

12. a) Zeichne zwei gleich lange Strecken, die einen Winkel von 110° einschließen.
    b) Trage an den beiden Strecken jeweils einen Winkel von 70° so an, dass ein Viereck entsteht. Wie groß ist der vierte Winkel im Innern des Vierecks?

Weiterführende Aufgaben

13. Zeichne das Dreieck ABC mit einer dynamischen Geometrie-Software.
    a) Verschiebe den Punkt C so auf der Geraden h parallel zu $\overline{AB}$, dass ein gleichschenkliges Dreieck entsteht.
    b) Wie ändert sich der Flächeninhalt des Dreiecks ABC bei der Verschiebung in Aufgabe b)?

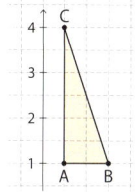

14. **Durchblick:** Zeichne das „Haus des Nikolaus". Orientiere dich an Beispiel 2 auf Seite 83.
    a) Zeichne die Eckpunkte, verbinde sie durch Strecken und achte darauf, den Endpunkt der letzten Strecke als Anfangspunkt der nächsten Strecke zu wählen.
    b) Erstelle eine Anleitung in Textform, in welcher Reihenfolge die Eckpunkte verbunden werden müssen. Gib möglichst zwei Lösungen an.

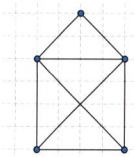

15. Erstelle eine tabellarische Kurzanleitung für deine dynamische Geometriesoftware. Schreibe dazu alle Werkzeuge (Funktionen) auf, die du bisher kennengelernt hast, mit Tastaturkürzel, Symbol und Beschreibung.

Hinweis zu 15:
Tipps zum Umgang mit einer dynamischen Geometrie-Software findest du auf den Methodenkarten 6 E und 6 F (S. 236).

16. **Stolperstelle:** Benedikt hat in seiner dynamischen Geometrie-Software eine Strecke s durch zwei Punkte A und B gezeichnet und einen Punkt C eintragen, der auf s liegen soll. Als er Punkt A bewegt, bleibt Punkt C unverändert liegen, obwohl er sich auch bewegen sollte. Was hat Benedikt falsch gemacht?

17. Tims Vater möchte im Garten einen kreisförmigen Teich neu anlegen.
    a) Erstelle mit einer dynamischen Geometrie-Software eine Zeichnung. Wähle passende Farben und stelle den Weg breit genug dar.
    b) Parallel zum Fußweg soll von rechts ein Zufluss gerade auf die Mitte des Teichs angelegt werden. Ergänze die Zeichnung um den Zufluss.
    c) Vergrößere den Teich. Er darf den Fußweg aber nicht berühren.

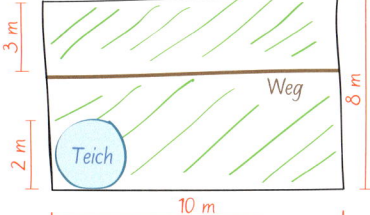

18. **Ausblick:** Daniel hat mit einer dynamischen Geometrie-Software einen Kreis gezeichnet und den Arbeitsbereich so lange verkleinert, bis der Kreis nur noch als Punkt erkennbar ist. Dann hat er den Arbeitsbereich so lange vergrößert, bis ein Teil der Kreislinie als Gerade erscheint. Gehe wie Daniel vor und erkläre, warum mit einem Computer ein Kreis auch als Punkt und Teile von Kreislinien als Geraden erscheinen können.

4.2 Winkelsätze an Geraden verwenden

■ Martha zeichnet zwei Geraden, die sich in einem Punkt schneiden, und misst die dabei entstandenen Winkel.
Sie stellt fest, dass die gegenüberliegenden Winkel gleich groß sind: $\gamma = \alpha$, $\delta = \beta$.
Weiterhin glaubt sie, dass die Summe benachbarter Winkel immer 180° beträgt.
Beispiele: $\alpha + \beta = 180°$ und $\gamma + \beta = 180°$

„Ist das Zufall, oder ist das immer so?" ■

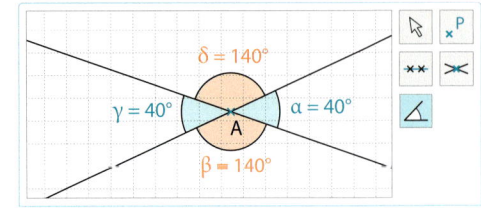

Benachbarte Winkel werden auch **Nebenwinkel** genannt.
Gegenüberliegende Winkel werden auch Scheitelwinkel genannt.

Lege auf einer Geraden einen Punkt fest. Lege dann die Mitte der längsten Seite deines Geodreiecks auf diesem Punkt. Du kannst erkennen, dass beide Teilstücke der Seite einen Winkel von 180° einschließen. Zeichne eine zweite Gerade durch diesen Punkt. Dabei entstehen vier Winkel. Du kannst erkennen, dass die Summe zweier benachbarter Winkel jeweils 180° beträgt. Da die Zeichnung punktsymmetrisch ist, sind auch gegenüberliegende Winkel gleich groß.

Zwei Geraden schneiden einander

Hinweis:
Winkel bezeichnet man mit kleinen griechischen Buchstaben wie:
α Alpha
β Beta
γ Gamma
δ Delta
ε Epsilon
ζ Zeta
η Eta
φ Phi

> **Wissen: Nebenwinkelsatz und Scheitelwinkelsatz**
> Für Winkel an einander schneidenden Geraden gilt der:
>
> **Nebenwinkelsatz** $\alpha + \beta = 180°$ **Scheitelwinkelsatz** $\gamma = \delta$
> **Nebenwinkel** ergänzen einander immer zu 180°.   **Scheitelwinkel** sind immer gleich groß.
> In der Zeichnung gilt: $\alpha + \beta = 180°$ In der Zeichnung gilt: $\gamma = \delta$

> **Beispiel 1:**
> Ermittle, welche Größen die Winkel α, δ und γ in nebenstehender Zeichnung haben, wenn gilt: $\beta = 122°$
> Erläutere, wie du vorgegangen bist.
>
>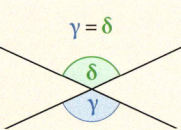
>
> **Lösung:**
> δ und β sind Scheitelwinkel, also gleich groß. $\delta = \beta = 122°$
> γ und β sind Nebenwinkel. Ihre Summe beträgt 180°. $\gamma + \beta = 180°$ ⇨ $\gamma = 180° - \beta = 58°$
> α und β sind Nebenwinkel. Ihre Summe beträgt 180°. $\alpha + \beta = 180°$ ⇨ $\alpha = 180° - \beta = 58°$
> Oder: α und γ sind Scheitelwinkel, also gleich groß. $\alpha = \gamma = 58°$

Basisaufgaben

1. Ermittle die Winkelgrößen und erläutere dein Vorgehen.

a)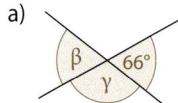
b)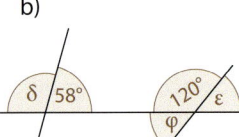
c)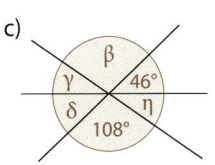

4.2 Winkelsätze an Geraden verwenden

2. Berechne die fehlenden Winkelgrößen.

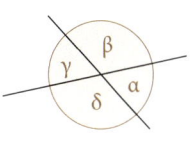

	α	β	γ	δ
a)	50°			
b)		145°		
c)			120°	
d)				90°

3. Berechne die fehlenden Winkelgrößen.
   a) $α = 20°, β = 47°, γ = 53°$
   b) $ε = 34°, τ = 48°, η = 17°$

Durch Messen kannst du feststellen, dass es immer zwei zusammengehörende Winkel gibt, die gleich groß sind, wenn zwei zueinander parallele Geraden von einer dritten Geraden geschnitten werden. Wenn keine Parallelität vorlegt, ist das nicht so.

Hinweis: Zum Prüfen der Aussagen kannst du eine dynamische Geometrie-Software verwenden.

Zwei Geraden werden von einer dritten Geraden geschnitten

Werden zwei Geraden h und k von einer dritten Geraden g geschnitten, dann entstehen Stufen- und Wechselwinkel.
Stufenwinkel liegen auf derselben Seite von g und auf entsprechenden Seiten von h und k.
Wechselwinkel liegen auf unterschiedlichen Seiten von g und auf verschiedenen Seiten von h und k.

Wissen: Stufenwinkelsatz und Wechselwinkelsatz
Werden zwei zueinander parallele Geraden von einer dritten Geraden geschnitten, gilt der:

Stufenwinkelsatz
Stufenwinkel an geschnitten Parallelen sind immer gleich groß. In der Zeichnung gilt: $α = β$

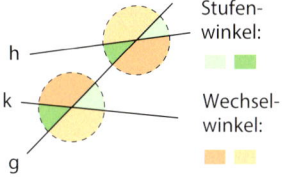

Hinweis: Nur an zueinander parallelen Geraden gibt es Stufenwinkel und Wechselwinkel, die gleich groß sind.

Wechselwinkelsatz
Wechselwinkel an geschnitten Parallelen sind immer gleich groß. In der Zeichnung gilt: $γ = δ$

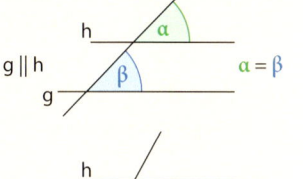

Hinweis: Sind zwei Geraden g und h zueinander parallel, schreibt man kurz g ∥ h.

Beispiel 2:
Welche der Winkel α, β, γ, δ und ε bilden Stufenwinkelpaare, welche Wechselwinkelpaare?
Gib die Größen von α, β, γ, δ und ε an.

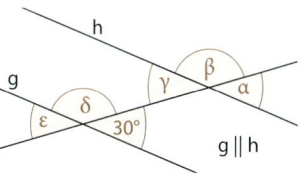

Lösung:
Stufenwinkelpaare sind ε und γ sowie δ und β.

$α = β, δ = ε, γ = φ$
$α = γ, β = φ$

Wechselwinkelpaare sind ε und α.

Da g und h zueinander parallel sind, gilt:
$α = ε = γ = 30°$ und $δ = β = 150°$

Basisaufgaben

4. Gib alle Stufenwinkelpaare und alle Wechselwinkelpaare an.

   a)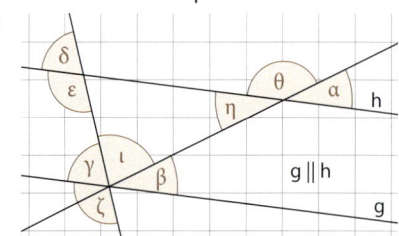

   b)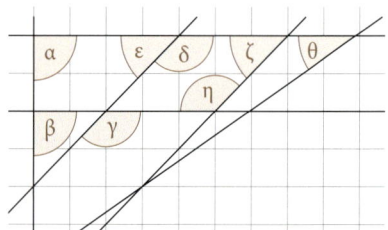

5. Übertrage die Zeichnungen in dein Heft und markiere sowohl alle Stufenwinkelpaare als auch alle Wechselwinkelpaare.

   a)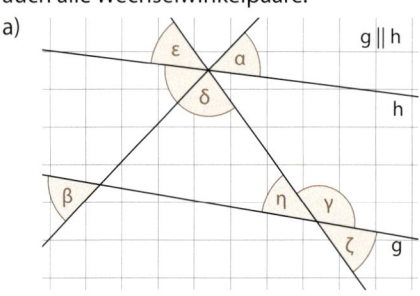

   b)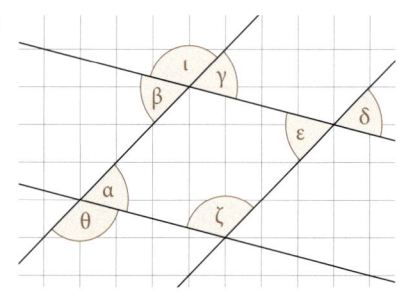

Struktur mathematischer Sätze untersuchen

Hinweis: Beachte die unterschiedliche Bedeutung des Wortes „Satz" in der Sprachlehre im Gegensatz zur Bedeutung in der Mathematik.

In der Mathematik wird eine wahre Aussage, die sich aus anderen wahren Aussagen herleiten lässt, mathematischer Satz genannt. Die Wahrheit eines mathematischen Satzes muss genau begründet werden. Mathematiker nennen solche Begründungen auch Beweis.
Bei mathematischen Sätzen sind **Voraussetzung** und **Behauptung** zu unterscheiden.
Werden solche Sätze in „Wenn …, dann …"-Form geschrieben, haben sie nach dem Wort „wenn" eine oder mehrere Voraussetzungen und nach dem Wort „dann" eine Behauptung.

Beispiel 3:
Welche Angabe ist beim Stufenwinkelsatz die *Voraussetzung* und welche Angabe ist die *Behauptung*?

Lösung:
Schreibe den Stufenwinkelsatz in der „Wenn …, dann …"-Form.

Wenn α und β *Stufenwinkel an geschnittenen Parallelen* sind, dann *sind α und β gleich groß*.

Voraussetzung: α und β sind Stufenwinkel an geschnittenen Parallelen.
Behauptung: α = β

Hinweis: Voraussetzungen sind Bedingungen. Behauptungen sind Eigenschaften, die bei Vorliegen der Voraussetzung zutreffen.

Basisaufgaben

6. Formuliere den Nebenwinkelsatz und den Wechselwinkelsatz in „Wenn …, dann …"-Form und gib jeweils die Voraussetzung und die Behauptung des Satzes an.

7. Formuliere den Scheitelwinkelsatz in „Wenn …, dann …"-Form und gib die Voraussetzung und die Behauptung des Satzes an.

4.2 Winkelsätze an Geraden verwenden

8. Übertrage den Satz in dein Heft und vervollständige ihn so, dass eine wahre Aussage entsteht. Markiere die Voraussetzung und die Behauptung des Satzes.
   „Wenn bei einem Nebenwinkelpaar einer der Winkel ein rechter Winkel ist, dann ist der zweite Winkel …"

Weiterführende Aufgaben

9. Zeichne zwei einander schneidende Geraden. Kennzeichne ein Paar von Nebenwinkeln mit α und β und gib die Winkelgrößen für folgende Bedingungen an:
   a) α = β
   b) α = β + 30°
   c) α = β – 40°
   d) β ist um 36° kleiner als α
   e) α ist doppelt so groß wie β
   f) β = 3α
   g) 2β = 3α
   h) 4α = β + 60°

10. Falte ein Blatt Papier zweimal so, dass zwei einander schneidende Faltlinien entstehen. Markiere nach dem Auseinanderfalten Paare von Neben- und von Scheitelwinkeln.

11. **Durchblick:** Erläutere, warum die Winkel α und β zusammen immer 180° ergeben.
    a) Übertrage die Zeichnung ins Heft und ergänze weitere Winkel, um Schritt für Schritt eine Begründung anzugeben. Orientiere dich dabei an den Beispielen auf den Seiten 86 und 87.
    b) Gib eine weitere Erklärung unter Verwendung von Neben-, Scheitel- und Wechselwinkeln. Orientiere dich am Beispiel 1 auf Seite 86 und an Beispiel 2 auf Seite 87.

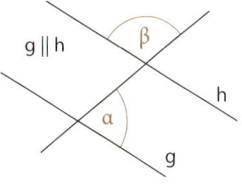

12. Untersuche, welche der Winkel in den Figuren eines Tangramspiels gleich groß sind. Begründe jeweils mit den Sätzen über Winkel an Geraden.

13. Prüfe, ob an Gegenständen (Verkehrsschilder, Gebäude, usw.) auf deinem Schulweg Nebenwinkelpaare oder Scheitelwinkelpaare erkennbar sind. Fertige jeweils eine Skizze an und trage deine Ergebnisse in der Klasse vor.

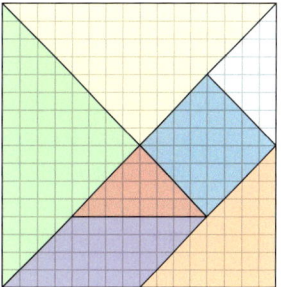

14. Trage in ein Koordinatensystem die Punkte A(1|2), B(7|6) und C(3|1,5) ein. Zeichne dann die Gerade AB und durch Punkt C eine zweite Gerade, sodass:
    a) Scheitelwinkel von 60° entstehen
    b) Scheitelwinkel von 140° entstehen
    c) Nebenwinkel von 90° entstehen

15. Berechne die fehlenden Winkelgrößen.
    a)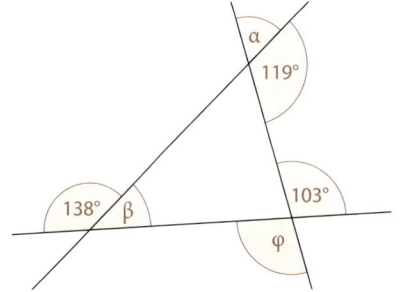
    b)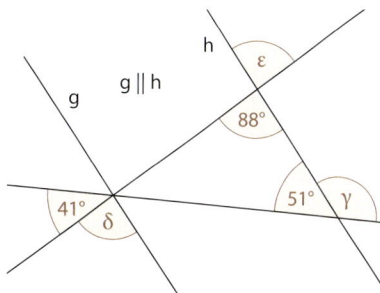

16. Zeichne zwei einander schneidende Geraden, für die gilt:
    a) α ist dreimal so groß wie δ.
    b) β ist um 40° kleiner als γ.
    c) β und δ zusammen sind doppelt so groß, wie α und γ zusammen.

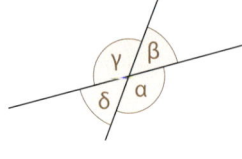

17. **Stolperstelle:** Benjamin behauptet, dass die Winkel α und β nebeneinander liegen und somit β ein Nebenwinkel zu α ist. Er behauptet auch, dass die beiden Winkel γ und δ Scheitelwinkel sind, weil sie gleich groß sind und einen gemeinsamen Scheitelpunkt haben. Was meinst du zu Benjamins Behauptungen? Begründe deine Meinung.

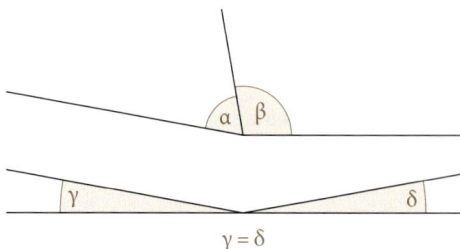

18. Korrigiere alle Fehler von Kira. Beschreibe, wie die Fehler entstanden sein könnten.
    γ = β (Scheitelwinkel), γ = α (Stufenwinkel)
    ε = γ (Stufenwinkel),   ε = δ (Wechselwinkel)
    α + β = 180° (Nebenwinkel)
    γ = β und δ = α (Wechselwinkel)

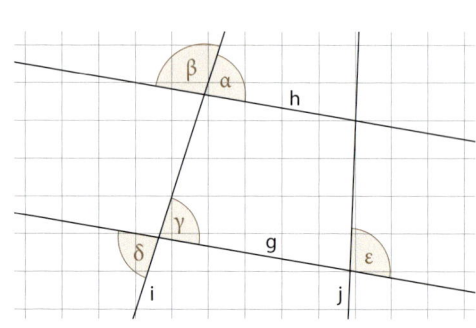

19. Fertige eine Skizze an und ermittle die Größe der genannten Winkel α und β.
    a) Ein Winkel α ist doppelt so groß wie sein Nebenwinkel β.
    b) Ein Winkel α ist 50° kleiner als sein Nebenwinkel β.

20. Vervollständige zu wahren Aussagen in deinem Heft:
    a) Der Nebenwinkel eines spitzen Winkels ist ein … Winkel.
    b) Der Nebenwinkel eines rechten Winkels ist ein … Winkel.
    c) … sind Stufenwinkel gleich groß.
    d) … ergeben zusammen 180°

21. Entscheide, ob die Aussage wahr oder falsch ist. Begründe deine Entscheidung.
    a) Ein Nebenwinkelpaar besteht aus einem stumpfen und einem rechten Winkel.
    b) Ein Scheitelwinkelpaar besteht aus zwei stumpfen Winkeln.
    c) Die beiden Winkel eines Stufenwinkelpaares können zusammen 180° groß sein.
    c) Wenn zwei Winkel gleich groß sind, dann sind es auch Wechselwinkel.

22. Übertrage in dein Heft und vervollständige:
    a) Scheitelwinkel haben einen gemeinsamen … und die Schenkel bilden zusammen …
    b) Nebenwinkel haben einen gemeinsamen …

23. **Ausblick:**
    a) Zeichne zwei einander schneidende Geraden.
       Zeichne drei weitere Geraden so,
       – dass möglichst viele (wenige) Paare von Scheitelwinkeln entstehen,
       – dass möglichst viele (wenige) Paare von Stufen- und Wechselwinkeln entstehen.
    b) Erkläre an einer Skizze, welche Lage geschnittene Geraden haben, wenn Stufenwinkelpaare an diesen Geraden gleich groß sind?

4.3 Mittelsenkrechte und Winkelhalbierende zeichnen

■ Lia hat auf Transparentpapier eine Strecke $\overline{AB}$ gezeichnet. Sie faltet das Papier so, dass Punkt A den Punkt B genau verdeckt. Die dabei entstandene Faltlinie entspricht der Mittelsenkrechten der Strecke $\overline{AB}$.

Was müsste Lia machen, um die Winkelhalbierende eines Winkels zu erhalten? ■

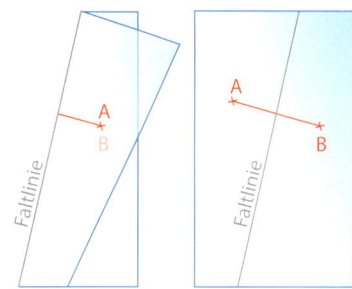

Zu einer Strecke lässt sich immer eine senkrechte Gerade durch den Mittelpunkt der Strecke konstruieren.

Die Mittelsenkrechte einer Strecke

Wissen: Begriff der Mittelsenkrechten
Die **Mittelsenkrechte** m einer Strecke $\overline{AB}$ ist eine Gerade. Jeder Punkt der Mittelsenkrechten m ist hat jeweils den gleichen Abstand zu den Endpunkten der Strecke $\overline{AB}$.

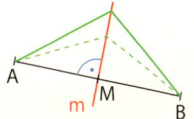

Beispiel 1:
Zeichne in dein Heft eine Strecke $\overline{AB}$ und konstruiere deren Mittelsenkrechte.

Lösung:
Zeichne jeweils einen Kreis mit dem Radius r = $\overline{AB}$ um die Punkte A und B.

Die Kreise schneiden einander in den Punkten C und D.

Die Gerade CD ist Mittelsenkrechte der Strecke $\overline{AB}$.

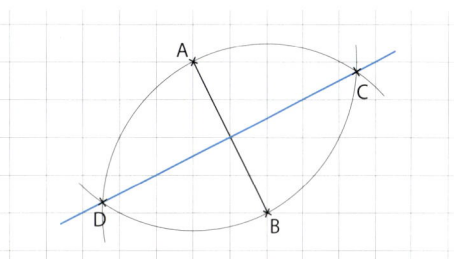

Die Mittelsenkrechte einer Strecke $\overline{AB}$ halbiert den gestreckten Winkel ∢ AMB. Es entstehen zwei rechte Winkel. Solche Geraden lassen sich auch für Winkel konstruieren, die größer oder kleiner als 180° sind.

Basisaufgaben

1. Übertrage die Strecke $\overline{AB}$ in dein Heft und konstruiere die Mittelsenkrechte.
   a) 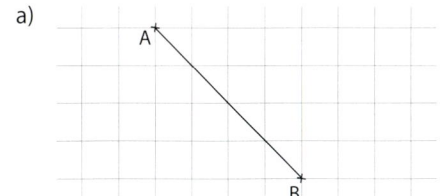 b)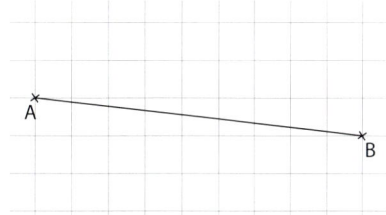

2. Konstruiere zur gegebenen Strecke im Koordinatensystem die Mittelsenkrechte m. Gib dann die Koordinaten von zwei Punkten an, die auf der Mittelsenkrechten m liegen.
   a) A(0|4); B(6|4)   b) C(4|3); D(4|5)   c) E(0|0); F(5|5)   d) G(2|1); H(6|2)

Die Winkelhalbierende eines Winkels

> **Wissen: Begriff der Winkelhalbierenden**
> Die **Winkelhalbierende** w_α des Winkels α ist eine Gerade durch den Scheitelpunkt S. Jeder Punkt der Winkelhalbierenden w_α hat zu den Schenkeln des Winkels α jeweils den gleichen Abstand.

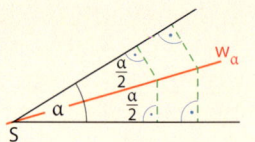

Beispiel 2:
Übertrage die Zeichnung in dein Heft und konstruiere die Winkelhalbierende des Winkels α.

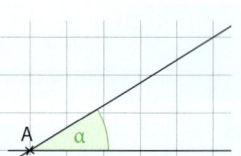

Lösung:
Zeichne um A einen Kreis mit beliebigem Radius. D und E sind Schnittpunkte des Kreises mit den Schenkeln von α. Zeichne zwei Kreise mit gleichem Radius um D und E. Gerade AF ist Winkelhalbierende von α.

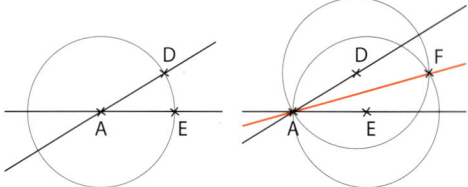

Basisaufgaben

3. Übertrage in dein Heft und konstruiere die Winkelhalbierende des Winkels α.

   a) 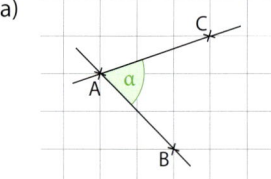   b)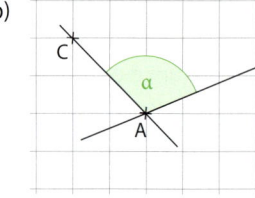

4. Zeichne das Dreieck ABC mit A(0|2), B(2|0) und C(4|2) in ein Koordinatensystem und konstruiere die Winkelhalbierenden der drei Winkel im Innern des Dreiecks.

Weiterführende Aufgaben

5. **Durchblick:** Beschreibe, wie du aus der Strecke $\overline{AB}$ die angegebenen Figuren Schritt für Schritt mithilfe von Mittelsenkrechten und Winkelhalbierenden konstruieren kannst. Überprüfe deine Anleitung, indem du damit die Figuren mit einer dynamischen Geometrie-Software nachbildest.

   a) 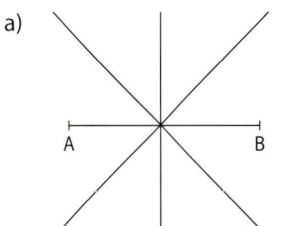   b) 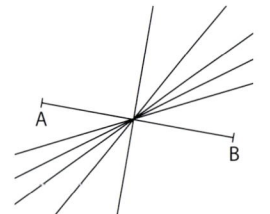   c)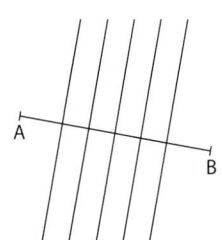

6. **Ausblick:** Erstelle Konstruktionsanleitungen und präsentiere diese der Klasse.
   a) für das Vervierfachen einer Strecke
   b) für das Vierteln einer Strecke

Streifzug

Historische Aspekte der Geometrie

Im alten Ägypten erfolgte der Bau der berühmten Pyramiden auf Grundlage exakter geometrischer Zusammenhänge. Dabei wurden strenge Vorschriften zum Konstruieren geometrischer Objekte beachtet.

Wissen: Geometrische Objekte mit Zirkel und Lineal konstruieren
In der klassischen Geometrie durften zum Konstruieren nur Zirkel und Lineal verwendet werden. Es waren ausschließlich folgenden Handlungen erlaubt:
(1) Zeichnen einer Gerade durch zwei verschiedene Punkte mit dem Lineal.
(2) Erzeugen des Schnittpunktes zweier nicht zueinander paralleler Geraden.
(3) Zeichnen eines Kreises mit beliebigem Radius um einen beliebigen Mittelpunkt.
(4) Erzeugen des Schnittpunktes zweier Kreise oder eines Kreises mit einer Geraden.

Beispiel 1: Zueinander parallele Geraden nur mit Zirkel und Lineal konstruieren
Gegeben ist eine Gerade g und ein Punkt P, der nicht auf g liegt. Konstruiere nur mit Zirkel und Lineal eine zu g parallele Gerade durch den Punkt P.

Lösung:
Zeichne mit dem Zirkel einen Kreis um P, der die Gerade g in zwei Punkten schneidet. Bezeichne einen Schnittpunkt mit Q.

Trage mit dem Zirkel einen Kreis mit demselben Radius um den Mittelpunkt Q ab und bezeichne einen Schnittpunkt dieses Kreises mit der Geraden als R. Da beide Kreise denselben Radius haben, sind P und R gleich weit von Q entfernt.

Zeichne mit dem Zirkel einen weiteren Kreis mit demselben Radius um den Punkt R. Bezeichne den Schnittpunkt dieses Kreises mit dem Kreis um den Punkt P mit S. Zeichne eine Gerade durch die Punkte P und S. Dies ist die gesuchte parallele Gerade zu g.

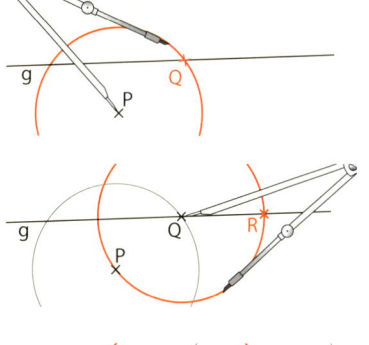

Hinweis:
Hier wurden die Schnittpunkte auf der rechten Seite mit Q und R bezeichnet. Du kannst wegen der Kreissymmetrie aber genauso gut einen der Schnittpunkte auf der linken Seite wählen und die Konstruktion von dort fortsetzen.

Aufgaben

1. Konstruiere in einem Koordinatensystem nur mit Zirkel, Lineal und Bleistift eine parallele Gerade durch P(4|1) zur Geraden durch A(1|1) und B(3|4).

2. Arbeite nur mit Zirkel, Lineal und Bleistift.
   a) Konstruiere einen Winkel von 30°.
   b) Konstruiere den Mittelpunkt einer gegebenen Strecke.

3. Die Strecke $\overline{AB}$ wurde in nebenstehender Abbildung nur mit Zirkel und Lineal in gleich große Abschnitte geteilt. Beschreibe die Konstruktion und führe sie aus. Zeichne dann eine 10 cm lange Strecke und teile sie in sieben gleich große Abschnitte.

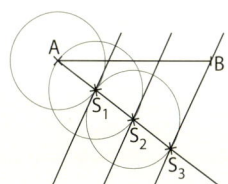

4.4 Vermischte Aufgaben

1. Gib Winkelpaare in nebenstehender Zeichnung an:
   a) Nebenwinkelpaare
   b) Scheitelwinkelpaare
   c) Wechselwinkelpaare
   d) Stufenwinkelpaare

2. Ermittle die Größen aller Winkel in der Zeichnung.
   a)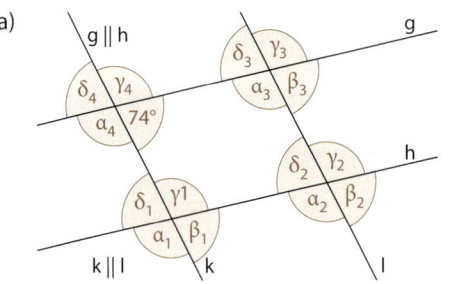
   b)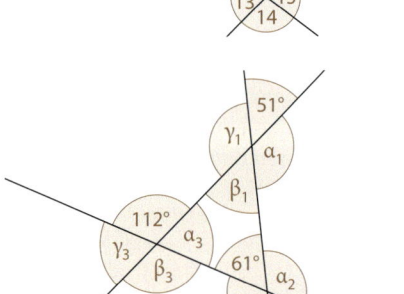

3. An einem begradigten Fluss sollen Weiden so abgezäunt werden, dass die Zäune, die auf den Fluss zu führen, parallel zueinander sind. Der Bauer hat eine Skizze angefertigt. Ermittle die fehlenden Winkelgrößen.

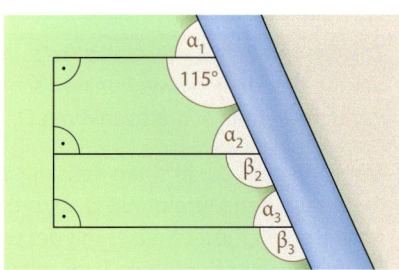

4. Zeichne eine Gerade g und einen Punkt P, der nicht auf g liegt. Zeichne dann eine Gerade h durch P, die mit g einen Winkel von 90° (60°; 112°) bildet. Erläutere dein Vorgehen.

Hinweis zu 5:
Bei dieser Aufgabe ist auch die Verwendung dynamischer Geometrie-Software sinnvoll. Begründe, welche der Aufgaben gut mit Zirkel und Lineal gelöst werden können.

5. Zu Jans Geburtstag wurde eine Schatzsuche im Garten vorbereitet. Jan und seine Freunde bekommen eine Skizze des Gartens, in der wichtige Punkte als Koordinaten eingetragen wurden. Sie dürfen die Stellen, an denen die Überraschungen versteckt wurden, entweder mit Zirkel und Lineal oder mit einer dynamischen Geometrie-Software ermitteln.

   • Der Schatz ist gleich weit von Punkt C, der Schaukel und dem Kompost entfernt.

   • Der Schatz ist von der Schaukel und Punkt C gleich weit entfernt und hat zu den Strecken $\overline{SD}$ und $\overline{CD}$ den gleichen Abstand.

   • Der Schatz ist von den Strecken $\overline{TS}$, $\overline{TK}$ und $\overline{SK}$ gleich weit entfernt.

   • Der Schatz ist gleich weit von der Tonne und der Schaukel und 3 m von Punkt B entfernt.

   • Wie könnte eine Beschreibung lauten, wenn der Schatz am Punkt P(0,5|2) versteckt ist?

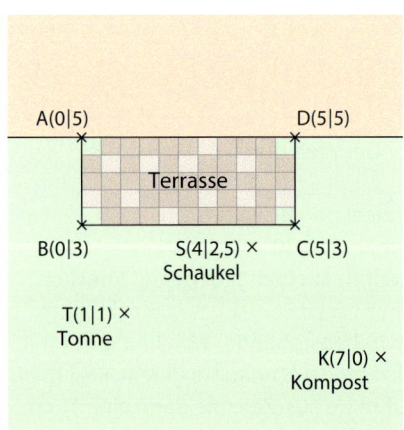

4.4 Vermischte Aufgaben

6. Konstruiere ein Dreieck ABC, sodass die Geraden AD und BE die Winkelhalbierenden der Winkel im Innern des Dreiecks sind. Gib die Koordinaten von C an.
   a) A(0|1); B(2|0); D(2|−2); E(4|1)
   b) A(0|1); B(2|0); D(4|5,1); E(−2,1|2,9)

7. Nimm begründet Stellung zu folgender Aussage:
   „Verläuft die Symmetrieachse eines Vielecks durch einen Eckpunkt, so ist sie gleichzeitig eine Winkelhalbierende."

8. Begründe die folgende Konstruktion:
   „Der Mittelpunkt eines Kreises kann wie folgt konstruiert werden:
   Zeichne zwei (nicht parallele) Verbindungsstrecken zwischen je zwei Punkten des Kreises.
   Konstruiere ihre Mittelsenkrechten.
   Der Mittelpunkt des Kreises ist der Schnittpunkt der beiden Mittelsenkrechten."

   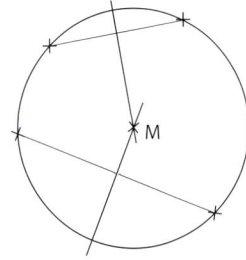

   Hinweis zu 8:
   Die Eigenschaften gleichschenkliger Dreiecke können dir helfen.

9. Frau Schulte möchte in ihrem Garten eine Wäschespinne aufstellen. Die Stange für die Wäschespinne wird im Boden fest verankert. Sie möchte, dass der Weg von der Kellertreppe und von der Terrasse zur Wäschespinne jeweils gleich ist. Außerdem soll die Wäschespinne mindestens 1 m vom Haus und 1,5 m vom Zaun entfernt stehen. Zeichne alle möglichen Standorte in eine maßstabsgetreue Zeichnung ein.

   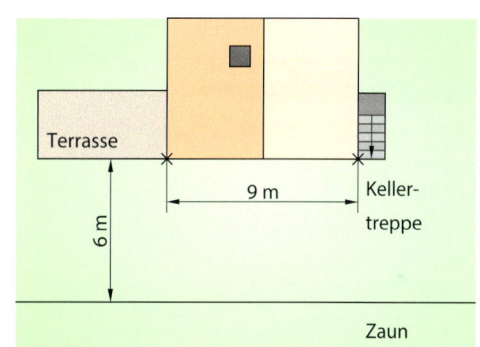

   Hinweis zu 9:
   Tipps zum exakten Zeichnen findest du auf der Methodenkarte 6 C (S. 235)

10. Die drei Orte A-Dorf, B-Hausen und C-Berg benötigen einen besseren Handyempfang und damit neue Sendetürme. Um Geld zu sparen, einigen sie sich darauf, gemeinsam einen stärkeren Sender anzuschaffen. A-Dorf und B-Hausen sind 10 km voneinander entfernt, B-Hausen und C-Berg 12 km und A-Dorf und C-Berg 11 km.
    a) Begründe mithilfe einer Zeichnung, wo der Sendemast aufgestellt werden sollte.
    b) Es gibt drei verschiedene Ausführungen: Mast 1 hat eine Reichweite von 5 km, Mast 2 hat eine Reichweite von 10 km und Mast 3 von 15 km. Je höher die Reichweite, desto höher sind auch die Kosten.
    Welchen Mast würdest du empfehlen? Begründe deine Antwort.

11. Zeichne die Figur im Maßstab 2 : 1 in dein Heft.
    a)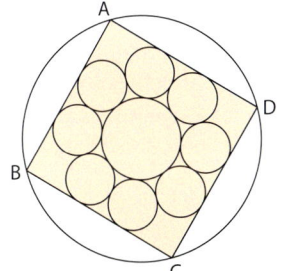
    b)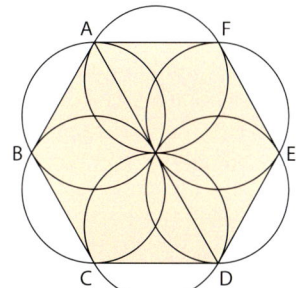

Prüfe dein neues Fundament

4. Winkelbeziehungen

Lösungen
↗ S. 244

1. Übertrage die Zeichnung in dein Heft.
   a) Konstruiere die Mittelsenkrechte.
   b) Konstruiere die Winkelhalbierende.

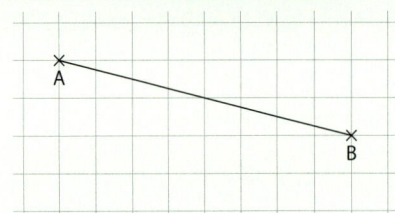
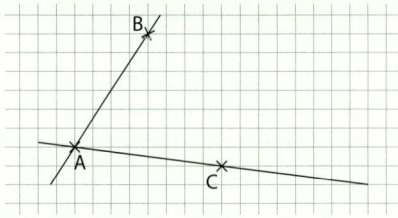

2. Ermittle die Größen der eingezeichneten Winkel. Erläutere dein Vorgehen.
   a)
   b)

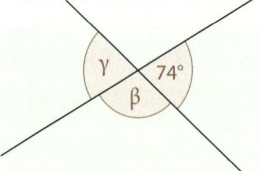
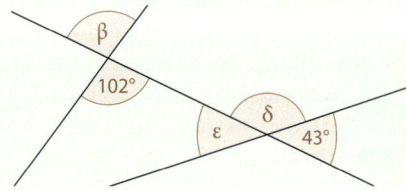

Hinweis zu 3:
Ein weiterer kleiner griechischer Buchstabe ist κ Kappa.

3. Übertrage die Figur in dein Heft.
   a) Markiere alle Stufenwinkelpaare. Welche Winkel sind gleich groß?
   b) Markiere Wechselwinkelpaare jeweils mit derselben Farbe.

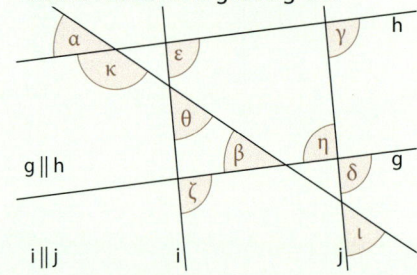

4. Ermittle die Größen der angegebenen Winkel ohne zu messen. Erläutere dein Vorgehen.

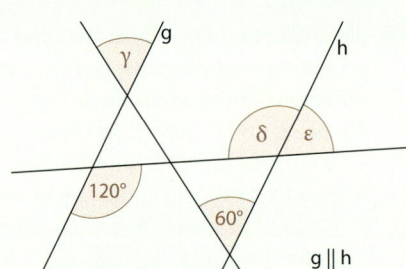

5. Erstelle mithilfe einer dynamischen Geometrie-Software ein Dokument, um die folgenden Aufgaben zu bearbeiten.
   a) Zeichne eine Gerade g, die durch zwei Punkte A und B verläuft.
   b) Zeichne eine Gerade h, die durch den Punkt B und einen weiteren Punkt C verläuft.
   c) Verschiebe den Punkt C so, dass beide Geraden senkrecht aufeinander stehen.
   d) Füge der Zeichnung noch einen weiteren Punkt D hinzu, der unabhängig von den Punkten A, B und C sowie den Geraden g und h ist. Stelle die Zusammenhänge zwischen den Punkten A, B, C und D sowie den Geraden g und h in einem Diagramm dar.

6. Gib Voraussetzung und Behauptung im gegebenen mathematischen Satz an.
   a) Alle durch 4 teilbaren Zahlen sind auch durch 2 teilbar.
   b) Nebenwinkel ergeben zusammen immer 180°.

Prüfe dein neues Fundament

7. Am Wandertag veranstaltet die Klasse 6c eine Schatzsuche. Der Schatz soll sich 30 m entfernt von einer Weggabelung in gleichem Abstand zu beiden Wegen befinden.
Fertige eine Zeichnung in passendem Maßstab an und markiere den Fundort genau.

8. Übertrage das Dreieck im Maßstab 2 : 1 zweimal in dein Heft und konstruiere die drei Mittelsenkrechten der drei Dreiecksseiten sowie die drei Winkelhalbierenden der drei Winkel im Innern des Dreiecks. Notiere die Koordinaten des Schnittpunktes sowohl für die Mittelsenkrechten als auch für die Winkelhalbierenden, wenn der Ursprung des Koordinatensystems der Punkt A ist.

a) 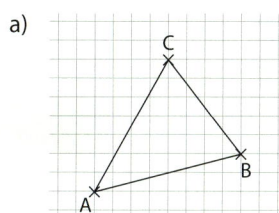   b) 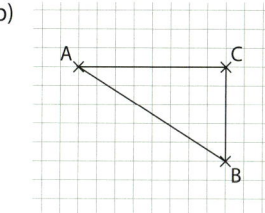   c)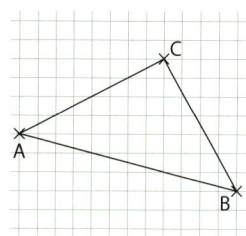

Wiederholungsaufgaben

1. a) Skizziere: ① ein Rechteck ② ein Quadrat ③ ein Dreieck mit 3 gleich langen Seiten
   b) Können die Figuren aus a) sowohl punkt- als auch achsensymmetrisch sein? Begründe.

2. Gib das Ergebnis in der in Klammer stehenden Maßeinheit an.
   a) Ein Viertel von 1 m. (in Zentimeter)   b) Das Achtfache von 400 g. (in Kilogramm)
   c) Ein Drittel eines Tages. (in Stunden)   d) Das Zwölffache von 70 Cent. (in Euro)

3. Ergänze die nebenstehende Figur in deinem Heft zu einem Würfelnetz.
   Es gibt mehrere Lösungen. Skizziere alle Möglichkeiten.

4. Ein Sponsor spendet 100 € und zusätzlich für jeden gelaufenen Kilometer 50 Cent. Stelle eine Formel für den „erlaufenen Geldbetrag" auf, wenn x die gelaufenen Kilometer sind.

5. Im Diagramm siehst du das Ergebnis einer Umfrage. Jeder Befragte konnte genau eine Kategorie auswählen. Bestimme anhand des Diagramms, wie viele Personen insgesamt geantwortet haben.

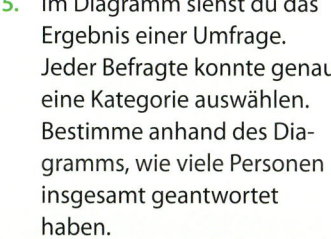

Zusammenfassung

4. Winkelbeziehungen

Winkelsätze an einander schneidenden Geraden

Schneiden zwei Geraden einander:
– so ergänzen sich **Nebenwinkel** zu 180°
– so sind **Scheitelwinkel** gleich groß

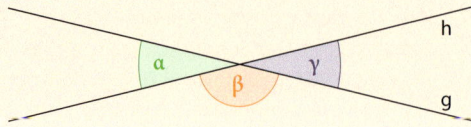

α und β (bzw. β und γ) sind Nebenwinkel.
α + β = β + γ = 180°
α und γ sind Scheitelwinkel.
α = γ

Werden zwei zueinander parallele Geraden von einer dritten Geraden geschnitten und es werden Stufenwinkelpaare und Wechselwinkelpaare betrachtet, dann gilt immer:
– die **Wechselwinkel** sind gleich groß
– die **Stufenwinkel** sind gleich groß

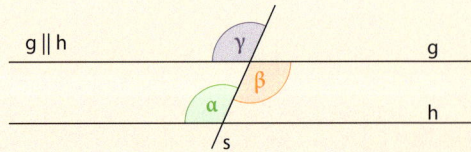

α und β sind Wechselwinkel.   α = β
α und γ sind Stufenwinkel.   α = γ

Winkelhalbierende und Mittelsenkrechte

Auf der **Winkelhalbierenden** eines Winkels liegen alle Punkte, die von den beiden Schenkeln des Winkels jeweils den gleichen Abstand haben.

Konstruktion der Winkelhalbierenden eines Winkels α

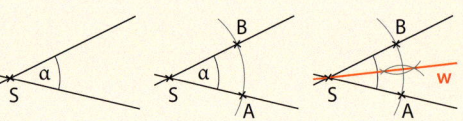

Auf der **Mittelsenkrechten** einer Strecke $\overline{AB}$ liegen alle Punkte, die von A und von B den gleichen Abstand haben.

Konstruktion der Mittelsenkrechten einer Strecke $\overline{AB}$

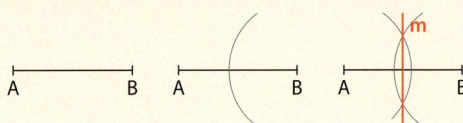

Voraussetzungen und Behauptungen in mathematischen Sätzen

Ein **mathematischer Satz** ist eine wahre Aussage, die sich aus anderen wahren Aussagen herleiten lässt.

Mathematische Sätze haben eine oder mehrere **Voraussetzungen** und eine **Behauptung**.

Voraussetzungen sind Bedingungen. Behauptungen sind Eigenschaften, die bei Vorliegen der Voraussetzung zutreffen.

Nebenwinkelsatz in „Wenn …, dann …"-Form:

Wenn zwei Winkel α und β Nebenwinkel sind, dann ergänzen sie einander zu 180°.

Voraussetzung:
α und β sind Nebenwinkel

Behauptung:
α + β = 180°

5. Kenngrößen von Daten

Afrikanische Elefanten gebären nach einer Tragzeit von 20 bis 22 Monaten in etwa 1,5 % der Fälle Zwillinge. Neugeborene sind etwa 100 kg schwer. Erwachsene Elefanten bringen durchschnittlich 3 t auf die Waage, Elefantenkühe durchschnittlich 2,8 t. Vereinzelt kann ein Bulle 7,5 t schwer sein. Durch die großen Ohren können zur Abkühlung pro Minute bis zu 14 ℓ Blut fließen.

Dein Fundament

5. Kenngrößen von Daten

Lösungen
↗ S. 245

Daten erfassen

1. Die Tabelle zeigt die Altersverteilung aller Schülerinnen und Schüler der Klasse 6 a.
   a) Wie viele Kinder sind 13 Jahre alt?
   b) Wie viele Kinder sind jünger als 13 Jahre?
   c) Wie viele Schülerinnen und Schüler gehen in die Klasse 6 a?

Alter	Strichliste	Häufigkeit
11	||	2
12	｜｜｜｜ ｜｜｜｜	10
13	｜｜｜｜ ｜｜｜｜ |	11
14	|	1

2. Auf die Frage nach ihrem Lieblingstier gab es in der Klasse 6 b folgende Antworten: Hund, Hund, Katze, Hund, Pferd, Katze, Hund, Löwe, Hamster, Hund, Schildkröte, Katze, Wellensittich, Pferd, Pferd, Meerschweinchen, Elefant, Hund, Hund, Wellensittich, Katze und Elefant. Erstelle eine Strichliste und gib auch die Häufigkeit der einzelnen Ergebnisse an.

3. Eine Münze soll 20-mal geworfen werden. Stellt eine Vermutung darüber auf, wie oft „Wappen" und wie oft „Zahl" oben liegen. Führt den Versuch durch, erfasst dabei die Ergebnisse in einer Strichliste und schreibt die Häufigkeiten auf. Vergleicht die Ergebnisse mit euren Vermutungen. Fasst anschließend die Ergebnisse aller zusammen.

4. Die Tabelle zeigt einige Ergebnisse der Klassensprecherwahl der Klasse 6 b. Alle abgegebenen Stimmen von 25 Schülerinnen und Schülern waren gültig. Auf jedem Stimmzettel stand genau ein Name.

Name	Strichliste	Häufigkeit
Katja		5
Nele	｜｜｜｜ ｜｜｜｜	
Aron	｜｜｜｜ ｜｜	
Gustav		

   a) Übertrage die Tabelle in dein Heft und fülle sie aus.
   b) Wer wurde zum Klassensprecher gewählt?
   c) Am Wahltag fehlten drei Schüler. Hätte ein anderer Klassensprecher werden können, wenn sie da gewesen wären?
   d) Wie viele Schülerinnen und Schüler gehören zur Klasse 6 b?

Daten in Säulen- und Balkendiagrammen darstellen

5. In dem nebenstehenden Diagramm hat Tobias die Länge von Flüssen veranschaulicht. Lies die Länge der Flüsse aus dem Diagramm ab. Runde auf Hunderter.

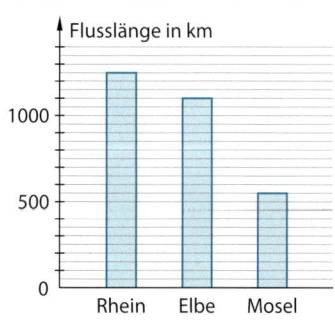

6. An einem Fußgängerüberweg werden an einem Freitag die Fußgänger gezählt.
   Die Ergebnisse sind auf Zehner gerundet und folgendermaßen dargestellt worden:

   7 bis 8 Uhr: 🚶🚶🚶🚶🚶🚶🚶🚶   8 bis 9 Uhr: 🚶🚶🚶🚶🚶🚶🚶
   9 bis 10 Uhr: 🚶🚶🚶🚶   10 bis 11 Uhr: 🚶🚶🚶🚶🚶🚶

   Hinweis: 🚶 entspricht 10 Fußgängern

   a) Entwickle zum Sachverhalt eine Häufigkeitstabelle.
   b) Stelle die Daten in einem Säulendiagramm dar.
   c) Welche der folgenden Zahlen kämen als Anzahl der Fußgänger infrage, die zwischen 9 und 10 Uhr den Fußgängerüberweg überquerten?   54; 64; 53; 55; 46; 45

7. Stelle die Schulwegzeiten von 20 Schülern in einem Diagramm dar.
   Du kannst auch eine Tabellenkalkulation benutzen.
   Schulwegzeiten: *20 min; 15 min; 25 min; 20 min; 15 min; 30 min; 30 min; 15 min; 15 min; 20 min; 30 min; 25 min; 30 min; 40 min; 30 min; 20 min; 15 min; 15 min; 35 min; 40 min*

8. Hundert Kinder wurden befragt, für welchen Zweck sie einen großen Teil ihres Taschengeldes ausgeben. Insgesamt wurden 236 Antworten gegeben. Jedes Kind durfte maximal drei verschiedene Dinge nennen.
   Das Befragungsergebnis ist im Diagramm dargestellt. Die Zahlen geben an, wie häufig der Zweck der Ausgaben genannt wurde.

   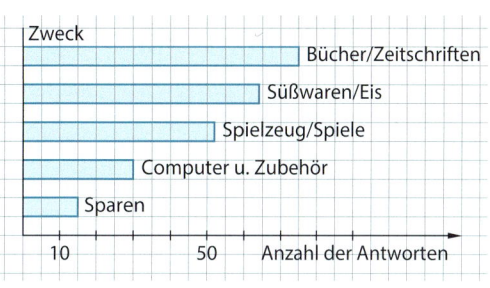

   a) Wie viele Kinder gaben an, dass sie einen großen Teil ihres Taschengeldes für Computer und Zubehör ausgaben?
   b) Wie viele Kinder gaben nicht an, dass sie einen großen Teil ihres Taschengeldes sparen?
   c) Gib an, wie oft „Spielzeug und Spiele" genannt wurden.

Kurz und knapp

9. Rechne im Kopf.
   a) $(2 + 2 + 3 + 4 + 2) : 5$ b) $(3{,}4 + 6{,}9 + 7{,}7) : 3$ c) $\left(\frac{1}{2} + \frac{1}{3} + \frac{1}{6}\right) : 2$

10. Addiere die Größen. Wandle vorher in eine gemeinsame Einheit um.
    a) 5 cm; 0,25 m; 36 mm   b) 150 g; 0,750 kg; 1200 g   c) 25 cm²; 5 dm²; 0,75 m²

11. Ordne die Zahlen der Größe nach. Beginne mit der kleinsten Zahl.
    a) 1,20; 0,12; 120; 0,012; 12,0   b) $1\frac{1}{2}$; $\frac{5}{4}$; $\frac{100}{25}$; $\frac{33}{11}$; $\frac{4}{16}$

12. Nenne, wenn möglich, zwei Zahlen für die gilt:
    a) Sie sind größer als 0,85 und kleiner als $\frac{8}{5}$.
    b) Sie sind kleiner als 0,25 und größer als $\frac{20}{80}$.
    c) Sie sind größer als 0,25 und kleiner als $\frac{80}{20}$.

13. Wenn Sina ihr Erspartes halbiert und davon 5 € ausgibt, hat sie noch 55 €.
    Berechne, wie viel Euro Sina gespart hat.

5.1 Das arithmetisches Mittel berechnen

■ Max und Tarek haben in Mathematik bisher folgende Zensuren erhalten:
Max: 2, 2, 2, 4   **Tarek: 3, 1, 3, 1, 4**

Entscheide, wer von beiden den besseren Durchschnitt hat. Welche Zensur müsste Max als nächstes erhalten, damit er auf einen Durchschnitt von 2,4 kommt? ■

Zahlen oder Größen lassen sich in Datenreihen erfassen. Für das Auswerten kann man verschiedene Werte nutzen. Ein solcher wichtiger Wert ist der **Durchschnitt**, auch **Mittelwert** oder **arithmetisches Mittel** genannt.

Hinweis:
„**Arithmetikos**" bedeutet im Griechischen „rechnerisch".

Das arithmetische Mittel von Zahlen ist wieder eine Zahl, das von Größen wieder eine Größe.

> **Wissen: Arithmetisches Mittel**
> Das **arithmetische Mittel** $\bar{x}$ (lies x quer) ist der Quotient aus der Summe aller Werte dividiert durch ihre Anzahl: $\bar{x} = \dfrac{\text{Summe aller Werte}}{\text{Anzahl aller Werte}}$

Beispiel 1:
a) Ermittle das arithmetische Mittel der Zahlen 5; 3; 1; 8; 2.
b) Ermittle das arithmetische Mittel der Längen 2 cm; 3 cm; 1 cm

Lösung:
a) Addiere die Zahlen. Zähle, wie viele Zahlen es sind. $\bar{x} = (5 + 3 + 1 + 8 + 2) : 5$
   Dividiere die Summe der Zahlen durch ihre Anzahl. $\bar{x} = 19 : 5 = 3{,}8$
b) Addiere die Längen. Zähle, wie viele Werte es sind. $\bar{x} = (2\,\text{cm} + 3\,\text{cm} + 1\,\text{cm}) : 3$
   Dividiere die Summe der Längen durch ihre Anzahl. $\bar{x} = 6\,\text{cm} : 3 = 2\,\text{cm}$

Basisaufgaben

1. Bilde das arithmetische Mittel.
   a) 3; 2; 5; 4; 6   b) 7; 8; 9; 12; 15   c) 1,5 g; 1,7 g; 1,2 g; 1,3 g

2. Bilde das arithmetische Mittel.
   a) 30; 20; 60; 40; 50   b) 20 m; 40 m; 60 m   c) 100 s; 130 s; 120 s; 140 s

3. Berechne den Zensurendurchschnitt.
   a) Lars hat in Mathe folgende Zensuren erhalten: 1; 2; 3; 2; 1; 3; 3; 3; 2; 4; 2; 3
   b) Lara hat vier Einsen, fünf Zweien und drei Vieren bekommen.
   c) Pauls Zensuren sind: dreimal die 1; dreimal die 2; einmal die 3; zweimal die 4

4. Emilia (1,73 m), Otto (1,50 m), Franka (1,52 m), Samuel (1,49 m) und Friedrich (1,51 m) stellen sich der Größe nach auf.
   a) Berechne von den fünf Körpergrößen das arithmetische Mittel.
   b) Berechne das arithmetische Mittel der Körpergrößen von Otto, Friedrich, Samuel und Franka.

5.1 Das arithmetisches Mittel berechnen

Weiterführende Aufgaben

5. **Durchblick:** Ermittle das arithmetische Mittel und beschreibe dein Vorgehen. Orientiere dich an Beispiel 1 auf Seite 102.
   a) 9 km; 4 km; 18 km; 2 km; 5 km
   b) 1,2; 2,8; 3,1; 0,9; 2,3; 1,7

6. Berechne den Durchschnitt. Beschreibe, welche besondere Eigenschaften die Zahlen haben. Erfinde ähnliche Aufgaben.
   a) (1) 8; 12; 16   (2) 9; 12; 15   (3) 10; 12; 14
   b) (1) 1; 2; 3; 4   (2) 17; 18; 19; 20   (3) 30; 33; 36; 39

7. Berechne das arithmetisches Mittel. Beschreibe, wie sich das arithmetische Mittel durch Hinzunahme des in Klammern angegebenen Wertes ändert.
   a) 141 g; 119 g; 117 g; 123 g; (13 g)
   b) 20 cm; 4 cm; 9 cm; (9 cm)

8. Schreibe eine weitere Angabe so dazu, dass als arithmetische Mittel $\bar{x}$ herauskommt.
   a) 71; 12; 28; 81; 45; 33   ($\bar{x}=39$)
   b) 324; 1329; 317; 331   ($\bar{x}=1324$)
   c) 11,7; 23,9; 31,2; 14,1   ($\bar{x}=17,3$)
   d) $\frac{1}{3}$; $\frac{1}{18}$; $\frac{1}{9}$ ($\bar{x}=\frac{1}{8}$)

9. Ronja und Phi Nung haben ein durchschnittliches Körpergewicht von 46 kg und ein durchschnittliches Alter von 11 Jahren. Schreibe auf, wie schwer und wie alt Ronja und Phi Nung sein könnten. Gib mindestens zwei Möglichkeiten an.

10. Torsten hat bisher in Mathematik folgende Zensuren bekommen: 1; 1; 3; 2; 1; 3
    Wie viele „Einsen" braucht er, damit er auf einen Zensurendurchschnitt von 1,4 kommt?

11. **Stolperstelle:** Rafael möchte wissen, wie groß er und seine Freunde im Durchschnitt sind.
    Er schreibt die angesagten Werte auf und rechnet:
    Paul (1,58 m), Anton (160 cm), Marlon (16,8 dm), Simon (1,69 m), Rafael selbst (1,65 m)
    Rechnung: (1,58 + 160 + 16,8 + 1,69 + 1,65) : 5 = 36,344
    Er wundert sich über den Durchschnitt von über 36 m. Das kann nicht stimmen!
    Erkläre, welchen Fehler Rafael gemacht hat und gib die richtige Durchschnittsgröße an.

12. Hier sind die Besucherzahlen in einer Woche für die Freibäder Ahausen, Kleinstadt und Großdorf dargestellt. Berechne die durchschnittliche Anzahl für jedes Freibad einzeln und für alle Bäder zusammen.

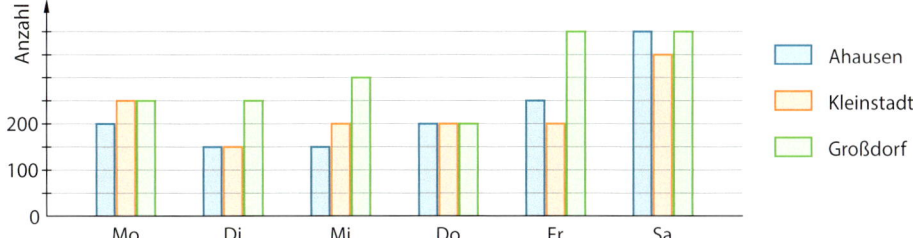

13. Die Kinder der Klassen 6 c sind zusammen genau 297 Jahre alt, die der Klasse 6 d auch. Sind die Kinder der beiden Klassen im Durchschnitt dann gleich alt? Begründe deine Antwort.

Erinnere dich:
In der Umgangssprache werden „Gewicht" und „Masse" häufig synonym verwendet.

14. a) Schätzt eurer Gewicht, ordnet die Schätzwerte der Größe nach und ermittelt dann das arithmetische Mittel.
    b) Ermittelt dann euer Gewicht mit einer Personenwaage und berechnet das arithmetische Mittel der Messwerte.
    c) Um wie viel Kilogramm weichen die beiden Mittelwerte aus a) und b) voneinander ab?

 15. Schätzt den Flächeninhalt vom Deckel eures Mathematikbuches.
    a) Ermittelt den Durchschnittswert aller Schätzungen.
    b) Beschreibt, wie man den besten aller Schätzwerte ermitteln kann. Wer hatte den besten Schätzwert?

16. Berechne das arithmetische Mittel der Zahlen 4, 8, 10 und 18. Untersuche, wie sich das arithmetische Mittel bei folgender Vorgabe ändert.
    a) Jeder Zahlenwert wird halbiert.
    b) Von jeder Zahl wird jeweils 1 subtrahiert.
    c) Zu jedem Zahlenwert wird die Zahl 2 addiert.

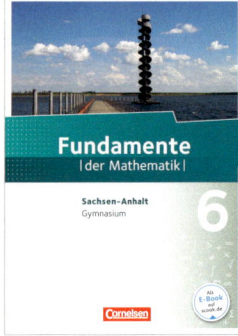

17. Berechne jeweils den Mittelwert, setze die Reihe fort und bilde wieder den Mittelwert.
    (1) 2; 4; …   (2) 2; 4; 6; …   (3) 2; 4; 6; 8; …

18. Mateo und Oskar wollen beim Sportfest gewinnen. Mateo sagt: „Ich bin schneller als du. Ich schaffe immer 11,80 s, und du hast heute 12,31 s gebraucht."
    Oskar meint, er wäre schneller, weil er vorgestern 11,9 s hatte und gestern 11,07 s.
    Wer ist der schnellere der beiden? Begründe, ob man diese Frage beurteilen kann, wenn man einen Mittelwert verwendet.

19. Vergleiche die Zensurenverteilungen der Tests (1) und (2).
    a) Entscheide anhand des Diagramms, welche der beiden Tests besser ausgefallen ist.
    b) Ermittle die Zensurendurchschnitte beider Tests.

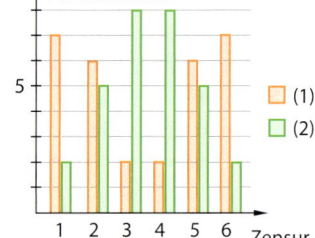

20. Erstelle eine Wertetabelle mit Messwerten, bei denen der angegebene Mittelwert zutrifft.
    a) Der See ist durchschnittlich 3,50 m tief.
    b) Der Klassendurchschnitt beträgt 2,8.
    c) Die Jungen in der 6a sind durchschnittlich 2 cm kleiner als die Mädchen.

21. An einer Schule gibt es in der 5. bis 9. Jahrgangstufe jeweils fünf Parallelklassen. In die fünften Klassen gehen 158, in die sechsten Klassen 145, in die siebten Klassen 154, in die achten Klassen 135 und in die neunten Klassen 128 Schüler. In der Oberstufe sind 420 Schüler.
    a) Wie viele Schüler sind im Durchschnitt in einer sechsten und siebten Klasse?
    b) Wie viele Schüler sind insgesamt in den fünften bis neunten Klassen?
       Wie viel Schüler sind im Durchschnitt in den fünften bis neunten Klassen?

Tipp zu 22:
Drei aufeinanderfolgende natürliche Zahlen sind zum Beispiel: 5, 6, 7

22. **Ausblick:** Schreibe ein Beispiel auf und vervollständige zu einer wahren Aussage.
    a) Das arithmetische Mittel von drei aufeinanderfolgenden natürlichen Zahlen …
    b) Das arithmetische Mittel von vier aufeinanderfolgenden natürlichen Zahlen …
    c) Das arithmetische Mittel einer geraden (ungeraden) Anzahl aufeinanderfolgender gerader natürlicher Zahlen …

5.2 Das arithmetische Mittel interpretieren

■ Eine Statistik aus dem Jahr 2014 zeigt die Vermögensverteilung in der BRD. Es ist unschwer erkennbar, dass es eine ungleiche Verteilung ist.

Erläutere, wie der Wert für die Unternehmer mit mindestens 10 Mitarbeitern das arithmetische Mittel aller Angaben beeinflusst. ■

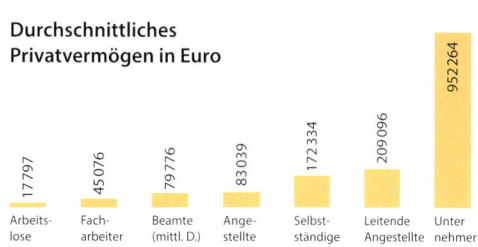

Durchschnittliches Privatvermögen in Euro

17 797 Arbeitslose; 45 076 Facharbeiter; 79 776 Beamte (mittl. D.); 83 039 Angestellte; 172 334 Selbstständige; 209 096 Leitende Angestellte; 952 264 Unternehmer

Einige Eigenschaften des arithmetische Mittels können sehr wichtig sein.

> **Wissen: Eigenschaften des arithmetischen Mittels**
> – *Unterschiedliche Datenreihen* können *gleiche Mittelwerte* haben.
> – Das arithmetische Mittel:
>   • liegt *nicht immer in der Mitte, aber immer zwischen dem größten und dem kleinsten Wert* einer Datenreihe
>   • muss *nicht der am häufigsten* auftretende Wert sein
> – Einzelne (sehr große oder sehr kleine Werte) können das arithmetische Mittel erheblich beeinflussen.

Hinweis:
Einzelne (sehr große oder sehr kleine) Werte einer Datenreihe werden oft „Ausreißer" genannt.

Beispiel 1: Zeige, dass folgende beiden Messreihen das gleiche arithmetische Mittel haben und erläutere anhand der Messreihen Eigenschaften des arithmetischen Mittels.
Messreihe (1): 1 s; 2 s; 2 s; 2 s; 2 s; 3 s   *Messreihe (2):* 1 s; 1 s; 1 s; 1 s; 2 s; 2 s; 6 s

Lösung:

Berechne das arithmetische Mittel jeder Messreihe. Die arithmetischen Mittel der Messreihen sind gleich.	$(1 + 2 + 2 + 2 + 2 + 3)\,s : 6 = 2\,s$ $(1 + 1 + 1 + 1 + 2 + 2 + 6)\,s : 7 = 2\,s$
Prüfe, an welchen Stellen der Messreihen sich das arithmetische Mittel jeweils befinden würde.	Bei (1) liegt das arithmetische Mittel in der Mitte, bei (2) nicht.
Prüfe, welche Werte der Messreihen am häufigsten auftreten.	Bei (1) tritt die 2 am häufigsten auf, bei (2) nicht.

Beispiel 2: Berechne jeweils das arithmetische Mittel der Messreihen und beschreibe, wie sich ein „Ausreißer" auf das arithmetische Mittel auswirkt.
Messreihe (1): 1 s; 2 s; 3 s; 4 s; 5 s   *Messreihe (2):* 1 s; 2 s; 3 s; 4 s; 100 s

Lösung:

Berechne das arithmetische Mittel. Addiere die Messwerte und dividiere durch deren Anzahl.	$(1 + 2 + 3 + 4 + 5)\,s : 5 = 15\,s : 5 = 3\,s$ $(1 + 2 + 3 + 4 + 100)\,s : 5 = 110\,s : 5 = 22\,s$
Vergleiche die beiden Mittelwerte miteinander und formuliere eine Aussage über die Wirkung des „Ausreißers".	Der Mittelwert von (2) ist etwa siebenmal so groß wie der von (1). Der „Ausreißer" nach oben verfälscht das Ergebnis.

Basisaufgaben

1. In Englisch hat Franzi zweimal die 2, einmal die 3 und einmal die 1, Tim hat zweimal die 1, einmal die 2 und zweimal die 3. Zeige, dass beide den gleichen Durchschnitt haben.

2. Mareen hatte bisher im Sport zweimal die 1 bekommen. Beschreibe, wie es sich auf ihren Durchschnitt auswirkt, wenn sie in der nächsten Überprüfung eine 6 erhalten würde.

3. Chris und Pierre haben in Deutsch beide einen Zensurendurchschnitt von 2,3.
   Gib für jeden der beiden Zensuren an, die zu diesem Durchschnitt führen könnten.

4. Schreibe fünf Zensuren auf, bei denen der Zensurendurchschnitt keine natürliche Zahl ist.

Weiterführende Aufgaben

5. **Durchblick:** Erläutere anhand der Messreihen Eigenschaften des arithmetischen Mittels. Füge dann zu jeder Messreihe einen „Ausreißerwert" hinzu und beschreibe deren Auswirkung auf das arithmetische Mittel. Orientiere dich an den Beispielen auf Seite 105.
   Messreihe (1): 1 cm, 2 cm, 4 cm, 4 cm, 5 cm   *Messreihe (2):* 2 cm, 3 cm, 3 cm, 3 cm, 5 cm

6. Auf dem Brocken wurden im Jahr 2014 folgende monatlichen Niederschlagswerte (in Liter pro Quadratmeter) gemessen:

Monat	Jan	Feb	Mär	Apr	Mai	Jun	Jul	Aug	Sep	Okt	Nov	Dez
Menge	114,4	80,3	48	109,4	171	137,9	209,5	128,2	165,7	162,6	32,9	296,2

   Berechne die durchschnittliche monatliche Niederschlagsmenge.

7. **Stolperstelle:** Leo hat bisher in Mathe drei „Einsen", zwei „Zweien" und zwei „Dreien" erhalten. Er berechnet seinen Durchschnitt so:
   „Dreimal Eins ist 3, zweimal Zwei ist 4, zweimal Drei ist 6.
   Die Summe dividiere ich durch 3 und erhalte rund 4,3."
   Beurteile das Vorgehen von Leo und berichtige, wenn es notwendig ist.

Zensur	1	2	3	4	5	6
Anzahl	3	2	2	–	–	–

8. Erkläre, was mit folgendem Ausspruch gemeint ist:
   „Im Durchschnitt war der Teich 1 m tief und trotzdem ist die Kuh ertrunken."

9. Gegeben sind Größenangaben zu drei Sachverhalten:
   (1) Länge von fünf verschiedenen Grundstücken: 112 m; 113 m; 114 m; 116 m; 110 m
   (2) Preis von vier verschiedenen Eintrittskarten: 3,20 €; 3,00 €; 3,12 €; 2,98 €
   (3) Fünf Schätzwerte für eine Höhe: 30 m; 80 m; 140 m; 75 m; 90 m
   a) Entscheide, ob Ausreißer den Durchschnitt beeinflussen.
   b) Berechne die Durchschnitte (sowohl ohne als auch mit Ausreißern).
   c) Veranschauliche die Größenangaben und die Durchschnitte (mit und ohne Ausreißer) jeweils in einem Diagramm.

10. **Ausblick:** Ermittle das arithmetische Mittel von 14 °C, 15 °C, 18 °C, 21 °C und 22 °C.
    Berechne dann die Abweichungen jedes Messwertes vom arithmetischen Mittel. Kennzeichne die Abweichungen nach oben mit dem Vorzeichen „+" und die Abweichungen nach unten mit dem Vorzeichen „–". Zeige, dass die Summe aller Abweichungen gleich Null ist. Überprüfe diese Eigenschaft noch einmal an einem anderen (selbstgewählten) Beispiel.

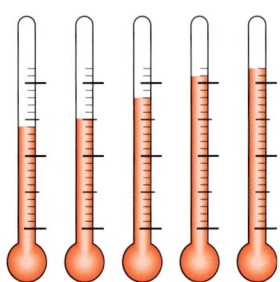

5.3 Weitere Kennwerte von Daten ermitteln

■ Island ist der zweitgrößte Inselstaat in Europa. Er wird in acht Regionen unterteilt. Die Tabelle zeigt die Einwohnerzahl in jeder Region im Jahr 2010.
Das arithmetische Mittel der Einwohnerzahlen der acht Regionen ist 39 704.

Erläutere, welche Besonderheiten in der Tabelle erkennbar sind. ■

Region	Einwohner
Hauptstadtregion	200 907
Südwest	21 359
West	15 370
Westfjorde	7 362
Nordwest	7 394
Nordost	28 900
Ost	12 459
Süd	23 879

Beim Auswerten von Daten können neben dem arithmetischen Mittel noch andere Kennwerte wichtig sein. So achtet man wohl beim Duschen weniger auf die Durchschnittstemperatur als viel mehr darauf, dass die Temperatur einen bestimmten Wert nicht unter- bzw. überschreitet.

Wissen: Weitere Kennwerte (Maximum, Minimum, Spannweite, Median)
Der *größte Wert* einer Datenreihe heißt **Maximum** (x_{Max}).
Der *kleinste Wert* einer Datenreihe heißt **Minimum** (x_{Min}).
Die Differenz von Maximum und Minimum heißt **Spannweite (w)**: $w = x_{Max} - x_{Min}$

Der Wert, der genau in der *Mitte aller der Größe nach geordneten Werte* liegt, heißt **Median z (Zentralwert)**. Bei gerader Anzahl von Werten ist der Median das arithmetische Mittel der beiden mittleren Werte.

Hinweis:
„Medianus" bedeutet im Lateinischen „der in der Mitte stehende".

Spannweiten und Mediane ermitteln

Beispiel 1: Ermittle die *Spannweite w* und den *Median z* der Messreihe.
a) Messreihe mit ungerader Anzahl von Werten: 5; 1; 2; 8; 3
b) Messreihe mit gerader Anzahl von Werten: 8; 1; 2; 6; 3; 35

Lösung:
a) Ordne alle Zahlen der Größe nach.   1; 2; 3; 5; 8
   Subtrahiere die Zahl 1 von der Zahl 8. $w = x_{Max} - x_{Min} = 8 - 1 = 7$
   Gib die Zahl in der Mitte der Messreihe an. $z = 3$

b) Ordne alle Zahlen der Größe nach. $1 < 2 < \mathbf{3} < \mathbf{6} < 8 < 35$
   Subtrahiere die Zahl 1 von der Zahl 35. $w = x_{Max} - x_{Min} = 35 - 1 = 34$
   Ermittle für den Median das arithmetische $z = (3 + 6) : 2 = 9 : 2$
   Mittel von 3 und 6. $z = 4{,}5$

Basisaufgaben

1. Ermittle die *Spannweite w* und den *Zentralwert z*.
   a) 22; 17; 23; 16; 21; 12   b) 2 m; 3 m; 5 m; 8 m   c) 0,5; 1,73; 2,8; 3,3

2. Ermittle die *Spannweite w* und den *Zentralwert z*.
   a) $\frac{1}{3}$; $\frac{1}{4}$; $\frac{2}{5}$ b) 1,5; 2,2; $\frac{3}{5}$; $\frac{10}{3}$ c) 2,7; 2,65; $2\frac{3}{4}$; $2\frac{4}{5}$; 2,8
   d) 1,5 g; 2,1 g; 1,9 g; 1,7 g   e) $\frac{1}{2}$ m; $\frac{3}{4}$ m; 1,6 m; $\frac{1}{4}$ m   f) $1\frac{3}{4}$; $1\frac{4}{5}$; 5,1; 1,3; 2,33

Kennwerte vergleichen

Beispiel 2:
Beim Hindernislauf zweier Schulmannschaften wurden Zeiten gemessen:

A: 50 s; 58 s; 1 min 2 s; 47 s; 53 s
B: 59 s; 51 s; 1 min 33 s; 45 s; 52 s

Ina ist später als die anderen Läufer gestartet, weil ihr Schnürsenkel offen war. Sie ist mit einer Zeit von 1 min 33 s ins Ziel gekommen. Ihre Gruppe hat trotzdem eine Gewinnchance. Vergleiche die Messreihen bezüglich des arithmetischen Mittels und des Medians. Unter welcher Bedingung könnte Inas Gruppe gewinnen?

Lösung:
Berechne das arithmetische Mittel.
Gruppe A war im Durchschnitt schneller.

A: (50 + 58 + 62 + 47 + 53) s : 5 = **54 s**
B: (59 + 51 + 93 + 45 + 52) s : 5 = **60 s**

Berechne den Median. Der Median bei Gruppe B war kleiner. Oft ist der Median die bessere Wahl, weil extreme Werte nicht so stark in die Wertung eingehen.

A: 47 s < 50 s < **53 s** < 58 s < 62 s
B: 45 s < 51 s < **52 s** < 59 s < 93 s
Wenn der Median als Mittelwert herangezogen wird, siegt Gruppe B.

Basisaufgaben

3. Ermittle von beiden Datenreihen das *arithmetisches Mittel x* und den *Median z*.
   a) A: 20; 21; 12; 17; 15
      B: 12; 22; 19; 9; 18
   b) A: 211; 17; 68; 112
      B: 96; 148; 34; 100
   c) A: 7; 9; 19; 105; 101
      B: 47; 49; 23; 73; 49

Modalwerte ermitteln

Treten in einer Datenreihe gleiche Werte mehrfach auf, so kann auch der am häufigsten auftretende Wert als Kenngröße verwendet werden.

Wissen: Modalwert
Der **Modalwert (m)** ist der am *häufigsten* auftretende Wert einer Datenreihe.

Beispiel 3:
Beim Schätzen einer 99 cm langen Leiste haben zwei Gruppen mit jeweils 10 Personen Schätzungen in Zentimeter angegeben, ohne die wirkliche Länge zu kennen:
Gruppe 1: 105, 110, 100, 105, 105, 110, 110, 100, 100, 110
Gruppe 2: 100, 100, 105, 110, 110, 100, 105, 100, 110, 110
Ermittle die Modalwerte der Datenreihen.

Lösung:
Zähle, wie oft ein Wert auftritt und notiere dessen Häufigkeit.

Zahl	100	105	110
Gruppe 1:	(3)	(3)	(4)
Gruppe 2:	(4)	(2)	(4)

Gib den Wert an, der am häufigsten auftritt. Der Modalwert bei Gruppe 1 ist 110, er tritt viermal auf.
In Gruppe 2 gibt es zwei Modalwerte, 100 und 110, beide treten jeweils viermal auf.

5.3 Weitere Kennwerte von Daten ermitteln

Basisaufgaben

4. Ermittle die Modalwerte.
   a) 22; 22; 21; 22; 21; 21; 12; 22; 21; 12; 22
   b) 13; 13; 31; 1,3; 13; 31; 13; 13; 13; 31; 13
   c) 3,1; 31; 31; 3,1; 13; 3,1; 3,1; 31; 13

5. Ergänze so, dass die Zahl 1 Modalwert wird.
   a) 0; 5; 1; 3; 3 b) 2; 3; –1; 5; 1000 c) 2; 2; 2; 2; 2

Weiterführende Aufgaben

6. **Durchblick:** Ermittle die *Spannweite w, den Median z* und die *Modalwerte m*.
   Orientiere dich an den Beispielen auf den Seiten 107 und 108.
   a) 1; 2; 3; 1; 1; 3; 3; 1; 3; 3; 3; 4; 5; 6; 2; 1; 1
   b) 1,2; 2,1; 2,1; 1,2; 12; 21; 1,2
   c) 1,5 m; $\frac{1}{2}$ m; 2,5 m; 0,5 m; $3\frac{1}{2}$ m; 25 dm; 1,5 m
   d) 1; 2; 3; 4; 5; 4; 3; 2; 1; 0
   e) 22 kg; 220 g; 0,2 kg; 2200 g; 2200 g; 0,220 kg
   f) 5,8 s; 5,9 s; 5,2 s; 5,8 s; 5,4 s

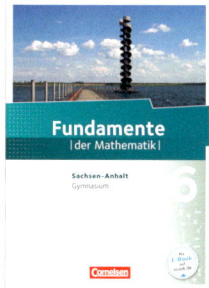

7. Die *Spannweite w* der geordneten Zahlen 2, 5, x und 2x beträgt 12.
   a) Berechne das Maximum.
   b) Berechne den Zentralwert.

8. Schätzt die Masse eures Mathematik-Buches, sortiert alle Schätzwerte der Größe nach und ermittelt dann zu diesen Werten den Median, das arithmetische Mittel sowie das Maximum, das Minimum, die Spannweite und den Modalwert.

9. **Stolperstelle:** Im täglichen Leben spielt die Spannweite oft eine untergeordnete Rolle. Es gibt aber auch Fälle, bei denen eine möglichst große oder eine möglichst kleine Spannweite erwünscht sind. Beurteile, welche Bedeutung die Spannweite hier hat.
   a) Als Durchmesser einer bestimmten Schraubensorte ist 3 mm ± 0,02 mm angegeben.
   b) Die Körpergröße in der 6b liegt zwischen den Werten 1,45 m und 1,79 m.
   c) Der Flusspegel schwankte zwischen 3,4 m und 9,6 m.

10. Für die fünfzehn Stammspieler einer Fußballmannschaft sollen neue Trikots produziert werden. Die Spieler haben folgende Körpergrößen (in m):
    1,80; 1,89; 1,88; 1,70; 1,79; 1,84; 1,65; 1,69; 1,94; 1,71; 1,77; 1,72; 1,90; 1,83; 1,68.
    a) Sortiere die Angaben der Größe nach, ermittle den Median, das arithmetische Mittel, das Maximum, das Minimum, die Spannweite und den Modalwert.
    b) Wie viele Trikots der Größen S, M, L, XL, XXL müssen jeweils gekauft werden?

    Hinweis zu 10 b): Konfektionsgrößen lassen sich im Internet finden.

11. Erfasst in einer Umfrage, welche und wie viele Haustiere jeder in eurer Klasse hat und wertet diese Umfrage aus. Verwendet die bisher verwendeten Kennwerte für Daten.

12. **Ausblick:** Beim Schießtraining wurden nebenstehende Trefferbilder erzielt.
    a) Beschreibe und bewerte die drei Bilder unter Verwendung des Begriffs Spannweite.
    b) In welchem Fall war die Leistung am besten? Werte nach zwei sinnvolle Varianten aus.

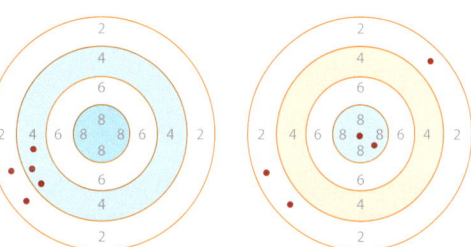
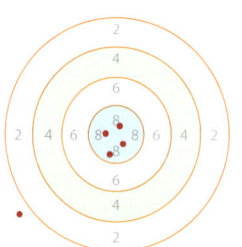

5.4 Vermischte Aufgaben

1. Führt folgendes Experiment durch: Vier Schüler erfassen die Daten. Alle anderen Schüler stehen auf. Auf ein Signal hin beginnt jeder mit geschlossenen Augen zu schätzen, wie lange es dauert, bis eine Minute vorbei ist. Dann setzt er sich möglichst leise. Die Schätzzeiten werden von den vier „Datenerfassern" notiert.
   a) Einigt euch zunächst, wie ihr die Daten sinnvoll erfassen und auswerten wollt.
   b) Ermittelt dann alle Kennwerte der Daten, die ihr kennt.
   c) Führt das Experiment sowohl am Anfang als auch am Ende der Unterrichtsstunde durch und vergleicht die dabei ermittelten Kennwerte miteinander. In welchem Fall waren die Schätzungen besser?

2. Für die Staaten Südamerikas ist die Anzahl der Einwohner pro Quadratkilometer bekannt.
   Argentinien 14,4   Bolivien 9,46   Brasilien 22,4   Chile 22,2
   Ecuador 53,7   Guyana 4   Kolumbien 41   Paraguay 16
   Peru 22   Surinam 3   Trinidad 259   Uruguay 20
   Venezuela 30
   a) Ermittle das arithmetische Mittel und den Median der Bevölkerungsdichte.
   b) Ermittle das Maximum, das Minimum und die Spannweite.
   c) Stell dir vor, du sollst einen Artikel für eine Schülerzeitung zu diesem Thema schreiben. Verfasse einen Text mit geeigneten Illustrationen. Du kannst auch die Bevölkerungsdichte in Deutschland recherchieren und für einen Vergleich verwenden.

3. a) Im Bild ist eine größere Anzahl von Punkten dargestellt. Schaut euch das Bild in Ruhe etwa 20 Sekunden lang an. Schätzt dann die Anzahl der Punkte, ohne diese zu zählen.
   b) Ermittelt das Maximum, das Minimum, die Spannweite, das arithmetische Mittel und den Median eurer Schätzungen.

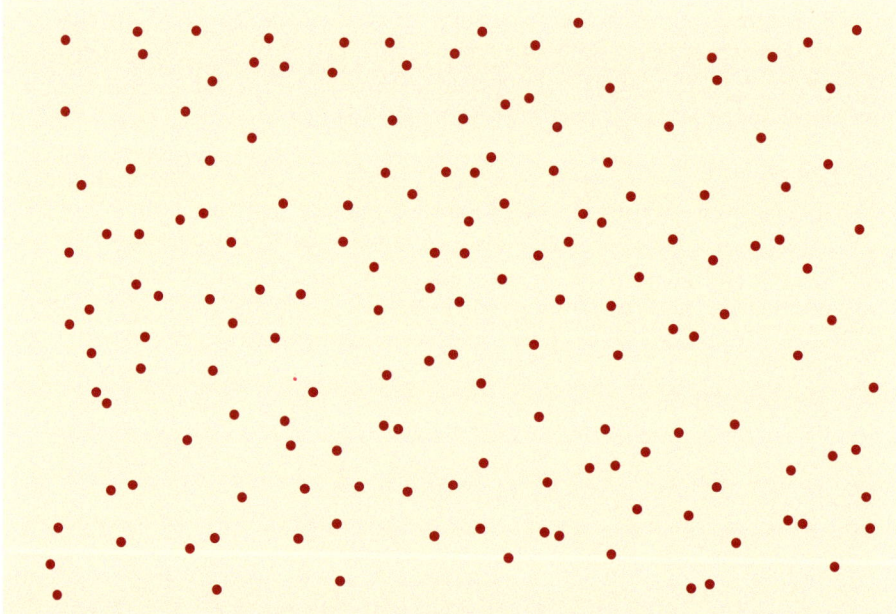

4. Erstelle, wenn das möglich ist, eine Datenreihe mit zehn Werten.
   a) Das Minimum ist 8, das Maximum 23 und der Median 12.
   b) Es gibt einen „Ausreißer" in beide Richtungen.

5.4 Vermischte Aufgaben

5. In der Klasse 6b wurden die Preise beim letzten Friseurbesuch erfasst:
   Jungen: 7 €; 35 €; 8 €; 20 €; 8,50 €; 10 €; 14 €; 12 €; 13 €
   Mädchen: 10 €; 75 €; 55 €; 20 €; 26 €; 30 €; 20 €; 30 €; 40 €; 25 €; 55 €

   ● Stelle die ermittelten Daten für die Jungen und für die Mädchen in einem gemeinsamen Diagramm grafisch dar.

   ● Ermittle die Kennwerte für Jungen und Mädchen getrennt und gemeinsam.

   ● Nenne den maximalen Wert bei den Jungen. Wie viele der Jungen müssten diesen maximalen Wert mindestens angegeben haben, damit, falls das möglich ist, der Median der Jungen gleich dem der Mädchen wäre?

   ● Einem Mädchen ist hinterher eingefallen, dass sie sich Strähnchen hat färben lassen und sie deshalb mehr ausgegeben hat als üblich. Nenne drei Möglichkeiten, bei denen sich die Spannweite der Daten der Mädchen dadurch nicht ändert.

6. In der Klasse von Chris wurden die Körpergrößen von acht Schülern ermittelt:
   165 cm, 150 cm, 146 cm, 151 cm, 148 cm, 150 cm, 150 cm, 146 cm
   a) Ermittle das arithmetische Mittel, den Median, die Spannweite und den Modalwert.
   b) Informiere dich, wie man die in a) genannten Kenngrößen mit einer Tabellenkalkulation ermitteln kann.
   c) Ermittle die in a) genannten Kenngrößen mit einer Tabellenkalkulation.
   d) Erfasst in eurer Klasse verschiedene Merkmale aller Schüler wie Körpergröße, Schuhgröße, Sprunghöhe aus dem Stand, Spannweite der ausgebreiteten Arme und ähnliches. Ermittelt und vergleicht Kenngrößen dieser Datenreihe.

	A	B	C	D
1	165		arithmetisches Mittel:	150.75
2	150		Median:	
3	146		Maximum	
4	151		Minimum:	
5	148		Spannweite:	
6	150		Modalwert:	
7	150			
8	146			

7. Im Diagramm ist die Anzahl der Schülerinnen und Schüler an den Gymnasien in Sachsen-Anhalt für vier ausgewählte Schuljahre dargestellt.
   a) Berechne das arithmetische Mittel der Schülerzahlen für den dargestellten Zeitraum.
   b) Erläutere, welche Bedeutung die violetten Linie hat.
   c) Veranschauliche am Diagramm, dass die Summe der Abweichungen der Einzelwerte vom Mittelwert Null ergibt.
   d) Erkläre, weshalb diese Darstellung keinen realistischen Eindruck vom Anstieg der Schülerzahlen wiedergibt.
   e) Ermittle die Anstiege der Schülerzahlen.
   f) Zwischen welchen Schuljahren war der Anstieg der Schülerzahlen am geringsten?
   g) Wie viele Schüler sind im Schuljahr 2014/15 an den Gymnasien in Sachsen-Anhalt, wenn der Anstieg zum Vorjahr gleich bleibt?

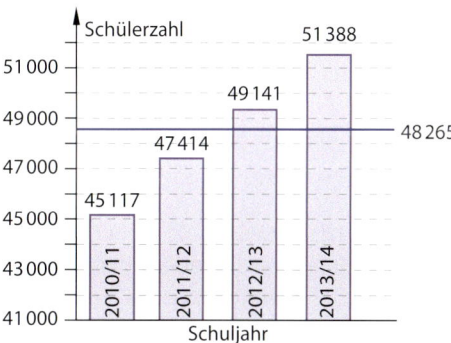

Prüfe dein neues Fundament

5. Kenngrößen von Daten

Lösungen ↗ S. 246

1. Jochen vergleicht im Internet Preise eines Tablet-PCs:

Tablet-PC	1	2	3	4	5	6	7	8	9
Endpreis	390€	422€	394€	355€	449€	396€	380€	423€	373€

   a) Sortiere die Preise der Größe nach.
   b) Ermittle Minimum, Maximum und Spannweite der Auflistung.
   c) Berechne das arithmetische Mittel und den Median der Preise.

2. In der Tabelle sind die Ausgaben der Klasse 6a auf der letzten Klassenfahrt dargestellt.

Jungen	7€	8€	8€	10€	12€	13€	13€	14€	14€	20€	35€
Mädchen	10€	20€	20€	25€	26€	30€	30€	40€	55€	55€	74€

   a) Gib für die Angaben der Mädchen das Minimum, das Maximum, die Spannweite, das arithmetische Mittel, den Median und den Modalwert an.
   b) Gib für die Angaben der Jungen das Minimum, das Maximum, die Spannweite, das arithmetische Mittel, den Median und den Modalwert an.
   c) Gib für die Angaben der gesamten Klasse das Minimum, das Maximum, die Spannweite, arithmetische Mittel, den Median und den Modalwert an.
   d) Würdest du dich eher für den Median oder für das arithmetische Mittel entscheiden? Begründe, warum du dich so entschieden hast.

3. Beim Weitsprungtraining von Steffi wurden 4,24 m; 4,32 m; 4,41 m; 4,35 m und 4,33 m gemessen. Tina sprang 4,57 m; 4,62 m; 3,70 m; 4,85 m und 3,91 m.
   Berechne das arithmetische Mittel der Sprungweiten von Steffi und von Tina. Welches der beiden Mädchen würdest du als Trainer für den nächsten Wettkampf einsetzen? Begründe deine Entscheidung.

4. Herr Averbeck ist Lehrer und fährt jeden Morgen mit dem Zug zur Schule. Er hat für einen Monat die Zugverspätungen auf der Hinfahrt in Minuten notiert:
   10; 2; 15; 1; 3; 0; 5; 2; 25; 4; 0; 3; 0; 8; 5; 1; 2; 0; 11; 8
   a) Sortiere die Zeiten der Größe nach.
   b) Gib für die Verspätungen den Mittelwert, den Median und den Modalwert an.
      Beurteile, welcher Wert für Herrn Averbeck vermutlich der interessanteste Wert ist.

5. Susanne vergleicht die Preise eines MP3-Players in sieben verschiedenen Geschäften:
   45 €; 47 €; 52 €; 49 €; 51 €; 49 € und 50 €
   a) Sortiere die Preise der Größe nach.
   b) Gib das Minimum, das Maximum und den Median an.

6. In einer Klasse wird eine Verkaufsaktion zu Gunsten einer Kinderhilfsorganisation durchgeführt. Die Klasse 6a verkauft auf dem Markt selbst entworfene Ansichtskarten. Nach Abzug der Kosten konnten an den 12 Ständen folgende Geldbeträge abgerechnet werden:
   12 €; 14 €; 18 €; 20 €; 15 €; 11 €; 12 €; 15 €; 16 €; 17 €; 18 € und 25 €
   a) Sortiere die Geldbeträge der Größe nach.
   b) Gib das Minimum, das Maximum und die Spannweite der Daten an.
   c) Ermittle das arithmetische Mittel und den Median.

7. a) Gib 5 Messwerte an, deren arithmetisches Mittel 25 mm beträgt.
   b) Gib 6 Zensuren mit einer Spannweite von 2 und einem Zensurendurchschnitt 2,5 an.
   c) Erstelle eine Datenreihe (Mehrfachnennungen) mit dem Modalwert m = 2,5 s.

Prüfe dein neues Fundament

8. Beschreibe, nach welchem System nebenstehende Datenreihen aufgebaut sind. Untersuche, wie sich das arithmetische Mittel, der Median und die Spannweite von Datenreihe zu Datenreihe entwickeln. Begründe diese Entwicklung.

(1) 8; 13; 17; 22	(2) 0; 0; 0; 2000
9; 14; 18; 23	0; 0; 0; 0; 2000
10; 15; 19; 24	0; 0; 0; 0; 0; 2000

9. Bei einem Versuch soll ein Spielwürfel sechsmal geworfen werden.
   Die oben liegenden Augenzahlen werden notiert und in aufsteigender Reihenfolge aufgeschrieben.
   a) Gib den kleinsten und den größten Wert an, den das arithmetische Mittel der sechs Augenzahlen haben kann.
   b) Gib ein Ergebnis an, bei dem das arithmetische Mittel der sechs Augenzahlen den Wert 2,5 hat.
   c) Gib ein Ergebnis an, bei dem der Median der sechs Augenzahlen den Wert 2,5 hat.
   d) Gib ein Ergebnis an, bei dem sowohl das arithmetische Mittel der sechs Augenzahlen als auch der Median den Wert 3,5 haben.

10. Das nebenstehende Diagramm zeigt, wie oft die Zahlen von 0 bis 20 bei einem Zufallsexperiment aufgetreten sind.
    a) Erstelle eine Tabelle zum Diagramm.
    b) Ermittle sinnvolle Kenngrößen.

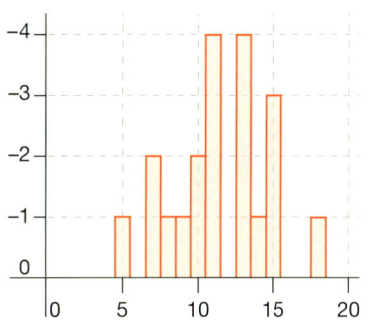

Wiederholungsaufgaben

1. Eine Truhe hat folgende Maße:
   90 cm × 50 cm × 60 cm
   a) Zeichne die Truhe vereinfacht als Schrägbild in einem geeigneten Maßstab und schreibe die Maße an die Skizze.
   b) Zeichne die sechs Bauteile, aus denen die Truhe besteht, einzeln (vereinfacht) und maßstabsgerecht. Bemaße jedes Bauteil.

2. Ein 200 g schweres Käsestück kostet 4,00 €.
   Wie viel Euro kosten 450 g vom gleichen Käse?

3. Übertrage ins Heft und ergänze jeweils die passende Zahl.
   a) $4\,m^2 = \blacksquare\,dm^2$ b) $3\,cm \cdot 25\,mm = \blacksquare\,cm^2$ c) $2\,km - 914\,dm = \blacksquare\,m$

4. In der Klasse 6b lernen 10 Mädchen und 20 Jungen. Stelle die Anteile in einem Diagramm dar.

5. Miss die Größe der Winkel α, β und γ.

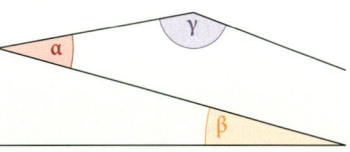

Zusammenfassung

5. Kenngrößen von Daten

Daten

Zum Auswerten von Daten können genutzt werden:

– **Tabellen**
– **Diagramme**

Tabelle:

Mo	Di	Mi	Do	Fr	Sa	So
4 °C	3 °C	7 °C	5 °C	7 °C	8 °C	8 °C

Säulendiagramm:

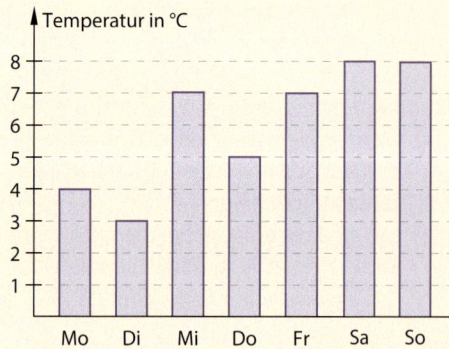

Kennwerte zur Datenauswertung

Das **arithmetische Mittel** $\bar{x}$, auch *Durchschnitt* genannt, ist der Quotient aus der Summe aller Werte dividiert durch ihre Anzahl:

$$\bar{x} = \frac{\text{Summe aller Werte}}{\text{Anzahl aller Werte}}$$

Tagestemperaturen von 12:00 Uhr

Mo	Di	Mi	Do	Fr	Sa	So
4 °C	3 °C	7 °C	5 °C	7 °C	8 °C	8 °C

$$\bar{x} = \frac{4\,°C + 3\,°C + 7\,°C + 5\,°C + 7\,°C + 8\,°C + 8\,°C}{7} = 6\,°C$$

Bei einer Datenreihe ist der größte Wert das **Maximum** x_{Max} und der kleinste Wert das **Minimum** x_{Min}.

3 °C; 4 °C; 5 °C; 7 °C; 7 °C; 8 °C; 8 °C
  ↑   ↑
x_{Min} x_{Max}

Die Differenz aus Maximum und Minimum ist die **Spannweite** w:.
$w = x_{Max} - x_{Min}$

$w = 8 - 3 = 5$
Die Spannweite bei den Tagestemperaturen von 12:00 Uhr beträgt 5 Grad.

Der **Median z**, auch *Zentralwert* genannt, steht in der Mitte der geordneten Werte.

3 °C; 4 °C; 5 °C; 7 °C; 7 °C; 8 °C; 8 °C
                  ↑
                  z

Ist die Anzahl der geordneten Werte **gerade**, so gibt es zwei Werte, die in der Mitte liegen. Der **Median** ist dann das **arithmetische Mittel dieser beiden Werte**.

3 °C; 3 °C; 4 °C; 5 °C; 7 °C; 7 °C; 8 °C; 8 °C

$$m = \frac{5\,°C + 7\,°C}{2} = 6\,°C$$

Der **Modalwert (m)** heißt der am *häufigsten* auftretende Wert oder heißen die am *häufigsten* auftretenden Werte einer Datenreihe.

4 °C; 3 °C; 7 °C; 5 °C; 7 °C; 8 °C; 8 °C
$m_1 = 7\,°C$
$m_2 = 8\,°C$

6. Aufgabenpraktikum Teil (1)

Beim Messen im Alltag, beim Lösen von Gleichungen und beim Berechnen der Kenngrößen von Daten treten fast immer gebrochene Zahlen auf.
Bei den Aufgaben in diesem Aufgabenpraktikum stehen Sachverhalte im Mittelpunkt, die das Rechnen und den Umgang mit gebrochenen Zahlen erfordern.

Ergebnisse auf Plakaten präsentieren

■ Auf einem Plakat lassen sich mathematische Begriffe, Zusammenhänge oder Lösungswege übersichtlich darstellen. Schon das Entwerfen solcher Plakate kann euch helfen, mathematische Zusammenhänge besser zu verstehen.
Nur was ihr verstanden habt, könnt ihr auch anderen richtig erklären. Beim Anfertigen von Plakaten sind sowohl inhaltliche als auch gestalterische Gesichtspunkte zu beachten. ■

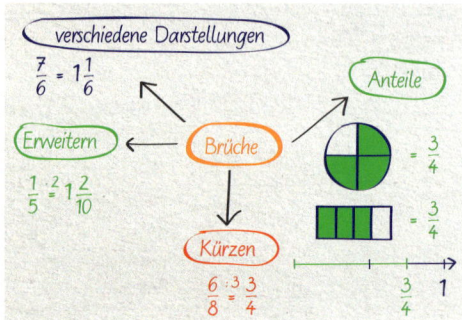

Orientiert euch an folgenden Hinweisen:

1. **Analysiert den Sachverhalt und strukturiert das zu Präsentierende übersichtlich.**
   Wählt Inhalte sinnvoll aus. Schreibt Hauptthema und Hauptbegriffe auf. Achtet auf übergeordnete Begriffe (Oberbegriffe), untergeordnete Begriffe (Unterbegriffe) und nebengeordnete Begriffe (Nebenbegriffe). Veranschaulicht Sachverhalte durch Fotos, Grafiken, Tabellen und Zeichnungen. Skizziert alles zuerst im Heft. Konzentriert euch auf Wesentliches.

2. **Erstellt einen Entwurf und überprüft ihn auf Richtigkeit und Verständlichkeit.**
   Nutzt geeignete Darstellungen und diskutiert den Entwurf mit anderen Personen. Beachtet deren Fragen und Hinweise. Korrigiert noch vorhandene Fehler.
   Hebt Wichtiges farblich hervor. Verwendet auch Rahmen und Pfeile.

3. **Gestaltet das Plakat.**
   Entscheidet euch für eine sinnvolle Größe (DIN-A2-Blatt) und für ein geeignetes Format (Hoch- oder Querformat). Wählt eine zweckmäßige Anordnung und nutzt den gesamten Platz aus. Schreibt groß und deutlich.

Tipp
Rechnet auch einmal von links nach rechts. Dann wird euch der Nutzen der Rechenvorteile bewusst.

Beispiel: Erstellt ein Plakat zum Thema „Rechenvorteile".

Zu 1: Wichtige Begriffe sind Kommutativgesetz, Assoziativgesetz und Distributivgesetz. „Rechenvorteile" ist der zentrale Begriff („Hauptbegriff").

Zu 2: Beim Überprüfen erkennt man, dass das Plakat ohne Beispiele nicht sehr aussagekräftig ist. Auch das Umwandeln von Brüchen in Dezimalbrüche und umgekehrt sollte auf dem Plakat gezeigt werden.

Zu 3: Es wird Querformat gewählt. Die Rechenvorteile mit Beispielen werden übersichtlich angeordnet.

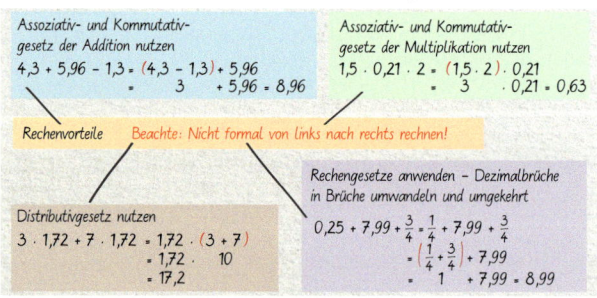

Ergebnisse auf Plakaten präsentieren

Grundlegendes

Die folgenden Aufgaben erfordern **grundlegende Kenntnisse und Fähigkeiten**.
Arbeitet beim Lösen der Aufgaben selbstständig. Kontrolliert eure Lösungswege und
Ergebnisse selbst und vergleicht sie dann mit denen eurer Banknachbarn.

Aufgabenmix zu „Teilbarkeit"

1. Gib alle Teiler der Zahl 9 (14; 23; 45) an.

2. Schreibe alle Quadratzahlen zwischen 2 und 50 auf.
   a) Ermittle jeweils die Teilermenge dieser Quadratzahlen.
   b) Untersuche, ob es Quadratzahlen zwischen 2 und 50 gibt, die auch Primzahlen sind.

3. a) Gib jeweils die kleinsten drei Vielfachen der Zahlen 5 (10; 11) an.
   b) Ermittle die kleinsten drei gemeinsamen Vielfachen der Zahlen 8 und 12.
   c) Welche Zahl ist das kleinste gemeinsame Vielfache der Zahlen 8 und 10^2.
   d) Das kgV(6; a) soll 24 sein. Gib alle mögliche Zahlen für a an.

4. Prüfe die Zahl auf Teilbarkeit durch 2; 3; 5 und 10.
   a) 124   b) 741   c) 740   d) 745   e) 8520   f) 8205

5. Zerlege die Zahl in Primfaktoren.
   a) 15   b) 54   c) 45   d) 450   e) 32   f) 230

6. Untersuche, ob die Zahl durch 6; 8; 9 und 12 teilbar ist.
   a) 36   b) 72   c) 444   d) 918   e) 192

7. Ermittle den Wert der Variablen.
   a) ggT(6; 8) = a   b) ggT(12; 28) = b   c) ggT(c; 28) = 14

8. Vom Schillerplatz fahren alle 8 Minuten Busse in Richtung Markt und alle 12 Minuten in Richtung Bahnhof.
   Um 8.00 Uhr fahren beide Buslinien zur gleichen Zeit los.
   Ermittle, wie oft sich das bis 10.00 Uhr wiederholt.

Aufgabenmix zu „Gebrochene Zahlen"

1. Stelle 1,2; 2,1; $\frac{6}{5}$; $\frac{1}{2}$ und $\frac{21}{10}$ auf einem Zahlenstrahl dar und entscheide, welche Zahlen dieselbe gebrochene Zahl darstellen. Gib die größte und die kleinste der Zahlen an.

2. Ermittle den Hauptnenner der Brüche und mache sie dann gleichnamig.
   a) $\frac{3}{5}$ und $\frac{2}{3}$ b) $\frac{1}{4}$ und $\frac{9}{8}$ c) $\frac{5}{12}$ und $\frac{5}{18}$ d) $\frac{5}{6}$ und $\frac{10}{9}$

3. Löse die Aufgaben. Entscheide vorher, ob du sie mündlich oder schriftlich lösen willst.
   a) $\frac{1}{5} + \frac{3}{10}$ b) $\frac{3}{8} + \frac{11}{12}$ c) $1,6 + \frac{1}{2}$ d) $1,6 - \frac{3}{2}$ e) $\frac{3}{14} \cdot \frac{7}{9}$
   f) $\frac{3}{5} : \frac{6}{25}$ g) $\frac{3}{8} \cdot \frac{2}{3} + \frac{1}{4}$ h) $\frac{7}{2} + \frac{5}{3} : 0,5$ i) $\frac{3}{8} \cdot \left(\frac{2}{3} + \frac{1}{4}\right)$ j) $\frac{1}{2} - 0,2^2 - 0,3^3$

4. Wie lautet die Aufschrift auf dem obersten Würfel, wenn die Aufschrift jedes Würfels gleich dem Produkt der Aufschriften der beiden darunter liegenden Würfel ist?

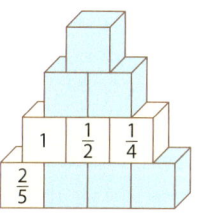

5. Setze anstelle von ■ Zahlen so ein, dass eine wahre Aussage entsteht.
   a) ■ + $\frac{1}{2}$ = 1,75   b) ■ : $\frac{1}{3}$ = 3   c) 27 · ■ = 2,7   d) $\frac{2}{5}$ · ■ = 1   e) 28,05 : 1,5 = ■

6. Gib zwei gebrochene Zahlen an, die zwischen den gegebenen Zahlen liegen.
   a) 0,13 und 0,15   b) $\frac{1}{5}$ und $\frac{2}{5}$ c) $\frac{3}{4}$ und $\frac{5}{6}$ d) 0,3 und $\frac{1}{3}$

Aufgabenmix zu „Gleichungen und Ungleichungen"

1. Ermittle die Lösung der Gleichung.
   a) $8 \cdot a = 2$
   b) $b + 3,9 = 5,4$
   c) $7,2 = 6 \cdot c$
   d) $2 \cdot \left(d + \frac{3}{4}\right) = 4$
   e) $9,6 : e = 3,2$
   f) $\frac{1}{2} \cdot f + 0,5 = 0,75$
   g) $3 \cdot \left(g - \frac{1}{4}\right) = 9$
   h) $\frac{2}{h} = \frac{1}{3}$

2. Gib an, welche der Zahlen $0; \frac{1}{2}; 0,9; 1; 1,5; 2; \frac{9}{4}$ eine Lösung der Ungleichung ist.
   a) $\frac{3}{4}x < 1,2$
   b) $\frac{3}{4}x > 1,2$
   c) $\frac{5}{2}x + 1 \leq 3$
   d) $\frac{2}{5}x \geq \frac{3}{5}$

3. Entscheide, ob die Gleichung für natürliche Zahlen x (für gebrochene Zahlen x) lösbar ist.
   a) $3x + 1 = 4$
   b) $3x + 2 = 4$
   c) $2 + 1,5x = 6,5$
   d) $3x - \frac{1}{2} = 4,5$

4. Löse das Zahlenrätsel mithilfe einer Gleichung.
   a) Andrea denkt sich eine Zahl. Sie multipliziert sie mit $\frac{1}{2}$ und erhält $\frac{1}{8}$.
   b) Bernd denkt sich eine Zahl. Er dividiert diese Zahl durch $\frac{1}{2}$ und erhält $0,4$.
   c) Chris denkt sich eine Zahl. Er addiert dazu $\frac{1}{2}$. Das Quadrat dieser Summe ist $\frac{9}{16}$.

Aufgabenmix zu „Winkelbeziehungen"

1. Vergleiche die Winkel in der Abbildung.
   a) Gib drei Scheitelwinkelpaare an.
   b) Gib drei Wechselwinkelpaare an.
   c) Benenne die Winkel des Winkelpaares (11; 12) analog a) bzw. b) und gib drei weitere solcher Winkelpaare an.
   d) Benenne die Winkel des Winkelpaares (2; 18) analog a) bzw. b) und gib drei weitere solcher Winkelpaare an.

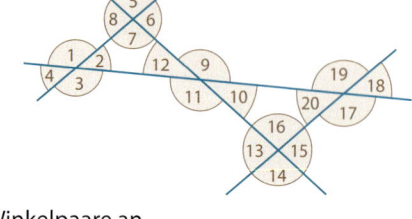

2. Ermittle die fehlenden Winkelgrößen. Es gilt immer g ∥ h.

   a)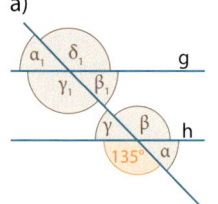
   b)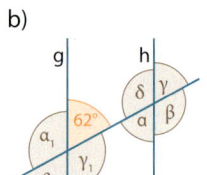
   c)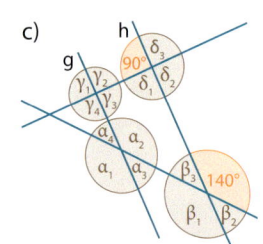

3. Formuliere die symbolhaft dargestellten mathematischen Sätze mit Worten.

   a)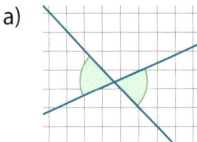
   b)
   c)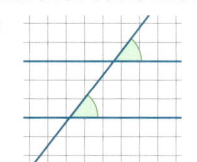
   d)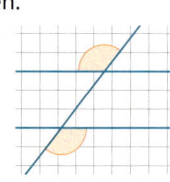

4. Überprüfe, ob die Aussage wahr ist und begründe deine Entscheidung.
   a) Wenn zwei Winkel gleich groß sind, so sind es Scheitelwinkel.
   b) Wenn zwei Geraden einander schneiden, so entstehen Wechselwinkel.
   c) Wenn zwei Winkel an geschnittenen Parallelen gleich groß sind, dann sind es Wechselwinkel.
   d) Scheitelwinkel sind stets gleich groß.

5. Übertrage das Dreieck ABC in dein Heft.
   a) Konstruiere die Mittelsenkrechte der Strecke $\overline{AC}$.
   b) Konstruiere die Winkelhalbierende des Winkels β.

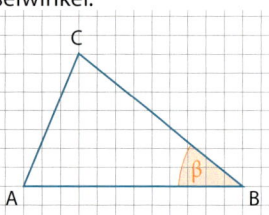

Ergebnisse auf Plakaten präsentieren

Aufgabenmix zu „Kenngrößen von Daten"

1. Ermittle das arithmetische Mittel, den Modalwert, den Median und die Spannweite.
   a) 1; 3; 3; 5; 7; 9; 11
   b) 5; 8; 2; 3; 7; 7; 1; 10
   c) 15 °C; 17 °C; 16 °C; 15 °C; 14 °C; 13 °C; 12 °C

2. Michaels Zensuren im ersten Halbjahr im Fach Mathematik sind:
   2; 3; 2; 1; 4; 3; 2; 3
   a) Begründe (ohne es auszurechnen), dass der Zensurendurchschnitt 2,5 beträgt.
   b) Es sollen noch zwei Leistungskontrollen geschrieben werden. Welche Zensuren benötigt Michael, damit er seinen Zensurendurchschnitt auf 2,2 verbessern kann? Beschreibe deinen Lösungsweg.

3. Gib sechs verschiedene Zahlen mit einem arithmetischen Mittel von 3,5 an.

4. Entscheide, ob die Angabe sinnvoll ist. Gib dafür auch eine Begründung.
   a) Die Durchschnittsgröße aller Schüler in der 6a beträgt 1,45 m.
   b) Das durchschnittliche Jahreseinkommen eines Geschäftsführers und eines Minijobbers liegt etwa bei 400 000 €.
   c) Im Amselweg gibt es nur gerade Hausnummern von 2 bis 20. Der Durchschnitt dieser Hausnummern ist 11.
   d) Da die Tiefe eines Sees in Ufernähe mit ungefähr 0,25 m und in der Mitte mit etwa 6,75 m gemessen wurde, ist er durchschnittlich 3,5 m tief.

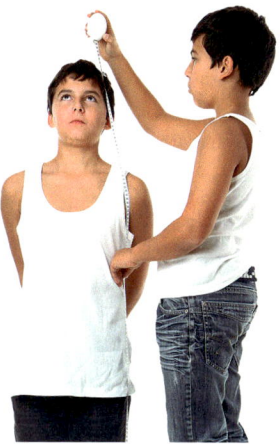

5. Bei 10 Personen wird der Ruhepuls (angegeben als Herzschläge pro Minute) gemessen:

Klaus	Inka	Monika	Renate	Maik	Volker	Marion	Frank	Georg	Ines
60	68	60	68	64	56	60	72	64	60

   a) Stelle die Ergebnisse in einem Säulendiagramm dar.
   b) Ermittle Spannweite, Modalwert, Median und das arithmetische Mittel.
   c) Entscheide, welcher der in b) genannten Mittelwerte zur Beschreibung der Messwerte am besten geeignet ist. Begründe deine Entscheidung.

„Rechenwettbewerb"

Löst die Aufgaben in der Tabelle ohne Taschenrechner. Ihr könnt sie in Partner- oder in Gruppenarbeit innerhalb einer Zeitvorgabe (etwa 20 min) bearbeiten.

Tipp: Überlegt zuerst, wie ihr vorgehen wollt.

	x	y	z	x + z	y · z	y : z	x − y · z	z^2
a)	$\frac{3}{2}$	$\frac{1}{3}$	$\frac{3}{4}$					
b)	7	$\frac{1}{2}$	0,2					
c)	$\frac{5}{4}$	0,25	$\frac{1}{5}$					
d)			$\frac{2}{3}$	$\frac{13}{6}$	1			
e)				$1\frac{3}{4}$		$\frac{3}{4}$		0,25

Auswertungsmöglichkeit:
Ermittelt zuerst die Anzahl der richtigen Ergebnisse (Punkte) je Mannschaft. Die Lösungen ausgewählter Aufgaben werden von jeder Mannschaft vorgestellt. Der Sprecher kann durch Losentscheid ermittelt werden. Die Qualität des Vorrechnens wird mit Punkten bewertet:
SEHR GUT (3 Punkte); GUT (2 Punkte); GENÜGEND (1 Punkt); UNGENÜGEND (0 Punkte)

6. Aufgabenpraktikum Teil (1)

Vielfältiges und Komplexes

Die folgenden Aufgaben erfordern **umfassende Kenntnisse und flexible Fähigkeiten.** Sie enthalten auch ungewohnte Formulierungen und neue Zusammenhänge. Arbeitet beim Lösen der Aufgaben überwiegend selbstständig. Vergleicht eure Lösungswege und Ergebnisse.

Tipp: Die Aufgaben werden vom Keller bis zum Dachgeschoss anspruchsvoller.

„Das Aufgabenhaus"
Löse möglichst viele Aufgaben. Du kannst in jeder Etage beginnen.

DACHGESCHOSS

Ines sagt: „Die Summe von drei aufeinanderfolgenden natürlichen Zahlen ist stets durch drei teilbar."
Jana sagt: „Dann ist auch die Summe von vier aufeinanderfolgenden Zahlen stets durch vier teilbar."
a) Prüfe, ob die Aussagen von Ines und Jana stimmen können.
b) Stelle die Summen von drei (von vier) aufeinander folgenden natürlichen Zahlen mithilfe von Variablen als Term dar.
c) Ziehe Schlussfolgerungen aus den Termen für die Teilbarkeit durch 3 (durch 4).

OBERGESCHOSS

1. Ermittle die Lösung der Ungleichung. Markiere die Lösungen auf einem Zahlenstrahl für den Fall, dass für die Variable x nur natürliche Zahlen eingesetzt werden dürfen, mit der Farbe blau und für den Fall, dass für die Variable x gebrochene Zahlen eingesetzt werden dürfen, mit der Farbe rot.
   a) $5x < 2$ b) $0{,}3\,x \leq 1{,}2$ c) $\frac{1}{2} + x < \frac{1}{4}$ d) $\frac{3}{4}(x - 0{,}1) \leq \frac{3}{4}$ e) $\frac{1}{3}x \geq \frac{1}{6}$

2. Formuliere den Nebenwinkelsatz in der „Wenn …, dann …"-Form.

3. Eine Tür und ein Tor sind zusammen 7,50 m breit. Das Tor ist 5-mal so breit wie die Tür. Stelle eine Gleichung zum Sachverhalt auf und berechne die Breite der Tür und des Tores.

ERDGESCHOSS

4. Ordne die gebrochenen Zahlen der Größe nach. Beginne mit der kleinsten Zahl.
   a) $\frac{3}{5}$; $\frac{3}{6}$; $\frac{3}{7}$ b) 0,5; $\frac{5}{2}$; $\frac{2}{5}$ c) $\frac{121}{41}$; $\frac{41}{121}$; $\frac{41}{827}$ d) 1,21; 4,1; $1{,}1^2$; $\frac{12}{10}$

5. Zeichne zwei Paare jeweils zueinander parallele Geraden, die einander schneiden. Es entsteht ein Viereck. Bezeichne die Winkel im Innern des Vierecks mit α, β, γ und δ. Gib die Größe der Winkel β, γ und δ für α = 65° an. Begründe deinen Lösungsweg.

6. Von fünf Werten beträgt das arithmetische Mittel 0,45. Gib fünf mögliche Werte an.

KELLERGESCHOSS

7. Gegeben sind die drei Zahlen: a = 0,25; b = 18 und c = 0,2. Gib den Termwert an.
   a) a + b   b) a · c   c) b · c   d) c : a   e) a : c   f) a : b

8. Zeichne zwei einander schneidende Geraden, die einen Winkel von α = 50° einschließen. Bezeichne alle entstandenen Winkel mit griechischen Kleinbuchstaben (z. B. mit α, β, γ und δ). Gib alle Scheitel- und alle Nebenwinkelpaare an.

9. Lotta behauptet, dass alle zweistelligen Zahlen ab 30 mit der Einerziffer 1 Primzahlen sind. Überprüfe diese Behauptung.

10. Löse die Gleichung.   a) $2 \cdot \left(x + \frac{1}{2}\right) = 10$ b) $\frac{1}{3}x = 6{,}9$ c) $\frac{1}{4} = \frac{3}{x}$

Ergebnisse auf Plakaten präsentieren

„Mathematik-Dolmetscher"

1. Es gibt Wortformulierungen, die in die mathematische Sprache in Form von Termen oder Gleichungen übersetzt werden können und umgekehrt.

Verbale Sprache	Mathematische Sprache
Ein Viertel einer gedachten Zahl ist 7.	$x : 4 = 7$ oder $\frac{1}{4} \cdot x = 7$
Die Differenz aus dem Quadrat einer gedachten Zahl und 19 ist 13.	(1)
(2)	$x = 3x - \frac{1}{4}$
das arithmetische Mittel von zwei (verschiedenen) Zahlen	(3)
(4)	$\frac{x}{x-3}$; $(x \in \mathbb{N}; x > 3)$
ein echter Bruch, bei dem sich Zähler und Nenner um 1 unterscheiden	(5)
(6)	$2n + 1$; $(n \in \mathbb{N})$
die Summe aus einem Bruch und dem Kehrwert dieses Bruches	(7)

Tipp: Verwende Variable.

2. Gib zwei weitere mathematische Wortformulierungen mit ihren „Übersetzungen" an.

„Begriffsrätsel"

1. In Halle (Saale) wirkte um 1900 ein berühmter Mathematiker. Du kannst seinen Vor- und Zunamen mit dem Begriffsrätsel ermitteln. Die Buchstaben sind durch geordnete Paare verschlüsselt. Die erste Zahl gibt die Zeile, die zweite Zahl die Spalte an.   Beispiel: (1|1) entspricht dem P und (1|8) dem L.

		1	2	3	4	5	6	7	8	9	10	11
Natürliche Zahl, die genau zwei Teiler hat	1	P							L			
Stellenwert der dritten Nachkommastelle	2											
Ergebnis einer Division	3											
Zwei Terme, die durch >, < oder ≠ verbunden sind	4											
Grundzahl einer Potenz	5											
Summe der Ziffern einer natürlichen Zahl	6											
Eigenschaft zweier natürlicher Zahlen mit dem ggT = 1	7											
Bruch, bei dem der Nenner eine Zehnerpotenz ist	8											

Vorname: (4|3); (2|5); (3|3); (1|2); (4|11)   Zuname: (8|10); (5|2); (8|4); (7|1); (3|3); (6|4)

2. Dieser Mathematiker hat sich umfassend zu Sachverhalten über Mengen geäußert. Informiert euch darüber und tragt Lebensdaten dieses Mathematikers zusammen. Fertigt dann ein Plakat dazu an.

„Winkel im Parallelogramm"

Vom nebenstehenden Parallelogramm sind folgende Winkel bekannt: $\alpha_1 = 25°$; $\gamma_1 = 35°$ und $\delta_1 = 75°$

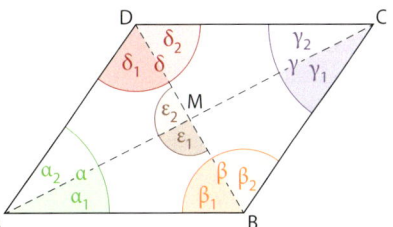

1. Ermittle alle weiteren Winkel, sofern möglich. Gib jeweils an, welche Sätze du dazu verwendet hast.

2. Begründe, weshalb für Parallelogramme gilt:
   a) $\alpha + \beta = 180°$ b) $\alpha = \gamma$

3. Formuliere folgenden Satz in „Wenn …, dann …"-Form:
   „In jedem Parallelogramm sind die gegenüberliegenden Winkel gleich groß."

Seltsames und Unerwartetes

Die folgenden Aufgaben fordern zum **Knobeln** auf. Arbeitet überwiegend selbstständig.
Formuliert bei Bedarf zu Schwierigkeiten Fragen und tauscht euch dazu aus.
Vergleicht eure Lösungswege und Ergebnisse.

„Wunderbruch"
Der Bruch $\frac{24}{36}$ hat „tolle" Eigenschaften.
– Wenn man die Reihenfolge der Ziffern in Zähler und Nenner vertauscht, ändert er seinen Wert nicht, bleibt also die gleiche gebrochene Zahl.
– Wenn man jeweils entweder die erste oder die zweite Ziffer im Zähler und im Nenner streicht, bleibt es ebenfalls die gleiche gebrochene Zahl.
Untersuche, ob es noch weitere solche „Wunderbrüche" gibt und schreibe möglichst viele davon auf.

„Besondere Telefonnummer"
Axel antwortet auf die Frage nach seiner Telefonnummer:
„Bei meiner vierstelligen Telefonnummer ist die Tausenderziffer gleich der Hunderterziffer und die Zehnerziffer gleich der Einerziffer.
Im Übrigen ist meine Telefonnummer eine Quadratzahl."
Seine Freundin Sonja überlegt eine Weile und sagt:
„Ich rufe Dich dann an." Welche Telefonnummer muss Sonja wählen?

„Eckpunktzahlen"
Albert Einstein hat vor vielen Jahren den Lesern der „Frankfurter Zeitung" mathematische Probleme gestellt:
Die neun abgebildeten Kreise stellen Eckpunkte von vier kleinen und drei großen gleichschenkligen Dreiecken dar. Es sind die Ziffern von 1 bis 9 in die einzelnen Kreise so einzutragen, dass die Summe der drei „Eckpunktzahlen" bei jedem der sieben Dreiecke jeweils gleich groß ist.

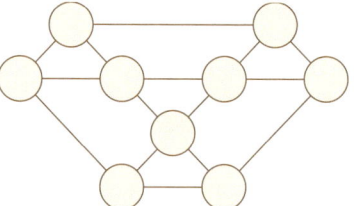

„Das Alter des Mathematiklehrers"
Ein Mathematiklehrer wird von seinen Schülerinnen und Schülern gefragt, wie alt er sei.
Darauf gibt er folgende Antwort: Ein Fünftel meines Alters war ich Kind, ein Sechstel meines Alters verlebte ich als Jugendlicher. Die Hälfte meines bisherigen Lebens war ich verheiratet.
Nun bin ich seit 8 Jahren wieder Single. Wie alt ist der Mathematiklehrer?

„Farbige Bälle"
Jan, Jana und Joko haben (für die anderen nicht sichtbar) jeder einen Ball in der Schulmappe und zwar einen roten oder einen grünen oder einen blauen. Von den folgenden drei Aussagen ist eine wahr, die beiden anderen sind falsch:
– Jan hat nicht den grünen Ball.
– Jana hat nicht den blauen Ball.
– Joko hat den grünen Ball.
Finde heraus, wer welchen Ball in seiner Schulmappe hat.

„Gerechte Verteilung"
Astrid und Sven kaufen im Supermarkt einen 8-Liter-Behälter mit frischem Apfelsaft.
Die zwei wollen den Saft gerecht verteilen, besitzen aber nur einen leeren 5-Liter-Behälter und einen leeren 3-Liter-Behälter. Mache einen Vorschlag, wie sie dennoch eine gerechte Verteilung vornehmen können.

7. Dreiecke

Der Palazzo Montecitorio, Sitz der Abgeordnetenkammer des italienischen Parlamentes seit 1871, ist von Gian Lorenzo Bernini entworfen worden. Die Fenster im ersten Stock sind abwechselnd mit Dreiecksgiebeln und Rundgiebeln, deren Breite und Höhe übereinstimmen, geschmückt.

Dein Fundament

7. Dreiecke

Lösungen
↗ S. 247

Winkelarten

1. a) Gib jeweils an, um welche Winkelart es sich handelt.
   b) Schätze, wie groß jeder Winkel ist.
   c) Übertrage die Winkel auf Kästchenpapier und miss jede Winkelgröße.
   d) Vergleiche die Schätzwerte aus Aufgabe b) mit den entsprechenden Messwerten aus Aufgabe c).

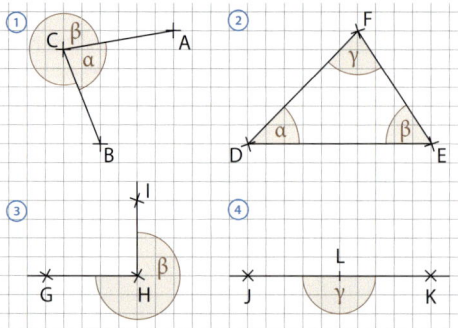

Winkel an einander schneidenden Geraden

2. Ordne jedem Sachverhalt das entsprechende Bild zu.
   a) Scheitelwinkel sind gleich groß.
   b) Nebenwinkel betragen zusammen 180°.
   c) Stufenwinkel an geschnittenen Parallelen sind gleich groß.
   d) Wechselwinkel an geschnittenen Parallelen sind gleich groß.

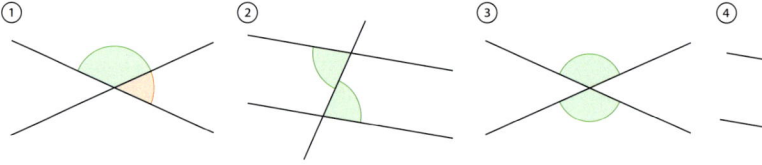

3. Gib, ohne zu messen, die Größen der übrigen Winkel an, wenn $α_1 = 35°$ beträgt. Die Zeichnung ist nicht maßgenau.

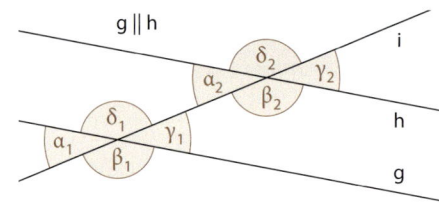

4. Berechne alle gekennzeichneten Winkelgrößen. Die Zeichnungen sind nicht maßgenau.

   a) Rechteck ABCD
      mit $α_1 = 23°$

   b) Rhombus ABCD
      mit $α_1 = 18°$ und $α_4 = 144°$

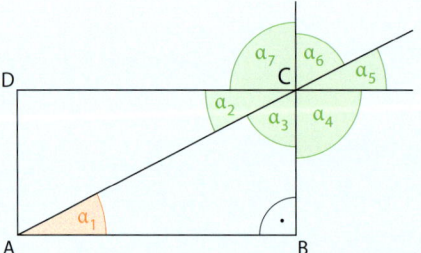
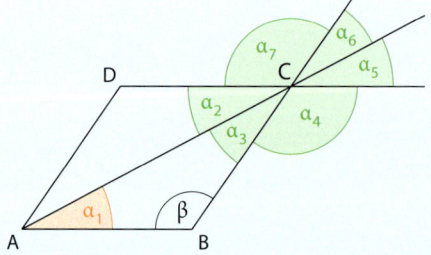

Dein Fundament

Geometrische Abbildungen

5. Übertrage auf Kästchenpapier.
   a) Spiegele jede gegebene Figur an der Geraden s. Bezeichne das Bild von P mit P'.
   b) Verschiebe jede gegebene Figur entsprechend des angegebenen Pfeiles. Bezeichne das Bild von P jeweils mit P''.
   c) Drehe die Bilder der gegebene Figuren ① und ② jeweils mit einem Winkel von 90° im Uhrzeigersinn um das Bild P''.

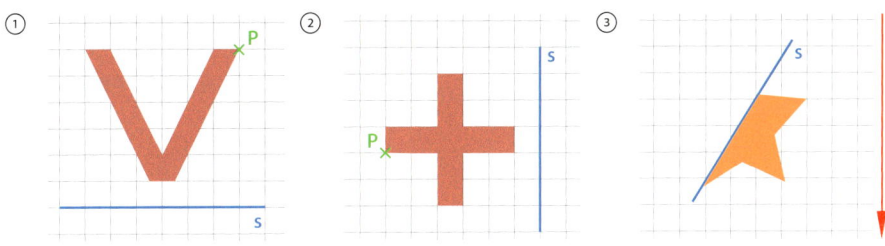

Winkelhalbierende und Mittelsenkrechte

6. Zeichne in einem Koordinatensystem die Punkte A(1|1), B(6|1), C(1|6) und verbinde A mit B sowie A mit C jeweils durch eine Gerade.
   a) Zeichne die Winkelhalbierende des Winkels ∢ BAC nach Augenmaß und konstruiere die Winkelhalbierende des gleichen Winkels auch mit Zirkel und Lineal. Vergleiche beide Ergebnisse miteinander.
   b) Ermittle für einen Punkt D(7|y) der Winkelhalbierenden die zugehörige y-Koordinate und begründe das Ergebnis.
   c) Konstruiere die Mittelsenkrechte der Strecke $\overline{AD}$ und miss die Winkel, unter denen die Mittelsenkrechte die gezeichneten Geraden jeweils schneidet.
   d) Konstruiere auch für einen der neu entstandenen Winkel die Winkelhalbierende.

Flächeninhalte

7. Berechne den Flächeninhalt des Rechtecks mit den angegebenen Seitenlängen.
   a) 10 m und 25 m
   b) 12 m und 12 m
   c) 250 km und 40 km
   d) 100 cm und 5 m

8. a) Ermittle den Umfang und den Flächeninhalt der dargestellten Figur.
   b) Erläutere dein Vorgehen.

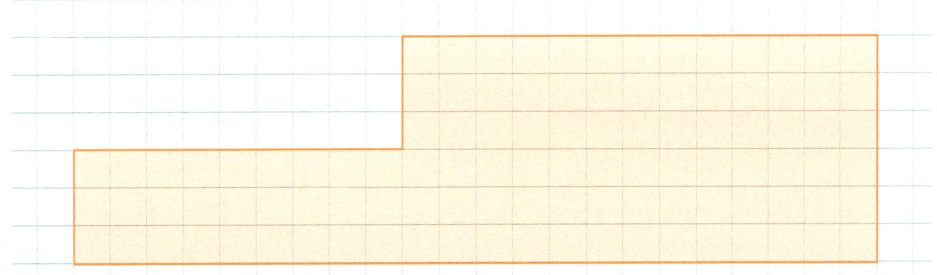

7.1 Dreiecksarten erkennen

■ Vergleiche die abgebildeten Dreiecke. Sie haben alle etwas gemeinsam.

Beschreibe die Form der Dreiecke und gib gemeinsame geometrische Eigenschaften an. ■

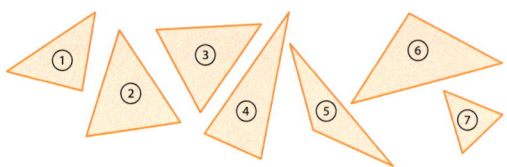

Dreiecke nach Seiten einteilen

Beispiel 1:
a) Gib die Dreiecke an, bei denen alle Seitenlängen gleich lang sind.
b) Gib die Dreiecke an, die mindestens zwei gleich lange Seiten haben.

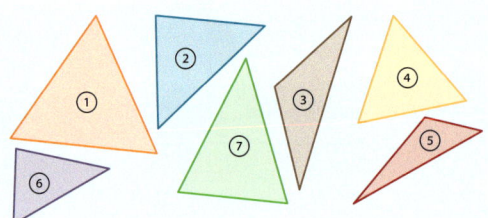

Lösung:
a) Prüfe mit einem Zirkel. Nimm als Zirkelspanne die Länge einer Seite und vergleiche mit den anderen Seiten. Die Dreiecke 1 und 4 haben jeweils drei gleich lange Seiten. Du kannst auch mit dem Geodreieck messen.
b) Gehe wie bei Aufgabe b) vor. Auch die Dreiecke ① und ④ haben zwei gleich lange Seiten. Jeweils mindestens zwei gleich lange Seiten haben die Dreiecke ②, ③ und ⑦.

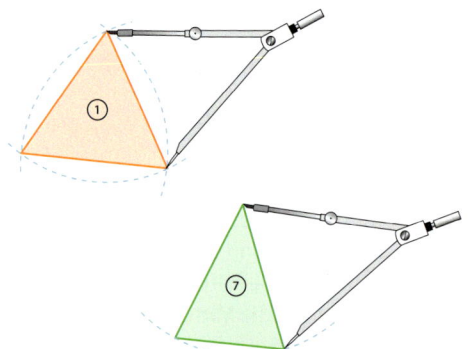

Wissen: Gleichschenklige, gleichseitige und unregelmäßige Dreiecke
Dreiecke mit mindestens **zwei gleich langen Seiten** heißen **gleichschenklige Dreiecke**.
Die beiden gleich langen Seiten nennt man **Schenkel**, die dritte Seite **Basis**.

Dreiecke mit **drei gleich lange Seiten** heißen **gleichseitige Dreiecke**.

Dreiecke mit **drei unterschiedlich langen Seiten** heißen **unregelmäßige Dreiecke**.

Basisaufgaben

1. Übertrage ins Heft. Beachte, dass Punkt D nicht auf einem Rasterpunkt liegt. *Es gilt:* $\overline{AE} = \overline{AD}$
Welche der Dreiecke DBC, ABD, ACD oder ADE haben jeweils genau zwei (drei) gleich lange Seiten?
Verwende ein Geodreieck oder einen Zirkel.

2. Zeichne A(5|6) und B(1|6) in ein Koordinatensystem.
Die beiden Punkte sollen Eckpunkte eines Dreiecks ABC sein.
Prüfe für C mit C(1|2), ob und wie viele gleich lange Seiten das Dreieck besitzt.

7.1 Dreiecksarten erkennen

Gleichschenklige und gleichseitige Dreiecke zeichnen

Beispiel 2:
a) Zeichne ein gleichschenkliges Dreieck mit einer Schenkellänge von 5 cm.
b) Zeichne ein gleichseitiges Dreieck mit einer Seitenlänge von 4 cm.

Lösung:
a) Zeichne einen Kreis mit r = 5 cm um M.
   Kennzeichne zwei Punkte A und B auf der Kreislinie. Achte darauf, dass A und B mit M nicht auf einer Geraden liegen. Verbinde A und B mit M.
   Dreieck ABM ist gleichschenklig.

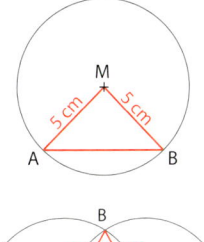

b) Zeichne einen Kreis mit r = 4 cm um M.
   Kennzeichne einen Punkt A auf der Kreislinie und zeichne um A einen zweiten Kreis mit demselben Radius. Bezeichne einen Schnittpunkt der beiden Kreise mit B. Verbinde A und B mit M.
   Dreieck AMB ist gleichseitig.

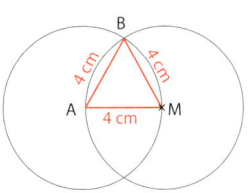

Erinnere dich:
Alle Punkte eines Kreises haben vom Mittelpunkt des Kreises gleichen Abstand.

Hinweis:
Es gibt unendlich viele gleichschenklige Dreiecke mit der Schenkellänge 5 cm. Dies ist nur eine mögliche Lösung.

Basisaufgaben

3. Zeichne ein gleichschenkliges Dreieck mit einer Schenkellänge von 6 cm.

4. Zeichne ein gleichschenkliges Dreieck ABC mit A(1|2) und B(5|2) in ein Koordinatensystem. Verändere die Lage des Punktes C so, dass Dreieck ABC ein gleichseitiges Dreieck wird.

Dreiecke nach Winkel einteilen

Dreiecke können auch nach der Art ihrer Innenwinkel unterteilt werden.

Hinweis:
Innenwinkel heißen die von den Dreiecksseiten im Inneren des Dreiecks gebildeten Winkel.

Wissen: Spitzwinklige, rechtwinklige und stumpfwinklige Dreiecke

spitzwinklige Dreiecke	rechtwinklige Dreiecke	stumpfwinklige Dreiecke
Alle Innenwinkel sind spitze Winkel.	Ein Innenwinkel ist ein rechter Winkel.	Ein Innenwinkel ist ein stumpfer Winkel.

Basisaufgaben

5. Zeichne ein spitzwinkliges, ein rechtwinkliges und ein stumpfwinkliges Dreieck.

6. Zeichne ein gleichschenkliges Dreieck, das auch rechtwinklig ist.

7. Zeichne ein rechtwinkliges Dreieck ABC mit A(1|1) und B(5|1) in ein Koordinatensystem.

7.2 Eigenschaften von Dreiecken erkennen

■ An Gebäuden, insbesondere an Fachwerkhäusern, sind häufig Dreiecke erkennbar.

Prüft das an Gebäuden in eurer Umgebung. Beschreibt, die Besonderheiten der Dreiecke. ■

Eckpunkte, Seiten und Winkel sind zum Beschreiben von Dreiecken wichtig. Bezeichne Eckpunkte mit A, B, C …, Seiten mit a, b, c … und Innenwinkel mit α, β, γ …

Hinweis: Meistens werden die Ecken, Seiten und Winkel im Dreieck entgegen dem Uhrzeigersinn bezeichnet.

> **Wissen:**
> **Seiten-Winkel-Beziehung**
> Der **größeren** von zwei **Seiten** liegt immer der **größere Winkel** gegenüber und umgekehrt. Gleich großen Seiten liegen gleich große Winkel gegenüber.
> **Dreiecksungleichung**
> Die **Summe zweier Seitenlängen** ist immer **größer** als die **Länge der dritten Seite**.
> Es gilt: a + b > c   a + c > b   b + c > a

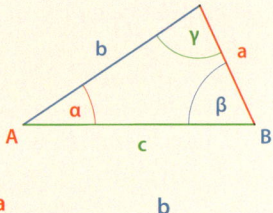

Beispiel 1: Entscheide, warum sich mit den gegebenen Stücken kein Dreieck zeichnen lässt.
a)   a = 2 cm, b = 4 cm, α = 70°, β = 40°   b)   a = 4 cm, b = 5 cm, c = 9 cm

Lösung:
a)   Prüfe mit der Seiten-Winkel-Beziehung.   2 cm < 4 cm, aber 70° > 40°   (nicht erlaubt)
b)   Prüfe mit der Dreiecksungleichung.   4 cm + 5 cm = 9 cm   (nicht erlaubt)

Basisaufgaben

1. Entscheide, warum sich mit den gegebenen Stücken kein Dreieck zeichnen lässt.
   a) a = 7 cm, b = 4 cm, c = 3 cm   b) a = b = c = 4 cm, α = 60°, γ = 90°

2. Entscheide und begründe, welche Länge die dritte Seite im Dreieck ABC haben kann.
   a) a = 5 cm, b = 8 cm   b) b = 2,5 cm, c = 8,5 cm

Weiterführende Aufgaben

3. **Durchblick:** Entscheide, aus welchen der Stäbe sich Dreiecke legen lassen. Orientiere dich an Beispiel 1 auf Seite 127. Stablänge: 23 cm; 49 cm; 5 dm; 50 cm; 27 cm; 23 cm; 2,3 dm

4. Mark und Stella beschreiben ihre gezeichneten Dreiecke. Finde Fehler und berichtige.
   Mark: „Mein Dreieck hat drei verschieden große Innenwinkel und ist rechtwinklig."
   Stella: „Mein gleichseitiges Dreieck ist rechtwinklig."

5. **Ausblick:** Maik behauptet, dass er von einem gleichschenkligen Dreieck nur zwei Stücke kennen muss, um es eindeutig bestimmen zu können. Was meinst du?

7.3 Zueinander kongruente Figuren vergleichen

■ Anhand der Spuren lässt sich erkennen, welches Tier durch den Winterwald gelaufen ist.

Entscheide dich für ein Tier und begründe deine Entscheidung. ■

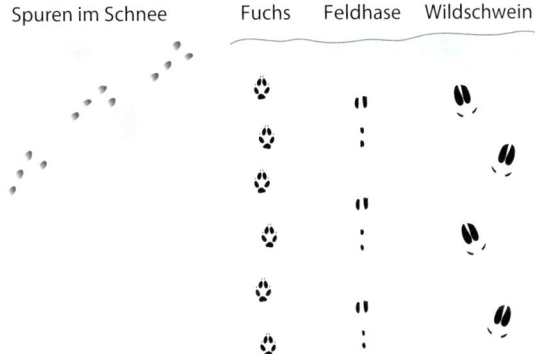

Zueinander kongruente Figuren erkennen

Beispiel 1:
Überprüfe, welche der Figuren deckungsgleich sind.

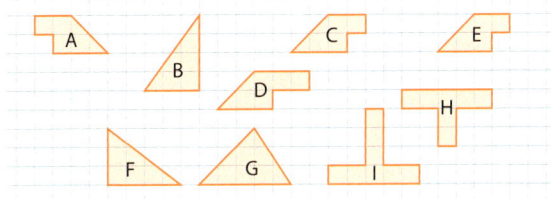

Hinweis:
Nach dem Ausschneiden würden sich deckungsgleiche Figuren (genau übereinandergelegt) nicht überlappen.

Lösung:
Prüfe, welche der Figuren du verschieben, drehen oder spiegeln (umklappen) kannst, damit sie genau übereinander liegen.
Folgende Figuren sind deckungsgleich:
1. A und C und E
2. B und F

Wenn Figur C um 8 Kästchen nach rechts verschoben wird, liegt sie genau über Figur E.
Wenn Figur A an einer gedachten Linie in der Mitte zwischen den Figuren A und C gespiegelt wird, liegt sie genau über Figur C.
Wenn Figur B zuerst um 90° im Uhrzeigersinn um den Eckpunkt beim rechten Winkel gedreht und dann um 5 Kästchendiagonalen nach links unten verschoben wird, liegt sie genau über F.

Basisaufgaben

1. Gib alle deckungsgleichen Figuren in nebenstehender Abbildung an.

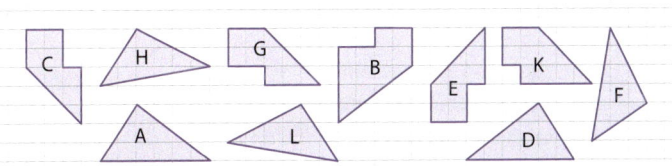

2. Übertrage ins Heft und vervollständige so zu einem Dreieck DEF, dass dieses Dreieck zum Dreieck ABC deckungsgleich ist.

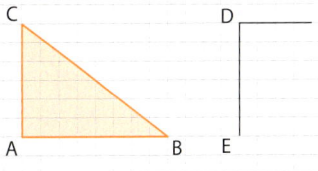

3. Zeichne ein Quadrat mit einer Seitenlänge von 5 cm, zerlege es in zwei (vier) zueinander deckungsgleiche Teilfiguren. Finde verschiedene Lösungsmöglichkeiten.

Wissen: Zueinander kongruente Figuren

Zwei geometrische Figuren G und H heißen genau dann **zueinander kongruent (deckungsgleich)**, wenn sie sowohl in ihrer **Form** als auch in der **Größe ihres Flächeninhaltes** übereinstimmen.

Sprechweise: G und H sind zueinander kongruent.
Kurzschreibweise: G ≅ H

Deckungsgleiche Figuren können durch Verschieben, Drehen oder Spiegeln entstehen.

Figuren in zueinander kongruente Teilfiguren zerlegen

Beispiel 2: Zerlege die in der Randspalte abgebildete Figur in zwei (vier) zueinander kongruente Teilfiguren.

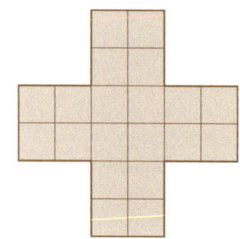

Lösung:
Die Figur ist achsensymmetrisch.
Die Symmetrieachsen zerlegen die Figur in zueinander kongruente Teilfiguren.
①: zwei zueinander kongruente Teilfiguren
②: vier zueinander kongruente Teilfiguren

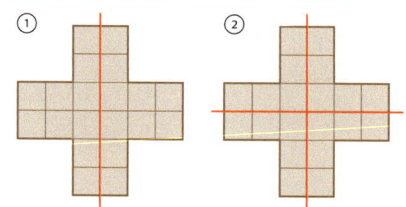

Basisaufgaben

4. Zerlege die Figur im Beispiel 2 auf eine andere Art in 4 zueinander kongruente Teilfiguren.

5. Zerlege die Figur im Beispiel 2 in fünf (in zehn) zueinander kongruente Teilfiguren.

Weiterführende Aufgaben

6. **Durchblick:** Untersuche, wie viele zueinander kongruente Figuren in der Abbildung zu finden sind, wenn du die unterschiedliche Färbung nicht beachtest. Erläutere dein Vorgehen. Orientiere dich an Beispiel 1 auf Seite 129.

7. Zeichne zueinander kongruente Figuren:
   a) drei zueinander kongruente Dreiecke
   b) drei zueinander kongruente Rechtecke
   c) drei zueinander kongruente Parallelogramme, die keine Rechtecke sind

8. Skizziere das abgebildete Stück mit Pflastersteinen in dein Heft und färbe jeweils zueinander kongruente Steine in gleicher Farbe.

7.3 Zueinander kongruente Figuren vergleichen

9. Im nebenstehenden Bild sind mehrere Tiere zu sehen. Solche Bilder hat der niederländische Grafiker Maurits Cornelis Escher (1898 – 1972) entworfen. Er hat dabei versucht, eine Ebene nahtlos mit Bildelementen, den sogenannten „Escherkacheln" zu füllen.
   a) Was für Tiere erkennst du?
   b) Wie viele Tiere siehst du?
   c) Erläutere, wie du prüfen kannst, welche Tiere zueinander kongruent sind?

10. Skizziere das nebenstehende Ornament in deinem Heft und setze es in beide Richtungen fort. Beschreibe dein Vorgehen. Überlege dir noch andere Vorgehensweisen und erläutere diese.

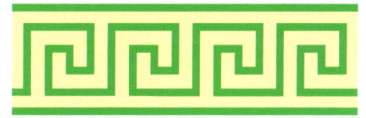

11. **Stolperstelle:** Obwohl die zwei Figuren A und B zueinander kongruent sind, lassen sie sich nicht einfach durch Verschieben übereinanderlegen. Erkläre, woran das liegt.

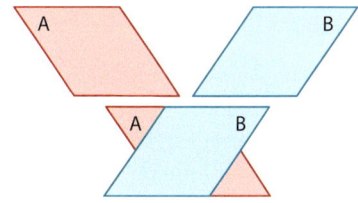

12. Entscheide, warum beide Figuren nicht zueinander kongruent sind:
    a) obwohl beide Dreiecke gleiche Form haben
    b) obwohl beide Rechtecke gleichen Flächeninhalt haben

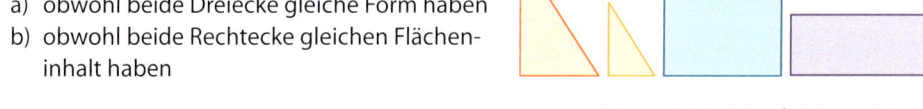

13. Übertrage die abgebildete Figur in dein Heft und ergänze sie so, dass sie zur linken Figur kongruent ist.

14. Entscheide, welche der Figuren zueinander kongruent sind. Begründe deine Antwort.

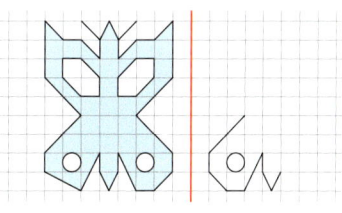

Hinweis zu 14:
Die Zeichnungen sind nicht maßstabsgetreu.

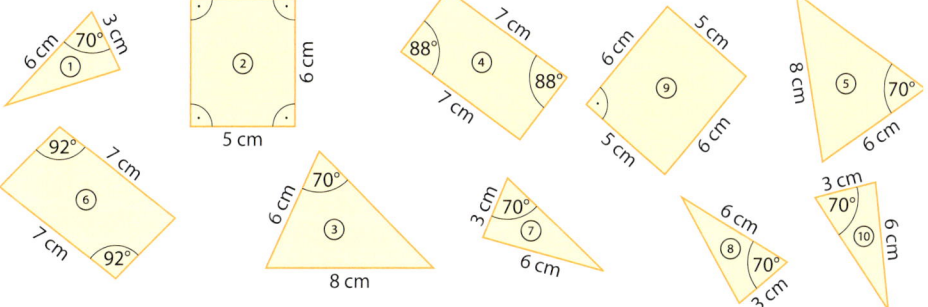

15. **Ausblick:**
    a) Hier ist ein Fußball abgebildet. Beschreibe, aus welchen zueinander kongruenten Figuren er gebildet wird.
    b) Bei welchen dir bekannten geometrischen Körpern sind alle vier (sechs, acht) Begrenzungsflächen zueinander kongruent? Welche Flächenarten treten dabei auf?

7.4 Kongruenzsatz (sss) anwenden

■ Lege drei Stifte mit unterschiedlichen Längen so, dass sie die Form eines Dreiecks bilden. Ermittle die Stiftlängen und die Winkelgrößen zwischen den Stiften. Lege dann die gleichen Stifte zu einem anderen Dreieck zusammen und miss erneut. *Was fällt dir auf?* ■

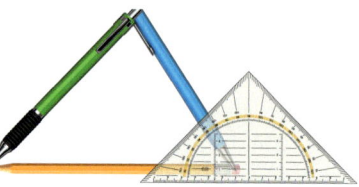

Beispiel 1: Konstruiere ein Dreieck mit den Seitenlängen a = 4 cm, b = 3 cm und c = 5,5 cm.

Hinweise:
Eine Planfigur ist eine Skizze, in der die Benennungen festgelegt und gegebene Größen markiert werden.

In einem Dreieck ist die Summe der Längen zweier Seiten immer größer als die Länge der dritten Seite.

Lösung:
Zeichne eine Planfigur. Kennzeichne darin die gegebenen Stücke farbig.

Zeichne eine beliebige Seite, zum Beispiel c = 5,5 cm, und beschrifte die Endpunkte mit A und B.

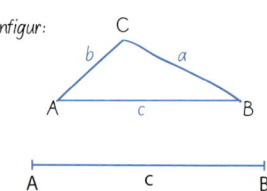

Zeichne einen Kreis um A mit dem Radius b = 3 cm. Zeichne dann einen Kreis um B mit dem Radius a = 4 cm. Bezeichne die Schnittpunkte der Kreise mit C_1 und C_2.

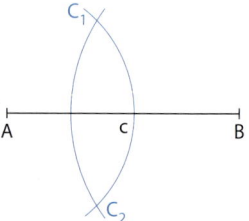

Verbinde C_1 und C_2 sowohl mit A als auch mit B. Die beiden Dreiecke △ ABC_1 und △ BAC_2 sind zueinander kongruent.

Die beiden Dreiecke können durch eine Spiegelung an $\overline{AB}$ aufeinander abgebildet werden.

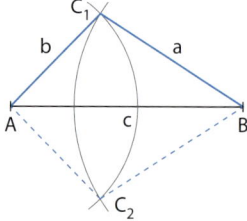

Wäre Seite c größer oder gleich der Summe der beiden Seiten a und b, zum Beispiel c = 8 cm, würde es keine Schnittpunkte C und damit auch kein Dreieck ABC geben.

Wissen: Kongruenzsatz (sss)
Zwei Dreiecke sind **zueinander kongruent**, wenn sie in allen **drei Seitenlängen** übereinstimmen.

Dreieck ABC und Dreieck DEF sind zueinander kongruent.
Kurz: △ ABC ≅ △ DEF

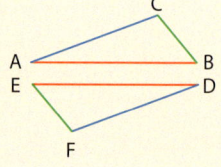

Basisaufgaben

1. Konstruiere ein Dreieck ABC mit a = 3 cm, b = 4 cm und c = 5 cm und beschreibe dein Vorgehen.

2. Konstruiere ein gleichschenkliges Dreieck mit c = 4 cm und a = b = 7 cm und beschreibe dein Vorgehen.

3. Konstruiere ein gleichseitiges Dreieck mit einer Seitenlänge von 6 cm.

7.4 Kongruenzsatz (sss) anwenden

Weiterführende Aufgaben

4. **Durchblick:** Ein Dreieck ABC ist gegeben durch a = 6,2 cm, b = 3,6 cm und c = 4,7 cm. Konstruiere das Dreieck wie in Beispiel 1 auf Seite 132. Beginne dabei mit der Seite a. Führe die Konstruktion noch zwei weitere Male durch. Beginne dabei einmal mit Seite b und einmal mit Seite c. Überprüfe die so entstandenen Dreiecke auf Kongruenz.

5. Miss die Seitenlängen der Dreiecke. Entscheide, welche Dreiecke zueinander kongruent sind. Begründe deine Entscheidung.

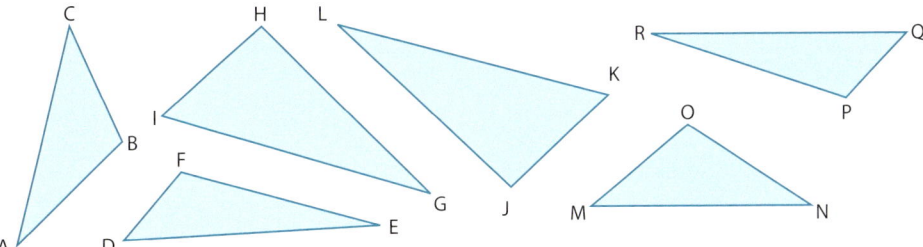

6. **Stolperstelle:**
   a) Versuche ein Dreieck ABC mit a = 4 cm, b = 1 cm und c = 2 cm zu konstruieren. Was fällt dir auf?
   b) Konstruiere ein Dreieck ABC mit a = 5 cm und b = 3 cm und einer selbst gewählten Länge für c. Wie groß muss c mindestens sein, damit ein Dreieck entsteht?

7. Entscheide, ob die Aussage wahr oder falsch ist. Begründe deine Entscheidung.
   a) Ein gleichseitiges Dreieck ist eindeutig konstruierbar, wenn nur eine Seitenlänge gegeben ist.
   b) Dreiecke mit gleichem Umfang sind zueinander kongruent.
   c) Zueinander kongruente Dreiecke haben gleichen Umfang.
   d) Dreiecke mit genau zwei gleich langen Seiten und mit gleichen Umfängen sind zueinander kongruent.

8. Nina, Jonas und Chris wollen den abgebildeten Aussichtsturm nachbauen, der die Form einer Pyramide hat. An drei der vier Ecken befinden sich jeweils kleinere Pyramiden, in denen Würfel zu erkennen sind. Es stehen Stangen mit folgenden Längen zur Verfügung:
0,5 m; 0,7 m; 1,4 m; 1,9 m; 2 m; 2,2 m; 2,4 m; 2,5 m und 3,0 m

   a) Die Unterlage für das Pyramidenmodell ist ein 1,5 m breites und 2,5 m langes Rechteck. Welche Stangen sind für die Grundfläche des Modells geeignet, damit das Dreieck möglichst groß wird?
   b) Welche Stangen sollten sie für die drei kleinen Pyramiden nehmen? Wie viele Stangen jeder Länge benötigen sie? Begründe deine Antworten mithilfe einer Skizze.

9. **Ausblick:** Für Hannah ist klar: „Wenn man bei einem Dreieck drei Seiten kennen muss, um es eindeutig zu konstruieren, muss man bei einem Viereck dafür vier Seiten kennen." Was meinst du? Begründe deine Antwort.

Hinweis zu 9:
Es gibt unterschiedliche Viereckarten mit unterschiedlichen Eigenschaften.

7.5 Kongruenzsatz (sws) anwenden

■ Zwei der Dreiecke ABC, DEF, GHI bzw. JKL sind zueinander kongruent.

Gib an, welche beiden Dreiecke es sind und begründe deine Entscheidung, ohne die Dreiecke auszuschneiden. ■

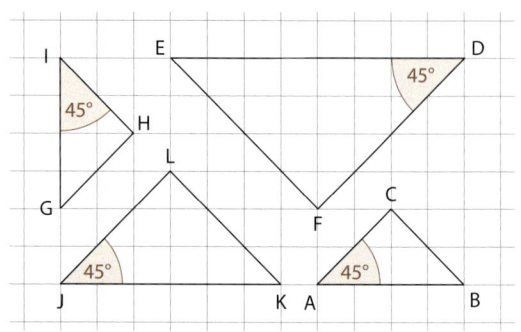

Beispiel 1: Konstruiere ein Dreieck ABC mit den Seitenlängen c = 6 cm, b = 4 cm und dem von diesen Seiten eingeschlossenen Winkel α = 45°.

Lösung:
Zeichne eine Planfigur. Kennzeichne darin die gegebenen Stücke farbig.

Zeichne mit dem Geodreieck den Winkel α = 45° mit dem Scheitelpunkt A.

Trage mit dem Zirkel von A aus auf einem Schenkel von α die Strecke c = 6 cm ab und bezeichne den Endpunkt mit B.
Trage auf dem anderen Schenkel die Strecke b = 4 cm ab und bezeichne den Punkt mit C.
Verbinde B und C zur Strecke $\overline{BC}$.

Dreieck ABC hat die gegebenen Bestimmungsstücke.

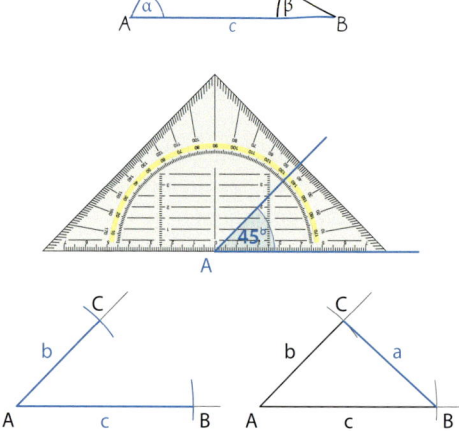

Wissen: Kongruenzsatz (sws)
Zwei Dreiecke sind **zueinander kongruent,** wenn sie in den **Längen zweier Seiten** und der **Größe** des von diesen Seiten **eingeschlossenen Winkels** übereinstimmen.

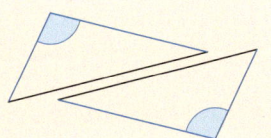

Basisaufgaben

1. Konstruiere ein Dreieck ABC mit a = 8 cm, b = 5 cm und dem Winkel γ = 60°.

2. Konstruiere ein gleichschenklig-rechtwinkliges Dreieck mit einer Schenkellänge von 6 cm.

3. Konstruiere ein gleichschenklig-stumpfwinkliges Dreieck. Wähle die Größe des stumpfen Winkels und die Schenkellänge selbst.

7.5 Kongruenzsatz (sws) anwenden

Weiterführende Aufgaben

4. **Durchblick:** Konstruiere ein Dreieck ABC mit a = 4 cm, b = 6 cm, γ = 90°.
   Vergleiche dazu Beispiel 1 auf Seite 134. Beschreibe dein Vorgehen.

5. Konstruiere das Dreieck mit den angegebenen Maßen und entscheide, um welche Dreiecksart es sich jeweils handelt.
   a) b = 6,3 cm; c = 4,8 cm; α = 52°
   b) a = 4,5 cm; b = 6 cm; γ = 90°
   c) a = 6 cm; c = 6 cm; β = 60°
   d) b = 4,5 cm; c = 4,5 cm; α = 120°

6. Für das Quadrat ABCD gilt: $\overline{AE} = \overline{BF} = \overline{CG} = \overline{DH}$
   Zeige, dass die vier farbigen Dreiecke zueinander kongruent sind.

7. Fertige für jedes der Dreiecke ①, ② und ③ eine Planfigur an und prüfe dann, ob die Dreiecke zueinander kongruent sein könnten.
   ① a = 4,5 cm
      b = 4,5 cm
      γ = 40°
   ② c = 3 cm
      b = 4,5 cm
      α = 70°
   ③ a = 4,5 cm
      c = 3 cm
      β = 70°
   a) Konstruiere jedes Dreieck.
   b) Miss die restlichen Seitenlängen und Winkelgrößen und überprüfe deine Vermutung.

8. Gib ein weiteres Stück für das Dreieck an, damit es nach dem Kongruenzsatz (sws) eindeutig konstruiert werden kann.
   a) a = 3,0 cm; c = 7,0 cm
   b) b = 6,0 cm; γ = 80°
   c) $\overline{GH}$ = 5,0 cm; $\overline{HI}$ = 8,0 cm
   d) $\overline{RS}$ = 4,0 cm; ∢ RST = 60°

9. **Stolperstelle:** Mit den Bestimmungsstücken b = 6 cm, c = 6 cm und β = 50° soll ein gleichschenkliges Dreieck gezeichnet werden. Julian behauptet, dass es mehrere Dreiecke mit diesen Angaben gibt. Carl meint, dass es nur ein solches Dreieck gibt. Was meinst du? Begründe, nutze dazu den Kongruenzsatz (sws).

10. Die Eckpunkte des Rechtecks ABCD liegen in nebenstehender Zeichnung auf einem Kreis mit dem Mittelpunkt M. Prüfe, welche der Dreiecke △ ABM, △ BCM, △ CDM und △ DAM zueinander kongruent sind und begründe deine Entscheidung.

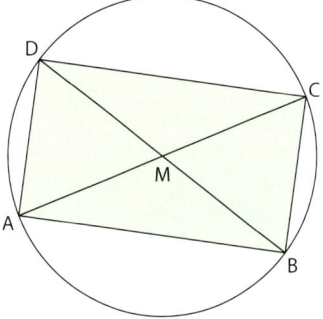

11. **Ausblick:** Lars peilt zwei Bäume unter einem Winkel von 70° an. Zwischen den Bäumen befindet sich ein See. Der eine Baum ist von Lars 240 m entfernt, der andere Baum 130 m.
    a) Fertige eine maßstabsgerechte Zeichnung an.
    b) Ermittle, wie weit beide Bäume voneinander entfernt sind und begründe deine Antwort.

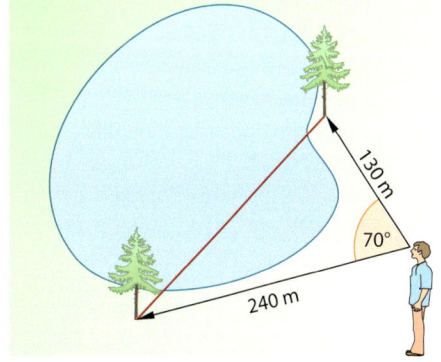

7.6 Kongruenzsatz (wsw) anwenden

■ Lea soll ein selbst gebautes Puppenhaus bekommen. Der Dachanbau ABC macht beim Planen aber Kopfzerbrechen. Die Winkel α und β sowie die Seite c sind vorgegeben.

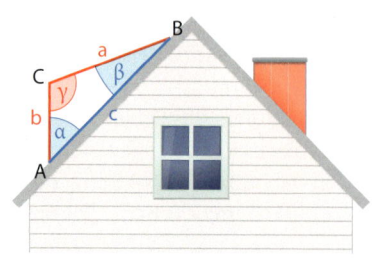

Lassen sich aus den drei bekannten Stücken α, β und c die drei unbekannten Stücke a, b und γ konstruktiv ermitteln? ■

Beispiel 1:
Konstruiere ein Dreieck ABC mit der Seitenlänge c = 6 cm und den anliegenden Winkeln α = 50° und β = 35°.

Lösung:
Zeichne eine Planfigur. Kennzeichne darin die gegebenen Stücke farbig.

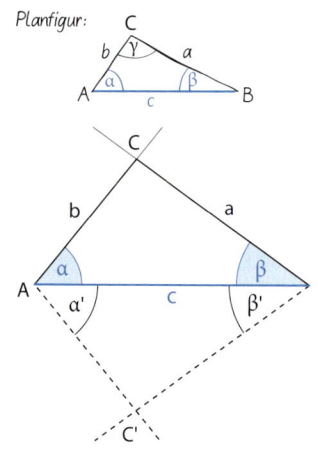

Zeichne die Seite c und trage den Winkel α im Punkt A und den Winkel β in B an. Bezeichne den Schnittpunkt der beiden Schenkel mit C. Dreieck ABC ist das gesuchte Dreieck.

Trägst du die Winkel auch nach unten an, entsteht das zu Dreieck ABC kongruente Dreieck BAC'. Beide Dreiecke sind zueinander kongruent, weil Dreieck BAC' das Bild von Dreieck ABC bei Spiegelung an $\overline{AB}$ ist.

Wissen: Kongruenzsatz (wsw)
Zwei Dreiecke sind **zueinander kongruent,** wenn sie in der **Länge einer Seite** und in den **Größen der anliegenden Winkel** übereinstimmen.

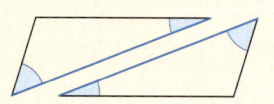

Basisaufgaben

1. Konstruiere das Dreieck ABC mit a = 6,0 cm und β = 30° und γ = 40° und beschreibe dein Vorgehen.

2. Konstruiere das Dreieck ABC mit b = 4,8 cm; α = 50° und γ = 65° nach der gegebenen Schrittfolge. Fertige auch eine Planfigur an.
   1. Zeichne $\overline{AC}$ = b.
   2. Trage an $\overline{AC}$ in A den Winkel α an.
   3. Trage an $\overline{AC}$ in C den Winkel γ an.
   4. Beschrifte den Schnittpunkt der freien Schenkel von α und γ mit B.

3. Konstruiere das Dreieck ABC mit den gegebenen Stücken.
   a) c = 4 cm; α = 60°; β = 45°
   b) a = 9 cm; β = 80°; γ = 15°
   c) α = 50°; γ = 70°; b = 7 cm
   d) β = 75°; γ = 57°; a = 5 cm

7.6 Kongruenzsatz (wsw) anwenden

Weiterführende Aufgaben

4. **Durchblick:** Vom Dreieck ABC sind die Seite c = 4 cm und der Winkel α = 35° bekannt.
   a) Konstruiere das Dreieck ABC mit β = 120° wie in Beispiel 1 auf Seite 134.
   b) Erläutere dein Vorgehen.
   b) Entscheide, für welche Winkelgrößen β das Dreieck konstruierbar ist.

5. Konstruiere das Dreieck ABC und miss die übrigen Längen und Winkel. Zeichne zunächst eine Planfigur.
   a) c = 8,7 cm; α = 50°; β = 41°
   b) a = 4,2 cm; β = 110°; γ = 25°
   c) c = 3 cm; α = 95°; β = 26°
   d) b = 10 cm; α = 60°; γ = 90°

   Hinweis zu 5:
   Die Lösungen findest du im Haus.
   Die Maßzahlen der Winkel stehen im Dach, die der Seitenlängen in den Etagen.

6. Zeichne die nebenstehende Figur, bestehend aus einem Quadrat und vier zueinander kongruenten rechtwinkligen Dreiecken in dein Heft.
   Es gilt: c = 5,3 cm; α = 59°; β = 31°
   a) Erläutere, wie du vorgegangen bist.
   b) Überlege, ob es noch einen einfacheren Lösungsweg gibt. Wenn ja, erläutere diesen.

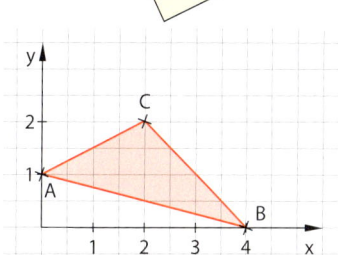

7. Gegeben ist Dreieck ABC mit A(0|1), B(4|0) und C(2|2). Zeichne das Dreieck in ein Koordinatensystem. Zeichne dann die Dreiecke BDC und BEC mit D(3|4) und E(6|1). Überprüfe mit dem Kongruenzsatz (wsw), ob die beiden Dreiecke ABC und BDC und die beiden Dreiecke ABC und BEC jeweils kongruent zueinander sind.

8. Die Basis eines gleichschenkligen Dreiecks ist 5 cm lang. Einer der beiden anliegenden Winkel ist 65° groß. Erkläre, welche anderen Dreiecksgrößen du ermitteln kannst und konstruiere das Dreieck.

9. **Stolperstelle:** Zeichne ein Dreieck mit α = 27°, β = 63° und γ = 90°. Vergleiche dein Ergebnis mit den Ergebnissen der anderen und erläutere deine Beobachtung.

10. Zeichne ein Dreieck ABC mit a = 4,5 cm und γ = 40°. Gib ein drittes Stück so an, dass das Dreieck ABC mit den drei Stücken nach dem Kongruenzsatz (sws) eindeutig konstruierbar ist. Lasse das Dreieck durch andere Personen zeichnen. Vergleicht eure Ergebnisse untereinander.

11. Konstruiere ein Dreieck A_1BC mit a = 6 cm, β = 78° und $γ_1$ = 44° und ein Dreieck A_2BC mit a = 6 cm, β = 78° und $γ_2$ = 74°.
    a) Miss jeweils die nicht gegebenen Seitenlängen b und c und vergleiche jeweils b_1 und b_2 sowie c_1 und c_2 miteinander.
    b) Bei welcher Winkelgröße $γ_3$ sind die Seiten b und c gleich lang? Entscheide, ob es noch andere solcher Winkelgrößen gibt. Begründe deine Entscheidung.

12. **Ausblick:** Entscheide (ohne zu zeichnen), ob man mit den gegeben Stücken ein Dreieck zeichnen kann. Konstruiere das Dreieck, wenn es möglich ist.
    a) c = 4,7 cm; β = 35°; γ = 55°
    b) a = 8,2 cm; β = 27°; γ = 155°
    c) b = 3,9 cm; α = 24°; γ = 116°
    d) c = 5,8 cm; α = 135°; γ = 45°

7.7 Kongruenzsatz (SsW) anwenden

■ Leon hat zwei Dreiecke gezeichnet. Obwohl die blau gefärbten Stücke gleich groß sind, sind die beiden Dreiecke zueinander nicht kongruent. Lea hat es einmal mit $\overline{AB} = 4\,cm$, $\overline{BC} = 5\,cm$ und ∢ BAC = 90° probiert und meint, dass wohl bei ihrer Zeichnung irgend etwas nicht stimmen kann.

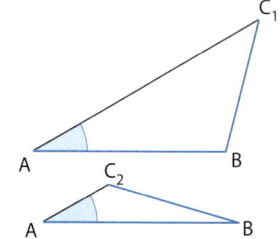

Woran könnte es deiner Meinung nach liegen, dass die Ergebnisse der beiden nicht übereinstimmen? ■

Nach Kongruenzsatz (sws) ist ein Dreieck aus zwei Seiten und dem eingeschlossenen Winkel eindeutig konstruierbar. Beim Beispiel von Leon sind aber zwei Seiten und ein anderer als der eingeschlossene Winkel gegeben.

Beispiel 1: Zeichne ein Dreieck ABC mit der Seitenlänge c = 4 cm und dem Winkel α = 120°. Prüfe, wie lang die Seite a mindestens sein muss, damit überhaupt ein Dreieck entsteht.

Lösung:
Zeichne eine Planfigur. Kennzeichne darin die gegebenen Stücke farbig.

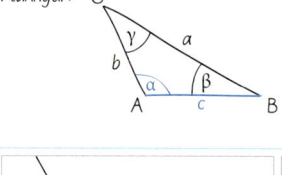

Zeichne $\overline{AB} = c = 4\,cm$. Trage an $\overline{AB}$ den Winkel α = 120° in A an. Auf diesem freien Schenkel muss dann der Punkt C liegen.

Hinweis:
Auf einem Kreis liegen alle Punkte, die vom Mittelpunkt des Kreises gleich weit entfernt sind.

Zeichne um Punkt B einen Kreis mit beliebigem Radius. Wähle den Radius so groß, dass der Kreis den freien Schenkel schneidet.

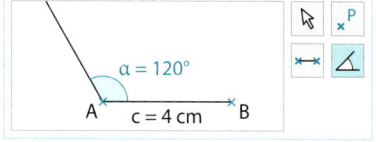

Der Schnittpunkt ist C. Ein Dreieck entsteht, wenn a größer als 4 cm ist.

Diese Konstruktion ist eindeutig, da der Kreis den freien Schenkel immer in genau einem Punkt schneidet.

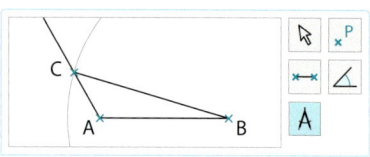

Sind zwei unterschiedlich lange Seiten gegeben und der gegebene Winkel liegt der **längeren Seite** im Dreieck gegenüber, sind alle Dreiecke mit dieser Eigenschaft zueinander kongruent. Darum schreibt man bei diesem Kongruenzsatz das erste S und das W mit Großbuchstaben.

Wissen: Kongruenzsatz (SsW)
Zwei Dreiecke sind **zueinander kongruent,** wenn sie in den Längen **zweier Seiten** und der Größe des **Winkels, der der längeren der beiden Seiten gegenüberliegt,** übereinstimmen.

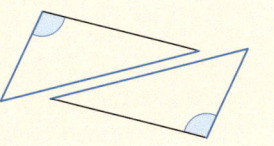

Basisaufgaben

1. Ein Dreieck ABC soll die Seite a = 6 cm und den Winkel β = 110° haben.
   a) Konstruiere das Dreieck ABC mit b = 8 cm.
   b) Für welche Seitenlängen b entsteht kein Dreieck?

7.7 Kongruenzsatz (SsW) anwenden

2. Entscheide, ob das Dreieck ABC eindeutig konstruierbar ist. Begründe deine Antwort.
   a) a = 5 cm; b = 4 cm; β = 40° b) a = 5 cm; b = 6 cm; β = 60°
   c) a = 3 cm; b = 4 cm; α = 110° d) a = 4 cm; b = 3 cm; β = 110°

3. Konstruiere ein gleichschenkliges Dreieck mit den gegebenen Stücken.
   Wie viele Möglichkeiten dafür gibt es?
   a) b = 4,2 cm; β = 45° b) b = 5 cm; β = 113°

Weiterführende Aufgaben

4. **Durchblick:** Konstruiere Dreiecke ABC mit a = 5 cm und b = 8 cm.
   Wähle für α nacheinander die Werte 32°, 39° und 23°.
   Gib jeweils die Anzahl der Lösungen an.
   Orientiere dich an Beispiel 1 auf Seite 138.

5. Konstruiere die Dreiecke ABC und DEF und entscheide, ob sie zueinander kongruent sind:
   a) c = 6 cm; a = 6,5 cm; α = 100° und e = 1,8 cm; f = 6 cm; ε = 15°
   b) c = 3 cm; b = 4 cm; β = 40° und d = 3,5 cm; e = 4 cm; ε = 40°

6. Aufgrund von Bauarbeiten wurde die Silberburgstraße gesperrt. Sie ist Teil eines häufig genutzten Schulwegs. Somit müssen viele Schulkinder einen Umweg über die Rotebühlstraße und über die Herzogstraße in Kauf nehmen.
   a) Erstelle eine maßstabsgerechte Zeichnung.
   b) Ermittle die Länge der Silberburgstraße.
   c) Um wie viel Meter ist der Schulweg jetzt länger geworden?

7. **Stolperstelle:** Anna kennt von einem gleichschenkligen Dreieck zwei Stücke, die Länge einer Seite und die Größe eines Innenwinkels. Anna meint, dass die Seite 5 cm lang und der Innenwinkel 50° groß ist. Das Dreieck ist damit eindeutig konstruierbar, da die Schenkel des Dreiecks gleich lang sind und damit der Winkel immer der größeren Seite gegenüber liegt. Was meinst du dazu?

8. An der Wand einer Lagerhalle soll, wie in der Abbildung zu sehen, eine neue Tür angebracht werden. Die Tür ist 1,60 m breit und wird in 1,20 m Entfernung vor den Regalen an der Wand verankert. Sie verdeckt nach dem Öffnen einen Teil des Regals. Ermittle zeichnerisch, wie viel Zentimeter von dem Regal verdeckt sind.

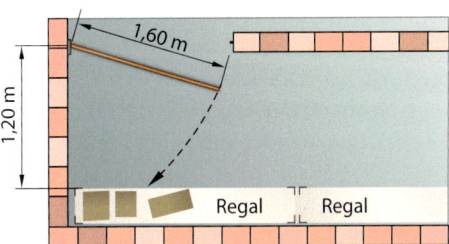

9. **Ausblick:** Leon meint, dass er einen weiteren Kongruenzsatz gefunden hat. Es soll der Kongruenzsatz (sww) sein. Erkläre am △ABC mit c = 6 cm, β = 55° und γ = 85°, warum es eigentlich kein neuer Kongruenzsatz ist. Zeige aber, dass die Konstruktion eindeutig ist.

7.8 Kongruenz von Dreiecken untersuchen

■ Das abgebildete Rechteck wurde in vier Teildreiecke zerlegt.

Welche dieser vier Dreiecke sind zueinander kongruent? Begründe deine Antwort. ■

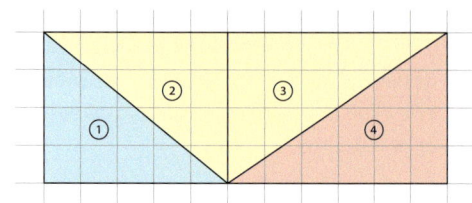

Tipp:
In einem Rechteck sind gegenüberliegende Seiten gleich lang. Jeder Innenwinkel ist ein rechter Winkel.

Dreiecke auf Kongruenz prüfen

Erinnere dich:
Beschriftung von Dreiecken:

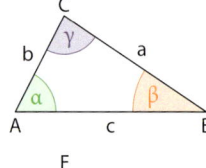

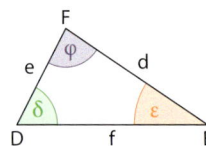

Beispiel 1: Ist Dreieck ABC zum Dreieck DEF kongruent? Erläutere dein Vorgehen.
a) $a = 4\,cm$; $b = 5\,cm$; $c = 8\,cm$ und $d = 5\,cm$; $e = 8\,cm$; $f = 4\,cm$
b) $b = 4{,}6\,cm$; $c = 7{,}2\,cm$; $\alpha = 39°$ und $d = 4{,}6\,cm$; $f = 7{,}2\,cm$; $\varepsilon = 39°$

Lösung:
a) Es sind jeweils drei Seiten gegeben. Markiere einander entsprechende Seiten: $a = e$, $b = f$, $c = d$
Nach Kongruenzsatz (sss) sind beide Dreiecke zueinander kongruent.

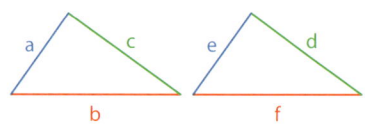

b) Es sind zwei Seiten und der von ihnen eingeschlossene Winkel gegeben. Markiere einander entsprechende Stücke: $\alpha = \varepsilon$, $b = d$, $c = f$
Nach Kongruenzsatz (sws) sind beide Dreiecke zueinander kongruent.

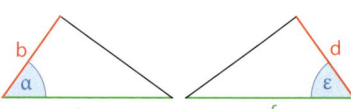

Basisaufgaben

1. Untersuche, ob die Dreiecke zueinander kongruent sind. Erläutere dein Vorgehen.
   a) ①: $a = 5{,}6\,cm$; $b = 11{,}3\,cm$; $\beta = 55°$ b) ①: $\alpha = \beta = 39°$; $b = 7{,}8\,cm$
       ②: $b = 5{,}6\,cm$; $c = 11{,}3\,cm$; $\gamma = 55°$ ②: $\beta = 39°$; $a = 7{,}8\,cm$; $\gamma = 65°$

2. Prüfe, ob die Dreiecke ABM und CDM zueinander kongruent sind. Erläutere dein Vorgehen.

3. Du sollst zwei rechtwinklige Dreiecke auf Kongruenz untersuchen. Für welchen Kongruenzsatz würdest du dich entscheiden? Begründe deine Wahl.

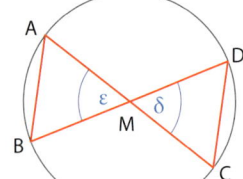

Sind von zwei Dreiecken jeweils drei geeignete Größen bekannt, genügt es, diese (entsprechend der Kongruenzsätze) zu vergleichen, um herauszufinden, ob beide Dreiecke zueinander kongruent sind.

Planfiguren sind dabei hilfreich:

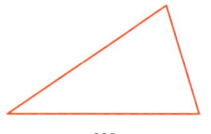
sss

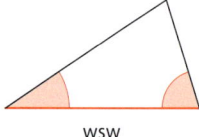
wsw

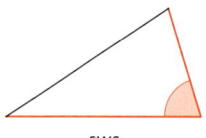
sws

SsW

7.8 Kongruenz von Dreiecken untersuchen

Zueinander kongruente Dreiecke erkennen

Beispiel 2:
Prüfe, welche der folgenden Dreiecke zueinander kongruent sind. Begründe dies mithilfe geeigneter Kongruenzsätze. Nutze möglichst Stücke, die du gut messen kannst.

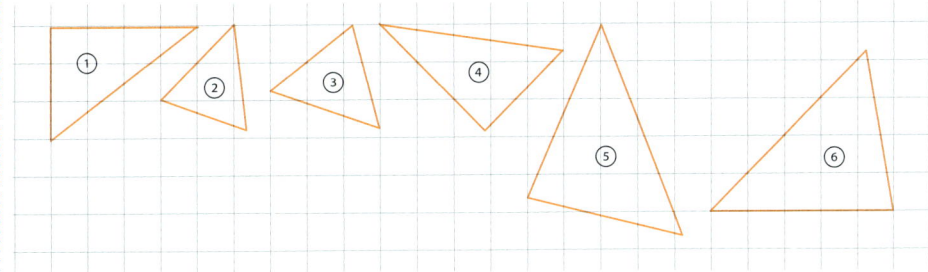

Lösung:
Zueinander kongruent sind:
– Dreiecke ① und ④ nach Kongruenzsatz (sss)
– Dreiecke ⑤ und ⑥ Kongruenzsatz (sws)

Nicht zueinander kongruent sind:
– Dreiecke ② und ③

Sie haben zwar zwei gleich lange Seiten, der jeweils von diesen Seiten eingeschlossene Winkel bzw. die dritte Seite stimmen aber nicht überein.

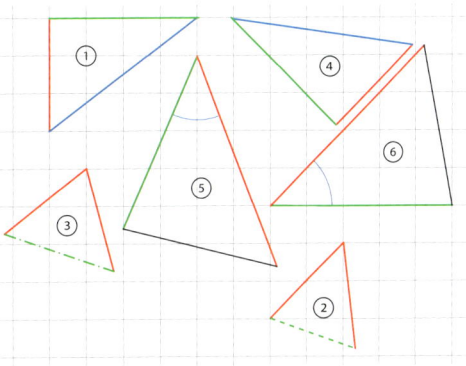

Basisaufgaben

4. Prüfe die folgenden Dreiecke auf Kongruenz. Begründe mithilfe der Kongruenzsätze.

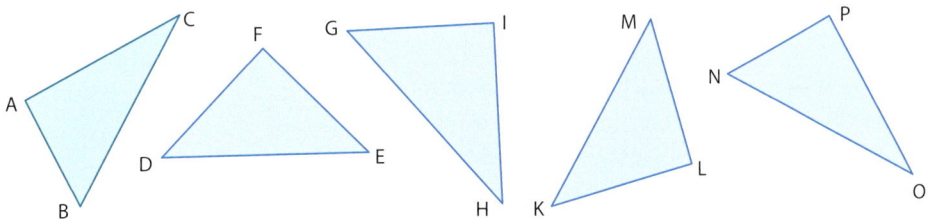

5. Prüfe die Dreiecke ABC und DEF auf Kongruenz. Begründe mit Kongruenzsätzen.
    a) $\alpha = 39°$; $b = 7{,}8\,cm$; $\gamma = 65°$ und $\varepsilon = 39°$; $d = 7{,}8\,cm$; $\varphi = 65°$
    b) $a = 5{,}6\,cm$; $b = 11{,}3\,cm$; $\beta = 55°$ und $e = 5{,}6\,cm$; $f = 11{,}3\,cm$; $\varphi = 55°$

6. Gib die Dreiecke an, die zueinander kongruent sind.
    Begründe nur mithilfe der Kongruenzsätze.
    ① Dreieck ABC mit: $a = 12{,}3\,m$; $b = 456\,dm$; $\gamma = 125°$
    ② Dreieck $A_1B_1C_1$ mit: $\beta_1 = 54°$; $a_1 = 243\,mm$; $\gamma_1 = 33°$
    ③ Dreieck $A_2B_2C_2$ mit: $\gamma_2 = 33°$; $b_2 = 24{,}3\,cm$; $\alpha_2 = 54°$
    ④ Dreieck $A_3B_3C_3$ mit: $\alpha_3 = 125°$; $b_4 = 45{,}6\,m$; $c_4 = 1230\,cm$
    ⑤ Dreieck $A_4B_4C_4$ mit: $a_4 = 33\,cm$; $\beta_4 = 24{,}3°$; $b_4 = 54\,cm$

Weiterführende Aufgaben

7. **Durchblick:** Gib alle Dreiecke an, die zueinander kongruent sind. Orientiere dich an den Beispielen 1 und 2 auf den Seiten 140 und 141. Erläutere dein Vorgehen.

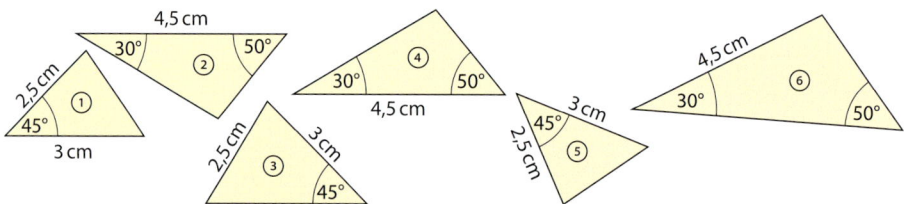

8. Trage die Punkte A(−2|3), B(1|−3), C(1|3), D(−1|−2), E(−3|1), F(1|0) und G(4|0) in ein Koordinatensystem ein. Jeweils drei der Punkte sollen Eckpunkte eines Dreiecks sein. Gib möglichst viele solcher Dreiecke an, die zueinander kongruent sind.

9. **Stolperstelle:**
Konstruiere ein Dreieck, bei dem du die drei Innenwinkel selbst wählst. Welche Bedingung musst du dabei beachten und wie viele Dreiecke lassen sich so konstruieren? Begründe deine Aussage.

10. Überprüfe die Formulierung kritisch. Formuliere gegebenenfalls genau.
    a) Dreiecke sind zueinander kongruent, wenn alle Seiten gleich sind.
    b) Dreiecke sind zueinander kongruent, wenn Seiten und gegenüberliegende Winkel gleich sind.

11. Zeichne ins Heft. Um welche besondere Dreiecksart handelt es sich?
    a) Ein Dreieck mit den Seitenlängen 3 cm, 4 cm und 5 cm ist kongruent zum Dreieck ABC mit $a = 3$ cm, $b = 4$ cm und $\gamma = 90°$.
    b) Ein Dreieck mit $b = c = 7$ cm und $\alpha = 60°$ ist kongruent zum Dreieck ABC mit $\beta = \gamma = 60°$ und $a = 7$ cm.
    c) Ein Dreieck mit $b = c = 5$ cm und $\beta = 70°$ ist kongruent zum Dreieck ABC mit $b = c = 5$ cm und $\gamma = 70°$.

12. Über einen Fluss soll eine Brücke gebaut werden, dafür wird die Breite des Flusses benötigt. Die Punkte A und B liegen auf der einen Seite des Flusses und haben einen Abstand von 8 m. Auf der anderen Seite des Flusses steht ein Baum direkt am Ufer. Der Baum wird von den Punkten A und B angepeilt. Als Ergebnis erhält man die Winkel $\alpha = 70°$ und $\beta = 41°$. Ermittle zeichnerisch:
    a) Wie weit sind A und B jeweils vom Baum entfernt?
    b) Wie breit ist der Fluss ungefähr?

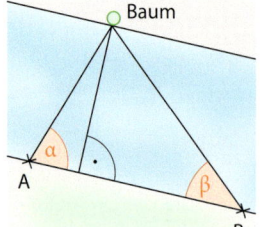

13. **Ausblick:**
Vervollständige in deinem Heft zu wahren Aussagen:
    a) Quadrate sind zueinander kongruent, wenn …
    b) Gleichseitige Dreiecke sind zueinander kongruent, wenn …
    c) Gleichschenklige Dreiecke sind zueinander kongruent, wenn …
    d) Kreise sind zueinander kongruent, wenn…
    e) Regelmäßige Sechsecke sind zueinander kongruent, wenn …

7.9 Innenwinkelsatz für Dreiecke anwenden

■ „Das ist ja ein Zufall!"
Theresa hat von drei gleich großen und genau übereinanderliegenden Notizzetteln jeweils eine gleich große Ecke abgeschnitten. Dabei sind drei zueinander kongruente Dreiecke entstanden.
Theresa hat diese drei Dreiecke so aneinander gelegt, dass eine gerade Linie entsteht.

Was meinst du? Ist das wirklich Zufall? ■

Vermutlich gilt für die Innenwinkel eines Dreiecks immer: $\alpha + \beta + \gamma = 180°$
Ob dies immer so ist, muss bewiesen werden. Es muss also lückenlos von der Voraussetzung bis zur Behauptung geschlossen und begründet werden.

Voraussetzung: α, β und γ sind Innenwinkel eines Dreiecks.
Behauptung: *Es gilt:* $\alpha + \beta + \gamma = 180°$

Beweis:
(1) Zeichnet man eine zu AB parallele Gerade g, dann gilt für die Wechselwinkel:
$\alpha = \alpha'$ und $\beta = \beta'$

(2) α', β' und γ bilden zusammen einen gestreckten Winkel, somit gilt:
$\alpha' + \beta' + \gamma = 180°$

(3) Aus (1) und (2) folgt:
$\alpha + \beta + \gamma = 180°$

Erinnere dich:
Nebenwinkel ergänzen einander zu 180°.
Stufenwinkel und Wechselwinkel an zueinander parallelen Geraden sind gleich groß.

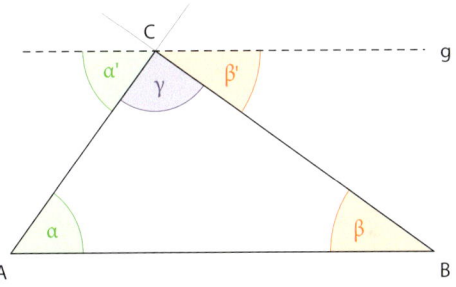

> **Wissen: Innenwinkelsatz für Dreiecke**
> Die Summe der Innenwinkel in einem Dreieck beträgt immer 180°.
> *Es gilt:* $\alpha + \beta + \gamma = \mathbf{180°}$

Beispiel 1: Gegeben sind die Winkel $\alpha = 30°$ und $\beta = 80°$ im Dreieck ABC.
Berechne die Größe von γ.

Lösung:
Setze die gegebenen Winkelgrößen in die Gleichung für die Innenwinkel im Dreieck ein (Innenwinkelsatz). Löse dann die Gleichung.

$\alpha + \beta + \gamma = 180°$
$30° + 80° + \gamma = 180°$
$110° + \gamma = 180°$
$\gamma = 70°$

Basisaufgaben

1. Ermittle die Größe des dritten Innenwinkels vom Dreieck ABC.
    a) $\alpha = 40°$, $\beta = 90°$
    b) $\beta = 55°$, $\gamma = 67°$
    c) $\alpha = 72°$, $\beta = 11°$

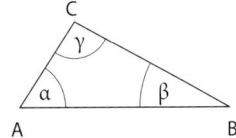

2. Ermittle die fehlenden Winkelgrößen und gib die Dreiecksart hinsichtlich der Winkel an.

	α	β	γ
a)		45°	45°
b)	60°		60°
c)	27°	27°	

Weiterführende Aufgaben

3. Prüfe, ob es Dreiecke ABC mit den angegebenen Winkelgrößen gibt. Begründe deine Aussage. Gib, wenn das Dreieck existiert, die fehlenden Winkelgrößen und die Dreiecksart an.
   a) α = 33°, β = 57°,   b) α = 88°, β = 92°
   c) β = 59°, α = β = γ   d) β = 89°, γ = 89°

4. **Durchblick:**
   Berechne die Größe des Winkels α.
   Beachte auch Beispiel 1 auf Seite 143.

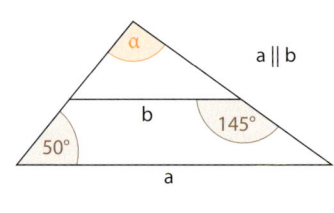

5. Zeige, dass in einem gleichseitigen Dreieck jeder Winkel 60° groß ist.

 6. **Stolperstelle:** Prüfe, ob der Winkel β in nebenstehender Abbildung eine Winkelgröße von 40° haben kann.

7. In Beispiel 1 auf Seite 143 wurde der Innenwinkelsatz auf spitzwinklige Dreiecke angewendet. Löse folgende Aufgabe ausführlich und dokumentiere deine Lösung:
   In einem gleichschenkligen Dreieck gilt für den Winkel zwischen den beiden gleich langen Seiten α = 30°. Berechne die beiden fehlenden Innenwinkelgrößen im Dreieck.

8. Konstruiere das Dreieck. Gib eine Konstruktionsbeschreibung an und erläutere, welche Dreiecksart vorliegt. Berechne die fehlenden Innenwinkel.
   a) α = 90°, β = 45°, c = 5 cm
   b) a = 5 cm, c = 5 cm, β = 50°
   c) α = β = γ, b = 4,5 cm

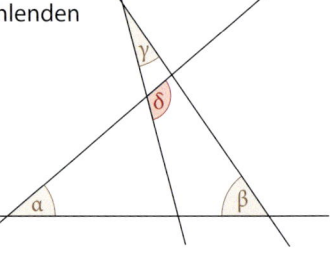

9. Berechne die Größe des Winkels δ in nebenstehender Zeichnung für α = 40°, β = 50° und γ = 20°.

10. Zeichne in ein Rechteck ABCD mit a = 5 cm und b = 4 cm eine Diagonale ein und zeige, dass die Innenwinkelsumme in diesem Rechteck 360° beträgt.

11. **Ausblick:** Nutze den Innenwinkelsatz für Dreiecke beim Lösen der Aufgaben.
    a) In einem Dreieck hat α eine Winkelgröße von 50°. β ist 30° größer als γ.
       Berechne die fehlenden Innenwinkelgrößen.
    b) In einem Dreieck ist α doppelt so groß wie β und γ beträgt 60°.
       Berechne die fehlenden Innenwinkelgrößen.
    c) In einem Dreieck ist α doppelt so groß wie β und dreimal so groß wie γ.
       Berechne die Innenwinkelgrößen.

7.10 Besondere Linien im Dreieck zeichnen

■ Falte ein Dreieck aus Zeichenpapier entlang der drei markierten Linien. Jede der drei Linien ist senkrecht zu einer Seite des Dreiecks und halbiert diese.

Was fällt dir auf? ■

In Dreiecken gibt es Linien mit besonderen Eigenschaften.

> **Wissen: Besondere Linien im Dreieck**
>
> Eine **Mittelsenkrechte** im Dreieck ist senkrecht zu einer Dreiecksseite und halbiert diese.
>
> Eine **Winkelhalbierende** im Dreieck halbiert einen Innenwinkel des Dreiecks.
>
> Eine **Seitenhalbierende** verbindet den Mittelpunkt einer Dreiecksseite mit dem der Seite gegenüberliegenden Eckpunkt.
>
> Eine **Höhe** vom Dreieck ist eine senkrechte Strecke zu einer Dreiecksseite (oder deren Verlängerung) durch den Eckpunkt, der dieser Seite gegenüberliegt.

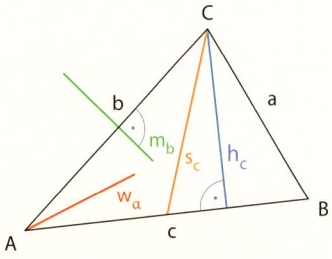

h_c ist Höhe zur Seite c
w_α ist Winkelhalbierende von α
m_b ist Mittelsenkrechte von b
s_c ist Seitenhalbierende von c

Hinweis:
Eine Senkrechte durch einen Punkt zu einer Geraden wird Lot genannt.

Dreiecke haben immer drei Mittelsenkrechten, drei Winkelhalbierende, drei Höhen und drei Seitenhalbierende. Besonderheiten und Eigenschaften dieser Linien lassen sich mit einer dynamischen Geometrie-Software gut veranschaulichen.

Beispiel 1: Untersuche das Lageverhalten der folgenden besonderen Linien im Dreieck. Du kannst dazu eine dynamische Geometriesoftware verwenden.
a) Winkelhalbierende   b) Mittelsenkrechte   c) Höhen

Lösung:

a) Zeichne ein Dreieck ABC und zu jedem Winkel die Winkelhalbierende. Die drei Winkelhalbierenden schneiden einander in genau einem Punkt.

b) Zeichne ein Dreieck ABC und zu jeder Seite die Mittelsenkrechte. Die drei Mittelsenkrechten schneiden einander in genau einem Punkt.

c) Zeichne ein Dreieck ABC und das Lot von jedem Eckpunkt auf die gegenüberliegenden Seiten. Die Lote beschreiben die gesuchten Höhen. Die drei Höhen schneiden einander in genau einem Punkt.

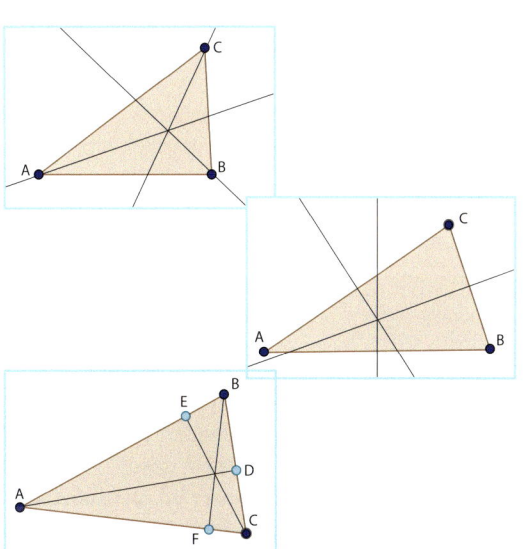

Hinweis:
Werkzeuge für Winkelhalbierende:

Mittelsenkrechte:

senkrechte Gerade:

Basisaufgaben

1. Zeichne ein gleichschenkliges (nicht gleichseitiges) und ein gleichseitiges Dreieck mit jeweils allen Winkelhalbierenden und allen Mittelsenkrechten.
Was fällt dir auf?

2. Zeichne ein rechtwinkliges Dreieck mit seinen drei Mittelsenkrechten.
Was fällt dir auf? Prüfe deine Beobachtung mit einer dynamischen Geometriesoftware an verschiedenen rechtwinkligen Dreiecken.

3. Zeichne in einem spitzwinkligen, in einem stumpfwinkligen und in einem rechtwinkliges Dreieck jeweils alle Höhen ein. Was fällt dir auf?

> **Wissen: Lageverhalten besonderer Linien im Dreieck**
> Mittelsenkrechte, Winkelhalbierende, Seitenhalbierende und Höhen eines Dreiecks schneiden einander jeweils in genau einem Punkt.

Weiterführende Aufgaben

Erinnere dich:
Werkzeuge zum:

Wählen oder Ziehen von Objekten

Messen von Winkelgrößen

Messen von Streckenlängen

4. **Durchblick:** Winkelhalbierende und Mittelsenkrechte eines Dreiecks schneiden einander jeweils in genau einem Punkt. Entscheide, welcher der beiden Punkte von allen Seiten und welcher Punkt von allen Eckpunkten des Dreiecks gleich weit entfernt ist. Begründe deine Antwort. Orientiere dich an Beispiel 1 auf Seite 145.

5. Zeichne in einer dynamischen Geometriesoftware ein Dreieck ABC. Bewege einen Eckpunkt so, dass nacheinander ein gleichschenkliges, ein gleichseitiges und ein rechtwinkliges Dreieck entstehen. Verwende zur Kontrolle die in der Randspalte angegebenen Werkzeuge.

6. Zeichne in einer Geometriesoftware ein Dreieck ABC. Zeichne in diesem Dreieck die Höhen und die Winkelhalbierenden ein. Ändere die Form des Dreiecks und beschreibe das Lageverhalten von Höhen und Winkelhalbierenden. Fertige eine Übersicht über Sonderfälle an.

7. Der Schnittpunkt der Höhen eines Dreiecks kann außerhalb des Dreiecks liegen. Prüfe, ob auch die Schnittpunkte der Winkelhalbierenden außerhalb des Dreiecks liegen können. Begründe deine Antwort.

8. **Stolperstelle:** Ina meint, dass es für die Konstruktion der Mittelsenkrechten eines Dreiecks eine sehr einfache Konstruktion gibt. Dazu braucht nur der Mittelpunkt einer Seite mit dem gegenüberliegenden Eckpunkt verbunden werden. Sie zeigt das an einem gleichseitigen Dreieck. Prüfe Inas Vorschlag sowohl an einem gleichseitigen Dreieck als auch an einem Dreieck, das nicht gleichseitig ist.

9. **Ausblick:** Konstruiere in einem selbst gewählten Dreieck ABC den Schnittpunkt S_m der Mittelsenkrechten und zeige, dass S_m von den Eckpunkten A, B und C des Dreiecks gleich weit entfernt ist. Konstruiere im gleichen Dreieck auch den Schnittpunkt S_h der Höhen. Konstruiere den Mittelpunkt M der Strecke $\overline{S_m S_h}$ und zeichne um M einen Kreis mit dem Radius $r = \overline{MS_m}$. Beschreibe, in welchen Punkten dieser Kreis das Dreieck schneidet.

7.11 Umkreis und Inkreis von Dreiecken zeichnen

■ Drei Schüler stehen mit Startklappen so auf einer Wiese, dass sie ein Dreieck bilden. Sie schlagen die Klappen gleichzeitig zusammen. Ein vierter Schüler soll sich so zwischen die drei anderen Schüler stellen, dass er nicht drei, sondern nur einen Knall hört.

Wo würdest du dich hinstellen? Begründe deine Antwort. ■

Wissen: Umkreis und Inkreis eines Dreiecks

Der **Umkreis** eines Dreiecks ist der Kreis, auf dem alle Eckpunkte des Dreiecks liegen. Sein Mittelpunkt ist der **Schnittpunkt der Mittelsenkrechten** der Dreieckseiten.

Der **Inkreis** eines Dreiecks ist der Kreis, der alle Seiten des Dreiecks innen berührt. Sein Mittelpunkt ist der **Schnittpunkt der Winkelhalbierenden** der Innenwinkel des Dreiecks.

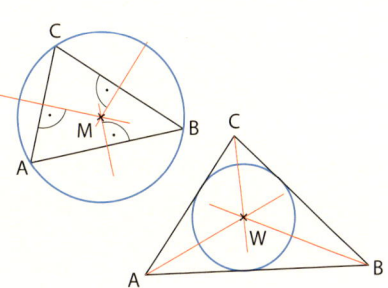

Umkreise von Dreiecken konstruieren

Beispiel 1:
Übertrage ins Heft und konstruiere den Umkreis des Dreiecks ABC.

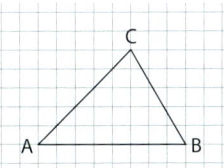

Lösung:
Zeichne die Mittelsenkrechten der Dreieckseiten. Sie schneiden einander im Punkt M. Der Punkt M ist Mittelpunkt des Umkreises mit r = $\overline{AM}$ = $\overline{BM}$ = $\overline{CM}$.

Zeichne um M einen Kreis mit r = $\overline{AM}$, der durch einen Eckpunkt und damit durch alle Eckpunkte des Dreiecks verläuft.

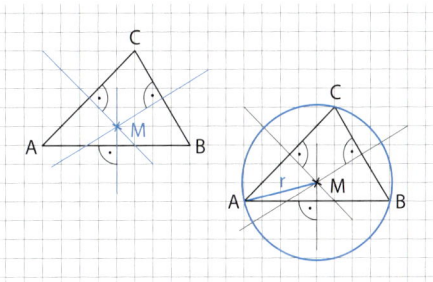

Hinweis:
Es reicht aus, zwei Mittelsenkrechten zu zeichnen. Die dritte Mittelsenkrechte kann zur Kontrolle genutzt werden.

In einer dynamischen Geometrie-Software kannst du folgende Werkzeuge verwenden:

Mittelsenkrechte

Kreis mit gewähltem Mittelpunkt durch einen anderen Punkt

Basisaufgaben

1. Zeichne ein Dreieck ABC in dein Heft und konstruiere den Umkreis.
   a) a = 5 cm, b = 6 cm, c = 7 cm
   b) a = 5 cm, b = 4 cm, c = 3 cm

2. Zeichne ein gleichseitiges Dreieck ABC mit einer Seitenlänge von 6 cm in dein Heft. Konstruiere den Umkreis und finde Besonderheiten.

Inkreise von Dreiecken konstruieren

Hinweis:
Es reicht aus, zwei Winkelhalbierende zu zeichnen. Die dritte Winkelhalbierende kann zur Kontrolle genutzt werden.

In einer dynamischen Geometrie-Software kannst du folgende Werkzeuge verwenden:
Winkelhalbierende

senkrechte Gerade

Kreis mit gewähltem Mittelpunkt durch einen anderen Punkt

Beispiel 2:
Übertrage ins Heft und konstruiere den Inkreis des Dreiecks ABC.

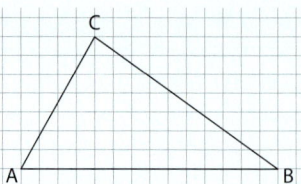

Lösung:
Zeichne die Winkelhalbierenden der Innenwinkel des Dreiecks. Sie schneiden einander im Punkt W. Der Punkt W ist der Mittelpunkt des Inkreises. Zeichne das Lot von W auf Seite $\overline{AB}$ und bezeichne den entstandenen Schnittpunkt mit D. Zeichne dann um W einen Kreis mit $r = \overline{WD}$, der alle Dreieckseiten von innen berührt.

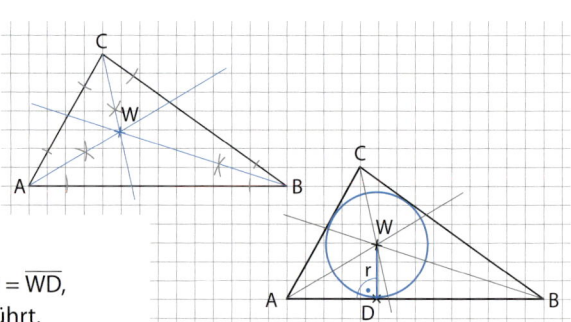

Basisaufgaben

3. Zeichne das Dreieck ABC ins Heft und konstruiere den Inkreis.
   a) a = 5 cm, b = 6 cm, c = 7 cm b) a = 5 cm, b = 4 cm, c = 3 cm

4. Zeichne ein gleichseitiges Dreieck ABC mit einer Seitenlänge von 6 cm ins Heft. Konstruiere den Inkreis und finde Besonderheiten.

5. Zeichne jeweils das Dreieck ABC und konstruiere seinen Umkreis. Vergleiche die Lage der Umkreismittelpunkte dieser Dreiecke.
   ① c = 7 cm, α = 70°, β = 100°   ② c = 7 cm, a = 8 cm, β = 100°   ③ c = 7 cm, α = 45°, γ = 90°

Weiterführende Aufgaben

6. **Durchblick:** Orientiere dich an den Beispielen auf Seite 147 und 148.
   a) Zeichne das Dreieck in ein Koordinatensystem und konstruiere seinen Umkreis.
      ① A(0|0), B(5|1), C(2|4)   ② A(0|3), B(3|0), C(4|5)   ③ E(1|0), F(4|–1), G(2|3)
   b) Zeichne das Dreieck in ein Koordinatensystem und konstruiere seinen Inkreis.
      ① A(0|0), B –(4|2), C(2|4)   ② A(3|1), B(6|3), C(4|5)   ③ R(1|3), S(4|0), T(4|5)

7. Die Umgehungsstraße, die ungefähr in Form eines Kreisbogens südöstlich um das Stadtzentrum führt, soll in den nächsten Jahren zu einem vollständigen Ring um die Stadt ausgebaut werden. Erläutere, wie du die Streckenführung ermitteln würdest, wenn die Umgehungsstraße in ihrem endgültigen Ausbauzustand etwa auf einem Kreis liegen soll.

7.11 Umkreis und Inkreis von Dreiecken zeichnen

8. **Stolperstelle:** Bei Ausgrabungen wurde die abgebildete Scherbe eines Tellers gefunden. Es soll der Radius dieses Tellers ermittelt werden, damit man prüfen kann, ob andere Scherben zum selben Teller gehören könnten. Bereite einen Vortrag vor und erläutere dein Vorgehen. Erstelle auch ein Plakat oder ein Arbeitsblatt dazu.

9. Konstruiere, wenn möglich, das Dreieck ABC mit dem Umkreisradius r.
   a) a = 4 cm, b = 5 cm, r = 3 cm
   b) β = 55°, a = 3,7 cm, r = 2,5 cm

10. Aus einer dreieckförmigen Holzplatte mit den Seitenlängen a = 50 cm, b = 70 cm und c = 100 cm möchte ein Schreiner einen möglichst großen Kreis ausschneiden, um daraus eine Tischplatte herzustellen. Aus Sicherheitsgründen muss das Sägeblatt einen Abstand von mindestens 10 cm zum Rand haben. Ermittle den Radius des Kreises.

11. Zeichne die Punkte A(2|0), B(0|3), C(−4|−4) und D(2|−6) in ein Koordinatensystem.
    a) Konstruiere einen Punkt E so, dass das Dreieck ABE gleichschenklig ist und die Höhe 3 Längeneinheiten beträgt. Gib die Koordinaten von E an.
    b) Konstruiere einen Punkt F so, dass der Punkt M(0|−4) der Mittelpunkt des Inkreises des Dreiecks CDF ist. Gib die Koordinaten von F an.

12. Wahr oder falsch? Begründe deine Antwort.
    a) Es gibt Dreiecke, bei denen der Mittelpunkt des Umkreises auf einer Seite liegt.
    b) Es gibt Dreiecke, bei denen der Mittelpunkt des Umkreises außerhalb des Dreiecks liegt.

13. Löse die Aufgabe. Eine dynamischen Geometrie-Software kann dabei hilfreich sein.
    a) Die Punkte A und B sind 5 cm voneinander entfernt.
       – Zeichne alle Punkte, die von A und B denselben Abstand haben.
       – Markiere den Bereich, in dem alle Punkte liegen, die näher an A als an B liegen.
       – Markiere den Bereich, in dem alle Punkte liegen, die genau 4 cm von A entfernt sind.
       – Zeichne einen Punkt C und konstruiere einen Punkt, der von A, B und C gleich weit entfernt ist.
    b) Übertrage die Dreiecke mit doppelten Seitenlängen ins Heft und konstruiere die Inkreise.
    c) Bestimme den Radius des Umkreises der gleichseitigen Dreiecke mit den Seitenlängen 5 cm; 7 cm; 8,29 cm und 15,8 cm.
    d) Beim Neubau soll das Dach geplant werden. Das Haus ist 10 m breit. Der dreieckige Dachgiebel soll gleichschenklig sein, der Dachfirst soll zwischen 2,9 m und 5 m von einer Ecke entfernt sein. Bestimme alle möglichen Größen des Winkels an der Dachspitze und beschreibe, was dir bei den Größen der anderen beiden Winkel auffällt.

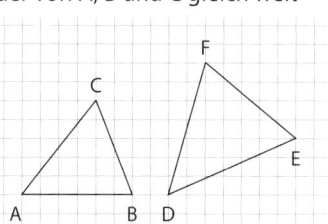

Hinweis zu 11: Tipps zum Umgang mit der dynamischen Geometrie-Software findest du auf den Methodenkarten 6 E und 6 F (S. 236).

14. **Ausblick:**
    a) Konstruiere ein Dreieck mit den Seitenlängen a = 8 cm, b = 7 cm und c = 10 cm. Konstruiere und markiere den Umkreismittelpunkt M, den Höhenschnittpunkt H sowie den Schnittpunkt der Seitenhalbierenden. Beschreibe, was dir auffällt.
    b) Konstruiere weitere Dreiecke (die nicht gleichseitig sind) mit den oben angegebenen Punkten und beschreibe, was dir auffällt.
    c) Konstruiere ein gleichseitiges Dreieck mit der Seitenlänge a = 10 cm mit den oben angegebenen Punkten. Lässt sich deine Beobachtung allgemein auf gleichseitige Dreiecke übertragen? Begründe deine Antwort.

7.12 Eindeutigkeitsuntersuchungen beim Konstruieren von Dreiecken

■ Markus konstruiert ein Dreieck in folgenden Schritten:
– Er zeichnet eine Strecke $\overline{AB}$ = 6 cm.
– Er trägt an $\overline{AB}$ in B einen Winkel von 45° an.
– Er zeichnet um A einen Kreis mit einem Radius r = 5 cm.

Markus meint, dass sein Ergebnis eindeutig ist. Was meinst du? ■

In Konstruktionszeichnungen werden Punkte verbunden und weitere Punkte beim Schneiden von Bestimmungslinien erzeugt. Dabei können auch mehrere Schnittpunkte entstehen.

Tipp: Bestimmungslinien können Geraden oder Kreise sein. Ein Gerade kann einen Kreis in zwei Punkten schneiden.

> **Wissen: Eindeutige Konstruierbarkeit von Dreiecken**
> Wenn die **Voraussetzungen** von einem der vier **Kongruenzsätze** erfüllt sind, ist ein Dreieck immer **eindeutig konstruierbar**.

Tipp: Die Aufgabe kannst du mithilfe einer dynamischen Geometrie-Software lösen.

Beispiel 1:
Konstruiere das Dreieck ABC und entscheide, ob die Konstruktion eindeutig ist.
a) a = 4,5 cm; b = 5,5 cm; β = 30°
b) a = 4,5 cm; b = 3 cm; β = 30°

Lösung:
Zeichne eine Planfigur.
Kennzeichne darin die gegebenen Stücke farbig.

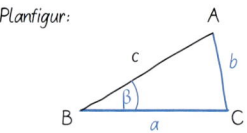

Zeichne die Strecke a = $\overline{BC}$ und trage an $\overline{BC}$ in B den Winkel β an. Zeichne um C einen Kreis mit dem Radius r = b und bezeichne den Schnittpunkt des Kreises mit dem freien Schenkel mit A.

a) Der Winkel β liegt der längeren Seite b gegenüber. Es gibt nur einen Schnittpunkt mit dem freien Schenkel. Die Konstruktion ist eindeutig.

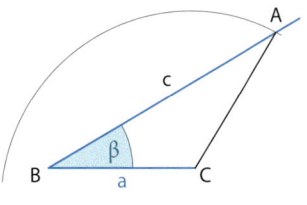

b) Der Winkel β ist kleiner als 90° und liegt der kürzeren Seite gegenüber. Es gibt zwei Schnittpunkte mit dem freien Schenkel und somit zwei zueinander nicht kongruente Dreiecke.
Die Konstruktion ist nicht eindeutig.

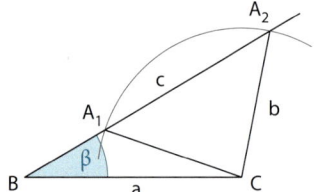

Sind zwei unterschiedlich lange Seiten gegeben und der gegebene Winkel liegt der **kürzeren** Seite gegenüber, kann es auch sein, dass es keinen Schnittpunkt gibt und somit lässt sich kein Dreieck konstruieren.

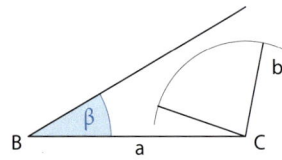

7.12 Eindeutigkeitsuntersuchungen beim Konstruieren von Dreiecken

Basisaufgaben

1. Entscheide, ob das Dreieck ABC eindeutig konstruierbar ist. Begründe deine Antwort.
   a) a = 5 cm, b = 4 cm, β = 40° b) a = 5 cm, b = 6 cm, β = 60° c) a = 3 cm, b = 4 cm, α = 110°

2. Konstruiere ein Dreieck ABC. Entscheide, in welchem Fall die Konstruktion nicht eindeutig oder gar nicht möglich ist. Begründe deine Antwort.
   ① c = 3,5 cm; a = 2,8 cm; α = 40° ② a = c = 3,5 cm; α = 45° ③ a = 6 cm; b = 5 cm; β = 115°

3. Konstruiere ein Dreieck mit a = 4,5 cm; b = 7 cm und β = 90°. Miss die fehlenden Innenwinkel und Seitenlängen des Dreiecks.

Weiterführende Aufgaben

4. **Durchblick:** Wähle drei Bestimmungsstücke aus und konstruiere ein Dreieck ABC in deinem Heft. Orientiere dich an Beispiel 1 auf Seite 150.
   a) nach dem Kongruenzsatz (wsw)
   b) nach dem Kongruenzsatz (sss)
   a) nach dem Kongruenzsatz (SsW)
   b) nach dem Kongruenzsatz (sws)

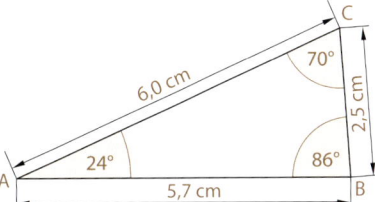

5. Gib ein drittes Bestimmungsstück so an, dass das Dreieck nach einem Kongruenzsatz eindeutig festgelegt ist. Verwende verschiedene Kongruenzsätze und gib sie in Kurzform an.
   a) b = 5 cm; a = 6 cm
   b) a = 4 cm; α = 40°
   c) α = 65°; β = 70°
   d) b = 5,2 cm; β = 90°
   e) c = 3,5 cm; γ = 100°
   f) b = 4,9 cm; β = 28°

6. **Stolperstelle:**
   Hannes, Ines und Jan haben ein Dreieck mit a = 4 cm, b = 6 cm, α = 35° gezeichnet. Die Dreiecke ①, ② und ③ zeigen ihre Ergebnisse.

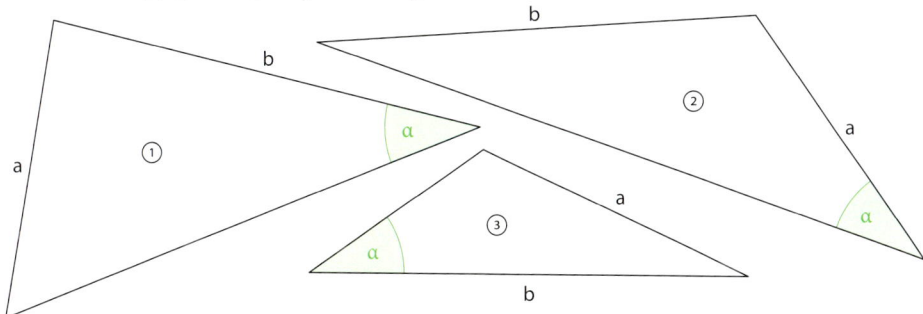

   Die drei haben ihre Ergebnisse verglichen und eine Entdeckung gemacht. Finde heraus, was sie entdeckt haben könnten und erläutere, warum dies nicht verwunderlich ist.

7. **Ausblick:**
   Untersuche, ob die beiden grünen Teilfiguren im nebenstehenden Parallelogramm gleiche Flächeninhalte haben.

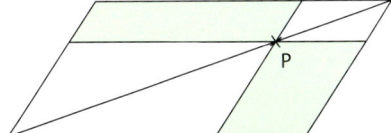

7.13 Kongruenzsätze beim Konstruieren von Dreiecken nutzen

■ Das abgebildete Tangramspiel soll im Maßstab 2 : 1 auf Zeichenpapier übertragen werden. Die Maße sind der Zeichnung zu entnehmen.

Zeichne das Spiel und erläutere dein Vorgehen. ■

Vor dem Lösen von Konstruktionsaufgaben sollte immer überprüft werden, ob die Konstruktion überhaupt ausführbar ist. Wichtige Sätze sind:
– die Dreiecksungleichung
– der Satz über die Winkelsumme im Dreieck
– der Satz über Beziehungen zwischen Seiten und Winkeln im Dreieck
– die Kongruenzsätze für Dreiecke

Beispiel 1: Konstruiere ein Dreieck ABC mit $\overline{AB} = c = 6\,\text{cm}$, $h_c = 4\,\text{cm}$ und $\alpha = 45°$.

Lösung:
Zeichne eine Planfigur. Kennzeichne darin die gegebenen Stücke farbig.

Zeichne die Strecke $c = \overline{AB}$ und trage an $\overline{AB}$ in A den Winkel α an.

Hinweis:
Du kannst die Parallele p auch auf der anderen Seite von AB zeichnen. Dabei entsteht ein zweites Dreieck, das zum △ ABC kongruent ist.

Zeichne zu $\overline{AB}$ eine Parallele p im Abstand von 4 cm. Bezeichne den Schnittpunkt des freien Schenkels von α und p mit C. Verbinde C und B. Es entsteht das Dreieck ABC.

Beispiel 2: Konstruiere ein Dreieck ABC mit $\overline{AB} = c = 6\,\text{cm}$, $h_c = 5\,\text{cm}$ und $b = 7\,\text{cm}$.

Lösung:
Zeichne eine Planfigur. Kennzeichne darin die gegebenen Stücke farbig.

Zeichne die Strecke $c = \overline{AB}$ und zu $\overline{AB}$ eine Parallele p im Abstand von 5 cm.

Zeichne um A einen Kreis mit $r = 7\,\text{cm}$. Bezeichne die Schnittpunkte vom Kreis und p mit C_1 und C_2. Verbinde C_1 und C_2 jeweils mit A und B. Es entstehen zwei zueinander nicht kongruente Dreiecke.

7.13 Kongruenzsätze beim Konstruieren von Dreiecken nutzen

Basisaufgaben

1. Konstruiere ein Dreieck ABC mit:
   a) $c = 5\,\text{cm}$, $h_c = 3\,\text{cm}$, $\alpha = 30°$
   b) $c = 7\,\text{cm}$, $h_c = 5\,\text{cm}$, $b = 7\,\text{cm}$

2. Ein Dreieck ABC hat eine Seite $a = \overline{BC} = 4\,\text{cm}$ und das angegeben Bestimmungsstück. Erläutere auf welcher Bestimmungslinie Punkt A liegt.
   a) $c = 6\,\text{cm}$
   b) $b = 4\,\text{cm}$
   c) $\beta = 35°$
   d) $h_a = 5\,\text{cm}$
   e) $\gamma = 115°$
   f) $b = c$

Konstruktionsbeschreibungen verwenden

Konstruktionsbeschreibungen dokumentieren die einzelnen Schritte einer Konstruktion. Unterscheide dabei zwischen dem Zeichnen und dem Bezeichnen eines Objektes.

	Objekt zeichnen	Objekt bezeichnen
1.	Zeichne eine Strecke von 5 cm Länge.	Bezeichne die Endpunkte mit A und B.
2.	Zeichne um A einen Kreis mit r = 4 cm.	
3.	Zeichne um B einen Kreis mit r = 5 cm.	Die Kreise schneiden einander in C_1 und C_2.
4.	Verbinde A und B jeweils mit C_1 und C_2 zum Dreieck.	

Beispiel 3:
Konstruiere das Dreieck ABC mit $c = 6\,\text{cm}$; $a = 6\,\text{cm}$ und $\alpha = 60°$ und fertige eine Konstruktionsbeschreibung an.

Konstruktionsbeschreibung:
1. Zeichne $c = \overline{AB} = 6\,\text{cm}$.
2. Trage an $\overline{AB}$ in A den Winkel $\alpha = 60°$ an.
3. Zeichne um B einen Kreis mit $r = a = 6\,\text{cm}$.
4. Bezeichne den Schnittpunkt des Kreises mit dem freien Schenkel von α mit C.
5. Verbinde A, B und C zum Dreieck ABC.
   Das Dreieck ABC ist gleichseitig.

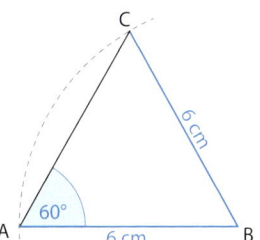

Planfigur:
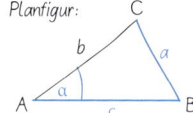

Basisaufgaben

3. Konstruiere das Dreieck und beschreibe die Konstruktionsschritte.
   a) $a = 8\,\text{cm}$; $b = 5\,\text{cm}$; $c = 6\,\text{cm}$
   b) $b = 6\,\text{cm}$; $a = 4\,\text{cm}$; $\beta = 58°$
   c) $b = 5\,\text{cm}$; $c = 4\,\text{cm}$; $\alpha = 73°$
   d) $a = 4{,}5\,\text{cm}$; $\beta = 27°$; $\gamma = 63°$

4. Konstruiere ein gleichschenkliges Dreieck mit $a = b = 5{,}5\,\text{cm}$ und $\gamma = 42°$ und beschreibe die Konstruktionsschritte.

5. Beschreibe die Konstruktion eines Dreiecks nach Kongruenzsatz (sws) mit selbst gewählten Bestimmungsstücken.

Weiterführende Aufgaben

6. **Durchblick:** Konstruiere ein Dreieck ABC. Orientiere dich an den Beispielen auf Seite 152.
   a) $a = 3{,}5\,\text{cm}$; $h_c = 3\,\text{cm}$; $w_\beta = 4\,\text{cm}$
   b) $h_c = 6\,\text{cm}$; $b = 10\,\text{cm}$; $w_\alpha = 7\,\text{cm}$
   c) $a = 5\,\text{cm}$; $h_c = 3\,\text{cm}$; $b = 4\,\text{cm}$
   d) $a = 7{,}4\,\text{cm}$; $h_b = 6{,}4\,\text{cm}$; $\beta = 65°$

7. Konstruiere jeweils ein Dreieck ABC und miss die fehlenden Angaben.

	a	b	c	α	β	γ	Umkreisradius
a)	6 cm		4 cm				3 cm
b)		7 cm		40°			5 cm
c)	0,5 dm				60°		6 cm

8. Beim Anlehnen einer Leiter an eine Hauswand soll aus Gründen der Sicherheit der „Anstellwinkel" nicht größer als 70° sein. Bis zu welcher Höhe reicht eine Leiter von 3 m (5 m, 7 m, 12 m) Länge?

9. **Stolperstelle:** Zeichne das Dreieck ABC mit $a = 5\,\text{cm}$, $c = 6\,\text{cm}$ und $h_b = 4\,\text{cm}$.
   a) Beschreibe dein Vorgehen.
   b) Zeichne die Seitenhalbierenden des Dreiecks ABC. Beschreibe deine Feststellung.

10. Aus den abgebildeten Filzresten sollen kreisförmige Untersetzer ausgeschnitten werden. Wie groß kann der Radius maximal werden, wenn alle drei Untersetzer die gleiche Größe haben sollen.

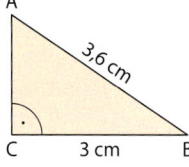 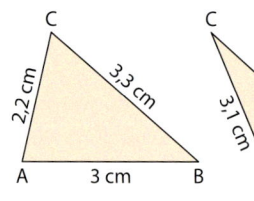 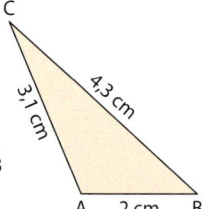

11. Bei welcher Dreiecksart erfüllt der Mittelpunkt des Umkreises die angegebene Bedingung.
    a) Der Mittelpunkt des Umkreises ist gleich dem Mittelpunkt des Inkreises.
    b) Der Mittelpunkt des Umkreises liegt auf einer Seite.

12. Der Schnittpunkt der Höhen eines Dreiecks kann außerhalb des Dreiecks liegen. Prüfe, ob auch der Schnittpunkt der Mittelsenkrechten eines Dreiecks außerhalb des Dreiecks liegen kann. Begründe deine Antwort.

13. Zeichne um einen Endpunkt einer 7 cm langen Strecke einen Kreis mit einem Radius von 6 cm. Trage im selben Endpunkt an die Strecke einen Winkel von 50° an. Ermittle dann den Schnittpunkt des Kreises mit dem freien Schenkel des Winkels und zeichne aus diesem und den Endpunkten der Strecke ein Dreieck.
    Entscheide, ob die Konstruktion eindeutig ist. Begründe deine Aussage.

14. **Ausblick:**
    Bei den drei Vierecken sind gleich große Innenwinkel jeweils gleichfarbig gekennzeichnet. Für welches der Vierecke existiert ein Umkreis? Begründe deine Antwort.

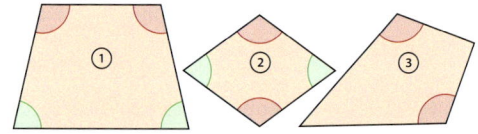

7.14 Umfang und Flächeninhalt von Dreiecken

■ Die MS „Queen Arendsee" fährt im Sommer die drei Anlegestellen Arendsee, Zießau und Schrampe an.

Ermittle mithilfe nebenstehender Zeichnung, wie viel Kilometer die MS „Queen Arendsee" dabei bei einer Fahrt insgesamt mindestens zurücklegt. ■

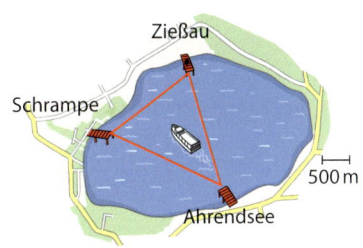

Umfänge von Dreiecken berechnen

Die Länge einer Linie, die eine Figur umschließt, ist der Umfang dieser Figur.

> **Wissen: Umfang von Dreiecken**
> Für den Umfang u des Dreiecks ABC gilt:
>
> $u = a + b + c$ (allgemeines Dreieck)
>
> $u = 3 \cdot a$ (gleichseitiges Dreieck)
>
> $u = 2 \cdot a + b$ (gleichschenkliges Dreieck mit a = c)

Beispiel 1: Berechne den Umfang des Dreiecks ABC mit a = 3 cm, b = 4 cm und c = 5 cm.

Lösung:
Fertige eine Skizze an und markiere alle gegebenen Stücke. Schreibe die gesuchten und gegebenen Stücke auf.

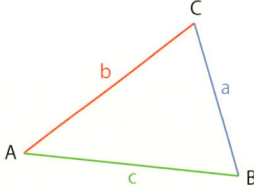

Gesucht: u
Gegeben: a = 3 cm, b = 4 cm, c = 5 cm

Setze die gegebenen Stücke in die Gleichung für den Umfang eines Dreiecks ein und berechne.

Rechenweg:
$u = a + b + c$
$u = 3\,cm + 4\,cm + 5\,cm$
$u = 12\,cm$

Der Umfang des Dreiecks beträgt 12 cm.

Basisaufgaben

1. Berechne den Umfang des Dreiecks ABC.
   a) a = 5 cm; b = 12 cm und c = 13 cm
   b) a = 5,5 cm; b = 5,5 cm und c = 3 cm
   c) a = 2,5 cm; b = 2,5 cm und c = 2,5 cm
   d) a = 1,3 cm; b = 2,4 cm und c = 3,5 cm

2. a) Berechne den Umfang eines gleichseitigen Dreiecks mit einer Seitenlänge von 73 mm.
   b) Berechne den Umfang eines gleichschenkligen Dreiecks, dessen gleich lange Seiten jeweils 4,5 cm lang sind. Die andere Seite dieses Dreiecks hat eine Länge von 2,5 cm.

3. Ermittle die Umfänge der abgebildeten Dreiecke. Welches der Dreiecke hat den kleinsten, welches den größten Umfang? Begründe deine Antwort. Eine Kästchenlänge beträgt 0,5 cm.

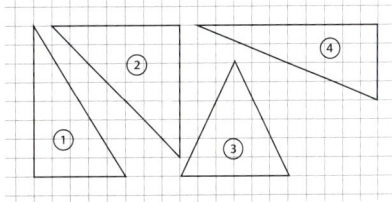

Flächeninhalte von Dreiecken berechnen

Erinnere dich:
Für den Flächeninhalt A eines Rechtecks mit den Seitenlängen a und b gilt:
A = a · b

Beispiel 2:
Auf dem grün markierten Teil eines 4 m langen und 3 m breiten Vorgartens soll Rasen ausgesät werden.
Berechne den Flächeninhalt der Rasenfläche.

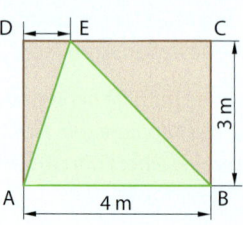

Lösung:

Durch $\overline{EF}$ entstehen zwei Rechtecke AFED und FBCE, auf denen jeweils zur Hälfte Rasen ausgesät werden soll.

Für Rechteck ABCD gilt:
$A_R = 3\,m \cdot 4\,m = 12\,m^2$

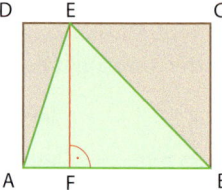

Der Flächeninhalt des Dreiecks ABE ist also halb so groß wie der Flächeninhalt des Rechtecks ABCD.

Für Dreieck ABE gilt:

Die Rasenfläche beträgt 6 m². $A_D = 12\,m^2 : 2 = 6\,m^2$

Hinweis:
Häufig wird die längste Dreieckseite als Grundseite gewählt.

Wissen: Flächeninhalt vom Dreieck

Im Dreieck ABC kann jede Seite **Grundseite** sein.
Zu jeder Grundseite gehört eine **Höhe**. Die Höhe h zur Grundseite $\overline{AB}$ ist die Strecke $\overline{CD}$, senkrecht zu $\overline{AB}$.

Für den Flächeninhalt A des Dreiecks ABC gilt:

$A = \dfrac{g \cdot h}{2}$

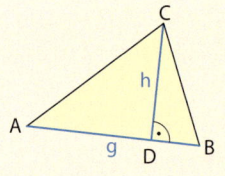

Hinweis:
Grundseite ist hier die Strecke $c = \overline{AB}$.

Beispiel 3: Berechne den Flächeninhalt eines Dreiecks ABC mit c = 3,5 cm und h_c = 3,0 cm.

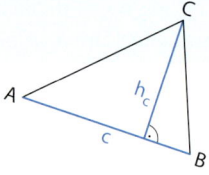

Lösung:
Schreibe die gesuchten und gegebenen Stücke auf.

Gesucht: Flächeninhalt A
Gegeben: c = 3,5 cm; h_c = 3,0 cm

Setze die gegebenen Stücke in die Gleichung für den Flächeninhalt eines Dreiecks ein und berechne.

Der Flächeninhalt des Dreiecks beträgt 5,25 m².

Rechenweg:

$A = \dfrac{c \cdot h_c}{2} = \dfrac{3{,}5\,cm \cdot 3{,}0\,cm}{2}$

$A = \dfrac{10{,}5\,m^2}{2} = 5{,}25\,m^2$

Basisaufgaben

4. Berechne den Flächeninhalt des Dreiecks (Grundseite g und zugehörige Höhe h).
   a) g = 6 cm, h = 3 cm
   b) g = 4 cm, h = 7 cm
   c) g = 37 dm, h = 16 dm

5. Berechne den Flächeninhalt eines Dreiecks mit der Grundseite g = 4 cm (6 cm; 8 cm) und der zugehörigen Höhe h = 7 cm.

7.14 Umfang und Flächeninhalt von Dreiecken

6. Ermittle von jedem Dreieck den Flächeninhalt. Miss dazu die Grundseite und die Höhe.

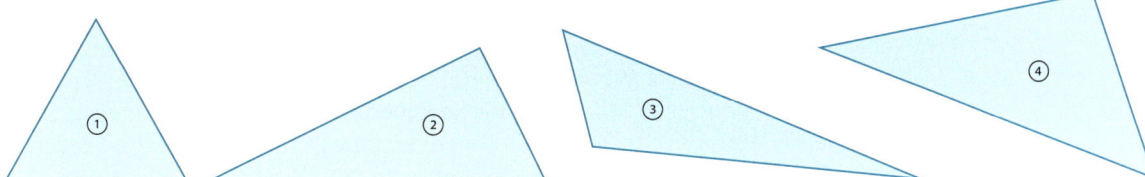

Weiterführende Aufgaben

7. **Durchblick:** Berechne den Flächeninhalt eines Dreiecks mit Grundseite g = 45 mm und der zugehörigen Höhe h = 60 mm sowie eines Dreiecks mit Grundseite g = 60 mm und der zugehörigen Höhe h = 45 mm. Was fällt dir auf? Erkläre wie in Beispiel 1 auf Seite 155.

8. Übertragt die Tabelle ins Heft und ergänzt die fehlenden Angaben. Vergleicht eure Ergebnisse untereinander und erklärt, wann es mehrere Lösungen gibt.

Dreieck ABC	a	b	c	u
beliebig	2 cm	4 cm		12 cm
gleichschenklig		5 cm	8 cm	
gleichseitig				24 cm

9. Zeichne die Punkte A(2|0), B(0|5) und C(2|5) in ein Koordinatensystem. Beschrifte den Koordinatenursprung mit dem Buchstaben O.
    a) Ermittle jeweils den Umfang und den Flächeninhalt der Dreiecke OAB und OAC.
    b) Zeichne zum Dreieck OAC ein umfangsgleiches Dreieck PQR und zum Dreieck OAB ein flächengleiches Dreieck STU. Gib die Koordinaten der Eckpunkte beider Dreiecke an.

10. **Stolperstelle:** Prüfe die Aussagen und korrigiere sie, falls nötig.

    a) 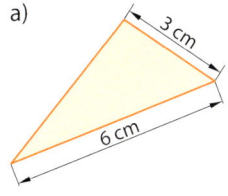 *Das Dreieck ist 3 cm hoch und die Grundseite 6 cm lang, also beträgt der Flächeninhalt 18 cm².*

    b) 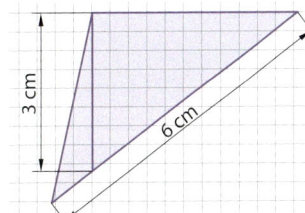 *Das Dreieck ist 3 cm hoch und die Grundseite 6 cm lang, also beträgt der Flächeninhalt 9 cm².*

11. Übertrage die Tabelle in dein Heft und ergänze die fehlenden Angaben.

	h	g	A
a)	5 cm	8 cm	
b)		5 cm	20 cm²
c)	62 cm		1240 dm²
d)		12,5 cm	1 dm²
e)			16 cm²

12. Zeichne ein Dreieck mit den Seitenlängen 3 cm, 4 cm und 5 cm in dein Heft und untersuche, wie sich Umfang und Flächeninhalt des Dreiecks bei Verdopplung aller Seitenlängen verhalten.

13. **Ausblick:** Das Bermuda-Dreieck ist der Teil des Atlantiks, der von den Bermuda-Inseln, der Stadt Miami in Florida und der Stadt San Juan auf Puerto Rico begrenzt wird. Bestimme die Fläche des Bermuda-Dreiecks und vergleiche sie mit der Gesamtfläche der Weltmeere von 362 000 000 km². Eine Kästchenlänge entspricht etwa 260 km.

Streifzug

Beweise in der Geometrie

Bei geometrischen Beweisen werden aus bekannten geometrischen Eigenschaften, beispielsweise aus der Gleichheit von Winkeln an geschnittenen Parallelen, andere (noch nicht bekannte Eigenschaften) abgeleitet. Das ist auch bei Kongruenzbeweisen so. Hier werden geometrische Figuren in Teildreiecke zerlegt, deren Kongruenz gezeigt wird. Dann wird auf andere Winkel- oder Streckeneigenschaften geschlossen.

Wissen: Schritte beim Erstellen geometrischer Beweise

Veranschaulichung:
Fertige eine Skizze zum Sachverhalt an.
Trage auch Hilfslinien ein und markiere gegebene bzw. bekannte Stücke.

Voraussetzung:
Schreibe Bekanntes (Voraussetzungen) auf. Das sind Bedingungen.

Behauptung:
Stelle Vermutungen (Behauptungen) über Merkmale bzw. Eigenschaften von Figuren auf, die bei Vorliegen der Voraussetzung zutreffen. Verwende dazu Skizzen als Hilfsmittel und untersuche Beispiele. Das entfällt, wenn die Behauptung bereits in der Aufgabe gegeben ist.

Beweisidee:
Überlege, wie du bekannte Eigenschaften nutzen kannst, um deine Vermutung herzuleiten.

Beweis:
Gehe schrittweise vor und begründe jeden Schritt. Nutze dabei die Voraussetzung.

Beispiel 1: Beweisen mithilfe der Kongruenzsätze

Beweise mithilfe der Kongruenzsätze, dass die Diagonalen im Rechteck einander halbieren.

Lösung:
Skizziere ein Rechteck.
Anhand der Skizze lässt sich vermuten, dass die Diagonalen einander halbieren.
Zum Beweis wird zunächst eine beliebige Diagonale gewählt, beispielsweise $\overline{AC}$.

Es muss gezeigt werden, dass gilt:
$\overline{AM} = \overline{MC}$ (Behauptung)

Für Rechtecke gilt (Voraussetzung):
– $AB \parallel CD$ und $BC \parallel AD$
– $\overline{AB} = \overline{CD}$ und $\overline{BC} = \overline{AD}$.

Beweis:
$\alpha_1 = \alpha_2$ und $\beta_1 = \beta_2$ (Wechselwinkel an geschnittenen Parallelen)
Die Dreiecke ABM und CDM sind nach dem Kongruenzsatz (wsw) zueinander kongruent. Daraus folgt: $\overline{AM} = \overline{MC}$
Also wird die Diagonale $\overline{AC}$ durch M halbiert. Entsprechend beweist man, dass M auch die Diagonale $\overline{DB}$ halbiert.

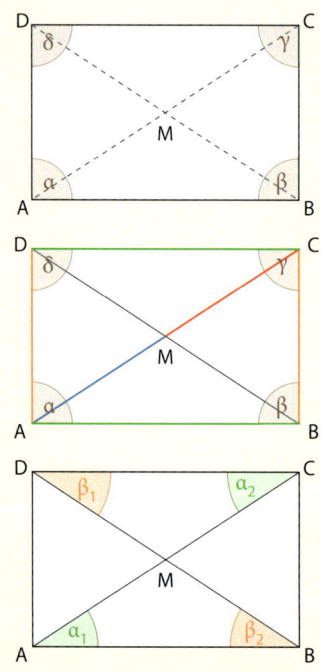

Streifzug

Aufgaben

1. Im abgebildeten gleichseitigen Dreieck ABC werden auf den Seiten Punkte D, E und F so markiert, dass sie jeweils gleich weit von einem der entsprechenden Eckpunkten entfernt sind. Verbindet man D, E und F miteinander, entsteht das neue Dreieck DEF. Jim behauptet, dass Dreieck DEF auch gleichseitig ist. Im folgenden Beweis sind die Beweisschritte durcheinander geraten. Bringe sie in deinem Heft in die richtige Reihenfolge und ordne jeweils die passenden Begründungen zu.

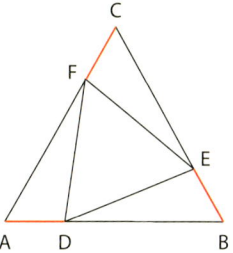

$\alpha = \beta = \gamma = 60°$

$\overline{EF} = \overline{FD} = \overline{DE}$

Das Dreieck DEF ist gleichseitig.

$\overline{DB} = \overline{EC} = \overline{FA}$ und $\overline{FC} = \overline{DA} = \overline{EB}$

Die Dreiecke EBD, FCE und DAF sind kongruent.

– In einem gleichseitigen Dreieck sind die drei Innenwinkel gleich groß.
– Die beiden Dreiecke EBD und FCE stimmen in zwei Seitenlängen und der Größe des eingeschlossenen Winkels überein. Ebenso stimmen die Dreiecke FCE und DAF überein.
– Kongruenzsatz sws
– Die Punkte D, E und F sind von den Ecken A, B beziehungsweise C jeweils gleich weit entfernt.
– Im Dreieck DEF sind alle Seiten gleich lang.

2. Zwei gleich große Quadrate sind so platziert, dass ein Eckpunkt des einen Quadrates mit dem Mittelpunkt des anderen Quadrates übereinstimmt. Beide Quadrate liegen so, dass sie eine Fläche (wie in der Abbildung gelb gefärbt) einschließen. Prüfe, ob der Inhalt und der Umfang der gelben Fläche beim Drehen des einen Quadrates um den Punkt M gleich bleiben. Du kannst auch eine dynamische Geometrie-Software nutzen.

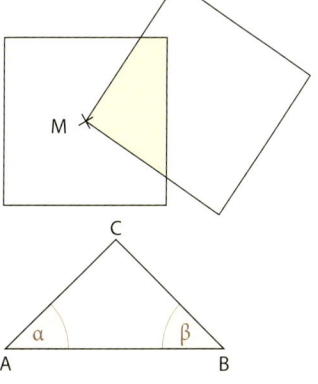

3. Basiswinkelsatz: „In jedem gleichschenkligen Dreieck sind die Innenwinkel an der Basis gleich groß."
   Für die Abbildung gilt: $|\overline{AC}| = |\overline{BC}| \Leftrightarrow \alpha = \beta$.
   a) Beweise, dass die Winkel α und β gleich groß sind, wenn die beiden Schenkel $\overline{AC}$ und $\overline{BC}$ gleich lang sind.
   c) Zeige, dass umgekehrt ein gleichschenkliges Dreieck vorliegt, wenn die Größe der beiden Winkel α und β übereinstimmt.

4. Untersuche wie sich die Größe des Winkels γ verhält, wenn man C auf dem Kreisbogen verschiebt, der über der festen Strecke $\overline{AB}$ liegt.
   Stelle eine Vermutung auf. Du kannst auch eine dynamische Geometrie-Software nutzen.

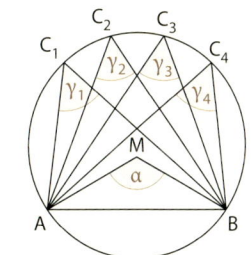

5. **Forschungsauftrag:**
   „In einem gleichseitigen Dreieck ist die Summe der Abstände eines beliebigen Punktes im Inneren zu den Dreieckseiten genau so groß, wie die Höhe des Dreiecks."
   Veranschauliche den Satz an drei Beispielfiguren mit eigenen Maßen und beweise ihn.

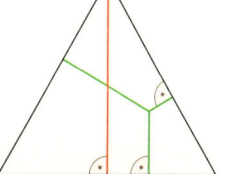

7.15 Vermischte Aufgaben

1. Entscheide, ob das Dreieck aus den gegeben Stücken eindeutig konstruierbar ist. Begründe mithilfe einer Planfigur. Zeichne gegebenenfalls ein Gegenbeispiel.
   a) $a = 5\,cm$; $b = 2\,cm$; $c = 9\,cm$
   b) $c = 8\,cm$; $\alpha = 80°$; $\beta = 6°$
   c) $a = 7\,dm$; $\gamma = 35°$; $b = 2\,cm$
   d) $b = 6{,}5\,dm$; $\beta = 75°$; $a = 3\,dm$
   e) $\gamma = 94°$; $\alpha = 80°$; $\beta = 6°$
   f) $c = 8\,cm$; $\beta = 6°$; $a = 113\,mm$

2. Entscheide, welche der Dreiecke zueinander kongruent sind. Begründe immer.
   ① $a = 5\,cm$; $\beta = 30°$; $c = 4\,cm$
   ② $b = 5\,cm$; $a = 4\,cm$; $\beta = 30°$
   ③ $\alpha = 80°$; $b = 6\,cm$; $\gamma = 20°$
   ④ $\alpha = 30°$; $c = 5\,cm$; $b = 4\,cm$
   ⑤ $c = 6\,cm$; $\alpha = 20°$; $\beta = 80°$
   ⑥ $c = 4\,cm$; $a = 5\,cm$; $\alpha = 30°$

3. Begründe, warum es keine Dreiecke ABC mit folgenden Stücken gibt:
   a) $a = 4\,cm$; $b = 2\,cm$; $\alpha = 70°$; $\beta = 80°$
   b) $a = 5\,cm$; $b = 2\,cm$; $c = 3\,cm$
   c) $b = 7{,}5\,cm$; $c = 2{,}2\,cm$; $\beta = 35°$; $\gamma = 60°$
   d) $a = 7{,}1\,cm$; $b = 2{,}6\,cm$; $c = 2{,}8\,cm$

Hinweis zu 3: Tipps zum Umgang mit einer dynamischen Geometrie-Software findest du auf den Methodenkarten 6E und 6F (S. 236).

4. Bestimme mithilfe einer Konstruktion die fehlenden Angaben des Dreiecks ABC und nenne jeweils den Kongruenzsatz, den du verwendet hast. Kontrolliere anschließend mit einer dynamischen Geometrie-Software. Gib auch von jedem Dreieck den Umfang an.

	a	b	c	α	β	γ
a)	5 cm	6 cm	0,9 dm			
b)		70 mm	8 cm	40°		
c)	55 mm				30°	80°
d)		0,05 m	70 mm			60°

5. Das Dreieck ABC ist gleichschenklig. Die Punkte E, D und F sind die Mittelpunkte der Dreieckseiten. Die Strecken $\overline{AB}$ und $\overline{DF}$ sind zueinander parallel.
Zeige die Kongruenz zweier Teildreiecke.

6. In einem Trapez ABCD sind die Winkel ∢ BDA und ∢ BCD jeweils rechte Winkel. Obwohl die Dreiecke ABD und BCD in einer Seite (Diagonale $\overline{DB}$) und zwei Winkeln (β und dem rechten Winkel) übereinstimmen, sind sie nicht zueinander kongruent. Begründe, dass dies trotzdem kein Widerspruch zum Kongruenzsatz (wsw) ist.

7. Die Gerade ST mit $S(2|2)$ und $T(5|3)$ soll in einem Koordinatensystem die Winkelhalbierende eines rechten Winkels mit dem Scheitelpunkt S sein. Gib die Koordinaten von zwei Punkten an, die auf jeweils einem Schenkel des zugehörigen Winkels liegen.

8. Berechne den Flächeninhalt des Dreiecks ABC.
   a) $a = 2{,}8\,cm$; $h_a = 4{,}5\,cm$
   b) $b = 0{,}5\,m$; $h_b = 3\,dm$
   c) $c = 1{,}5\,m$; $h_c = \frac{1}{2}\,m$

7.15 Vermischte Aufgaben

9. Zur Geländevermessung können Theodoliten verwendet werden. Dabei werden Strecken abgesteckt und mit dem Theodoliten Winkel gemessen.

a) Lucie soll die Entfernung zwischen drei Kirchen ermitteln. Sie steckt dazu eine Strecke von 20 m ab und misst mir dem Theodoliten die Blickwinkel zu den drei Kirchen.
Von Standort A aus sieht sie Kirche ① unter einem Blickwinkel von 84°, Kirche ② unter 62° und Kirche ③ unter 84°.
Von Standort B sind die Blickwinkel 71° für Kirche 1, 98° für Kirche 2 und 85° für Kirche ③. Ermittle zeichnerisch die Entfernungen zwischen den drei Kirchen.

b) Früher wurden Theodoliten auch zur Positionsbestimmung von Schiffen verwendet. Von einem 90 m hohen Leuchtturm wird ein Schiff mit dem Blickwinkel $\alpha = 64°$ gesichtet.
15 Minuten später beträgt der Blickwinkel nur noch 57°.
Ermittle, wie lange es dauert, bis das Schiff bei gleichbleibender Fahrt am Leuchtturm ankommen würde.

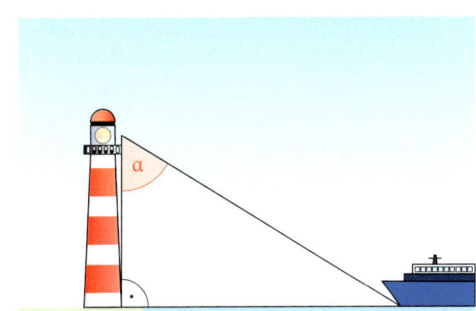

10. Familie Klausen sucht Ideen für die Gestaltung eines Teils ihres Grundstücks im Internet.

Familie Klausen: Jetzt wohnen wir seit einem Jahr im neuen Haus, aber mit dem dreieckigen Blumenbeet wissen wir nichts anzufangen.

Familie Grosse: Wir haben auch solch ein Dreieck im Garten. Was wollt ihr denn wissen?

Familie Klausen: Vielleicht könnt ihr uns schreiben, wie es aussieht und wie es gestaltet ist.

Familie Grosse: Maße: $c = 3\,m$, $b = 4\,m$ und $\alpha = 90°$. Wir haben Salatköpfe drauf.

Irina Bauer: Bei unserem Dreiecksbeet ist $a = 5\,m$, $b = 4\,m$ und $h_c = 3\,m$.
Und wir haben Hortensienbüsche gepflanzt.

Peter Bode: Bei mir ist $a = 7\,m$, $b = 3\,m$ und $\alpha = 90°$ (Alles mit Zwergsträuchern bepflanzt.)

Elena Grieg: Wir haben die gesamte Fläche von $12\,m^2$ mit Buschwindröschen bepflanzt. Und wir haben einen rechten Winkel im Beet.

🌼 Zeichne das Beet von Familie Grosse. Nimm als Maßstab für 1 m ≙ 2 cm.

🌼 Erstelle eine Zeichnung für das Beet von Frau Bauer.

🌼 Überlege, welche Seitenlängen das Beet von Frau Grieg haben kann, und erstelle eine Zeichnung.

🌼 Konstruiere das Beet von Herrn Bode. Finde heraus, wie viele Zwergsträucher auf ein solches Beet passen.

Prüfe dein neues Fundament

7. Dreiecke

Lösungen
↗ S. 247

1. Ermittle, welche der abgebildeten Figuren zueinander kongruent sind. Begründe deine Antwort.

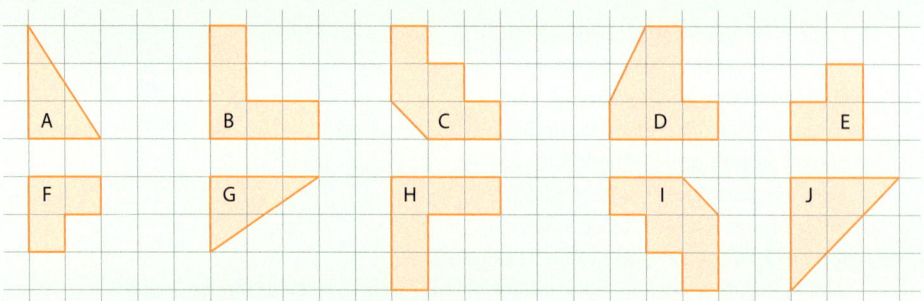

2. Übertrage die abgebildete Figur ins Heft. Finde mindestens zwei Möglichkeiten, wie man die Figur in vier zueinander kongruente Teilfiguren zerlegen kann.

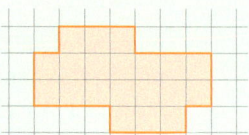

3. Übertrage die Dreiecke in dein Heft. Untersuche mithilfe von Kongruenzsätzen, welche der Dreiecke deckungsgleich sind. Beschreibe, wie du vorgegangen bist.

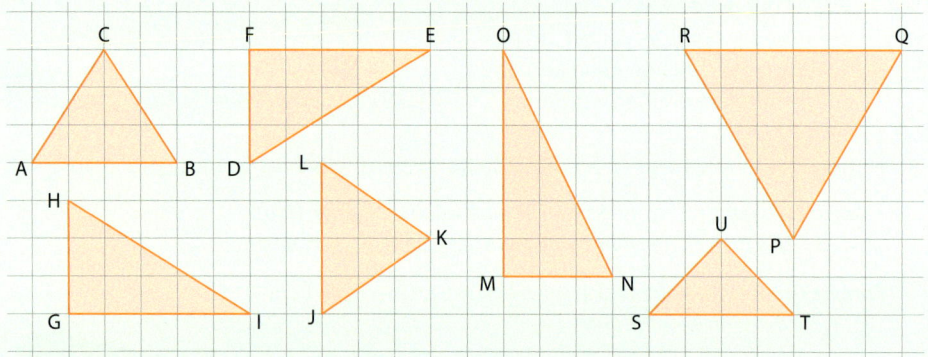

4. Prüfe, ob die Dreiecke ABC und DEF zueinander kongruent sind. Begründe die Antwort.
   a) $a = 6$ cm; $\gamma = 80°$; $\beta = 38°$ und $e = 6$ cm; $\delta = 80°$; $\varphi = 38°$
   b) $c = 8$ cm; $\alpha = 40°$; $a = 6$ cm und $f = 6$ cm; $\varphi = 40°$; $d = 6$ cm
   c) $c = 1{,}2$ cm; $\alpha = 49°$; $\beta = 91°$ und $d = 1{,}2$ cm; $\varepsilon = 91°$; $\varphi = 49°$

5. Welche der abgebildeten Dreiecke sind zueinander kongruent? Begründe deine Antwort.

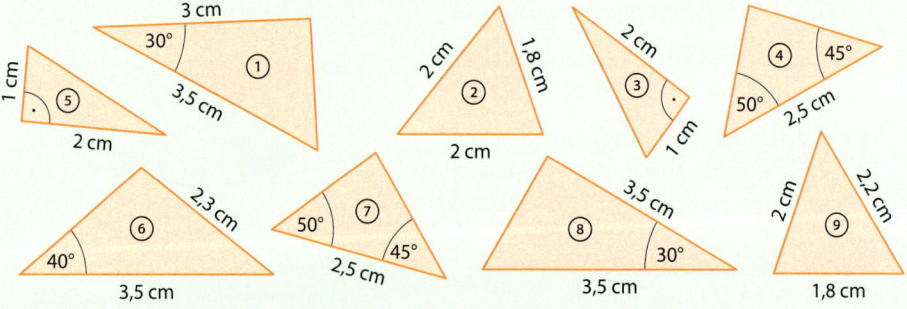

6. Konstruiere ein Dreieck ABC. Beschreibe die Konstruktionsschritte.
   a) $a = b = c = 3{,}5$ cm
   b) $a = 5{,}3$ cm; $c = 6{,}5$ cm; $\beta = 38°$
   c) $b = 4{,}6$ cm; $c = 3{,}8$ cm; $\beta = 110°$
   d) $b = 4{,}5$ cm; $\alpha = 65°$; $\beta = 80°$

Prüfe dein neues Fundament

7. Zeichne das Dreieck mit doppelter Seitenlänge in zwei unterschiedliche Koordinatensysteme. Konstruiere in einem Koordinatensystem die drei Mittelsenkrechten der Dreiecksseiten und im anderen Koordinatensystem die drei Winkelhalbierenden der drei Innenwinkel des Dreiecks. Schreibe die Koordinaten der Schnittpunkte sowohl der Mittelsenkrechten als auch der Winkelhalbierenden auf.

a)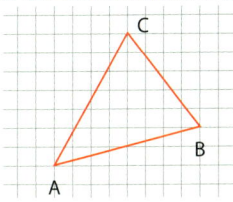
Punk A soll im Koordinatenursprung liegen.

b)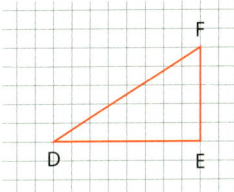
Punk D soll im Koordinatenursprung liegen.

c)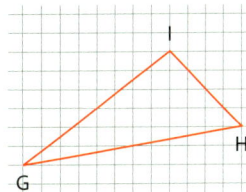
Punk G soll im Koordinatenursprung liegen.

8. Berechne, wie groß der dritte Innenwinkel vom Dreieck ABC ist.
   a) $\alpha = 20°$, $\beta = 90°$
   b) $\beta = 33°$, $\gamma = 86°$
   c) $\alpha = 55°$, $\gamma = 24°$

9. Ein Bücherregal soll unter eine Dachschräge mit einem Neigungswinkel von 42° montiert werden. Unter welchem Winkel α muss das Bücherregal abgesägt werden, damit es lückenlos unter die Schräge passt?

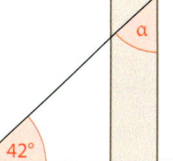

10. Ermittle die fehlende Größe des Dreiecks ABC.

	a)	b)	c)	d)
Grundseite g des Dreiecks ABC	3 cm	4 m	2 cm	
Höhe h_g des Dreiecks ABC	6 cm	2,5 m		30 mm
Flächeninhalt A des Dreiecks ABC			12 cm²	24 cm²

11. Übertrage die Tabelle in dein Heft und ergänze die fehlenden Angaben.

Dreieck ABC	a	b	c	u
beliebig		1,5 m	4,5 m	14 m
gleichschenklig	2,5 m		4,5 cm	
gleichseitig				16,5 m

Wiederholungsaufgaben

1. Rechne möglichst vorteilhaft.
   a) $\left(\frac{1}{2} + \frac{3}{4}\right) : 2$
   b) $0,9 \cdot 2 - 0,7$
   c) $3 - \left(0,4 + \frac{1}{6}\right)$
   d) $\frac{25}{100} + \frac{1}{2} - 0,3$

2. Schreibe die Zahl in Ziffern: neunundsiebzigtausendfünfhundertunddrei.

3. Löse die Gleichung.
   a) $4 \cdot x - 5 = 11$
   b) $1 + 3 \cdot x = 4 + 2 \cdot x$
   c) $\frac{x}{2} - 3 = 1$

4. Übertrage die nebenstehende Zeichnung mithilfe von Zirkel und Geodreieck in dein Heft. Verwende für das äußere Quadrat eine Seitenlänge von 6 cm.

5. In der Abbildung rechts siehst du eine Tankuhr.
   a) Welcher Anteil des Tanks ist gefüllt?
   b) Skizziere in deinem Heft eine Tankuhr, die anzeigt, dass der Tank noch zu $\frac{3}{8}$ gefüllt ist.

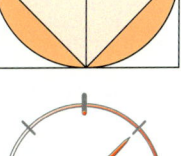

Zusammenfassung

7. Dreiecke

Kongruenz von Figuren

Zwei geometrische Figuren F_1 und F_2 heißen genau dann **zueinander kongruent (deckungsgleich)**, wenn sie sowohl in ihrer **Form** als auch in der **Größe ihres Flächeninhaltes** übereinstimmen.

Kurzschreibweise: $F_1 \cong F_2$
Sprechweise: F_1 und F_2 sind zueinander kongruent.

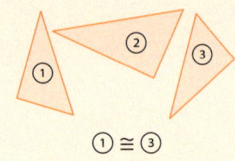

Kongruenzsätze für Dreiecke

Zwei Dreiecke sind zueinander kongruent, wenn sie:
– in allen drei Seiten übereinstimmen
– in einer Seite und den beiden anliegenden Winkeln übereinstimmen
– in zwei Seiten und des von diesen Seiten eingeschlossenen Winkels übereinstimmen
– in zwei Seiten und des der größeren Seite gegenüberliegenden Winkels übereinstimmen

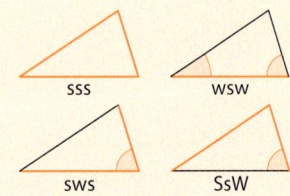

Aufgrund der Kongruenzsätze sind Dreiecke durch Vorgabe dreier geeigneter Stücke bis auf Kongruenz eindeutig konstruierbar.

Eigenschaften von Dreiecken

Dreiecksungleichung: $a + b > c$, $a + c > b$, $b + c > a$

Seiten-Winkel-Beziehung: Der größeren von zwei Seiten liegt stets der größere Winkel gegenüber.

Innenwinkelsumme: $\alpha + \beta + \gamma = 180°$

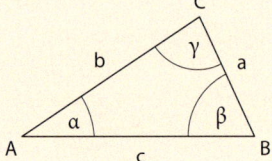

Besondere Linien im Dreieck

Eine **Winkelhalbierende w** halbiert einen Innenwinkel vom Dreieck.

Eine **Mittelsenkrechte m** ist senkrecht zu einer Dreiecksseite und halbiert diese.

Eine **Seitenhalbierende s** verbindet den Mittelpunkt einer Dreiecksseite mit dem der Seite gegenüberliegenden Eckpunkt.

Eine **Höhe h** ist eine senkrechte Strecke zu einer Dreiecksseite (oder deren Verlängerung) durch den Eckpunkt, der dieser Seite gegenüberliegt.

Der **Umkreismittelpunkt** eines Dreiecks ist der **Schnittpunkt der Mittelsenkrechten** der Dreieckseiten. Der **Inkreismittelpunkt** eines Dreiecks ist der **Schnittpunkt der Winkelhalbierenden** der Innenwinkel des Dreiecks.

Umfang und Flächeninhalt von Dreiecken

Umfang u eines Dreiecks:
$u = a + b + c$

Flächeninhalt A eines Dreiecks:
$A = \dfrac{g \cdot h}{2}$

Ges.: u und A
Geg.: $a = 40\,m$, $b = 30\,m$, $c = 50\,m$, $h_c = 24\,m$

$A = \dfrac{c \cdot h_c}{2}$

$A = 1200\,m^2 : 2$

$\mathbf{A = 600\,m^2}$

$u = a + b + c$
$u = 40\,m + 30\,m + 50\,m$
$\mathbf{u = 120\,m}$

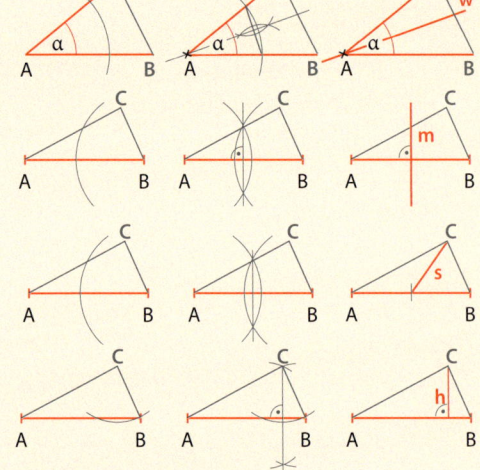

8. Zuordnungen – Proportionalität

Mithilfe einer Wärmebildkamera lassen sich Temperaturunterschiede gut sichtbar machen. Die mit Dämmplatten verkleidete Haushälfte ist kälter als die noch nicht verkleidete Haushälfte. Jeder Farbe auf dem Wärmebild kann eine Temperatur und umgekehrt kann jeder Temperatur eine Farbe auf dem Wärmebild zugeordnet werden.

Dein Fundament

8. Zuordnungen – Proportionalität

Lösungen ↗ S. 248

Koordinatensystem

1. Stelle die Punkte A(1|1), B(2|0), C(3|1) und D(2|2) in einem Koordinatensystem dar. Zu welcher Viereckart gehört das Viereck ABCD?

2. Gib die Koordinaten der Eckpunkte des Dreiecks EFG in nebenstehender Darstellung an.

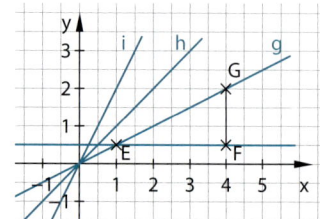

3. Betrachte die Abbildung zu Aufgabe 2. Untersuche, welche der Punkte $P_1(1|1)$, $P_2(2|\frac{1}{2})$, $P_3(3|3)$, $P_4(3|2)$, $P_5(1|\frac{1}{2})$, $P_6(1{,}5|3)$, $P_7(3|1\frac{1}{2})$, $P_8(-1|-1)$ und $P_9(\frac{1}{2}|1)$ auf der Geraden liegen.
   a) auf der Geraden g
   b) auf der Geraden h
   c) auf der Geraden i
   d) auf der Geraden $\overline{EF}$

Tabellen

4. Übertrage die Tabellen in dein Heft und fülle sie aus.

a)

x	Das Doppelte von x
$\frac{1}{2}$	
1,5	
2	
	7

b)

y	$\frac{1}{2} \cdot y$
1	
2	
	1,5
11	

c)

z	1,2 · z
2	
2,5	
	3,6
	6

5. Ines verkauft zur Elternversammlung Kuchen. Ein Stück Napfkuchen soll 0,85 € kosten. Um sich beim Verkauf nicht zu verrechnen, legt sie sich eine Preistabelle an. Erläutere, wie solch eine Preistabelle aussehen könnte.

Diagramme

6. Das Diagramm zeigt Temperaturen an einem Apriltag am Magdeburger Rathaus.
   a) Lies die höchste und niedrigste Temperatur ab, die an diesem Tag gemessen wurden.
   b) Zeichne die Tabelle in dein Heft und fülle sie aus.

Uhrzeit	6:00	10:00	14:00	18:00
Temperatur (in °C)				

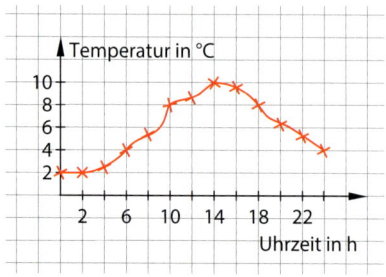

7. Zum Sportverein „Rot-Weiß" gehören 135 Erwachsene, 127 Jugendliche und 98 Kinder. Stelle den Sachverhalt in einem geeigneten Diagramm dar.

Dein Fundament

8. 36 Schülerinnen und Schüler wurden nach ihrem Lieblingsfach gefragt. Das nebenstehende Diagramm gibt das Befragungsergebnis wieder. Dabei haben $\frac{1}{6}$ der Befragten Mathematik als Lieblingsfach angegeben. Stelle das Befragungsergebnis in einem Säulendiagramm dar.

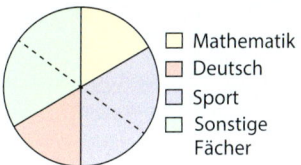

Sachaufgaben lösen

9. a) Gustav kauft 7 Rosinenbrötchen. Er bezahlt insgesamt 3,15 €. Wie viel Euro kostet eins der Brötchen?
   b) Zwei Stück Apfelkuchen kosten insgesamt 2,50 €. Wie viel Euro kosten 5 Stück von dem Kuchen?

10. Martin kauft sich 5 Schreibblöcke für 1,35 € pro Stück im Schreibwarenladen. Kai kauft seine 5 Schreibblöcke im Internet. Er muss für einen Schreibblock 1,01 € und zusätzlich noch 2,70 € Versandkosten zahlen.
    a) Prüfe, wer von beiden günstiger eingekauft hat. Begründe deine Antwort.
    b) Berechne, wie viel Euro der Kauf von 10 solcher Schreibblöcke im Internet kostet, wenn die Versandkosten unverändert bleiben.

11. Die Seerosen in einem See vermehren sich so schnell, dass sich die von ihnen bedeckte Fläche jedes Jahr verdoppelt. Nach fünf Jahren ist nur noch die Hälfte des Sees frei von Seerosen. Berechne, wie lange es noch dauern wird, bis der Teich vollständig mit Seerosen bedeckt ist.

Kurz und knapp

12. Überprüfe, ob die Aussage immer wahr ist.
    a) Je länger eine Elektropumpe betrieben wird, umso höher sind die Stromkosten.
    b) Je älter ein Mensch wird, umso schwerer wird er.
    c) Je mehr Personen gleichzeitig einen Graben zuschütten, umso schneller ist er gefüllt.

13. Übertrage ins Heft und ersetze ■ so, dass die Gleichung wahr ist.
    a) 8 · 25 = ■ · 50
    b) 22 · ■ = 11 · 10
    c) 6 · 8 = 2 · ■
    d) ■ · $\frac{1}{2}$ = 5 · 2
    e) 14 : 7 = 28 : ■
    f) 100 : 25 = ■ : 5
    g) ■ : 6 = 36 : 12
    h) 24 : ■ = 8 : 2

14. Übertrage ins Heft und rechne in die angegebene Einheit um.
    a) 2,3 cm = ? mm
    b) 3 t 321 kg = ? t
    c) 1$\frac{1}{2}$ h = ? min
    d) ? Liter = 1 025 ml

15. Übertrage ins Heft und schreibe die richtige Einheit dazu.
    a) Katrins Schulweg ist ungefähr 1750 … lang.
    b) Ein Papierstapel von 15 Blatt ist etwa 2 … hoch.
    c) 65 Herzschläge dauern etwa 1 … .
    d) Dein Mathematikbuch ist leichter als 1 … .
    e) Eine kleine Flasche Mineralwasser hat ein Volumen von etwa 500 … .

8. Zuordnungen – Proportionalität

8.1 Zuordnungen erkennen und darstellen

■ An einem Junitag wurden auf dem Brocken folgende Temperaturen gemessen:

Uhrzeit	6:00 Uhr	8:00 Uhr	10:00 Uhr	12:00 Uhr	14:00 Uhr
Temperatur	8 °C	12 °C	14 °C	12 °C	14 °C

a) Stelle den Sachverhalt in einem Diagramm dar.
b) Lies die um 8:00 Uhr gemessene Temperatur ab.
c) Zu welchen Uhrzeiten waren es 12 °C? ■

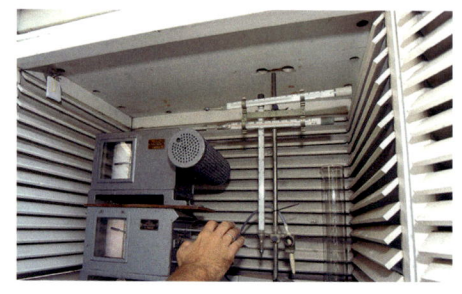

In vielen Alltagssituationen treten oft Zuordnungen zwischen Zahlen, Größen, Buchstaben oder Namen auf.
Solche Zuordnungen lassen sich beispielsweise durch Pfeildarstellungen veranschaulichen.

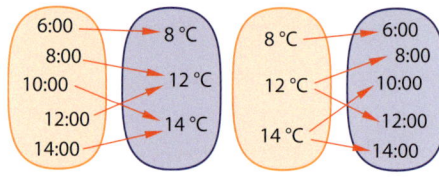

Hinweis:
Nicht für jede Zuordnung ist jede der Darstellungsformen sinnvoll oder möglich.

> **Wissen: Zuordnungen und eindeutige Zuordnungen**
> Bei einer **Zuordnung** werden **jedem Element** x einer Menge A **ein Element oder mehrere Elemente** y einer Menge B zugeordnet. *Schreibe kurz:* $x \mapsto y$
> Bei einer **eindeutigen Zuordnung** wird **jedem Element** x einer Menge A **genau ein Element** y einer Menge B zugeordnet.
> **Darstellungsformen** für Zuordnungen sind:
> Wortvorschrift, Tabelle, Gleichung, Diagramm, Pfeildarstellung

Beispiel 1: Stelle die Zuordnungen, wenn möglich, als Tabelle, als Pfeildarstellung, als Gleichung und als Diagramm dar. Prüfe dann, ob die Zuordnung eindeutig ist.
$k \mapsto n$: Jeder natürlichen Zahl k von 1 bis 5 ist ihr Nachfolger n zugeordnet.

Lösung:
Stelle eine **Tabelle** auf:
erste Zeile: k (Eingangswert)
zweite Zeile: n (zugeordneter Wert)

k	1	2	3	4	5
n	2	3	4	5	6

Zeichne eine **Pfeildarstellung** mit:
A = {1; 2; 3; 4; 5} und B = {2; 3; 4; 5; 6}

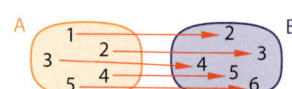

Gib eine **Gleichung** an, die die Zuordnung beschreibt.

$n = k + 1$ mit $k \in \{1; 2; 3; 4; 5\}$

Zeichne ein **Diagramm**. Trage dazu auf der waagerechten Achse die k-Werte und auf der senkrechten Achse die n-Werte ab. Markiere die Punkte.

Prüfe, ob bei der Zuordnung $k \mapsto n$ jede natürliche Zahl k genau einen Nachfolger hat. Überlege, ob bei dieser Zuordnung jeder natürlichen Zahl von 1 bis 5 genau eine Zahl zugeordnet wird.

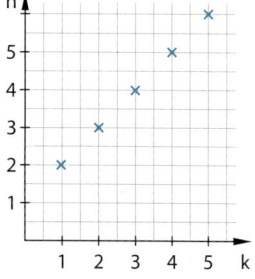

Die Zuordnung $k \mapsto n$ ist eindeutig, da jede natürliche Zahl genau einen Nachfolger hat.

8.1 Zuordnungen erkennen und darstellen

Beispiel 2: Gegeben ist eine Zuordnung S ↦ AG
durch nebenstehende Pfeildarstellung.
Beschreibe die Zuordnung durch eine Wortvorschrift
und stelle sie, wenn möglich, als Tabelle,
als Gleichung und als Diagramm dar.
Prüfe dann, ob die Zuordnung eindeutig ist.

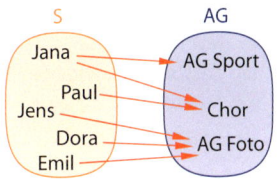

Lösung:

Beschreibe den Sachverhalt in Worten.
Überlege, welche Zuordnung zwischen
Jana, Paul, Jens, Dora und Emil und
den Elementen der zweiten Menge besteht.

Jedem der Schüler und jeder Schülerin Jana,
Paul, Jens, Dora, Emil wird eine der Arbeitsgemeinschaften Sport, Chor und Foto zugeordnet, an der er teilnimmt (S ↦ AG).

Stelle eine **Tabelle** auf:
erste Zeile: Schüler/Schülerin
zweite Zeile: Arbeitsgemeinschaften

Schüler	Jana	Paul	Jens	Dora	Emil
AG	Sport Chor	Chor	Foto	Chor Foto	Foto

Mit einer **Gleichung** lässt sich die Zuordnung S ↦ AG nicht beschreiben.

Zeichne ein **Diagramm**. Trage dazu auf der
waagerechten Achse die Schüler und auf
der senkrechten Achse die Arbeitsgemeinschaften ab.

Prüfe, ob bei der Zuordnung S ↦ AG jedem
Schüler genau eine AG zugeordnet wird.

S ↦ AG ist nicht eindeutig, da Jana und Dora
an mehr als einer AG teilnehmen.

Basisaufgaben

1. Eine Zuordnung x ↦ y ist durch die Gleichung y = 2x – 1 mit x = 1; 2; 3; 4 gegeben.
   Beschreibe die Zuordnung in folgenden Darstellungen:
   a) Wortvorschrift b) Pfeildarstellung c) Tabelle d) Diagramm

2. Durch die nebenstehende Pfeildarstellung wird jeder Zahl x
   aus {1; 2; 3; 4, 5} jeweils eine Zahl y zugeordnet.
   Beschreibe die Zuordnung mit folgenden Darstellungen:
   a) Tabelle b) Diagramm
   c) Gleichung d) Wortvorschrift

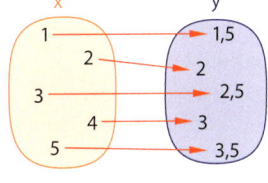

3. Auf einem Rummel bietet ein Fahrgeschäft 1 Chip für 1,50 € und 5 Chips für 5,50 € an.
   a) Erstelle für 1 bis 12 Chips eine Tabelle der Zuordnung *Anzahl der Chips ↦ Preis*.
   b) Stelle die Zuordnung *Anzahl der Chips ↦ Preis* in einem Koordinatensystem dar.
   Hinweis: Berücksichtige stets auch den Rabatt.

4. Von einigen Schülerinnen und Schülern der Klasse 6a
   wurden die Körperhöhe und das Gewicht erfasst.
   Beschreibe die Zuordnung *Körperhöhe ↦ Gewicht*:
   a) durch eine Pfeildarstellung
   b) durch ein Diagramm

Schüler	Anja	Eva	Paul	Emil	Ute	Tom	Jana
Körperhöhe	1,40 m	1,42 m	1,44 m	1,42 m	1,40 m	1,45 m	1,41 m
Gewicht	30 kg	32 kg	32 kg	35 kg	31 kg	35 kg	31 kg

5. Begründe, welche der Zuordnungen der Aufgaben 1 bis 4 eindeutig sind.

6. Gib an, welche der Zuordnungen nicht eindeutig sind. Begründe deine Entscheidung.
   a) *Monat ↦ Person, die Geburtstag hat*
   b) *Person ↦ Monat des Geburtstages*
   c) *Postleitzahl ↦ Straße in einem Ort*
   d) *natürliche Zahl ↦ Quadrat dieser Zahl*

Weiterführende Aufgaben

7. **Durchblick:** Gegeben ist die Zuordnung x ↦ y durch die Gleichung $y = x^2$ mit x ∈ {0; 1; 2; 3; 4}. Stelle die Zuordnung als Wortvorschrift, als Tabelle, als Pfeildarstellung und als Diagramm dar. Orientiere dich beim Lösen der Aufgaben an den Beispielen 1 und 2 auf den Seite 168 und 169.

8. In einer 6. Klasse wurden die Schuhgrößen S und Körperhöhen K von 10 Schülern erfragt:

Schuhgröße S	36	37	38	36	39	40	39	41	37	37
Körperhöhe K in cm	156	156	160	156	164	170	161	170	155	158

   a) Stelle die Zuordnung S ↦ K in einem Diagramm dar.
   b) Prüfe, ob die Zuordnung S ↦ K eindeutig ist. Begründe deine Entscheidung.

9. **Stolperstelle:** Sinas Eltern haben eine Tonne zum Auffangen des Regenwassers in ihrem Garten aufgestellt. Sina hat in den Ferien an einigen Tagen jeweils um 8:00 Uhr die Höhe des Wasserstandes in Zentimeter notiert:
   Mo 35;   Di 39;   Mi 42;   Do 42;   Sa 44;   So 44;   Mo 45;   Di 45
   a) Am Freitag hat Sina das Ablesen des Wasserstandes vergessen. Mache einen Vorschlag, wie hoch der Wasserstand an diesem Tag gewesen sein könnte.
   b) Stelle die Zuordnung *Wochentag ↦ Höhe des Wasserstandes* in Zentimeter in einem Diagramm dar. Nutze hierzu eine Tabellenkalkulation.
   c) Erkläre, warum die Zuordnung *Wochentag ↦ Höhe des Wasserstandes* eindeutig ist, die Zuordnung *Höhe des Wasserstandes ↦ Wochentag* aber nicht.

10. Durch die Spiegelung an der Geraden g wird jedem Punkt der Ebene genau ein Bildpunkt zugeordnet. Vergleiche nebenstehende Zeichnung. Übertrage die Tabelle ins Heft und fülle sie aus.

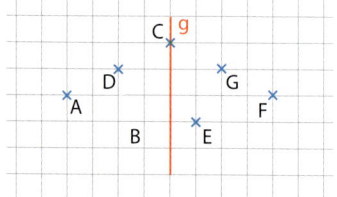

Originalpunkt	A	B	C	D
Bildpunkt				

Hinweis zu 11:
Alle möglichen Paare der Maßzahlen der Seitenlängen des Rechtecks findest du im Apfel.

11. Gib von Rechtecken mit einem Umfang von 12 cm alle möglichen Seitenlängen a und b in Zentimeter für a, b ∈ ℕ an. Beschreibe die Zuordnung a ↦ b durch:
    a) eine Tabelle   b) Punkte im Koordinatensystem   c) eine Gleichung.

12. **Ausblick:** Stelle die Zuordnung in einem Koordinatensystem dar:
    a) Jeder gebrochenen Zahl x mit 0 ≤ x ≤ 5 wird das um 2 vergrößerte Doppelte dieser Zahl zugeordnet.
    b) Jeder natürlichen Zahl x mit x ≤ 5 wird ihr Reziprokes zugeordnet.
    c) Jeder gebrochenen Zahl x mit 0 < x < 4 wird die auf dem Zahlenstrahl jeweils nächstgelegene natürliche Zahl zugeordnet.

8.2 Direkt proportionale Zuordnungen untersuchen

■ Lisa ist mit ihrer Familie im Urlaub. Bei einem Händler sieht sie eine Mütze mit einem Schal. Beides zusammen soll 18 Dollar kosten. Um den Geldbetrag auch in Euro abschätzen zu können, schaut sie auf ihre Umrechnungstabelle.

Erläutere, wie du die Umrechnungstabelle dafür nutzen würdest. ■

Dollar	Euro
1,00	0,75
2,00	1,50
5,00	3,75
10,00	7,50
20,00	15,00
50,00	37,50

Geldbeträge können in unterschiedlichen Währungen angegeben und ineinander umgerechnet werden. Dieser Zusammenhang kann durch eine Zuordnung beschrieben werden. Es ist ein Beispiel für eine **direkt proportionale Zuordnung**.

Direkt proportionale Zuordnungen erkennen

Wissen: Direkt proportionale Zuordnungen
Eine Zuordnung $x \mapsto y$ heißt **direkt proportional,** wenn für alle Wertepaare (x|y) der Quotient (das Verhältnis) aus dem zugeordnetem Wert y und dem Eingangswert x immer gleich einem festen k ist, wobei **k Proportionalitätsfaktor** heißt.

Schreibe kurz: **y ~ x**   oder   ($y = k \cdot x$ bzw. $\frac{y}{x} = k$ mit $k \neq 0$ und $x \neq 0$)

Sprich: **y ist direkt proportional zu x**

Für direkt proportionale Zuordnungen $x \mapsto y$ gilt:
Verdoppelt (verdreifacht, …) oder **halbiert (drittelt, …)** sich der Eingangswert x, dann **verdoppelt (verdreifacht, …)** oder **halbiert (drittelt, …)** sich der zugeordnete Wert y.

Hinweis:
Man sagt kurz:
Die Wertepaare sind verhältnisgleich oder quotientengleich.

Beispiel 1: Untersuche, ob die gegebene Zuordnung direkt proportional ist. Gib (wenn möglich) den Proportionalitätsfaktor und eine Zuordnungsvorschrift als Gleichung an.

a) $x \mapsto y$

x	0,2	1	3	4	6
y	0,3	1,5	4,5	6	9

b) *Geschwindigkeit $v \mapsto$ Bremsweg s*

v in $\frac{m}{s}$	5	10	15	20
s in m	2	6	10	15

Hinweis:
Zum Vergleich:
$1 \frac{m}{s} = 3,6 \frac{km}{h}$

Lösung:
a) Berechne für alle Wertepaare das Verhältnis y : x. Es ist immer gleich 1,5.
    Also gilt: y ~ x
    Der Proportionalitätsfakor ist: 1,5
    Somit gilt auch: $\frac{y}{x} = 1,5$ oder $y = 1,5 \cdot x$

x	0,2	1	3	4	6
y	0,3	1,5	4,5	6	9
$\frac{y}{x}$	1,5	1,5	1,5	1,5	1,5

b) Berechne für alle Wertepaare das Verhältnis s : v.
    Die Verhältnisse der ersten und der zweiten Wertepaare sind nicht gleich.

v	5	10	15	20
s	2	6	10	15
$\frac{s}{v}$	0,4	0,6		

Die Zuordnung $v \mapsto s$ ist keine direkt proportionale Zuordnung.
Obwohl hier gilt, dass bei größerer Geschwindigkeit auch der Bremsweg länger ist, sind Geschwindigkeit und Bremsweg nicht direkt proportional zueinander.

Hinweis:
Beim Rechnen mit Einheiten ist das Verhältnis aus Weg und Geschwindigkeit eine Zeitangabe:
2 m : 5 m __ s
$= \frac{2m}{1} : \frac{5m}{1s} = \frac{2m}{1} \cdot \frac{1s}{5m}$
$= \frac{2}{5} s = 0,4 s$

Basisaufgaben

1. Untersuche, ob die gegebene Zuordnung direkt proportional ist. Gib (wenn möglich) den Proportionalitätsfaktor und eine Zuordnungsvorschrift als Gleichung an.

   a) $x \mapsto y$

x	2	3	4	6	10
y	1	1,5	2	3	6

   b) $a \mapsto b$

a	0,6	1,2	1,5	2,3	3,4	4,1
b	2,4	4,8	6,0	9,2	13,6	16,4

2. Untersuche, ob die gegebene Zuordnung direkt proportional ist. Gib (wenn möglich) den Proportionalitätsfaktor und eine Zuordnungsvorschrift als Gleichung an.

   a) Masse $m \mapsto$ Preis p

m in Kilogramm	1	2	3	4
p in Euro	0,85	1,70	2,55	3,40

   b) Weg $s \mapsto$ Benzinverbrauch b

s in Kilometer	100	200	400	500
b in Liter	7,5	15	28	35

3. Von einer direkt proportionalen Zuordnung $x \mapsto y$ ist ein Wertepaar (x|y) bekannt. Ermittle den Proportionalitätsfaktor k und gib eine Zuordnungsvorschrift als Gleichung an.
   a) (3|9)   b) (9|3)   c) $(1|\frac{1}{4})$ d) $(\frac{1}{6}|2)$ e) (3|3,15)   f) (1,8|2)

4. Stelle die direkt proportionalen Zuordnungen aus Aufgabe 3 jeweils als Tabelle für die Ausgangswerte $x = 1;\ 2;\ 3;\ 4;\ 5$ dar.

5. Ermittle die fehlenden Werte der Tabelle für die direkt proportionale Zuordnung.

   a) $y = 4 \cdot x$

x	0,6		2,1
y		4,4	

   b) $y = 0,3 \cdot x$

x		5	
y	0,9		2,7

   c) $p = 1,5\ € \cdot n$

n		4	5
p	3 €		

   d) $u = 3 \cdot a$

a	1 cm		
u		4,5 cm	15 cm

Beispiel 2: Entscheide, ob die Zuordnung direkt proportional ist. Begründe deine Antwort.
a) Anzahl von Briefmarken n der gleichen Sorte $\mapsto$ Preis p
b) Seitenlänge a eines Quadrates $\mapsto$ Umfang u des Quadrates
c) Anzahl Lebensjahre j eines Menschen $\mapsto$ Gewicht m

Lösung:
Prüfe, ob es einen Zusammenhang gibt:

a) zwischen der Anzahl n der Briefmarken und dem Preis p für diese Briefmarken

Eine Briefmarke für einen Großbrief kostet 1,45 €, für 2 Briefmarken 2,90 € usw.
Allgemein gilt:
$p = 1,45\ € \cdot n$, also gilt: $n \sim p$
1,45 € ist der Proportionalitätsfaktor.

b) zwischen der Seitenlänge a und dem Umfang u eines Quadrates

Es gilt: $u = 4 \cdot a$, also gilt auch: $a \sim u$
4 ist der Proportionalitätsfaktor.

c) zwischen dem Alter j und dem Gewicht m eines Menschen

Es gilt nicht: Je älter, desto schwerer. Es ist keine direkt proportionale Zuordnung.

Hinweis zu a):
Der Proportionalitätsfaktor kann als „Preis pro Briefmarke" gedeutet werden.

8.2 Direkt proportionale Zuordnungen untersuchen

Basisaufgaben

6. Entscheide, ob die Zuordnung direkt proportional ist und begründe deine Antwort.
   a) *Anzahl von Kuchenstücken n ↦ Preis p*
   b) *Seitenlänge a eines gleichseitigen Dreiecks ↦ Flächeninhalt A*
   c) *Kraftstoffmenge m (in Liter) ↦ Preis p (in Euro)*
   d) *gebrochene Zahl x ↦ ein Drittel von x*

7. Gib Bedingungen dafür an, dass beide Größen zueinander direkt proportional sind.
   a) der *Umfang* und die *Seitenlänge eines Dreiecks*
   b) die *Anzahl der Kopien* eines A-4-Blattes und der *Preis dafür*
   c) die gefahrene *Strecke* mit einem Pkw auf der Autobahn und die zugehörige *Fahrzeit*
   d) die *Zeitdauer* für das Befüllen eines Schwimmbeckens und die *Höhe des Wasserstandes*

Direkt proportionale Zuordnungen grafisch darstellen

Wissen: Diagramme direkt proportionaler Zuordnungen

In einem Koordinatensystem liegen alle **Punkte** einer direkt proportionalen Zuordnung auf ein und derselben **Geraden durch den Ursprung**, die nicht mit den Achsen zusammenfällt.

Wenn umgekehrt alle Punkte einer Zuordnung auf ein und derselben Geraden durch den Ursprung liegen, die nicht mit den Achsen zusammenfällt, dann ist diese Zuordnung direkt proportional.

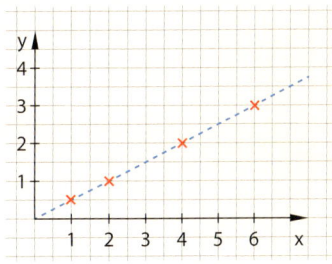

Beispiel 3:

a) Stelle die direkte Proportionalität $y \sim x$ mit $y = 0{,}7 \cdot x$ grafisch dar.

b) Prüfe, ob die Graphen 1 und 2 jeweils eine direkt proportionale Zuordnung darstellen.

Lösung:

a) Erstelle mithilfe einer Gleichung eine Tabelle und übertrage alle Wertepaare in ein Koordinatensystem.

b) Prüfe, ob alle Punkte auf einer Geraden durch den Koordinatenursprung liegen.

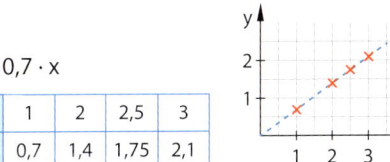

$y = 0{,}7 \cdot x$

x	1	2	2,5	3
y	0,7	1,4	1,75	2,1

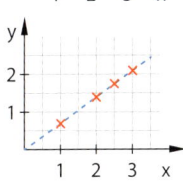

Hinweis:
Für x können auch andere Zahlen gewählt werden.

Graph 1: Außer dem Punkt (3|2,5) liegen alle anderen Punkte auf einer Geraden durch den Koordinatenursprung.
Graph 1 stellt keine direkt proportionale Zuordnung dar.
Graph 2: Alle Punkte liegen zwar auf einer Geraden. Sie geht aber nicht durch den Koordinatenursprung. Graph 2 stellt keine direkt proportionale Zuordnung dar.

Basisaufgaben

8. Stelle die direkte Proportionalität y ~ x (y = k · x mit k = 2; k = 2,5 und k = 0,4) grafisch dar.

9. Prüfe, ob die Graphen 1, 2 und 3 jeweils eine direkt proportionale Zuordnung zeigen.

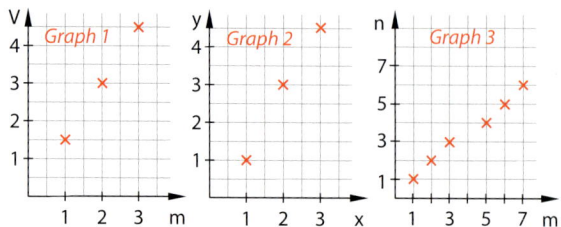

Weiterführende Aufgaben

10. **Durchblick:** Löse die Aufgaben wie in den Beispielen 1, 2 und 3 auf den Seiten 171 bis 173.
    a) Untersuche rechnerisch und grafisch im Koordinatensystem, ob die gegebene Zuordnung direkt proportional ist. Gib (wenn möglich) den Proportionalitätsfaktor und eine Zuordnungsvorschrift als Gleichung an.

x	0	2	5	7	10
y	0	$\frac{8}{5}$	4	$\frac{28}{5}$	8

    b) Entscheide, ob die Zuordnung direkt proportional ist und begründe deine Antwort.
    Körperhöhe eines Menschen h ↦ Gewicht des Menschen m

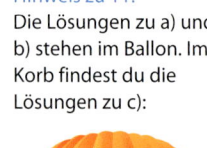

Hinweis zu 11:
Die Lösungen zu a) und b) stehen im Ballon. Im Korb findest du die Lösungen zu c):

11. In jeder Tabelle ist eine direkt proportionale Zuordnung dargestellt. Übernimm die Tabelle ins Heft und fülle sie aus.

    a)
x	1	2	5	10	12	20
y			10			

    b)
x	1	3	15	25	45	50
y				10		

    c)
x		2	10		25	40	55
y			45			100	

12. **Stolperstelle:** Klaus untersucht Zuordnungen auf direkte Proportionalität, indem er prüft, ob mit Größerwerden der x-Werte auch die zugeordneten y-Werte größer werden. Beurteile das Vorgehen von Klaus.

13. Prüfe für die ersten drei Wertepaare, ob eine direkt proportionale Zuordnung vorliegt, zuerst über die Quotientengleichheit und dann durch Vergleich der Veränderung der Eingangswerte (verdoppeln, verdreifachen, … halbieren, dritteln, …) und der zugeordneten Werte. Berechne dann die fehlenden Werte.

    a)
Anzahl der Fahrkarten	1	2	6	8	10
Preis (in €)	108,00	216,00	453,60		

    b)
Anzahl der Papierpakete	1	5	13	15	17
Preis (in €)	3,99	19,95	51,87		

14. **Ausblick:** Für 100 EURO erhält man 150 AUD (australische Dollar).
    a) Berechne, wie viel AUD man für 2 EURO, für 40 EURO und für 75 EURO erhält.
    b) Berechne, wie viel EURO man für 15 AUD, für 10 AUD und für 1 AUD erhält.

8.3 Indirekt proportionale Zuordnungen untersuchen

■ Ein Schwimmbecken soll einen neuen Anstrich erhalten und muss deshalb ausgepumpt werden.
Eine Pumpe benötigt zum Auspumpen 60 Arbeitsstunden.

a) Wie lange dauert es, wenn 2 Pumpen, 4 Pumpen oder 5 Pumpen gleicher Pumpleistung gleichzeitig eingesetzt werden?
b) Beschreibe die Zuordnung Anzahl der Pumpen ↦ Arbeitsstunden je Pumpe mit einer Tabelle, mit Pfeilen und mit einem Diagramm. ■

Indirekt proportionale Zuordnungen erkennen

> **Wissen: Indirekt proportionale Zuordnungen**
> Eine Zuordnung x ↦ y heißt **indirekt proportional**, wenn für alle Wertepaare (x | y) das Produkt x · y den gleichen Wert k (k ≠ 0) hat, also die Wertepaare **produktgleich** sind.
>
> Schreibe kurz: $y \sim \frac{1}{x}$ oder ($y = \frac{k}{x}$ bzw. $x \cdot y = k$ mit $k \neq 0; x \neq 0$)
> Sprich: y ist indirekt proportional zu x
>
> Für indirekt proportionale Zuordnungen x ↦ y gilt:
> **Verdoppelt (verdreifacht, …)** oder **halbiert (drittelt, …)** sich der Eingangswert x, dann **halbiert (drittelt, …)** oder **verdoppelt (verdreifacht, …)** sich der zugeordnete Wert y.

Hinweis:
Indirekt proportionale Zuordnungen werden auch „umgekehrt proportionale Zuordnungen" oder „antiproportionale Zuordnungen" genannt.

> **Beispiel 1:** Untersuche, ob die gegebene Zuordnung indirekt proportional ist.
> Gib (wenn möglich) eine Zuordnungsvorschrift als Gleichung an.
> a) x ↦ y mit:
>
> | x | 2 | 3 | 4 | 5 | 6 |
> |---|---|---|---|---|---|
> | y | 6 | 4 | 3 | 1,5 | 1 |
>
> b) x ↦ y mit:
>
> | x | 2 | 3 | 4 | 5 | 6 |
> |---|---|---|---|---|---|
> | y | 4,5 | 3 | 2,25 | 1,8 | 1,5 |
>
> **Lösung:**
> a) Prüfe, ob das Produkt aus Eingangswert x und zugeordnetem Wert y für jedes Wertepaar gleich ist.
>   Da die Produkte nicht alle gleich groß sind, liegt keine indirekt proportionale Zuordnung vor.
>
> | x | 2 | 3 | 4 | 5 | 6 |
> |---|---|---|---|---|---|
> | y | 6 | 4 | 3 | 1,5 | 1 |
> | x · y | 12 | 12 | 12 | 7,5 | 6 |
>
> b) Prüfe, ob das Produkt aus Eingangswert x und zugeordnetem Wert y für jedes Wertepaar gleich ist.
>   Da die Produkte alle gleich groß sind, liegt eine indirekt proportionale Zuordnung vor.
>
> | x | 2 | 3 | 4 | 5 | 6 |
> |---|---|---|---|---|---|
> | y | 4,5 | 3 | 2,25 | 1,8 | 1,5 |
> | x · y | 9 | 9 | 9 | 9 | 9 |
>
> Es gilt: $y = \frac{9}{x}$

Basisaufgaben

1. Überprüfe, ob eine indirekt proportionale Zuordnung x ↦ y vorliegt. Gib (wenn möglich) eine Zuordnungsvorschrift als Gleichung an.

a)
x	2	5	15	20	35	50
y	100	40	20	25	15	4

b)
x	1	3	5	10	15	75
y	150	50	30	15	10	2

c)
x	2	4	6	10	15	20
y	150	70	50	30	20	12

d)
x	200	120	75	30	150	75
y	3	5	8	20	4	2

2. Übertrage ins Heft und fülle die Tabelle für eine indirekt proportionale Zuordnung x ↦ y aus. Gib auch eine Zuordnungsvorschrift als Gleichung an.

a)
x	1	2,5	5	10	25	50
y			40			

b)
x	10	7	5	3	2	1
y					7	

3. Ordne die Elemente der Mengen X und Y einander so zu, dass eine indirekt proportionale Zuordnung x ↦ y entsteht.

a)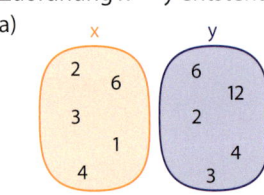
b)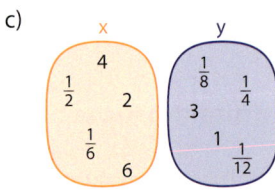
c)

Indirekt proportionale Zuordnungen grafisch darstellen

Wissen: Diagramme indirekt proportionaler Zuordnungen
In einem Koordinatensystem liegen alle **Punkte** einer indirekt proportionalen Zuordnung auf einer besonderen **(gekrümmten)** „fallenden" Kurve. Solche Kurven werden **Hyperbeln** genannt. Wenn umgekehrt die Koordinaten der Punkte einer Hyperbel jeweils produktgleich sind, dann ist diese Zuordnung indirekt proportional.

Beispiel 2:
a) Stelle die indirekt proportionale Zuordnung x ↦ y mit der Gleichung $y = \frac{6}{x}$ (x ≠ 0) grafisch dar.
b) Prüfe, ob die Punkte $(\frac{3}{4}|8)$; (4,5|7) und (1,5|4) zur gegebenen Zuordnung gehören.

Lösung:
a) Erstelle mithilfe der Gleichung eine Tabelle und übertrage alle Wertepaare in ein Koordinatensystem auf Millimeterpapier. Verbinde alle Punkte (frei Hand) durch eine Kurve.

$y = \frac{6}{x}$ mit x ≠ 0

x	1	2	3	4	5	6
y	6	3	2	1,5	1,2	1

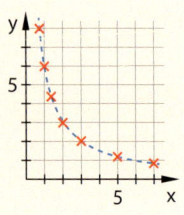

Hinweis:
Für x können auch andere Zahlen gewählt werden.

b) Übertrage die Wertepaare in das Koordinatensystem und prüfe, ob die Punkte auf der Hyperbel liegen.
Falls du nicht ganz sicher bist, bilde die Produkte der Wertepaare.

Das Wertepaar (4,5|7) gehört nicht zum Graphen $y = \frac{6}{x}$. Der zugehörige Punkt liegt nicht auf der gekrümmten Kurve.
Es gilt: 4,5 · 7 ≠ 6
Die beiden anderen Wertepaare gehören zum Graphen $y = \frac{6}{x}$.
Es gilt: $\frac{3}{4} \cdot 8 = 6$ und 1,5 · 4 = 6

Basisaufgaben

4. Stelle die indirekt proportionale Zuordnung x ↦ y ($y = \frac{k}{x}$ mit x ≠ 0) grafisch dar.
   a) k = 8
   b) k = 9
   c) k = 4
   d) k = 1

8.3 Indirekt proportionale Zuordnungen untersuchen

5. Der Punkt P (2|2,5) gehört zum Graphen einer indirekt proportionalen Zuordnung. Gib eine Zuordnungsvorschrift in Form einer Gleichung an.

6. Eine der folgenden Darstellungen zeigt eine indirekt proportionale Zuordnung.

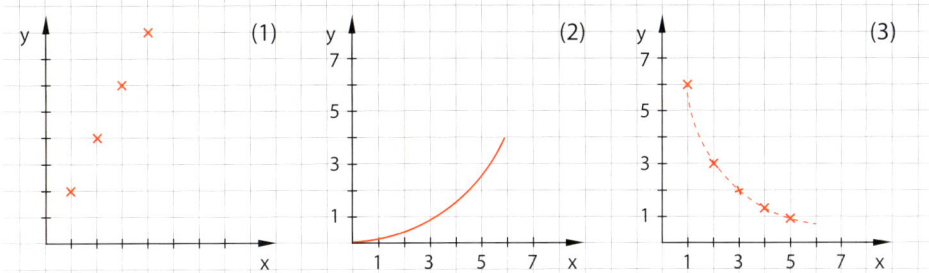

   a) Entscheide, welche Zuordnung das ist und begründe deine Antwort.
   b) Lies aus der Darstellung dieser Zuordnung ein Wertepaar ab.
   c) Gib für diese Zuordnung eine Vorschrift in Form einer Gleichung an.
   d) Stelle mit Hilfe der Gleichung für diese Zuordnung eine Tabelle auf.

Weiterführende Aufgaben

7. **Durchblick:** Gegeben sind zwei Tabellen:

   (1)
x	1	2	4	5	6
y	10	5	2,5	2	1,5

   (2)
x	1	2	2,5	3,2	5
y	8	4	3,2	2,5	1,6

   Prüfe, ob eine indirekt proportionale Zuordnung vorliegt und gib (wenn möglich) eine Zuordnungsvorschrift in Form einer Gleichung an. Stelle diese Zuordnung in einem Koordinatensystem grafisch dar und prüfe, ob die Punkte (8|1); (3|3,4); (4|2) zu dieser Zuordnung gehören. Orientiere dich an den Beispielen auf den Seiten 175 und 176.

8. Prüfe, ob die Zuordnung indirekt proportional ist. Begründe deine Entscheidung.
   a) *Anzahl der Personen beim Frühstück ↦ Anzahl der Brötchen für jeden bei gleichmäßiger Aufteilung*
   b) *Länge des Schulwegs ↦ Anzahl der Schritte bei gleicher Schrittlänge*
   c) *Anzahl gleich großer Fliesen an einer Wand ↦ Fläche jeder Fliese*
   d) *Anzahl der Spieler, auf die alle Spielkarten eines Kartenspiels verteilt werden ↦ Anzahl der Spielkarten für jeden Spieler*

Hinweis zu 9:
Die Lösungen findest du in der Lampe.

9. Ein Stamm wurde in 12 Bretter mit jeweils einer Stärke von 4 cm zersägt. Gib an, wie viele Bretter von 2 cm; 1,5 cm; 2,5 cm; 3 cm; 3,2 cm und 4,8 cm Stärke man aus dem Baumstamm jeweils hätte erhalten können. Die Schnittbreiten bleiben unberücksichtigt.

10. Eine Dose Fischfutter reicht bei 6 Diskusfischen im Aquarium 80 Tage. Berechne, wie viele Tage die gleiche Menge für 8 Diskusfische und wie viele Tage die gleiche Menge für 5 Diskusfische reichen würde.

11. Eine Wandergruppe beabsichtigte bei ihrer Wandertour, nach fünf Tagen am Ziel anzukommen. Statt der geplanten 30 km wurden aber täglich nur 25 km zurückgelegt. Berechne, nach wie vielen Tagen die Gruppe nun das Ziel erreicht.

12. Ein Rechteck mit ganzzahligen Seitenlängen a und b soll einen Flächeninhalt von $A = 36\,cm^2$ haben.
    a) Gib Seitenlängen von Rechtecken an, die diese Bedingung erfüllen und erstelle damit eine Tabelle.
    b) Stelle die Zuordnung $a \mapsto b$ grafisch dar.
    c) Berechne die Umfänge der Rechtecke und entscheide, welches von diesen Rechtecken den kleinsten Umfang hat.

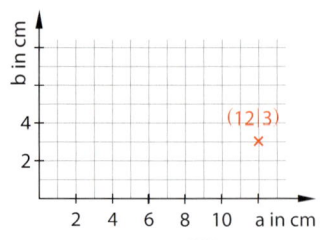

13. **Stolperstelle:**
    a) In der Tabelle einer indirekt proportionalen Zuordnung haben sich 2 Fehler eingeschlichen. Finde und korrigiere sie.

x	1	3	6	10	18	24	36	45
y	360	120	50	36	20	14	10	8

    b) Den x-Werten werden die Werte $y = 10 - x$ zugeordnet. Karen behauptet, dass diese Zuordnung indirekt proportional ist, weil immer, wenn sich die x-Werte vergrößern, sich die zugeordneten y-Werte verkleinern. Nimm zu Karens Behauptung Stellung und begründe deine Auffassung.

14. Übertrage die Tabelle einer indirekt proportionalen Zuordnung ins Heft und stelle die Zuordnung grafisch dar. Setze voraus, dass die Geschwindigkeit während der gesamten Fahrt gleich bleibt.

Fahrzeit in h			3				
Geschwindigkeit in $\frac{km}{h}$	120	80	60	40	30		

    a) Berechne die Länge Fahrstrecke.
    b) Ermittle die Zeit, die ein Autofahrer theoretisch sparen könnte, wenn er die Geschwindigkeit auf der Strecke von 120 km um $20\,\frac{km}{h}$ erhöhen würde.

15. Das größte Schwimmbecken der Welt in Chile fasst $250\,000\,m^3$ Wasser. Zur Reinigung wird das Wasser zweimal im Jahr komplett aus dem Becken abgepumpt.
    a) Eine Pumpe schafft in einer Stunde 125 000 Liter. Wie lange würde es dauern, bis das gesamte Wasser aus dem Becken wäre bei:
       – einer solcher Pumpe
       – bei 5; 10; 25; 50 solcher Pumpen
       Lege eine Tabelle für die Zuordnung *Anzahl der Pumpen → Abpumpzeit (in h)* an.

    b) Erstelle ein Diagramm mit den Werten aus a) und ermittle, wie viele Pumpen gleichzeitig arbeiten müssen, um das Becken innerhalb von zwei Tagen bei durchgehendem Pumpenbetrieb zu leeren. Überprüfe das Ergebnis rechnerisch.

16. **Ausblick:** In einem Freizeitpark kostet der Eintritt für eine Gruppe bis zu 20 Personen 640 €. Jede weitere Person zahlt 16 €. Die Klasse 6c teilt den Gesamtpreis auf alle Schüler auf. Jeder muss 26 € bezahlen.
    a) Berechne, wie viele Schüler in der Klasse sind.
    b) Erstelle einen Aushang, der über den Preis pro Person bei Gruppen bis zu 35 Schülern informiert. Gestalte den Aushang so, dass der Freizeitpark ihn nutzen könnte.

8.4 Grafische Darstellungen interpretieren

■ Der Psychologe Hermann Ebbinghaus hat um 1900 das Vergessen beim Lernen untersucht. Ein Ergebnis der Untersuchungen ist die sogenannte „Vergessenskurve". Sie veranschaulicht den Grad des Vergessens in Abhängigkeit von der Zeit.

Welche Informationen lassen sich dieser Grafik entnehmen? Was schlussfolgerst du beispielsweise für das Lernen von Vokabeln? ■

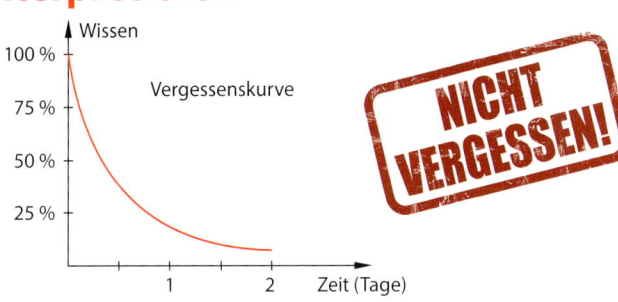

Durch grafische Darstellungen können Informationen gut veranschaulicht werden. Diagramme zeigen in der Regel Zusammenhänge zwischen zwei Größen. Im Gegensatz zum Lesen von Texten gibt es beim „Lesen" von Diagrammen keine Leserichtung.

Wissen: Diagramme interpretieren
Zum Interpretieren von Diagrammen sind vor allem folgende Informationen wichtig:
– Welcher *Sachverhalt* ist durch Wertepaare *dargestellt*?
– Welche *Werte (Anzahlen, Größen)* sind *dargestellt*?
– Welche *Einheiten* wurden *verwendet*?
– Wie sind die Wertepaare dargestellt *(Punkte, Linie, Säulen)*?

Beschreibe immer, *wie* sich die zugeordneten Werte *(abhängige Werte)* in Abhängigkeit von den Eingangswerten *(unabhängige Werte) ändern*, ob sie kleiner oder größer werden, gleich bleiben oder wie stark sie sich ändern.

Hinweis:
Größen können sein: Alter, Geschwindigkeit, Länge, Zeit, Weg…

Einheiten können sein: Stunden, Liter, Meter, Kubikmeter …

Beispiel 1:
Interpretiere nebenstehendes Diagramm.

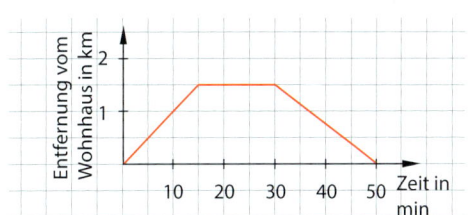

Lösung:
– Welcher Sachverhalt ist dargestellt? Es wird ein Bewegungsverlauf (z. B. beim Einkaufen) beschrieben.

– Welche Größen sind dargestellt? Entfernung (Länge); Zeit

– Welche Einheiten haben die Größen? Entfernung in Kilometer; Zeit in Minuten

– Wie sind die Wertepaare dargestellt? Wertepaare als Linie

– Wie verändert sich die abhängige Größe in Abhängigkeit von der unabhängigen Größe? In den ersten 15 min nimmt die Entfernung bis auf 1,5 km gleichmäßig zu, dann ändert sich die Entfernung weitere 15 min nicht (z. B. Pause). Danach nimmt die Entfernung zum Haus für 20 min wieder gleichmäßig ab, aber langsamer als sie in den ersten 15 min zugenommen hat. Insgesamt hat der Bewegungsablauf 50 min gedauert.

Hinweis:
Abhängige Größen werden immer auf der senkrechten Achse, unabhängige Größen auf der waagerechten Achse dargestellt.

Basisaufgaben

1. Beim gleichmäßigen Befüllen des abgebildeten Wasserbehälters steigt die Wasserhöhe. Entscheide, welches Diagramm zum Füllvorgang für diesen Behälter passt und begründe deine Antwort.

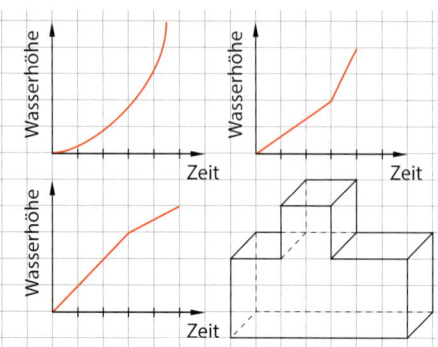

2. Das abgebildete Diagramm zeigt Lufttemperaturen an einem Sonntag im Sommer.
    a) Lies ab, welche Temperaturen zu folgenden Zeitpunkten gemessen wurden: 9 Uhr, 11 Uhr, 19 Uhr
    b) Wann war es am wärmsten?
    c) Zu welchen Zeiten betrug die Lufttemperatur 16 °C?
    d) Erläutere den Temperaturverlauf zwischen 14 und 18 Uhr.

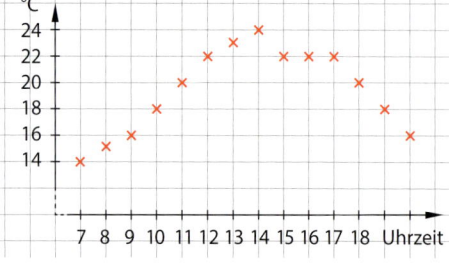

3. Hier ist ein (grafischer) Fahrplan für zwei Züge vereinfacht dargestellt:
    – Zug 1 fährt von A-Stadt nach B-Stadt
    – Zug 2 fährt von B-Stadt nach A-Stadt
    a) Ermittle die Reisedauer, die Zug 1 von A- nach B-Stadt benötigt.
    b) Lies ab, welche Entfernung Zug 1 um 11.30 Uhr zurückgelegt hat.
    c) Wie lange hat die Fahrt von Zug 1 für die ersten 60 km gedauert?
    d) Erkläre, das Verhalten von Zug 1 im Bereich $\overline{PQ}$.
    e) Beschreibe den Fahrverlauf von Zug 2.

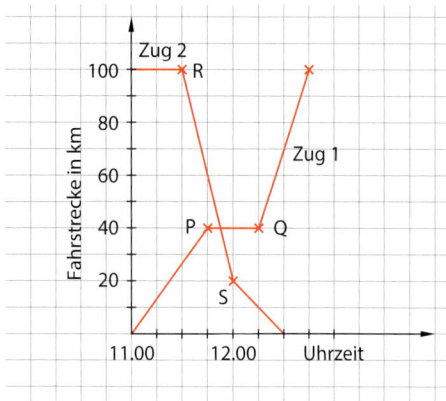

4. Beschreibe, was im abgebildeten Diagramm veranschaulicht wird. Beantworte die Fragen.
    a) Welche Eigenschaften hat diese Zuordnung?
    b) Welche Preise sind für 4 ℓ, für 8 ℓ und für 12 ℓ Benzin zu zahlen?
    c) Wie viel Liter Benzin erhält man für 5 €, für 10 € und für 15 €?
    d) Erläutere, warum hier eine Gerade gezeichnet wurde und nicht nur einzelne Punkte.

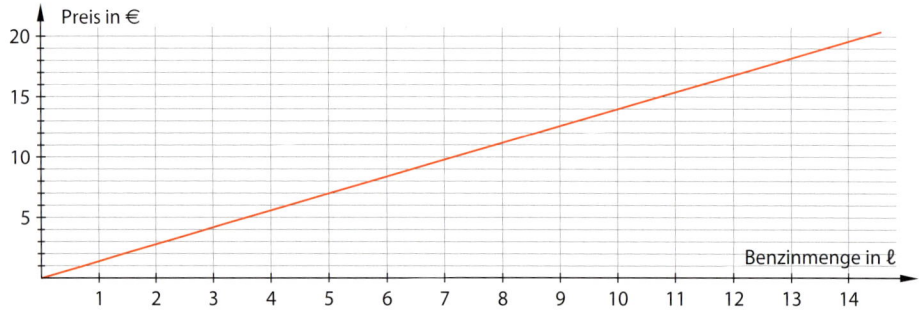

8.4 Grafische Darstellungen interpretieren

Weiterführende Aufgaben

5. **Durchblick:** Tobias gibt eine Wegbeschreibung: *„Ich bin mit meinem Hund zügig bis zum Park gegangen. Dort hat mein Hund zuerst an einer Birke geschnüffelt und ist dann weitergerannt zu einem Busch. Dort hat er auf der Suche nach einem Kaninchen recht lange in der Erde gegraben. Schließlich sind wir gemächlich wieder zurückgegangen."*

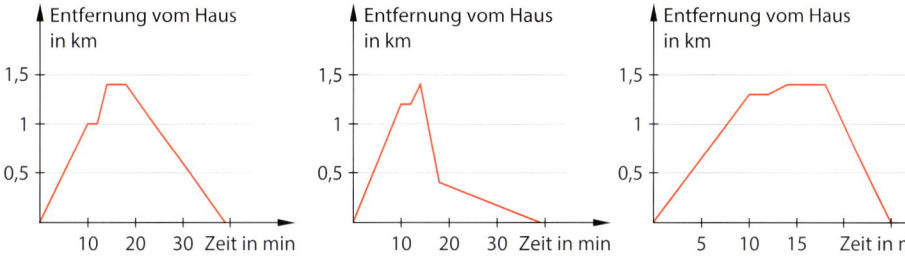

a) Welches Diagramm passt zur Wegbeschreibung? Begründe deine Antwort.
b) Erstelle solch ein Diagramm für deinen heutigen Schulweg.
Orientiere dich an Beispiel 1 auf Seite 179.

6. **Stolperstelle:** Leas Klasse hat den Straßenverkehr vor der Schule beobachtet und jeweils eine Stunde lang gezählt, wie viele Autos vorbei gefahren sind. Tim sieht Leas Darstellung und meint: *„Also sind um halb Zehn 100 Autos durchgefahren."* Lea sagt, das stimmt nicht. Darauf antwortet Tim: *„Dann stimmt die Darstellung nicht."*
Was ist an Leas Darstellung missverständlich? Wie müsste eine sachgerechte Darstellung aussehen?

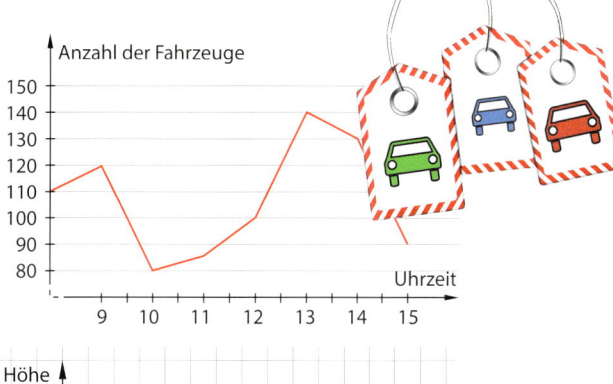

7. Das Diagramm beschreibt die Bewegung eines Fahrstuhls in einem Haus mit vier Obergeschossen (OG) und einem Untergeschoss (UG). Beschreibe die Bewegung des Fahrstuhls in den ersten vier Minuten.

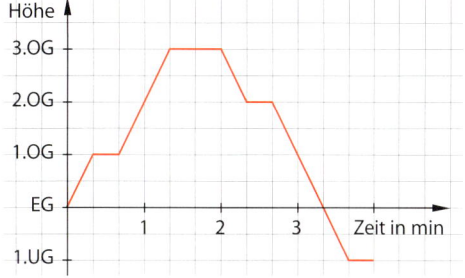

Tipp zu 7:
Beginne wie folgt:
Der Fahrstuhl steht im Erdgeschoss.
Er fährt bis zum ...
Dafür benötigt er ...
Dann ...

8. **Ausblick:** Die drei Diagramme zeigen die Wertentwicklung einer Geldanlage von 10 000 €. Vergleiche sie miteinander und beschreibe deine Eindrücke. Erläutere die Unterschiede.

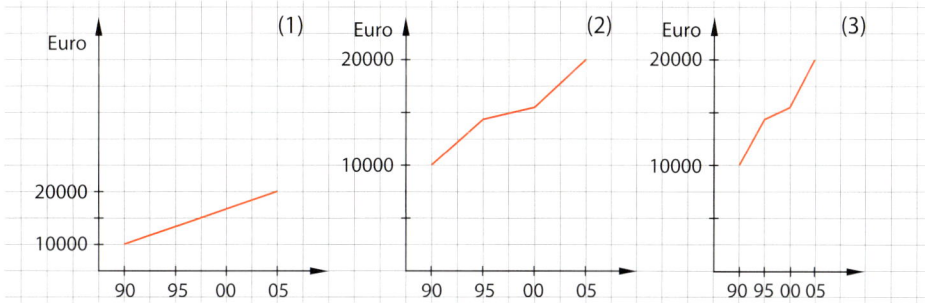

8.5 Aufgaben mit dem Dreisatz lösen

■ Lasse macht beim Projekt „Jung für Alt" mit und geht für ältere hilfsbedürftige Menschen einkaufen. Frau Kebel hat 2 Stück Butter, 4 kg Orangen und zwei Roggenbrote bestellt, Herr Steinbach 1 Stück Butter und 1 kg Orangen.

Gib an, wie viel Euro Frau Kebel und wie viel Euro Herr Steinbach für ihre Bestellung bezahlen müssen. ■

```
3  Butter                    3,60€
   EP: 1,20€

4  Orangen im 2kg-Netz      14,00€
   EP: 3,50€

2  Roggenbrot 500g           4,20€
   EP: 2,10€
```

Den Dreisatz bei direkt proportionalen Zusammenhängen anwenden

Unbekannte Werte lassen sich bei solchen Aufgaben mit dem **Dreisatz** berechnen. Ist beispielsweise die Zuordnung „3 Stück Butter kosten 3,60 €" gegeben, dann kann der Preis für zwei Stück Butter ermittelt werden, indem der Preis für ein Stück Butter berechnet und dieser Preis mit 2 multipliziert wird.

Butter in Stück	Preis in €
3	3,60
1	1,20
2	2,40

(:3, ·2)

Hinweis:
Statt 1. Schritt, 2. Schritt und 3. Schritt wird manchmal auch 1. Satz, 2. Satz und 3. Satz gesagt, daher der Name Dreisatz:

Es wird von einer „Vielheit" auf eine „Einheit" und dann wieder auf eine andere „Vielheit" geschlossen.

> **Wissen: Dreisatz für direkt proportionale Zusammenhänge**
> Bei direkt proportionalen Zusammenhängen zweier Größen lassen sich aus zwei einander zugeordneten Größenangaben weitere einander zugeordnete Größenangaben berechnen:
>
> *Schritt 1:* Gib die **bekannten** einander zugeordneten **Größenangaben** an.
>
> *Schritt 2:* Berechne die **Einheit**, indem beide einander zugeordneten Größenangaben zum Beispiel **durch dieselbe Zahl dividiert** werden.
>
> *Schritt 3:* Berechne die gesuchte Größe, indem die einander zugeordneten Größenangaben der **Einheit** mit **derselben** Zahl **multipliziert** werden.

Tipp:
Du kannst auch schreiben:

20 ≙ 12
1 ≙ 0,6
7 ≙ 4,2

> **Beispiel 1:** Paul hilft seinem Vater. „Nimm nicht zu viele Steine – 20 Steine wiegen 12 kg.", sagt sein Vater. Paul probiert es deswegen zuerst mit 7 Steinen.
> a) Gib an, wie viel Kilogramm 7 Ziegelsteine wiegen.
> b) Paul glaubt, dass er 9 kg gut tragen kann. Berechne, wie viele Steine das sind.
>
> **Lösung:**
> Bei Dreisatzaufgaben sind Tabellen hilfreich.
> a) (1) Gib die bekannten einander zugeordneten Größenangaben an.
> (2) Berechne die Einheit. Dividiere dazu beide Größenangaben durch 20.
> (3) Ermittle das Ergebnis durch Multiplizieren der Größenangaben der Einheit mit 7.
>
> b) (1) Gib die bekannten einander zugeordneten Größenangaben an.
> (2) Berechne die Einheit. Dividiere dazu beide Größenangaben durch 12.
> (3) Ermittle das Ergebnis durch Multiplizieren der Größenangaben der Einheit mit 9.

Anzahl der Steine	Gewicht in kg
20	12
1	0,6
7	4,2

7 Ziegelsteine wiegen 4,2 kg.

Gewicht in kg	Anzahl der Steine
12	20
1	$\frac{5}{3}$
9	15

9 kg sind 15 Ziegelsteine.

8.5 Aufgaben mit dem Dreisatz lösen

Basisaufgaben

1. Übertrage ins Heft und fülle die Tabelle für eine direkt proportionale Zuordnung aus.

   a)
Länge	Höhe
5 m	8,50 m
1 m	
7 m	

   b)
Preis	Gewicht
12,00 €	6 kg
1,00 €	
16,50 €	

   c)
Brot	Preis
$\frac{1}{2}$ Stück	1,75 €
1 Stück	
9 Stück	

2. Aus 250 kg Äpfeln erzeugt eine Apfelmosterei ca. 120 Liter Apfelsaft.
   a) Wie viel Liter Apfelsaft können aus 20 kg Äpfeln hergestellt werden?
   b) Wie viel Kilogramm Äpfel werden für 20 Liter Apfelsaft benötigt?

3. Familie Schmidt zahlt für ihre 60-m²-Wohnung monatlich 354 € Miete.
   (Der Mietpreis pro Quadratmeter ist für alle Mieter im Haus gleich.)
   a) Familie Schulz wohnt im selben Haus in einer 75-m²-Wohnung.
      Gib an, wie viel Euro Miete Familie Schulz monatlich zahlen muss.
   b) Familie Mayer, die auch in dem Haus wohnt, bezahlt monatlich 489,70 € Miete.
      Berechne, wie viel Quadratmeter die Wohnung von Familie Mayer hat.

4. Eva hat die Aufgabe in zwei Schritten gelöst. Erläutere, wie sie gerechnet haben könnte.
   a) 2 Brote kosten 5,50 €. Wie viel Euro kosten 4 Brote?
   b) 5 m Stoff kosten 46 €. Wie viel Meter davon bekommt man für 23 €?
   c) 6 Tennisbälle wiegen 348 g. Wie viel Kilogramm wiegen 3 solcher Tennisbälle
      und wie viel Kilogramm wiegen 12 solcher Tennisbälle?

5. 100 g Käse kosten 1,10 €. Übertrage die Tabelle ins Heft und fülle sie aus.

Gewicht in g	100	120		200		50
Preis in €	1,10		2,64		2,42	

Den Dreisatz bei indirekt proportionalen Zusammenhängen anwenden

Auch Aufgaben zu indirekt proportionalen Zusammenhängen können mit einem Dreisatz gelöst werden. Leeren beispielsweise 3 Pumpen gleichen Typs ein Becken in 5 h, dann schafft es eine Pumpe in der dreifachen Zeit, also in 15 h. Wenn 5 dieser Pumpen gleichzeitig arbeiten, sind es $\frac{1}{5}$ der Zeit, also 3 h.

Anzahl	Zeit in h
3	5
1	15
5	3

:3 ↓ ·3 ↓
·5 ↓ :5 ↓

> **Wissen: Dreisatz für indirekt proportionale Zusammenhänge**
> Bei indirekt proportionalen Zusammenhängen zweier Größen lassen sich aus zwei einander zugeordneten Größenangaben weitere einander zugeordnete Größenangaben berechnen:
>
> *Schritt 1:* Gib die **bekannten** einander zugeordneten **Größenangaben** an.
>
> *Schritt 2:* Berechne die **Einheit**, indem die eine Größenangabe zum Beispiel durch **eine Zahl dividiert wird** und die **zugeordnete Größenangabe mit derselben Zahl multipliziert wird**. Es wird also für die zweite Größenangabe die umgekehrte Rechenoperation verwendet.
>
> *Schritt 3:* Berechne die gesuchte Größe, indem die einander zugeordneten Größenangaben der **Einheit** durch dieselbe Zahl **dividiert** wird und die **zugeordnete Größenangabe** mit derselben Zahl **multipliziert** wird. Es wird also für die zweite Größenangabe die **umgekehrte Rechenoperation** verwendet.

8. Zuordnungen – Proportionalität

Beispiel 2: Drei baugleiche Industrieroboter verladen Kartons. Für einen Auftrag benötigen sie 10 h. Bei diesem Auftrag könnten auch mehrere baugleiche Roboter eingesetzt werden.
a) Wie viel Stunden würden 5 dieser Roboter zum Ausführen des Auftrags benötigen?
b) Wie viele dieser Roboter wären nötig, um den Auftrag in 7,5 h auszuführen?

Lösung:
a) (1) Gib die bekannten einander zugeordneten Größenangaben an.
   (2) Berechne die Einheit. Dividiere dazu in der linken Spalte durch 3 und multipliziere in der rechten Spalte mit 3.
   (3) Ermittle das Ergebnis durch Multiplizieren in der linken Spalte mit 5 und Dividieren in der rechten Spalte durch 5.

Anzahl in Stück	Zeit in h
3	10
1	30
5	6

(:3 links, ·3 rechts; ·5 links, :5 rechts)

5 Roboter schaffen es in 6 h.

b) (1) Gib die bekannten einander zugeordneten Größenangaben an.
   (2) Berechne die Einheit. Dividiere dazu in der linken Spalte durch 10 und multipliziere in der rechten Spalte mit 10.
   (3) Ermittle das Ergebnis durch Multiplizieren in der linken Spalte mit 7,5 und Dividieren in der rechten Spalte durch 7,5.

Zeit in h	Anzahl in Stück
10	3
1	30
7,5	4

(:10 links, ·10 rechts; ·7,5 links, :7,5 rechts)

Für 7,5 h sind 4 Roboter erforderlich.

Basisaufgaben

6. Übertrage ins Heft und fülle die Tabelle für eine indirekt proportionale Zuordnung aus.

a)
Arbeiter	Stunden
3	20
1	
5	

b)
Lkw	Fuhren
5	6
1	
3	

c)
Stunden	Arbeiter
0,25	6
1	
0,75	

d)
Stunden	Mähdrescher
8	3
1	
6	

e)
Stunden	Maschinen
6	9
1	
18	

f)
Bagger	Stunden
2	15
1	
3	

7. Herr Bause besitzt 5 Pferde. Normalerweise reicht eine Haferlieferung, um diese Pferde sechs Tage damit zu füttern. In den nächsten 14 Tagen stehen wegen eines Turniers im Ausland 2 Pferde weniger im Stall. Wie lange reicht eine Haferlieferung jetzt?

8. Wenn sich 3 Personen den Preis einer Taxifahrt teilen, bezahlt jeder 10,20 €. Wie viel Euro müsste eine Person zahlen, wenn sich 4 Personen den Preis für diese Fahrt teilen würden?

9. Hier hat Paul beim Lösen nur zwei Schritte benötigt. Wie wird er vorgegangen sein?
a) Eva, Paul, Jens und Jana teilen sich die Gebühr für eine Stunde Bowlingbahn. Jeder zahlt 5,50 €. Gib an, wie viel Euro jeder zahlen müsste, wenn nur Eva und Paul die Bahn für eine Stunde mieten würden.
b) Für 20 Schweine reicht ein Futtervorrat 10 Tage. Wie viele Tage würde der Vorrat für 40 Schweine reichen?

8.5 Aufgaben mit dem Dreisatz lösen

Weiterführende Aufgaben

10. **Durchblick:** Erkläre dein Vorgehen beim Lösen der Aufgabe. Orientiere dich an den Beispielen 1 und 2 auf den Seiten 182 und 184.
    a) Bei einem tropfenden Wasserhahn gibt es in 10 h einen Wasserverlust von 9 ℓ. Berechne den Wasserverlust in 7 h.
    b) 5 Lkws gleichen Typs müssen sechsmal fahren, um Bauschutt von einer Baustelle abzutransportieren. Berechne, wie oft 3 Lkws dieses Typs dafür fahren müssten.

Tipp zu 11: Überlege stets zu Beginn, ob eine direkt proportionale oder eine indirekt proportionale Zuordnung vorliegt.

11. Ein zu einem Festpreis gemieteter Bus kostet für jeden der 28 Teilnehmer 5,70 €.
    a) Wie viel Euro müsste jeder Teilnehmer zahlen, wenn drei Personen weniger an der Fahrt teilnehmen würden.
    b) Wie viel Euro müsste jeder Teilnehmer zahlen, wenn zwei Personen mehr an der Fahrt teilnehmen würden.

12. Ein Mähdrescher mäht eine Fläche von 3 ha in 2,5 h.
    a) Berechne, wie viel Stunden für eine Fläche von 2 ha benötigt werden.
    b) Berechne, wie lange 2 Mähdrescher dieses Typs für eine Fläche von 6 ha benötigen.

13. **Stolperstelle:** Wo steckt der Fehler?
    Lea kauft einen 8er-Pack Batterien für 4,68 € und verkauft ihrem Bruder davon 2 Batterien für 3,42 €.
    Vorher hat sie nebenstehende Tabelle ausgefüllt.

Preis in €	Batterien
4,68	8
1	1,71
2	3,42

14. Ein Würfel mit einer Kantenlänge von 1 cm hat ein Volumen von 1 cm³.
    Ermittle die Kantenlänge eines Würfels mit dem Volumen von 9 cm³.

15. Mit einem Kopierer können 1000 A4-Seiten in 18 min vervielfältigt werden.
    Entwickle dazu eine Aufgabe, die mit dem Dreisatz gelöst werden kann.

16. Anke, Peter und Vanessa schaffen ihren 3 km langen Schulweg in 35 min.
    Berechne, wie viel Minuten Peter und Vanessa ohne Anke brauchen.

17. Zum Drucken von Postern werden zwei baugleiche Plotter eingesetzt, die beide zusammen 200 Poster in 4 h ausdrucken.
    a) Berechne, wie lange 3 Plotter der gleichen Bauart für 200 Poster benötigen.
    b) Berechne, wie viele derartige Plotter nötig sind, wenn 200 Poster in nur einer Stunde gedruckt werden sollen.

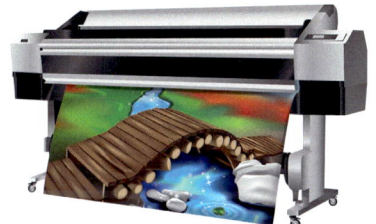

18. Für die Verkleidung einer Wand im Gartenhaus der Familie Schulze werden 21 Bretter mit jeweils einer Breite von 12 cm benötigt. Es gibt aber ein Angebot mit 14 cm breiten Brettern. Berechne, wie viele Bretter dieser Sorte dann zu kaufen sind.

19. **Ausblick:** Für einen 80 cm langen und 20 cm breiten Schal wurden 280 g Wolle benötigt. Überlege, ob 200 g Wolle der gleichen Sorte (bei gleichem Strickmuster) ausreichen, einen 75 cm langen und 15 cm breiten Schal zu stricken. Erläutere deine Überlegungen.

8.6 Tabellenkalkulationen nutzen

■ Kati und Kai sollen die folgende Zuordnung auf Proportionalität untersuchen:

x	0,69	1,2	2,4	3,6	3,9
y	8,1	4,05	2,025	1,35	1,1

Kerstin meint, wenn überhaupt Proportionalität vorliegt, dann indirekte Proportionalität. Darauf sagt Fritz: „Das können wir mit einer Tabellenkalkulation schnell untersuchen."

Erläutere, wie das gehen könnte. ■

Jedes Rechenblatt einer Tabellenkalkulation besteht aus **Zeilen** und **Spalten**. Die Zeilenbezeichnungen sind Zahlen (bei 1 beginnend). Die Spaltenbezeichnungen sind zumeist Großbuchstaben (bei A beginnend). Zeilen und Spalten schneiden einander jeweils in einer **Zelle**, die durch ihre Zeilennummer und ihren Spaltenbuchstaben eindeutig festgelegt ist. Beide Angaben bilden die **Adresse** der Zelle.

	A	B	C	D
1				
2				

Die hier mit einem roten Rahmen hervorgehobene Zelle steht in Spalte B und in Zeile 2. Ihre Adresse wird mit B2 geschrieben. In Zellen können sowohl **Daten** (Zahlen und Text) als auch Formeln eingetragen werden.

> **Wissen: Berechnungen mit einer Tabellenkalkulation durchführen**
> Berechnungen in Tabellenkalkulationen erfolgen mithilfe von **Formeln**, die in die Zellen eingetragen oder kopiert werden. Jede Formel **beginnt mit** einem **Gleichheitszeichen**. Es können Adressen von Zellen und folgende Operationszeichen verwendet werden:
>
> | Rechenoperation | Addition | Subtraktion | Multiplikation | Division |
> |---|---|---|---|---|
> | Rechenzeichen | – | + | * | / |

Hinweis:
Steht in Zelle B2 die Formel „=A2/A1", wird der Quotient aus den Werten der Zellen A2 und A1 berechnet. In der Zelle B2 wird automatisch der Quotient angezeigt.

Beispiel 1: Untersuche die Zuordnung $x \mapsto y$ mit einer Tabellenkalkulation auf direkte oder indirekte Proportionalität.

x	0,5	1,7	2,4	4,6	6,1
y	0,8	2,72	3,84	7,36	9,76

Tipp:
Setze zum Überprüfen der Formeln den Tabellenkursor auf jede der Zellen C3 bis F3. In der Zelle F3 muss beispielsweise die Formel „=F2/F1" stehen.

Lösung:
Trage die Tabelle in ein Rechenblatt ein.
Die Zuordnung könnte direkt proportional sein, da mit wachsendem x auch y größer wird.
Trage in die Zelle B3 die Formel „=B2/B1" ein und bestätige mit der Taste <ENTER>.
Erweitere dann diesen Eintrag auf die Zellen C3 bis F3. Ziehe dazu das kleine schwarze Quadrat rechts unten mit der Maus nach rechts.
Alle Quotienten sind gleich groß.
Der Proportionalitätsfaktor ist 1,6.

	A	B	C	D	E	F
1	x	0,5	1,7	2,4	4,6	6,1
2	y	0,8	2,72	3,84	7,36	9,76
3	y:x	1,6				

	A	B	C	D	E	F
1	x	0,5	1,7	2,4	4,6	6,1
2	y	0,8	2,72	3,84	7,36	9,76
3	y:x	1,6	1,6	1,6	1,6	1,6

Es ist eine direkte Proportionalität.

8.6 Tabellenkalkulationen nutzen

Beispiel 2: Untersuche die Zuordnung $x \mapsto y$ mit einer Tabellenkalkulation auf direkte oder indirekte Proportionalität.

x	0,4	1,5	2,5	5	6
y	11,25	3	1,8	0,85	0,8

Lösung:
Trage die Tabelle in ein Rechenblatt ein.
Die Zuordnung könnte indirekt proportional sein, da mit wachsendem x der Wert y kleiner wird.

	A	B	C	D	E	F
4						
5	x	0,4	1,5	2,5	5	6
6	y	11,25	3	1,8	0,85	0,8
7	y·x	4,5				

Trage in die Zelle B7 die Formel „=B5*B6" ein und bestätige mit der Taste <ENTER>.

Erweitere dann diesen Eintrag auf die Zellen C7 bis F7. Ziehe dazu das kleine schwarze Quadrat rechts unten mit der Maus nach rechts.
Nicht alle Produkte sind gleich groß.

	A	B	C	D	E	F
4						
5	x	0,5	1,5	2,5	5	6
6	y	11,25	3	1,8	0,85	0,8
7	y·x	4,5	4,5	4,5	4,25	4,8

Es ist keine indirekte Proportionalität.

Basisaufgaben

1. Untersuche mit einer Tabellenkalkulation auf direkte Proportionalität.

   a) $a \mapsto b$

a	0,6	1,4	2,2	5,9	7,3
b	1,38	3,22	5,06	13,57	16,79

   b) $n \mapsto p$

n	1	4	12	26	54	112
p	0,09	0,36	1,08	2,21	4,05	7,84

2. Untersuche mit einer Tabellenkalkulation auf indirekte Proportionalität.

   a) $r \mapsto s$

r	0,2	0,5	1,25	2,5	4,0
s	42,5	17	6,8	3,4	2,125

   b) $c \mapsto d$

c	2	5	8	20	32	42
d	27,5	11	6,875	2,75	1,75	1,3

3. Untersuche mit einer Tabellenkalkulation auf Proportionalität. Überlege vorher, welche Form der Proportionalität überhaupt möglich wäre.

   a) $x \mapsto y$

x	0,5	1,5	2	2,5	4,2
y	6,6	2,2	1,65	1,32	0,8

   b) $x \mapsto y$

x	0,45	2,7	4,1	5,9	7,4
y	0,36	2,16	3,28	4,72	5,92

   c) $x \mapsto y$

x	12	8	6	5	3	0,5
y	0,6	0,9	1,2	1,44	2,4	14,4

4. Stelle mit einer Tabellenkalkulation eine Tabelle für die Zuordnung $x \mapsto y$ auf. Wähle für x folgende Zahlen: 0,5; 1,0; 1,5; 2,0; 2,5; 3,0; 3,5; 4,0; 4,5; 5,0
   a) $y = 3,1 \cdot x$ b) $y = \frac{3,1}{x}$ c) $y = 3,1 \cdot x + 2,1$ d) $y = x^3$

   Hinweis zu 4 d:
   Die Potenz x^3 wird in einer Tabellenkalkulation wie folgt geschrieben: x^3

5. Luisa hat zwei 18 cm lange Kerzen selbst hergestellt. Bevor sie eine davon verschenkt, testet sie mit der anderen die Brenndauer. Sie misst jeweils nach einer halben Stunde die Länge der brennenden Kerze: 17,7 cm; 17,4 cm; 17,1 cm; 16,8 cm
   a) Übertrage die Messwerte (*Brenndauer* $\mapsto$ *Kerzenlänge*) in eine Tabellenkalkulation.
   b) Prüfe die Zuordnung *Brenndauer* $\mapsto$ *Kerzenlänge* auf Proportionalität.
   c) Prüfe, ob die Gleichung $y = 18 - 0,6 \cdot x$ zum Berechnen der Kerzenlänge y geeignet ist.

Weiterführende Aufgaben

6. Durchblick: Untersuche die Zuordnung a ↦ b mit einer Tabellenkalkulation auf Proportionalität. Erkläre dein Vorgehen. Orientiere dich an den Beispielen auf den Seiten 186/187.

a	0,2	0,4	0,6	0,8	1,5	2	2,5	4
b	45	22,5	15	11,25	6	4,5	3,6	2,25

Hinweis zu 7:
Nutze den Diagrammtyp Punkt (x; y) mit Linie.

7. Maja hat die Zuordnung aus Beispiel 1 auf Seite 186 mit einer Tabellenkalkulation grafisch dargestellt. Sie meint, dass es eine direkt proportionale Zuordnung sei, da alle Punkte auf ein und derselben Geraden liegen. Lars ergänzt, dass das zwar sein kann, man müsste aber erst noch prüfen, ob die Gerade durch den Koordinatenursprung geht.

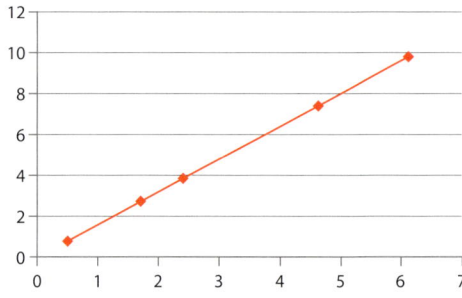

a) Erläutere, wie du diese Prüfung mit einer Tabellenkalkulation durchführen würdest.
b) Erzeuge den Graphen mit einer Tabellenkalkulation und führe die Prüfung durch.

8. Stolperstelle: Maja und Lars haben beide die gleiche Zuordnung mit einer Tabellenkalkulation rechnerisch auf direkte Proportionalität untersucht.

Maja

x	1,1	2,1	3,1	4,1	5,1
y	2,5	4,8	7,1	9,3	13,9
y : x	2,273	2,286	2,290	2,268	2,275

Lars

x	1,1	2,1	3,1	4,1	5,1
y	2,5	4,8	7,1	9,3	13,9
y : x	2,3	2,3	2,3	2,3	2,3

a) Während Maja folgert, dass die Zuordnung nicht direkt proportional ist, kommt Lars zum Ergebnis, dass diese Zuordnung direkt proportional ist. Was meinst du?
b) Erkläre das Zustandekommen dieser verschiedenen Ergebnisse.

9. In einem Copy-Center kostet das Anfertigen von A4-Kopien 9 Cent pro Blatt. In der Tabelle ist die Anzahl der Kopien und der zugehörige Preis mit einer Tabellenkalkulation ermittelt worden.

	A	B
1	Preistabelle Kopien	
2	Anzahl	Preis
3	1	0,09 €
4	2	0,18 €
5	3	0,27 €
6	4	0,36 €

a) Notiere die Formeln für die Zellen B3, B4 und B5.
b) Erstelle mit einer Tabellenkalkulation solch eine Tabelle für Kopien bis 20 Blatt.
c) Erläutere, wodurch die Angabe des Preises in Euro erreicht werden kann.

Hinweis zu 10:
Die Abkürzung für US-Dollar ist: USD
Die Abkürzung für Euro ist: EUR

10. Ausblick: Hier sind zwei Umrechnungstabellen dargestellt für den Umrechnungskurs:
1 USD ≙ 0,82 EUR

a) Sowohl die Zuordnung USD ↦ EUR als auch die Zuordnung EUR ↦ USD ist direkt proportional. Gib jeweils den Proportionalitätsfaktor an.
b) Gib Formeln für die Zellen B3 und B5 an. Erstelle jeweils solch eine Tabelle mit einer Tabellenkalkulation.

	A	B	C
1		1USD	0,82 EUR
2	USD	1	1,2
3	EURO	0,82 €	3,75
4	EURO	1	4,5
5	USD	$ 1,22	$ 1,22

8.7 Vermischte Aufgaben

1. Ermittle, welche Packungsgröße das günstigste Angebot ist. Begründe dein Vorgehen.

2. Auf Karten (Wanderkarten, Stadtpläne usw.) ist immer ein Maßstab angegeben.
   a) Übertrage die Tabelle ins Heft und fülle sie für einen Maßstab von 1: 70 000 aus.

Strecke auf der Karte (Bildstrecke)	Strecke in Wirklichkeit (Originalstrecke)
1 cm	
4 cm	
9 cm	
	7 km
15 cm	

   b) Stelle die Zuordnung *Bildstrecke ↦ Originalstrecke* in einem Diagramm dar.
   c) Untersuche auf Proportionalität. Gib gegebenenfalls eine Gleichung als Zuordnungsvorschrift an.

3. Eine Familie mit zwei Kindern benötigt für eine Fahrt mit der Regionalbahn von Halle nach Magdeburg 1 h Stunde 10 min. Berechne die Fahrzeit für eine Familie mit vier Kindern.

4. Auf der Geraden einer direkt proportionalen Zuordnung liegt im Koordinatensystem der Punkt P (1,5|3). Gib die fehlenden Koordinaten folgender Punkte dieser Geraden an:
   (1) Q (?|5,6)   (2) R(2,3|?)   (3) (S1|?)   (4) T(?|1)

5. Auf der Hyperbel einer indirekt proportionalen Zuordnung liegt im Koordinatensystem der Punkt P (1 | 12). Gib die fehlenden Koordinaten folgender Punkte dieser Kurve an:
   (1) Q(?|?)   (2) R(?|2)   (3) S(1,5|?)   (4) T(?|3)

6. Die Winkel α und β sind Basiswinkel und der Winkel γ ist der Winkel an der Spitze von gleichschenkligen Dreiecken. Der Winkel $\bar{\gamma}$ ist der Nebenwinkel von γ (er wird auch Außenwinkel genannt).
   a) Übernimm die Tabelle ins Heft und fülle sie aus.
   b) Stelle die Zuordnungen α ↦ γ und α ↦ $\bar{\gamma}$ grafisch dar.
   c) Untersuche beide Zuordnungen auf Proportionalität. Gib gegebenenfalls eine Gleichung als Zuordnungsvorschrift an.

α	β	γ	$\bar{\gamma}$
20°			
30°			
45°			
60°			
80°			

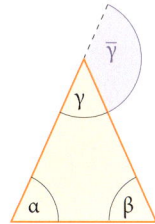

7. Jens sieht, wie ein Blitz in einen 5 km entfernten Baum einschlägt. Den Donner hört er nach 14,5 s.
   a) Berechne die Entfernung eines Blitzeinschlages, dessen Donner nach 10 Sekunden zu hören ist. Erkläre den Lösungsweg.
   b) Die Angabe von 10 Sekunden ist ein Messwert, der nicht ganz genau ist. Berechne die Entfernung des Blitzeinschlages, wenn die genaue Zeitdauer 9,5 s wäre.

8. Franks Vater macht 3500 Schritte, um vom Bahnhof nach Hause zu gehen.
   a) Wie lang ist der zurückgelegte Weg, wenn seine Schrittlänge etwa 75 cm beträgt?
   b) Wie viele Schritte muss Frank für diese Strecke bei einer Schrittlänge ca. 50 cm machen?

9. Hier ist eine Fieberkurve bei Masern dargestellt.
   a) Beschreibe die Zuordnung.
   b) Untersuche, ob die dargestellte Zuordnung eindeutig ist.
   c) Erstelle für die dargestellte Zuordnung eine Tabelle.
   d) Wann wurde die niedrigste und wann wurde die höchste Temperatur gemessen?

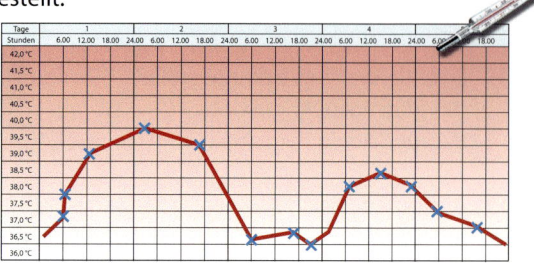

10. Übernimm die Tabelle ins Heft und fülle sie aus:
    (1) zur Darstellung einer direkt proportionalen Zuordnung
    (2) zur Darstellung einer indirekt proportionalen Zuordnung
    a) Gib zu jeder Zuordnung eine Gleichung an.
    b) Stelle jede Zuordnung als Diagramm dar.

x	2		8	10
y		1	2	5

11. Untersuche, ob und welche Art der Proportionalität vorliegt. Löse die Aufgabe sowohl mit als auch ohne Dreisatz. Bei welcher Aufgabe ist keine Berechnung möglich? Begründe das.
    a) Am Kiosk kosten 150 g Weingummi 2 €. Wie viel Euro kosten 500 g Weingummi?
    b) Jan und Max tragen am Sonntag Zeitungen aus. Dafür benötigen sie 3,5 Stunden. Da sie heute noch ins Kino wollen, helfen ihnen drei Freunde. Wie lange würden sie nun benötigen, wenn jeder gleich lange und genauso schnell mithilft?
    c) Fünf Pumpen benötigen 9 Stunden, um ein Schwimmbecken leer zu pumpen. Wie lange dauert das Auspumpen des Beckens, wenn zwei Pumpen defekt sind.
    d) Lisa schreibt ihrer Brieffreundin einen 2-seitigen Brief. Sie zahlt 0,62 € Porto. Der nächste Brief hat 5 Seiten. Wie viel Euro zahlt sie nun?
    e) Herr Mähler hat für 25 Gehwegplatten 50 € bezahlt. Nun benötigt er 125 weitere. Mit welchem Preis muss er rechnen?

12. Schreibe je ein eigenes Beispiel für eine direkt proportionale, für eine indirekt proportionale und für eine Zuordnung auf, die weder direkt proportional noch indirekt proportional ist.

13. Bei einer Durchschnittsgeschwindigkeit von $100 \frac{km}{h}$ benötigt ein Auto auf der Autobahn von Magdeburg nach Halle 48 min. Ermittle die Zeit, die das Auto für diese Strecke bei der gegebenen Durchschnittsgeschwindigkeit benötigt.
    a) $60 \frac{km}{h}$ b) $80 \frac{km}{h}$ c) $90 \frac{km}{h}$ d) $120 \frac{km}{h}$

14. Adam, Ben und Eva haben eine Radtour unternommen. Adam beschreibt die Tour so: „Am Anfang sind wir gut vorangekommen. Dann haben wir eine Pause eingelegt, um schließlich einen steilen Berg hinauf zu fahren."
    Ben (1) und Eva (2) zeichnen für diese Tour jeweils ein Diagramm.

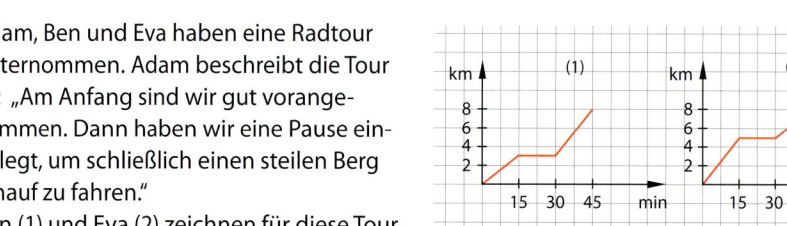

   a) Entscheide und begründe, welches Diagramm zu Adams Geschichte passt.
   b) Beschreibe mithilfe des richtigen Diagramms die Radtour ausführlicher als Adam, indem du auch die Zeiten und die zurückgelegten Wege berücksichtigst.

8.7 Vermischte Aufgaben

15. In einem Experiment wird von verschieden großen Körpern mit bekanntem Volumen die Masse ermittelt. Es entsteht eine Messreihe 1 für Körper aus gleichem (unbekanntem) Material und eine Messreihe 2 für Körper aus einem anderen, aber wieder gleichem (unbekanntem) Material.

Messreihe 1:

V in cm³	10	25	150	250
m in g	27	66	410	670

Messreihe 2:

V in cm³	10	20	50	7
m in g	115	220	570	84

a) Berechne mithilfe einer Tabellenkalkulation jeweils die Quotienten $\frac{m}{V}$.
b) Martin stellt fest: „Da die Quotienten verschieden sind, sind Volumen und Masse also nicht direkt proportional zueinander."
Nik erwidert: „Ich denke schon, dass Volumen und Masse hier direkt proportional zueinander sind, denn die Quotienten sind doch annähernd gleich groß."
Was meinst du zu diesen Aussagen?

16. Die Klasse 6a fährt auf Klassenfahrt an den Arendsee (größter natürlicher Binnensee in Sachsen-Anhalt). Die Anfahrt mit dem Zug sowie Übernachtung und Verpflegung in der Jugendherberge kosten für 27 Personen insgesamt 4050 €. Bis eine Woche vor der Anreise ist eine Stornierung (beispielsweise durch Krankheit) möglich.
a) Gib an, um welche Zuordnung es sich bei der *Personenanzahl* ↦ *Preis* handelt.
b) Berechne, wie viel Euro jede Person zahlt.
c) Drei Tage vor Abreise werden zwei Schüler krank und können nicht mitfahren. Wie viel Euro müsste nun jede teilnehmende Person mehr bezahlen?
d) Die Klasse 6b unternimmt eine Woche später mit 29 Personen dieselbe Fahrt. Wie viel Euro zahlt diese Klasse insgesamt?

17. Sophia hat 150 mℓ Wasser mit dem Messbecher abgemessen und in einen Topf umgefüllt.
Sie möchte aber 550 mℓ Wasser kochen.
a) Gib die Füllhöhe im Topf für 550 mℓ an.
b) Ermittle, wie viel Liter Wasser höchstens in den 15 cm hohen Topf passen.

18. Markus möchte das Sportabzeichen ablegen. Im Bereich „Ausdauer" muss er üben.
Er startet seinen 1000-m-Lauf und will ihn in 6:00 min schaffen. Nach einer Stadionrunde, also nach 400 m, ruft ihm sein Freund Max zu: „Genau 2 Minuten und 18 Sekunden."
Was denkst du, wird Markus die 1000 m in der vorgegebenen Zeit schaffen?
Begründe deine Antwort.

19. Die Klasse 6b plant einen Kuchenverkauf und möchte den Erlös dem Tierheim spenden.
Ein Stück Kuchen soll jeweils 1,80 € kosten.
a) Berechne die Höhe der Spende, wenn insgesamt 45 Stück Kuchen verkauft werden.
b) Erstelle im Heft oder mit einer Tabellenkalkulation eine Liste zur Berechnung des Gesamterlöses und gib den Gesamtbetrag für folgende Anzahlen verkaufter Kuchenstücke an: 15; 18; 20; 25; 35; 40; 42; 50; 56; 58; 60; 65; 72

	A	B	C
1	Kuchenverkauf		
2			
3	Preis pro Stück	Anzahl verkaufter Stücke Kuchen	Gesamteinnahmen
4	1,80 €	15	=A4*B4

Prüfe dein neues Fundament

8. Zuordnungen – Proportionalität

Lösungen ↗ S. 249

1. In Florida werden Informationen zur Lebensweise von Alligatoren gesammelt. Neben der Anzahl der dort lebenden Alligatoren und der Kennzeichnung des genauen Aufenthaltsortes werden auch die Körperlänge und das Körpergewicht (Masse) erfasst. Die Tabelle enthält Daten von 15 Alligatoren.

Größe in cm	239	185	190	183	208	183	193	193	198	188	218	218	229	218	188
Masse in kg	59	39	50	39	36	32	55	61	48	36	39	41	48	38	31

Stelle die Zuordnung *Körpergröße* ↦ *Masse* in einem Diagramm dar.

2. In der Pfeildarstellung ist einigen natürlichen Zahlen n ihre Quersumme q zugeordnet.
   a) Stelle diese Zuordnung n ↦ q in einer Tabelle dar.
   b) Gib eine Pfeildarstellung für die Zuordnung q ↦ n an.
   c) Untersuche die Zuordnungen n ↦ q und q ↦ n auf Eindeutigkeit.

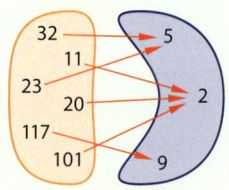

3. In einer Bäckerei wird ein einfaches Brötchen für 28 ct verkauft. Übernimm die Tabelle ins Heft, fülle sie aus, gib sowohl den Proportionalitätsfaktor sowie eine Zuordnungsvorschrift in Form einer Gleichung an und stelle diese Zuordnung in einem Diagramm dar.

Anzahl Brötchen	1	2	3	4	5	6	7
Preis in ct	28						

4. Eine Schulmensa kauft beim Bäcker täglich größere Mengen an Brötchen. Prüfe, ob die Zuordnung *Anzahl Brötchen* ↦ *Preis* in der Tabelle direkt proportional ist.

Anzahl Brötchen	10	20	30	40	50	60	70
Preis	2,80 €	5,60 €	8,40 €	11,20 €	13,00 €	14,00 €	15,00 €

5. Der Trinkwasservorrat einer Segelyacht reicht für 8 Personen erfahrungsgemäß 12 Tage. Übernimm die Tabelle ins Heft und fülle sie unter der Annahme aus, dass ein indirekt proportionaler Zusammenhang vorliegt. Gib eine Zuordnungsvorschrift als Gleichung an.

Anzahl Personen	1	2	4	8
Tage				12

Hinweis: Du kannst auch eine Tabellenkalkulation verwenden.

6. Untersuche die Zuordnungen x ↦ y auf Proportionalität. Begründe jeweils und gib, wenn möglich, eine Zuordnungsvorschrift in Form einer Gleichung an.

a)
x	3	6	12	24	48	96	192
y	1600	800	400	200	100	50	25

b)
x	30	40	50	70	100	120	150
y	21	28	35	49	70	84	105

c)
x	1000	600	400	300	150	120	100
y	20	16,8	10,2	8,4	4,2	3,36	2,8

Prüfe dein neues Fundament

7. Die Parkgebühr P in einem Parkhaus beträgt für die ersten zwei Stunden insgesamt 1,50 € und für jede weitere angefangene Stunde 1,00 €. Entscheide und begründe, welches Diagramm den Sachverhalt richtig darstellt.

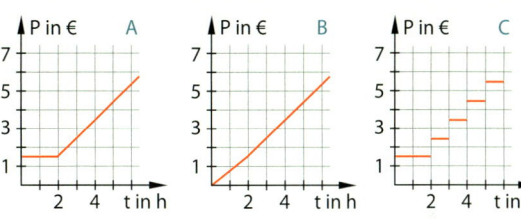

8. Die Grafik zeigt das „Strecken-Höhenprofil" der Selketalbahn im Harz, die von Gernrode bis Eisfelder Talmühle fährt. Im Jahr 2006 wurde sie nach Quedlinburg hin erweitert.

   a) Beschreibe den Verlauf einer Fahrt von Stiege bis Eisfelder Talmühle.
   b) Gib den Höhenunterschied zwischen Quedlinburg und Gernrode an.
   c) Welcher Streckenabschnitt ist am steilsten? Begründe deine Antwort.

9. Löse die Aufgaben. Notiere den Lösungsweg ausführlich.
   a) 50 cm³ Stahl haben eine Masse von 390 g. Wie viel Gramm sind es bei 30 cm³ Stahl.
   b) Die alte Treppe in einem Haus hatte 18 Stufen zu je 20 cm Höhe. Bei der neuen Treppe soll die Stufenhöhe 5 cm kleiner sein. Berechne, wie viele Stufen die neuen Treppe hat.
   c) Ein Musikduo spielt ein Musikstück in $4\frac{1}{2}$ min. Acht Musiker spielen das gleiche Musikstück. Wie viel Minuten dauert das Musikstück jetzt?

Wiederholungsaufgaben

1. Überprüfe die Rechnung und korrigiere, falls erforderlich.
   a) $\frac{1}{2} + 0,5 = 1$ b) $\frac{1}{2} + \frac{1}{4} = \frac{2}{6}$ c) $14 : 0,5 = 7$ d) $3 - 2 \cdot 0,5 = \frac{1}{2}$ e) $\frac{1}{3} - 0,3 = 0$

2. Wandle in die angegebene Einheit um.
   a) 13 mm (in Zentimeter)
   b) 70 mm² (in Quadratzentimeter)
   c) 7,1 m³ (in Kubikmeter)
   d) 12 ml (in Liter)
   e) 1,5 g (in Milligramm)
   f) 1,5 h (in Minuten)

3. Berechne den dritten Innenwinkel von △ ABC und gib an, welche Dreiecksart vorliegt.
   a) α = 60°; β = 70° b) β = 90°; γ = 45° c) α = 120°; γ = 35° d) β = 60°; γ = 60°

Zusammenfassung

8. Zuordnungen – Proportionalität

Zuordnungen

Bei einer **Zuordnung** werden **jedem Element** x einer Menge A **ein Element oder mehrere Elemente** y einer Menge B zugeordnet.
Kurz: x ↦ y

Zahl x	1	2	2	4	4	4
Teiler von x	1	1	2	1	2	4

Die Zuordnung ist nicht eindeutig, da der 2 z. B. die Teiler 1 und 2 zugeordnet werden.

Bei einer **eindeutigen Zuordnung** wird **jedem Element** x einer Menge A **genau ein Element** y einer Menge B zugeordnet.

Uhrzeit ↦ Temperatur (eindeutig)

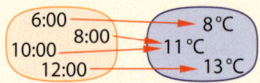

Darstellungsformen für Zuordnungen sind: Wortvorschriften, Tabellen, Gleichungen, Diagramme, Pfeildarstellungen

Die Pfeildarstellung zeigt, dass jeder Uhrzeit genau eine Temperatur zugeordnet wird.

Direkt proportionale Zuordnungen (quotientengleich)

Eine Zuordnung x ↦ y heißt **direkt proportional**, wenn für alle Wertepaare (x|y) der **Quotient** y : x immer gleich k ist. k heißt **Proportionalitätsfaktor**.
Kurz: y ~ x
Es gilt: $y = k \cdot x$ und $\frac{y}{x} = k$ mit $x \neq 0; k \neq 0$

x (Anzahl Brötchen)	1	2	3
y (Preis in ct)	25	50	75
y : x in ct	25	25	25

Es gilt:
y ~ x
und
y = 25 · x

Im **Koordinatensystem** liegen alle Punkte einer direkt proportionalen Zuordnung auf einer **Geraden durch** den Punkt **P(0|0)**.

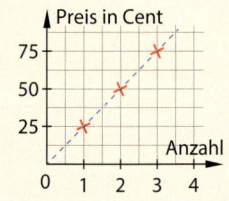

3 Brötchen kosten 0,75 €.

Dreisatz:
Von einer „Vielheit" wird eine „Einheit" berechnet und dann wieder auf eine andere „Vielheit" geschlossen.
Beim Multiplizieren (Dividieren) einer Größe ist die **gleiche Rechenoperation auch** bei der anderen Größe auszuführen.

	Brötchen	Preis in €
Vielheit	3	0,75
Einheit	1	0,25
Vielheit	5	1,25

(:3, ·5 links; :3, ·5 rechts)

Indirekt proportionale Zuordnungen (produktgleich)

Eine Zuordnung x ↦ y heißt **indirekt proportional**, wenn für alle Wertepaare (x|y) das **Produkt** x · y immer gleich k (k ≠ 0) ist.
Kurz: $y \sim \frac{1}{x}$
Es gilt: $y \cdot x = k$ und $y = \frac{k}{x}$ mit $x \neq 0; k \neq 0$

y (Arbeitszeit in h)	2	3	5
x (Anzahl der Pumpen)	3	2	1,2
y · x	6	6	6

Es gilt:
$y \sim \frac{1}{x}$
und
$y = 6 \cdot \frac{1}{x}$

Im **Koordinatensystem** liegen alle Punkte einer indirekt proportionalen Zuordnung auf einer **Hyperbel**.

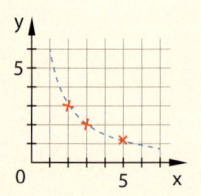

3 Pumpen benötigen 2 h.

Dreisatz:
Von einer „Vielheit" wird eine „Einheit" berechnet und dann wieder auf eine andere „Vielheit" geschlossen.
Beim Multiplizieren (Dividieren) einer Größe ist die **umgekehrte Rechenoperation** bei der anderen Größe auszuführen.

	Pumpen	Zeit in h
Vielheit	3	2
Einheit	1	6
Vielheit	4	1,5

(:3, ·4 links; ·3, :4 rechts)

9. Vierecke

Hier wurden verschiedenfarbige gleichseitige Dreiecke zu einem Bild zusammengesetzt.
Beim genauen Betrachten sind auch unterschiedliche Vierecksarten erkennbar.

Dein Fundament

9. Vierecke

Lösungen
↗ S. 250

Figuren erkennen und zeichnen

1. Übertrage die Figur im Maßstab 2:1 ins Heft und zeichne alle Symmetrieachsen ein.

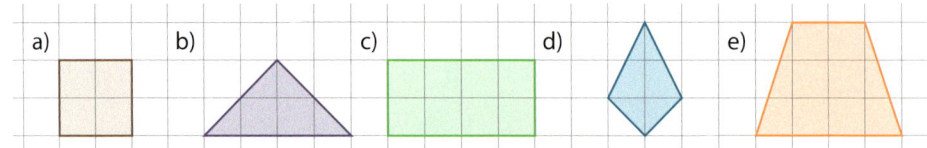

a)   b)   c)   d)   e)

2. a) Konstruiere ein gleichseitiges Dreieck mit einer Seitenlänge von 5 cm ins Heft.
   b) Zeichne ein Quadrat mit einer Seitenlänge von 5 cm ins Heft.

3. Übertrage die Strecke $\overline{AB}$ ins Heft, ergänze zur gegebenen Figur und beschreibe dein Vorgehen.
   a) zu einem Rechteck (das kein Quadrat ist)
   b) zu einem Quadrat
   c) zu einem gleichseitigen Dreieck
   d) zu einem Trapez (das kein Parallelogramm ist)

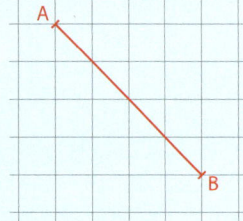

4. Trage die Punkte A(0|2), B(3|1), C(6|0), D(2|8) in ein Koordinatensystem ein.
   a) Prüfe, ob der Punkt B auf der Geraden AC liegt.
   b) Zeichne die Strecken $\overline{AB}$, $\overline{BC}$, $\overline{CD}$ und $\overline{DA}$. Was für eine Figur ist dabei entstanden?
   c) Ergänze die Figur zum Quadrat ACED und gib die Koordinaten von Punkt E an.

Figuren konstruieren und beschreiben

5. Ein Dreieck soll nach der angegebenen Bildfolge konstruiert werden:
   a) Beschreibt das Vorgehen und führt die Konstruktion aus.
   b) Vergleicht eure Ergebnisse.
   c) Beschreibt, worin sich eure Ergebnisse unterscheiden und erklärt, warum das so ist.
   d) Gebt an, welche Bestimmungsstücke vom Dreieck bekannt waren.

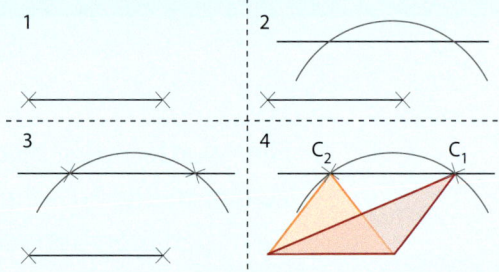

6. Die Mittelsenkrechten in einem Dreieck schneiden einander stets in genau einem Punkt. Skizziere, sofern möglich, Dreiecke mit folgender Eigenschaft:
   a) Die Mittelsenkrechten schneiden einander im Innern des Dreiecks.
   b) Der Schnittpunkt der Mittelsenkrechten liegt auf einer der Dreiecksseiten.
   c) Der Schnittpunkt der Mittelsenkrechten liegt außerhalb des Dreiecks.

7. a) Welche Teilfiguren hat jede Figur?
   b) Schreibe eine Anleitung auf, mit deren Hilfe die Figur ins Heft übertragen werden kann.

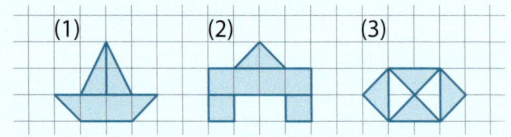

Dein Fundament

Umfänge und Flächeninhalte ermitteln

8. Berechne den Umfang und den Flächeninhalt von der Figur.
   Entnimm die Maßangaben der Zeichnung.

   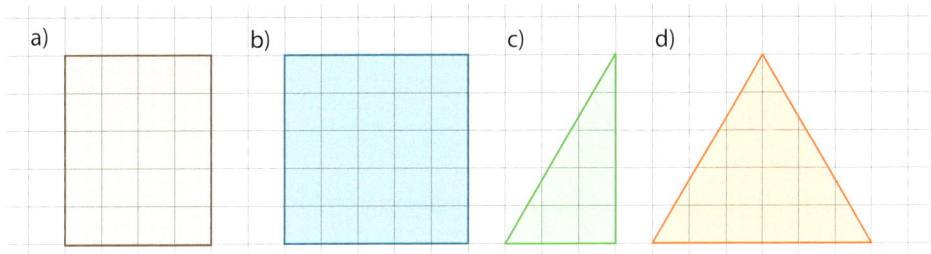
   a)   b)   c)   d)

9. Ermittle den Umfang in Zentimeter und den Flächeninhalt in Quadratzentimeter.
   a) von einem Rechteck mit den Seitenlängen a = 4 cm und b = 9 cm
   b) von einem Quadrat mit der Seitenlänge a = 4 dm
   c) von einem gleichschenklig rechtwinkligen Dreieck mit der Schenkellänge a = b = 6 m
   d) von einem gleichseitigen Dreieck mit der Seitenlänge a = 100 mm

Figuren mit rechten Winkeln zeichnen

10. Prüfe, welches der Dreiecke in nebenstehender
    Zeichnung genau einen rechten Innenwinkel hat.

11. Zeichne ein Koordinatensystem mit der Einheit
    1 cm und trage die Punkte A (2|1), B (4|1) und D
    (1|2) in das Koordinatensystem ein.
    Trage dann einen weiteren Punkt C so ein, dass
    das Viereck ABCD folgende Eigenschaft hat, und
    schreibe die Koordinaten an den Punkt:
    a) Es hat genau zwei rechte Innenwinkel.
    b) Es hat keinen rechten Innenwinkel.
    c) Es hat genau einen rechten Innenwinkel.

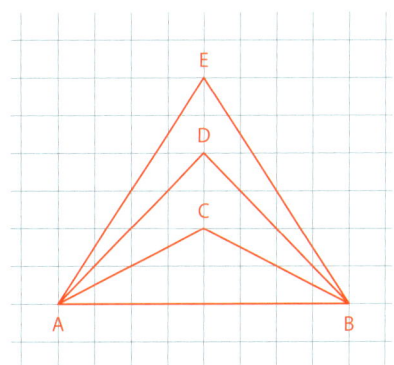

Kurz und knapp

12. Löse im Kopf.
    a) 3 · 4 cm
    b) 3 cm · 4 cm
    c) 4,8 cm : 2
    d) 2 · (4,8 cm + 9 dm)

13. Wandle in eine der beiden Einheiten um und berechne dann.
    a) 3,6 m + 17 dm
    b) 840 m + 15 dm
    c) $0{,}5\,cm^2 - 0{,}5\,mm^2$

14. Löse die Aufgaben.
    a) $\frac{1}{5} \cdot \frac{1}{5}$
    b) $\frac{1}{5} + \frac{1}{5}$
    c) $5 - \frac{1}{3}$
    d) $\frac{19}{2} : 3{,}8$

15. Ermittle den Wert des Terms für: a = 2,5; b = 3 und c = 0,5
    a) $a \cdot b$
    b) $\frac{a+c}{2}$
    c) $\frac{b \cdot c}{2}$
    d) $\frac{a+b}{2} \cdot c$
    e) $2 \cdot (a + c)$

9.1 Vierecksarten erkennen und zeichnen

■ Ein Tangram, ein altes chinesisches Legespiel, besteht aus sieben Teilen. Eine der Figuren ist ein Quadrat, alle Teile zusammen ergeben richtig zusammengelegt auch ein Quadrat.

Prüfe, ob mit den Teilen des Tangramspiels weitere Quadrate gelegt werden können. ■

Ein Viereck hat vier Ecken, vier Seiten und vier Innenwinkel. Die Viereckart hängt von den Seiten (ihrer Lage zueinander, ihrer Länge) und den Innenwinkeln ab.

Hinweis: Seiten mit gleichen Buchstaben sind gleich lang.

Wissen: Viereckarten

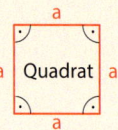
vier gleich lange Seiten und vier rechte Innenwinkel

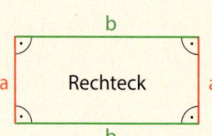
vier rechte Innenwinkel, gegenüberliegende Seiten sind jeweils gleich lang

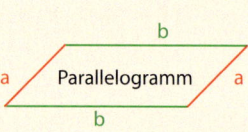
gegenüberliegende Seiten sind zueinander parallel

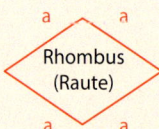
vier gleich lange Seiten

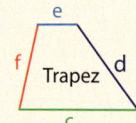
zwei zueinander parallele Seiten; die beiden anderen Seiten heißen Schenkel

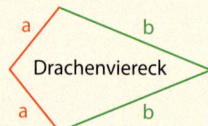
zwei benachbarte Seiten und die beiden anderen benachbarten Seiten sind gleich lang

Vierecke untersuchen

Beispiel 1:
a) Erkläre, warum Viereck ABCD ein Rechteck ist.
b) Prüfe, ob das Viereck EFGH ein Quadrat, ein Rechteck, ein Trapez ist.

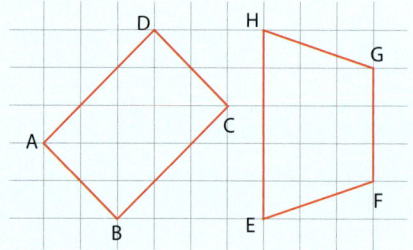

Lösung:
a) Prüfe, ob zwei der vier Seiten gleich lang und alle Innenwinkel rechte Winkel sind. Da dies so ist, ist es ein Rechteck.

$\overline{AB} = \overline{CD}$ und $\overline{BC} = \overline{AD}$
∢ BAD = ∢ ADC = ∢ DCB = ∢ CBA = 90°

b) Prüfe, ob es rechtwinklige Innenwinkel gibt. Da dies nicht so ist, kann es weder ein Quadrat noch ein Rechteck sein.
Prüfe, ob zwei Seiten zueinander parallel sind. Da dies so ist, ist es ein Trapez.

∢ GFE und ∢ HGF sind stumpfwinklig.
∢ EHG und ∢ FEH sind spitzwinklig.

$\overline{HE}$ und $\overline{GF}$ sind zueinander parallel.

9.1 Vierecksarten erkennen und zeichnen

Basisaufgaben

1. a) Zähle, wie viele Rechtecke und wie viele Quadrate hier zu sehen sind.
   b) Welche Figuren haben mindestens ein Paar parallele Seiten?
   c) Prüfe, ob hier zwar drei Drachenvierecke, aber nur zwei Rhomben zu sehen sind. Begründe die Antwort.

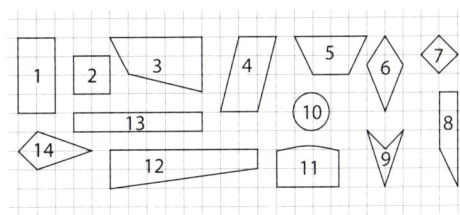

2. Verwende die Figuren aus Aufgabe 1 und beurteile die Aussage.
   a) Figur 3 ist kein Trapez.
   b) Figur 2 ist ein Rechteck.
   c) Figur 1 ist kein Quadrat.
   d) Figur 10 ist ein Drachenviereck

3. Suche gleiche Viereckarten im Fachwerk. Beschreibe diese und gib jeweils die Anzahl an.

4. a) Zeichne in ein Quadrat mit einer Seitenlänge von 3 cm alle Symmetrieachsen ein.
   b) Zeichne in ein 4 cm langes und 2 cm breites Rechteck alle Symmetrieachsen ein.
   c) Zeichne ein Parallelogramm, das keine Symmetrieachse hat.
   d) Zeichne ein Parallelogramm mit zwei Symmetrieachsen und beschreibe das Aussehen.

Streckenzüge zu Vierecken vervollständigen

Beispiel 2:
Übertrage den Streckenzug A-D-C ins Heft und vervollständige ihn zu einem Parallelogramm.

Zeichne bei Punkt A beginnend eine zu $\overline{DC}$ parallele und gleich lange Strecke und bezeichne den Endpunkt mit B. Verbinde B mit C und prüfe mit deinem Geodreieck, ob $\overline{AD}$ und $\overline{BC}$ zueinander parallel sind.

Du kannst auch Kästchen abzählen. Kennzeichne so den Punkt B und verbinde ihn mit Punkt C

Basisaufgaben

5. Zeichne auf Kästchenpapier und vervollständige.
   a) Figur 1 zu einem Quadrat
   b) Figur 2 zu einem Rechteck, das kein Quadrat ist.
   c) Figur 3 zu einem Trapez mit einem rechten Winkel.

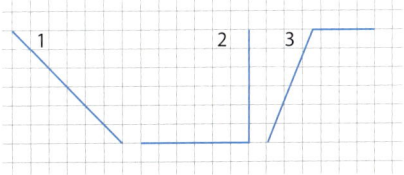

Tipp:
Eine dynamische Geometriesoftware kann helfen.

6. Markiere die Punkte A(6|0), B(9|3) und C(7|5) in einem Koordinatensystem.
   a) Zeichne dann einen Punkt D so ein, dass ein Viereck ABCD entsteht:
      – es soll ein Trapez sein – es soll ein Parallelogramm sein
      – es soll ein Rechteck sein – es soll ein Drachenviereck sein
   b) Gib für jede Figur die Koordinaten von D an.
   c) Markiere in jedem Viereck gleich große Stücke mit der gleichen Farbe.
   d) Solltest du keinen Punkt D für das genannte Viereck finden, ändere auch die Lage von einem der Punkte A, B und C.

7. Zeichne im Heft.
   a) ein Rechteck mit gleich langen Seiten
   b) ein Parallelogramm mit einem rechten Winkel
   c) ein Drachenviereck mit gleich langen Seiten

8. Übertrage die Tabelle ins Heft und kreuze Zutreffendes an.

	Alle Seiten sind gleich lang	Gegenüberliegende Seiten sind gleich lang	Gegenüberliegende Seiten sind zueinander parallel	Ein Innenwinkel ist rechtwinklig	Jeder Innenwinkel beträgt 90°
Quadrat	x				
Rechteck					
Rhombus					
Parallelogramm					
Drachenviereck					
Trapez					

Weiterführende Aufgaben

9. **Durchblick:** Zeichne mit deinem Geodreieck. Beurteile, ob es jeweils genau eine Möglichkeit oder ob es mehrere Möglichkeiten gibt. Orientiere dich an Beispiel 2 auf Seite 199.
   a) ein 3 cm breites und 5 cm langes Rechteck
   b) ein Parallelogramm, dessen Seiten 3 cm und 5 cm lang sind, das aber kein Rechteck ist
   c) ein Trapez, bei dem genau zwei Seiten 4 cm lang sind, das aber kein Parallelogramm ist

10. Zeichne folgende Vierecke:
    a) ein 5 cm langes und 3 cm breites Rechteck
    b) ein Trapez mit zwei 4 cm langen Schenkeln
    c) ein Trapez mit einem rechten Winkel
    d) einen Rhombus mit einer Seitenlänge von 4 cm und einem rechten Winkel

11. **Stolperstelle:** Falte ein A4-Blatt für jedes Viereck zweimal, wie in der Abbildung. Schneide dann eine Ecke so ab, dass sich nach dem anschließenden Auseinanderfalten ein Quadrat, ein Rechteck, ein Trapez, ein Rhombus, ein Parallelogramm, ein Drachenviereck als Loch zeigt.
    Bei welchen Figuren gelingt es dir nicht? Begründe, warum dies so ist.

9.1 Vierecksarten erkennen und zeichnen

12. Besorge oder baue dir ein Tangramspiel. Lege mit mindestens zwei Teilen eine Figur zu jeder Viereckart.

13. Prüfe, ob die Aussage wahr oder falsch ist. Begründe deine Antwort.
a) Ein Rechteck ist auch ein Parallelogramm.
b) Parallelogramme sind auch Rechtecke.
c) Ein Rechteck ist auch ein Drachenviereck.
d) Quadrate sind auch Trapeze.
e) Ein Rhombus ist auch ein Parallelogramm.
f) Rechtecke sind auch Rhomben.
g) Ein Parallelogramm ist auch ein Trapez.
h) Rhomben sind auch Drachenvierecke.

14. Hier siehst du vier Stäbe, aus denen ein Viereck gelegt werden soll.
a) Prüfe, welche Viereckart mit den vier Stäben gelegt werden kann.
b) Skizziere die Lösung im Heft und stelle dein Ergebnis der Klasse vor.

15. Fachwerkhäuser bestehen aus einem Holzgerüst, bei dem die Zwischenräume mit Steinen und Lehm gefüllt sind.
a) Hier siehst du ein solches Holzgerüst. Welche Viereckarten erkennst du?
b) Skizziere ein Fachwerk ins Heft, das auch Drachenvierecke und Trapeze enthält.
c) Skizziere ein Fachwerk ins Heft, das auch Parallelogramme und Rhomben enthält, die keine rechten Winkel haben.

16. a) Zeichne ein Rechteck, ein Trapez, ein Drachenviereck ins Heft und markiere die Mittelpunkte der Seiten. Verbinde diese Punkte dann zu einem neuen Viereck.
b) Vergleiche die so entstandenen Vierecke miteinander und schreibe eine Gemeinsamkeit dieser Vierecke auf.

17. Ausblick: Verändere die Ausgangsfigur so, wie vorgegeben.
a) Lege in Bild ① vier Streichhölzer so um, dass vier gleich große Quadrate entstehen.
b) Lege in Bild ② drei Hölzer so um, dass vier Rhomben entstehen.
c) Füge in Bild ③ fünf Streichhölzer so hinzu, dass vier gleich große Trapeze entstehen.

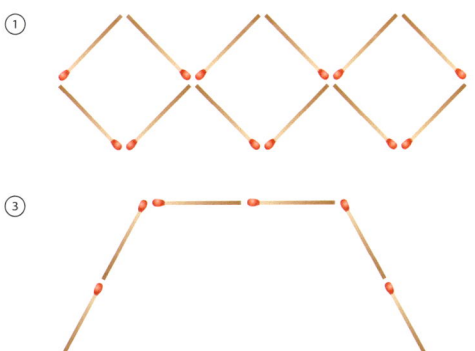

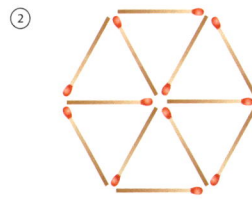

9.2 Innenwinkelsatz für Vierecke anwenden

■ Beim Spiegeln eines gleichseitigen Dreiecks an einer Seite entsteht als Gesamtfigur ein Viereck.

Miss alle Innenwinkel des Vierecks und berechne, wie groß die Summe dieser Winkel ist. ■

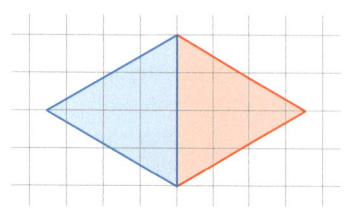

Werden zwei einander gegenüberliegende Eckpunkte eines Vierecks verbunden, erhält man eine **Diagonale** des Vierecks. Diagonalen zerlegen ein Viereck in Dreiecke. Da die Summe der Innenwinkel eines Dreiecks immer 180° beträgt, ist die Summe der Innenwinkel eines Vierecks vermutlich 360°. Nachfolgend wird der ausführliche Beweis dafür dargestellt.

Voraussetzung: α, β, γ und δ sind Innenwinkel des Vierecks ABCD.
$\alpha = \alpha_1 + \alpha_2$; $\gamma = \gamma_1 + \gamma_2$

Behauptung: $\alpha + \beta + \gamma + \delta = 360°$

Beweis:
(1) Die Diagonale $\overline{AC}$ zerlegt das Viereck ABCD in zwei Dreiecke ABC und ACD.
Nach dem Innenwinkelsatz für Dreiecke gilt: $\alpha_1 + \gamma_1 + \delta = 180°$
$\alpha_2 + \beta + \gamma_2 = 180°$

(2) Werden die Innenwinkel beider Dreiecke addiert, gilt:
   (a) $\alpha_1 + \gamma_1 + \delta + \alpha_2 + \beta + \gamma_2 = 360°$ (Innenwinkelsatz für Dreiecke)
   (b) $\alpha_1 + \alpha_2 + \beta + \gamma_1 + \gamma_2 + \delta = 360°$ (Kommutativgesetz)
   (c) $\alpha + \beta + \gamma + \delta = 360°$ (Voraussetzung und (b))

> **Wissen:** Innenwinkelsatz für Vierecke
> Die Summe der Innenwinkel in einem Viereck beträgt immer 360°.
> Wenn α, β, γ und δ Innenwinkel eines Vierecks ABCD sind, dann gilt: $\boldsymbol{\alpha + \beta + \gamma + \delta = 360°}$

Beispiel 1: Im Viereck ABCD sind die Innenwinkel $\alpha = 30°$, $\beta = 80°$ und $\delta = 80°$ gegeben. Berechne, wie groß der vierte Innenwinkel ist.

Lösung:
Setze die gegebenen Winkelgrößen in die Gleichung für die Innenwinkel im Viereck ein (Innenwinkelsatz für Vierecke). Löse dann die Gleichung.

$\alpha + \beta + \gamma + \delta = 360°$
$30° + 80° + \gamma + 80° = 360°$
$190° + \gamma = 360°$
$\gamma = 170°$

Basisaufgaben

1. Ermittle die Größe des vierten Innenwinkels vom Viereck ABCD.
   a) $\alpha = 100°$, $\beta = 100°$, $\gamma = 100°$
   b) $\alpha = 90°$, $\beta = 45°$, $\delta = 140°$
   c) $\beta = 90°$, $\gamma = 70°$, $\delta = 80°$

2. Gib die Größen der gekennzeichneten Winkel β und γ an.

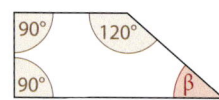
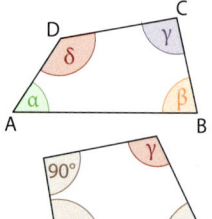

9.2 Innenwinkelsatz für Vierecke anwenden

3. a) Übertrage ins Heft und ergänze die fehlenden Innenwinkel der Vierecke.

	(1)	(2)	(3)	(4)	(5)
α	25°	80°	45°		45°
β	155°	135°		90°	90°
γ	25°		55°	90°	135°
δ		135°	165°		

b) Gib an, welche Viereckart es jeweils ist, und woran du das erkennst.

Weiterführende Aufgaben

4. **Durchblick:** Im Viereck ABCD sind die Innenwinkel α = 50° und γ = 250° gegeben. Wie groß könnten β und γ sein? Orientiere dich am Beispiel 1 auf Seite 202.

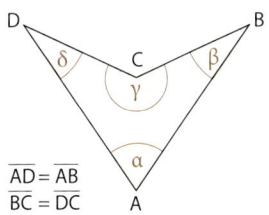

$\overline{AD} = \overline{AB}$
$\overline{BC} = \overline{DC}$

5. Berechne die fehlenden Innenwinkelgrößen. Fertige vorher eine Skizze an und markiere darin die gegebenen Stücke farbig.
   a) In einem Viereck ABCD gilt: α = 50°, β = 30°, γ und δ sind gleich groß.
   b) In einem Parallelogramm gilt: α = 40°

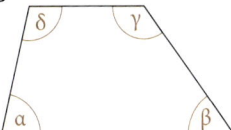

6. In einem Trapez ABCD gilt: γ = 110°, δ = 130°
   Ermittle die Größen der Winkel α und β.

7. a) Berechne die Winkelgrößen α und β im nebenstehenden Fünfeck.
   b) Ermittle Innenwinkelsumme des Fünfecks.

8. **Stolperstelle:** Nimm zu folgender Aussage Stellung:
   „Wenn die Winkelsumme in einem Dreieck 180° beträgt, dann beträgt sie in einem Sechseck 360°, da ein Sechseck doppelt so viele Eckpunkte wie ein Dreieck hat."

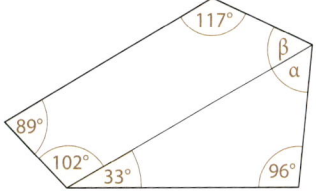

9. Berechne die Innenwinkelgrößen des gegeben Vierecks.
   a)   b)   c)

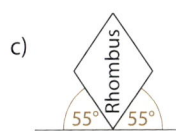

10. **Ausblick:** Zeichne ein Fünfeck (ein Sechseck), miss die Innenwinkel und bilde die Summe dieser Winkel. Formuliere einen Satz über die Innenwinkel für Fünfecke (für Sechsecke) und beweise den Satz. Finde eine Möglichkeit, wie sich die Summe der Innenwinkel aus der Anzahl der Ecken eines Vieleckes berechnen lässt.

	Anzahl der Ecken	Anzahl der Dreiecke	Innenwinkelsumme
Viereck	4	2	360°
Fünfeck			
Sechseck			

9.3 Vierecke konstruieren

- Aus den vier grünen Hölzchen wurde ein Rechteck gelegt. Jeweils zwei von ihnen sind gleich lang.

a) Worauf musst du dabei achten?
b) Prüfe, ob sich noch andere Viereckarten mit diesen Hölzchen legen lassen. ■

Erinnere dich:
Bestimmungsstücke sind:
– Seiten
– Winkel
– Höhen
– Diagonalen
– usw.

Zum eindeutigen Konstruieren von Dreiecken sind mindestens drei Bestimmungsstücke notwendig. Da Vierecke immer in zwei Dreiecke mit einer gemeinsamen Seite zerlegbar sind, müssen zum eindeutigen Konstruieren von Vierecken mindestens fünf Stücke bekannt sein.

Allgemeine Vierecke konstruieren

Wissen: Schrittfolge bei Viereckskonstruktionen
(1) Zeichne eine Planfigur mit Bezeichnungen für Eckpunkte und Seiten.
(2) Markiere gegebene Stücke in der Planfigur farbig.
(3) Beginne mit dem Stück, an dem möglichst viele andere gegebene Stücke anliegen.
(4) Prüfe, ob die Konstruktion eindeutig ist.

Beispiel 1:
Konstruiere ein Viereck ABCD.
Gegeben sind: $\overline{AB} = a = 7{,}4\,cm$; $\overline{BC} = b = 4{,}2\,cm$; $\overline{AD} = d = 5{,}0\,cm$; $\alpha = 120°$; $\beta = 100°$

Erinnere dich:
Die Eckpunkte und die Innenwinkel werden bei Vierecken entgegengesetzt zum Uhrzeigersinn beschriftet.

Lösung:
Zeichne eine Planfigur und markiere darin alle gegebenen Stücke farbig.

Zeichne die Strecke $\overline{AB} = 7{,}4\,cm$ und trage in A und B die Winkel $\alpha = 120°$ und $\beta = 100°$ an. Zeichne um A einen Kreis mit dem Radius $\overline{AD} = 5\,cm$ und um B einen Kreis mit dem Radius $\overline{BC} = 4{,}2\,cm$.

Bezeichne die Schnittpunkte der Kreise mit den freien Schenkeln der Winkel α und β mit D und C. Verbinde C und D zu $\overline{CD}$.

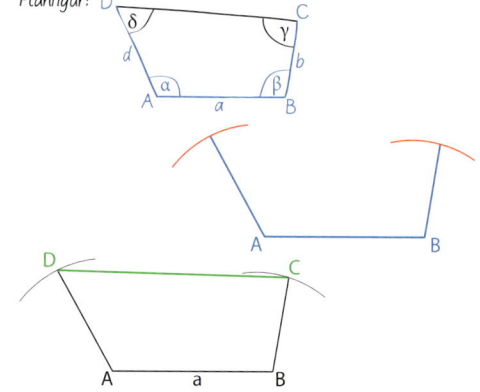

Alle konstruierten Punkte sind eindeutig festgelegt, darum ist die Konstruktion eindeutig.

Basisaufgaben

1. Konstruiere ein Viereck ABCD und entscheide, ob die Konstruktion eindeutig ist.
   a) $b = 3{,}5\,cm$; $c = 3{,}5\,cm$; $d = 3{,}0\,cm$; $\gamma = 100°$; $\delta = 70°$
   b) $a = 2{,}5\,cm$; $c = 4{,}0\,cm$; $d = 5{,}0\,cm$; $\alpha = 60°$; $\delta = 135°$
   c) $a = 5{,}0\,cm$; $c = 2{,}0\,cm$; $d = 5{,}5\,cm$; $e = 6\,cm$; $\alpha = 82°$

2. Konstruiere ein Viereck ABCD und entscheide, ob die Konstruktion eindeutig ist.
   a) $a = 4{,}9\,cm$; $b = d = 3{,}2\,cm$; $\alpha = 65°$; $\beta = 65°$
   b) $\overline{AB} = \overline{CD} = 6{,}5\,cm$; $\overline{BC} = \overline{AD} = 4{,}3\,cm$; $\overline{AC} = 7{,}2\,cm$

9.3 Vierecke konstruieren

Besondere Vierecke konstruieren

Besondere Vierecke können schon mit weniger als fünf Bestimmungsstücken eindeutig konstruiert werden.

Erinnere dich:
Beim Quadrat und beim Rechteck gibt es nur rechte Innenwinkel. Die Seitenlängen und die Diagonalen beim Quadrat sind alle gleich lang.

Wissen: Anzahl der Bestimmungsstücke beim Konstruieren besonderer Vierecke

Viereck	Trapez	Drachenviereck	Rhombus	Rechteck	Quadrat
Mindestanzahl	4	3	2	2	1

Beispiel 2:
Konstruiere einen Rhombus ABCD.
Gegeben sind: $\overline{AB} = a = 7{,}5$ cm; $\alpha = 120°$

Lösung:
Zeichne eine Planfigur und markiere darin alle gegebenen Stücke farbig.

Zeichne die Strecke $\overline{AB} = 7{,}5$ cm und trage in A den Winkel $\alpha = 120°$ an. Zeichne um A einen Kreis mit dem Radius $\overline{AD} = 7{,}5$ cm und beschrifte den Schnittpunkt des Kreises mit dem freien Schenkel des Winkels α mit D.

Zeichne die Parallele zu AB durch den Punkt D und die Parallele zu AD durch den Punkt B. Beschrifte den Schnittpunkt beider Parallelen mit C.

Alle konstruierten Punkte sind eindeutig festgelegt, darum ist die Konstruktion eindeutig.

Beispiel 3:
Konstruiere einen Trapez ABCD (AB∥CD).
Gegeben sind: $\overline{AB} = a = 5{,}0$ cm; $\overline{AD} = d = 5{,}5$ cm; $\overline{AC} = e = 8{,}5$ cm; $\alpha = 120°$.

Lösung:
Zeichne eine Planfigur und markiere darin alle gegebenen Stücke farbig.

Zeichne die Strecke $\overline{AB} = 7{,}5$ cm und trage in A den Winkel $\alpha = 120°$ an. Zeichne um A einen Kreis mit dem Radius $\overline{AD} = 7{,}5$ cm und bezeichne den Schnittpunkt des Kreises mit dem freien Schenkel des Winkels α mit D.

Zeichne die Parallele zu AB durch den Punkt D. Zeichne um A einen Kreis mit dem Radius $\overline{AC} = 8{,}5$ cm. Beschrifte den Schnittpunkt dieses Kreises mit der Parallelen mit C.

Alle konstruierten Punkte sind eindeutig festgelegt, darum ist die Konstruktion eindeutig.

Basisaufgaben

3. Konstruiere ein Viereck ABCD und entscheide, ob die Konstruktion eindeutig ist.
   a) Trapez ABCD (AB∥CD) mit: $\overline{AB}$ = 6,0 cm; $\overline{DA}$ = 6,0 cm; $\overline{AC}$ = 7,0 cm; α = 100°
   b) Drachenviereck ABCD mit: $\overline{AB}$ = 8,0 cm; $\overline{BC}$ = 4,0 cm; $\overline{CD}$ = 4,0 cm
   c) Rhombus ABCD mit: $\overline{AB}$ = 6,0 cm; α = 80°
   d) Parallelogramm ABCD mit: $\overline{AB}$ = 8,0 cm; $\overline{AD}$ = 5,0 cm; α = 80°

4. Schreibe auf, in welchen Konstruktionsschritten du das Rechteck ABCD mit $\overline{AB}$ = 8,0 cm und $\overline{BC}$ = 5,0 cm konstruieren würdest. Entscheide, ob diese Konstruktion eindeutig ist.

Konstruktionen auf Eindeutigkeit prüfen

Viereckskonstruktionen müssen, wie auch Dreieckskonstruktionen, nicht immer eindeutig sein. Prüfe auch vor dem Konstruieren von Vierecken, ob die Konstruktion überhaupt ausführbar ist. Wichtige Sätze sind: die Dreiecksungleichung, die Innenwinkelsätze, die Kongruenzsätze für Dreiecke und die Seiten-Winkel-Beziehung

> **Wissen: Konstruierbarkeit von Vierecken**
> Viereckskonstruktionen werden meist auf das Konstruieren zweier Teildreiecke zurückgeführt. Ist die **Konstruktion (nach den Kongruenzsätzen für die Teildreiecke)** eindeutig, sind auch die **Viereckskonstruktionen** eindeutig.

Beispiel 4:
Konstruiere ein Viereck ABCD und entscheide, ob die Konstruktion eindeutig ist.
a) a = 7,0 cm; b = 4,0 cm; d = 5,0 cm; α = 120°; β = 100°
b) a = 8,0 cm; b = 4,0 cm; f = 7,5 cm; α = 55°; β = 100°

Lösung:
Zeichne eine Planfigur. Kennzeichne darin die gegebenen Stücke farbig.

a) Konstruiere die Dreiecke ABD mit a, d und α und ABC mit a, b und β. Beide Dreiecke sind nach dem Kongruenzsatz (sws) eindeutig konstruierbar.
Somit ist auch das Viereck ABCD eindeutig konstruierbar.

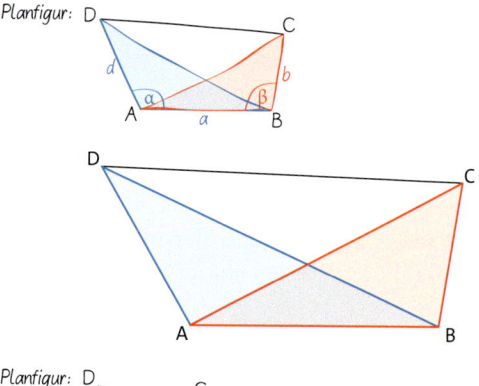

b) Konstruiere das Dreieck ABC mit a, b und β. Es ist nach Kongruenzsatz (sws) eindeutig konstruierbar. Konstruiere die Dreiecke ABD mit a, f und α. Das Dreieck ist nicht eindeutig konstruierbar, weil die kürzere der Seiten a und f dem gegebenen Winkel α gegenüberliegt. Somit ist auch das Viereck ABCD nicht eindeutig konstruierbar. Es gibt die Vierecke ABCD$_1$ und ABCD$_2$.

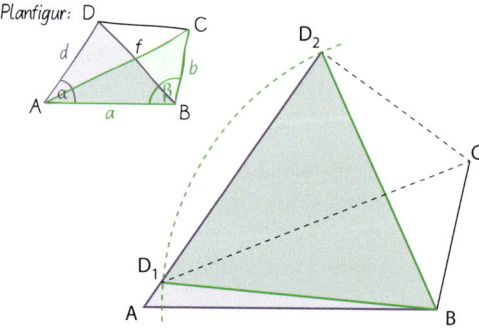

9.3 Vierecke konstruieren

Basisaufgaben

5. Untersuche, ob das Viereck ABCD eindeutig konstruierbar ist.
   a) $\overline{AB} = a = 5{,}0\,\text{cm}$; $\overline{BC} = b = 2{,}0\,\text{cm}$; $\overline{CD} = c = 5{,}5\,\text{cm}$; $\overline{AC} = e = 6{,}0\,\text{cm}$; $\alpha = 82°$
   b) $\overline{BC} = b = 5{,}2\,\text{cm}$; $\overline{BD} = f = 5{,}0\,\text{cm}$; $\overline{CD} = c = 5{,}2\,\text{cm}$; $\beta = 69°$; $\delta = 99°$
   c) $\overline{AB} = a = 4{,}5\,\text{cm}$; $\overline{BC} = b = 5{,}5\,\text{cm}$; $\alpha = 60°$; $\beta = 95°$; $\delta = 130°$

Konstruktionsbeschreibungen verwenden

Konstruktionsbeschreibungen dokumentieren die einzelnen Schritte einer Konstruktion. Unterscheide dabei zwischen dem Zeichnen und dem Bezeichnen eines Objektes.

Beispiel 5:
Fertige eine Konstruktionsbeschreibung zum Konstruieren des Vierecks ABCD an.
Gegeben: $\overline{AB} = a = 3{,}5\,\text{cm}$; $\overline{BC} = b = 4{,}0\,\text{cm}$; $\overline{CD} = c = 3{,}0\,\text{cm}$; $\overline{AD} = d = 3{,}0\,\text{cm}$ und $\gamma = 75°$

Konstruktionsbeschreibung:

1. Zeichne eine 3 cm lange Strecke. Bezeichne deren Endpunkte mit C und D.

2. Trage an $\overline{CD}$ in C den Winkel $\gamma = 75°$ an.

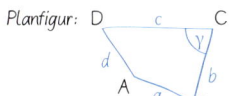

3. Zeichne um C einen Kreis mit $r = b = 4{,}0\,\text{cm}$. Bezeichne den Schnittpunkt des Kreises mit dem freien Schenkel von γ mit B.

4. Zeichne um B einen Kreis mit $r = a = 3{,}5\,\text{cm}$ und um D einen Kreis mit $r = d = 3{,}0\,\text{cm}$. Bezeichne die Schnittpunkte der beiden Kreise mit A_1 und A_2.

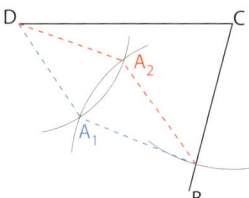

5. Verbinde sowohl A_1 als auch A_2 mit B und mit C. Es entsteht das Viereck A_1BCD und das Viereck A_2BCD.

   Die Konstruktion ist nicht eindeutig.

Basisaufgaben

6. Konstruiere das Viereck und beschreibe die Konstruktion.
   a) Quadrat ABCD mit einer Diagonalenlänge $\overline{AC} = 5\,\text{cm}$
   b) gleichschenkliges Trapez ABCD mit $a = 6\,\text{cm}$; $b = d = 4\,\text{cm}$; $\alpha = \beta = 60°$

7. Beschreibe die Konstruktion von einem Rhombus aus gewählten Bestimmungsstücken.

Weiterführende Aufgaben

8. **Durchblick:** Fertige eine Planfigur an und konstruiere das Viereck ABCD und gib eine Konstruktionsbeschreibung an. Orientiere dich an den Beispielen auf den Seiten 204 bis 206.
   a) ABCD ist ein Rhombus mit: $a = 5{,}5\,\text{cm}$; $\beta = 45°$
   b) ABCD ist ein Quadrat mit: $e = 5{,}0\,\text{cm}$
   c) ABCD ist ein gleichschenkliges Trapez mit: $a = 6{,}0\,\text{cm}$; $b = d = 3{,}0\,\text{cm}$; $\alpha = 65°$

9. Gegeben sind zwei Vierecke ABCD durch folgende Bestimmungsstücke:
   (1) a = 6,0 cm; b = 4,0 cm; c = 3,5 cm; d = 3,0 cm; β = 75°
   (2) a = 5,5 cm; c = 5,7 cm; e = 6,0 cm; α = 90°; β = 85°

   Konstruiere das Viereck (1) und das Viereck (2) jeweils nach einer der beiden nebenstehenden Konstruktionsbeschreibungen.

   (1) Zeichne $\overline{AB}$ = a.
   (2) Trage an $\overline{AB}$ in A den Winkel α und in B den Winkel β an.
   (3) Der Kreis um A mit Radius e schneidet den freien Schenkel β in C.
   (4) Der Kreis um C mit Radius c schneidet den freien Schenkel α in D.

   (1) Zeichne $\overline{AB}$ = a.
   (2) Trage an $\overline{AB}$ in A den Winkel α und in B den Winkel β an.
   (3) Trage auf dem freien Schenkel von β $\overline{BC}$ = c ab.
   (4) Der Kreis um C mit Radius c und der Kreis um A mit Radius d schneiden sich D_1 und D_2.

10. Konstruiere das Drachenviereck ABCD.
    a) a = 3,2 cm; b = 4,8 cm; β = 100°
    b) b = 5,4 cm; β = 120°; γ = 80°

11. Konstruiere das Viereck ABCD und beschreibe dein Vorgehen.
    a) a = 5,0 cm; b = 2,0 cm; c = 5,5 cm; e = 6 cm; α = 82°
    b) b = 5,2 cm; f = 5,0 cm; c = 5,2 cm; β = 69°; δ = 99°

12. **Stolperstelle:** Tom meint, dass er alle Schritte für die Konstruktion eines Parallelogramms aufgeschrieben hat. Was meinst du? Begründe deine Antwort.

    | Ich zeichne die Parallele zu $\overline{AD}$ durch B. | Ich trage die Strecke $\overline{AD}$ = 2,3 cm ab. | Ich zeichne $\overline{AB}$ = 3,2 cm. |
    | Ich zeichne eine Parallele zu $\overline{AB}$ durch D. | Ich trage den Winkel α = 65° in A an. |

13. a) Konstruiere ein Viereck nach folgender Beschreibung:
       (1) Zeichne eine 3,5 cm lange Strecke und dazu im Abstand von 2,5 cm eine Parallele.
       (2) Trage an einem Endpunkt der Strecke einen Winkel von 52° an.
       (3) Bezeichne den Schnittpunkt, den der freie Schenkel des 52°-Winkels und die gezeichnete Parallele bilden, mit P.
       (4) Zeichne um den Scheitelpunkt des 52°-Winkels einen Kreis mit r = 5,0 cm.
       (5) Bezeichne den Schnittpunkt, den der Kreises und die Parallele bildet, mit Q.
       (6) Verbinde die Endpunkte der Strecke jeweils mit den Punkten P und Q zu einem Viereck.
    b) Prüfe, welche Vierecksart entstanden ist und schreibe auf, welche Bestimmungsstücke gegeben waren.

14. Beschreibe die Konstruktion für ein Viereck ABCD anhand folgender Konstruktionsschritte.

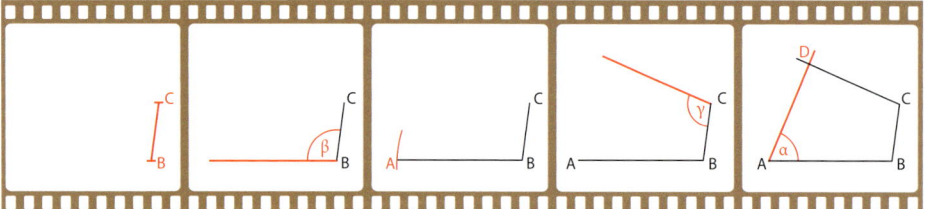

15. **Ausblick:** Von einem Parallelogramm ABCD mit den Seiten a, b, c und d sind folgende Bestimmungsstücke vorgegeben: a, c, h_a, b
    Wähle geeignete Maße, fertige eine Skizze an, konstruiere das Parallelogramm und beschreibe die Konstruktion.

9.4 Umfang und Flächeninhalt von Vierecken

■ Der Umfang und der Flächeninhalt des
Vierecks ABCD sollen ermittelt werden.
Anne: „Beim Berechnen des Umfangs addiere
ich die vier Seitenlängen."
Gero: „Den Flächeninhalt des Vierecks ABCD
ermittle ich durch Addition der Flächeninhalte
des Dreiecks AED und des Rechtecks EBCD."
Fabian: „Ich zerlege das Viereck in zwei
Dreiecke und berechne dann."

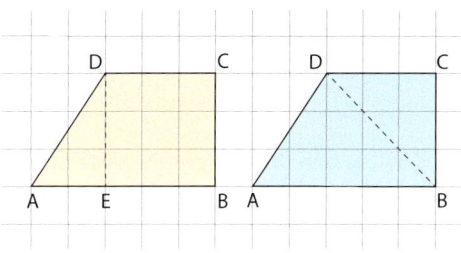

Beurteile das Vorgehen von Anne, von Gero und von Fabian. ■

Beim Berechnen des Umfangs eines Rechtecks werden die Seitenlängen in die bekannte
Formel eingesetzt. Dabei muss immer auf gleiche Einheiten geachtet werden. Dies ist bei
allen Viereckarten wichtig. Die Formel für den Umfang einer speziellen Viereckart kann
aus der Formel für den Umfang eines allgemeinen Vierecks hergeleitet werden.

Umfänge von Vierecken berechnen

Wissen: Formeln zur Umfangsberechnung von Vierecken
Der **Umfang** eines Vierecks ergibt sich als **Summe aller vier Seitenlängen.**

Für **Vierecke** gilt:	$u = a + b + c + d$	
Für **Trapeze** gilt: ($a \parallel c$)	$u = a + b + c + d$	
Für **Drachenvierecke** gilt:	$u = a + a + b + b$ $u = 2 \cdot (a + b)$	
Für **Parallelogramme** gilt: ($a = c; b = d$)	$u = a + a + b + b$ $u = 2 \cdot (a + b)$	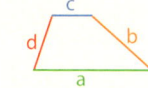
Für **Rhomben** gilt: ($a = b = c = d$)	$u = a + a + a + a$ $u = 4 \cdot a$	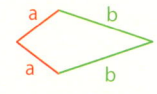

Erinnere dich:
Für Rechtecke
gilt: $u = 2 \cdot (a + b)$

Für Quadrate
gilt: $u = 4 \cdot a$

Beispiel 1: Berechne den Umfang vom Viereck ABCD.
a) ABCD ist ein Drachenviereck mit den Seitenlängen $a = b = 3\,cm$ und $c = d = 5\,cm$.
b) ABCD ist ein Rhombus mit den Seitenlängen $a = 6\,cm$.

Lösung:
a) Setze die Längen der Seiten a und b $u = 2 \cdot (a + c) = 2 \cdot (3\,cm + 5\,cm)$
in die Formel $u = 2 \cdot (a + b)$ ein und $u = 2 \cdot 8\,cm = 16\,cm$
berechne.   Das Drachenviereck hat einen Umfang von 16 cm.

b) Setze die Seitenlänge a in $u = 4 \cdot a = 4 \cdot 6\,cm$
die Formel $u = 4 \cdot a$ ein und $u = 24\,cm$
berechne.   Der Rhombus hat einen Umfang von 24 cm.

Basisaufgaben

1. Berechne den Umfang vom Viereck ABCD.
   a) ABCD ist ein Viereck mit a = 4 cm, b = 7 cm, c = 5 cm, d = 6 cm
   b) ABCD ist ein Trapez mit a = 9 cm, b = d = 5 cm, c = 3 cm
   c) ABCD ist ein Parallelogramm mit Seitenlängen von 4 cm und 7 cm

2. Ermittle den Umfang des Vierecks. Entnimm die erforderlichen Maße der Zeichnung.

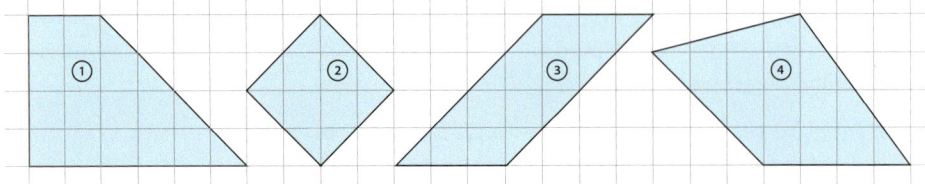

Flächeninhalte von Vierecken berechnen

Erinnere dich:
Für Rechtecke mit den Seitenlängen a und b gilt: $A = a \cdot b$

Beim Berechnen des Flächeninhalts eines Rechtecks werden die Seitenlängen in die bekannte Formel eingesetzt. Der Flächeninhalt eines Vierecks kann auch als Summe der Flächeninhalte zweier Teildreiecke berechnet werden, die das Viereck vollständig zerlegen.

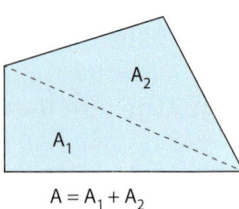

$A = A_1 + A_2$

Hinweis:

Trapez:
Multipliziere die halbe Summe der zueinander parallelen Seitenlängen mit der Länge der zugehörigen Höhe.

Parallelogramm:
Bilde das Produkt aus einer Seitenlänge mit der Länge der zugehörigen Höhe.

Drachenviereck:
Halbiere das Produkt der Diagonalenlängen.

Rhombus:
Halbiere das Produkt der Diagonalenlängen.

Wissen: Formeln zur Flächeninhaltsberechnung von Vierecken

Für **Trapeze** gilt: $A = \frac{a+c}{2} \cdot h_a$
(a ∥ c)

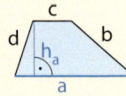

Für **Parallelogramme** gilt: $A = a \cdot h_a$
(a = d; b = c)

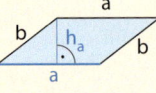

Für **Drachenvierecke** gilt: $A = \frac{e \cdot f}{2}$
(a = b; c = d)

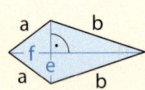

Für **Rhomben** gilt: $A = \frac{e \cdot f}{2}$
(a = b = c = d)

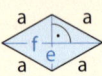

Beispiel 2: Berechne den Flächeninhalt vom Viereck ABCD.
a) ABCD ist ein Parallelogramm mit a = 5 cm und h_a = 4 cm.
b) ABCD ist ein Drachenviereck mit e = 9 cm und f = 3 cm.

Lösung:
a) Setze die Längen von a und von h_a in die Formel $A = a \cdot h_a$ ein und berechne.

$A = a \cdot h_a = 5 \text{ cm} \cdot 4 \text{ cm} = 20 \text{ cm}^2$

Der Flächeninhalt des Parallelogramms beträgt 20 cm².

b) Setze die Längen der Diagonalen e und f in die Formel $A = \frac{e \cdot f}{2}$ ein und berechne.

$A = \frac{e \cdot f}{2} = \frac{9 \text{ cm} \cdot 3 \text{ cm}}{2} = 13,5 \text{ m}^2$

Der Flächeninhalt des Drachenvierecks beträgt 13,5 m².

9.4 Umfang und Flächeninhalt von Vierecken

Basisaufgaben

3. Berechne den Flächeninhalt vom Viereck ABCD.
   a) ABCD ist ein Trapez mit a = 5 cm, c = 4 cm, h_a = 6 cm
   b) ABCD ist ein Drachenviereck mit e = 8 mm und f = 4 mm

4. Ermittle den Flächeninhalt des Vierecks. Entnimm die erforderlichen Maße der Zeichnung.

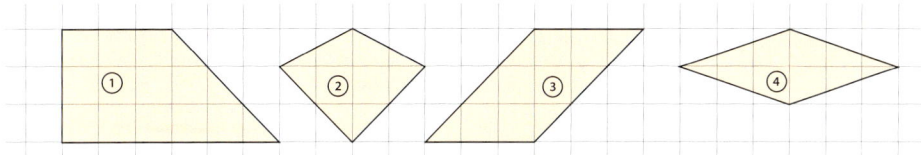

Dynamische Geometriesoftware für Berechnungen nutzen

Umfänge und Flächeninhalte ebener Figuren können auch mithilfe einer dynamischen Geometriesoftware ermittelt werden.

Beispiel 3: Zeichne in einer dynamischen Geometriesoftware (beispielsweise in GEOGEBRA) ein beliebiges Viereck ABCD.
a) Ermittle dann den Umfang und den Flächeninhalt des Vierecks ABCD.
b) Verändere die Lage der Punkte so, dass das Viereck ABCD ein Quadrat mit einer Seitenlänge von 4,5 cm ist.

Lösung:
a) Zeichne mit dem Schalter ein beliebiges Viereck.

Miss mit dem Schalter alle Seitenlängen.

Miss mit dem Schalter den Flächeninhalt.

Miss mit dem Schalter die Innenwinkelgrößen.

b) Verändere mit dem Schalter die Lage der Punkte so, dass alle Seiten und alle Innenwinkel gleich groß sind.

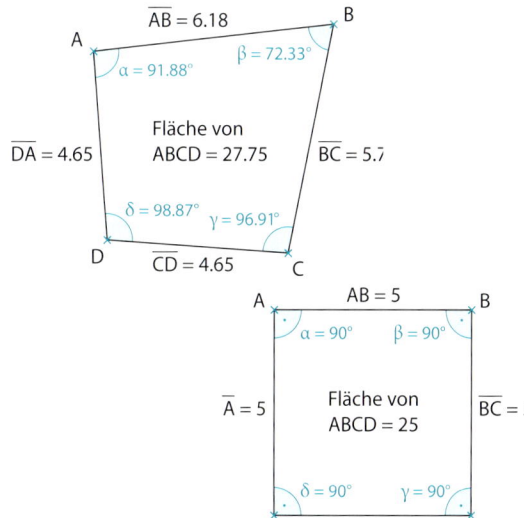

Hinweis: Schalter zum:

Bewegen von Objekten

Zeichnen von: Strecken

Vierecken

Messen von: Streckenlängen

Flächeninhalten

Winkelgrößen

Basisaufgaben

5. Zeichne mit einer dynamischen Geometriesoftware ein Viereck ABCD und ermittle sowohl den Umfang als auch den Flächeninhalt des Vierecks
   a) ABCD soll ein Parallelogramm sein.
   b) ABCD soll ein Rhombus sein.
   c) ABCD soll ein gleichschenkliges Trapez sein.
   d) ABCD soll ein Rechteck sein.

6. Zeichne mit einer dynamischen Geometriesoftware ein Quadrat ABCD und verbinde die Mittelpunkte der Seiten zu einem Viereck EFGH. Ermittle den Flächeninhalt beider Vierecke.

Weiterführende Aufgaben

7. **Durchblick:** Zeichne die Punkte in ein Koordinatensystem mit einer Längeneinheit von 1 cm und verbinde sie zu einem Viereck. Berechne dann den Umfang und den Flächeninhalt. Entnimm erforderliche Maße der Zeichnung. Orientiere dich an den Beispielen 1 und 2 auf den Seiten 209 bis 210.
   a) Viereck ABCD mit A(4|0), B(8|2), C(4|4), D(2|2)
   b) Viereck EFGH mit E(2|1), F(7|1), G(10|4), H(5|4)
   c) Viereck IJKL mit I(1|1), J(4|1), K(4|3,5), L(1|6,5)

8. Zeichne das Viereck ABCD in ein Koordinatensystem mit einer Längeneinheit von 1 cm ein und gib die Koordinaten der fehlenden Punkte an. Berechne sowohl den Umfang als auch den Flächeninhalt des Vierecks. Entnimm erforderliche Maße der Zeichnung.
   a) ein Trapez mit A(2|1), B(9|2), C(6|6) und D
   b) ein Rechteck mit A(2|1), B, C(6|6) und D
   c) ein Drachenviereck mit A(2|1), B, C(6|6) und D(3|5)
   d) ein Parallelogramm mit A(2|1), B(9|2), C und D(3|5)

9. Übertrage die Tabellen ins Heft und berechne die fehlenden Größen.

a)

Viereck	a	b	c	d	u
beliebig	6 cm	25 mm	1 dm	6,5 cm	
Parallelogramm	2,5 cm	33 mm			
Quadrat					36 dm
Rhombus		1,7 m			
Trapez (gleichschenklig)	0,93 m		0,45 dm		2,18 dm

b)

	Trapez				Parallelogramm			
	a	c	h_a	A	a	h_a	b	A
(1)	6 cm	25 mm	1 dm		8 m	4 m		
(2)		64 cm	280 mm	12,46 dm²		3,5 cm		42 m²
(3)	14 cm	27 cm		1537 m²	45 cm	450 mm	0,45 m	
(4)	270 dm		18 m	567 m²	4 cm		5 cm	20 m²
(5)			1,80 m	1080 cm²	30 mm		0,5 dm	12 cm²
(6)			50 mm					60 m²

10. **Stolperstelle:** Tim meint, dass die drei blauen Parallelogramme gleiche Flächeninhalte haben, die beiden gelben Trapeze aber nicht. Was meinst du? Begründe deine Aussage.

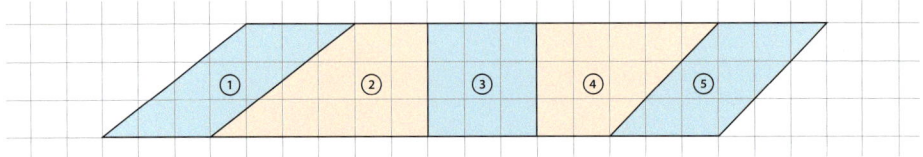

Hinweis zu 11: Ihr könnt auch eine dynamische Geometriesoftware nutzen.

11. Schneidet aus Papier zwei zueinander kongruente stumpfwinklige Dreiecke mit a = 4,0 cm; c = 5,0 cm und α = 100°. Legt beide Dreiecke zu einem Viereck zusammen.
    a) Gebt die Art der so entstandenen Vierecke an.
    b) Ermittelt die Umfänge und die Flächeninhalte der Vierecke.
    c) Vergleicht eure Ergebnisse untereinander.

9.4 Umfang und Flächeninhalt von Vierecken

12. a) Berechne den Flächeninhalt des Trapezes ABCD sowohl für a = 2 cm als auch für a = 3,5 dm.
    b) Wie ändert sich der Flächeninhalt des Trapezes ABCD, wenn die Seitenlänge a verdoppelt wird?

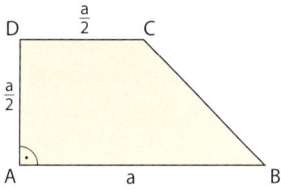

13. Prüfe, ob alle Parallelogramme mit gleichen Umfängen auch immer gleich große Flächeninhalte haben.

14. a) Prüfe, ob die Umfänge von Drachenvierecken mit gleich langen Diagonalen gleich groß sind.
    b) Prüfe, ob es unter Drachenvierecken mit gleich langen Diagonalen ein solches mit kleinstem Umfang gibt.

Hinweis zu 13 und zu 14:
Du kannst auch eine dynamische Geometriesoftware nutzen.

15. Zeichne drei unterschiedliche Vierecke mit gleichen Flächeninhalten (mit gleichen Umfängen).
    a) drei Parallelogramme   b) drei Trapeze   c) drei Rechtecke
    d) ein Rechteck, ein Rhombus, ein Drachenviereck

16. Zeichne flächengleiche Vierecke.
    a) ein Quadrat mit einer Seitenlänge von 5 cm und ein flächengleiches Rechteck
    b) ein 6 cm langes und 4 cm breites Rechteck und ein flächengleiches Parallelogramm
    c) ein Drachenviereck und ein Parallelogramm mit einem Flächeninhalt von jeweils 16 m^2

17. Ein gleichschenkliges Dreieck ABC mit einer Schenkellänge von $\overline{BC}$ = 6,5 cm wird an der Seite $\overline{AB}$ gespiegelt. Prüfe, ob die Aussage wahr oder falsch ist.
    a) AC'BC ist ein Drachenviereck.   b) AC'BC ist ein Parallelogramm.
    c) Der Umfang des Vierecks AC'BC beträgt 25 cm.
    d) Viereck AC'BC hat einen doppelt so großen Flächeninhalt wie das Dreieck ABC.

18. Eine 9 m lange und 7 m breite Terrasse in Form eines Rechtecks soll mit 0,5 m langen Kantensteinen eingefasst werden. Berechne die Anzahl der benötigten Kantensteine.

19. Familie Sommer will für ihre Zwergkaninchen einen rechteckförmigen Auslauf anlegen, der 2,50 m lang und 2,00 m breit sein soll. Berechne, wie viel Meter Zaun benötigt werden, wenn eine der beiden längeren Seiten des Auslaufs an eine Schuppenwand grenzt und deshalb der Zaun nur an den drei anderen Seiten erforderlich ist.

20. Die Giebelseite eines Hauses (siehe nebenstehende Abbildung) soll mit gelber Farbe neu gestrichen werden.
    a) Berechne, wie viel Quadratmeter Fläche zu streichen sind.
    b) Es gibt zwei Angebote:
       (1) eine Dose Farbe für 9 m^2 kostet 18,90 €
       (2) ein Eimer Farbe für 20 m^2 kostet 26,50 €
       Für welches Angebot würdest du dich entscheiden? Begründe deine Aussage.

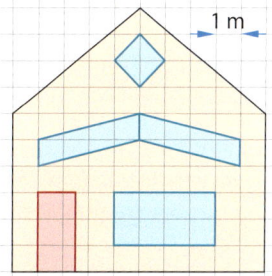

21. **Ausblick:** Leite die Flächeninhaltsformel für Parallelogramme aus der Flächeninhaltsformel für Trapeze her. Berücksichtige dabei, dass Parallelogramme spezielle Trapeze mit besonderen Eigenschaften sind.

9.5 Viereke unterscheiden

■ Marco und Pia möchte den abgebildeten Drachen nachbauen. Pia meint, dass das gar nicht so einfach ist. Marco dagegen ist sich sicher, dass sie das ohne Probleme schaffen.

Worauf müssen die beiden deiner Meinung nach achten? Welche Änderungen wären noch erforderlich, wenn der Drachen die Form eines Rhombus haben soll? ■

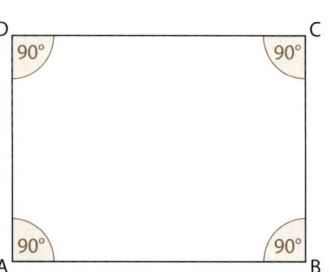

Viereckseigenschaften systematisieren

Spezielle Vierecke haben auch spezielle Eigenschaften.

> **Wissen: Spezielle Vierecke und ihre Eigenschaften**
>
> Das **Trapez** ABCD hat **ein Paar** zueinander **parallele Seiten**.
> Grundseite: $\overline{AB}, \overline{DC}$
> Schenkel: $\overline{BC}, \overline{AD}$
> Höhe: h_a ist der Abstand von $\overline{AB}$ und $\overline{DC}$
>
>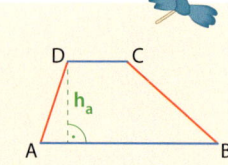
>
> Das **Parallelogramm** ABCD hat **zwei Paare** zueinander **parallele Seiten**.
> Gegenseiten: $\overline{AB} = \overline{DC}; \overline{BC} = \overline{AD}$
> Diagonalen: $\overline{AC}$ und $\overline{BD}$ halbieren einander.
> Höhe: h_a ist Abstand von $\overline{AB}$ und $\overline{DC}$
>
>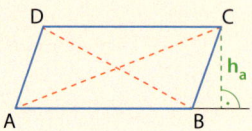
>
> Das **Drachenviereck** ABCD hat **zwei Paar** gleich lange benachbarte Seiten.
> benachbarte Seiten: $\overline{AB} = \overline{AD}; \overline{BC} = \overline{DC}$
> Diagonalen: $\overline{AC}$ ist Symmetrieachse.
> $\overline{AC}$ und $\overline{BD}$ sind zueinander senkrecht.
> $\overline{AC}$ halbiert $\overline{BD}$.
>
>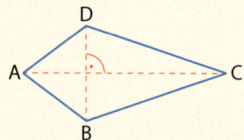
>
> Der **Rhombus** ABCD hat **vier gleich lange Seiten**.
> Gegenseiten: $\overline{AB} \parallel \overline{DC}; \overline{BC} \parallel \overline{AD}$ ($\overline{AB} = \overline{AD} = \overline{BC} = \overline{DC}$)
> Diagonalen: $\overline{AC}$ und $\overline{BD}$ sind Symmetrieachsen, sind zueinander senkrecht und halbieren einander.
>
>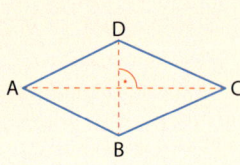

Hinweis: Es heißt: ein Rhombus, aber zwei Rhomben

> **Beispiel 1:** Zeichne ein Parallelogramm mit einem rechten Innenwinkel, dessen Seiten 3 cm und 4 cm lang sind.
>
> **Lösung:**
> Beim Parallelogramm sind je zwei Seiten zueinander parallel. Wenn ein Innenwinkel 90° beträgt, sind die anderen Innenwinkel genau so groß, da die Eigenschaften der Winkel an geschnittenen Parallelen gelten.
>
> Das Parallelogramm ist ein Rechteck mit den Seitenlängen 4 cm und 6 cm.
>
>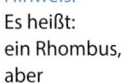

9.5 Vierecke unterscheiden

Basisaufgaben

1. Fertige eine Skizze an und schreibe dazu, was es für eine Viereckart ist.
   a) ein Drachenviereck mit vier rechten Innenwinkeln
   b) ein Trapez mit gleich langen und zueinander parallelen Schenkeln

2. Zeichne ein Viereck ABCD und kennzeichne eine Grundseite und eine dazugehörige Höhe des Vierecks.
   a) ABCD ist ein Trapez.   b) ABCD ist ein Rechteck.   c) ABCD ist ein Rhombus.

Zusammenhänge zwischen Viereckarten erkennen

Wenn Vierecke gemeinsame Eigenschaften haben, bestehen zwischen ihnen „gewisse Verwandschaftsbeziehungen". So ist jedes Quadrat auch immer ein Rechteck, aber nicht jedes Rechteck ist auch ein Quadrat. Ähnliches gilt auch für die anderen Viereckarten.

Wissen: Beziehungen zwischen Vierecken

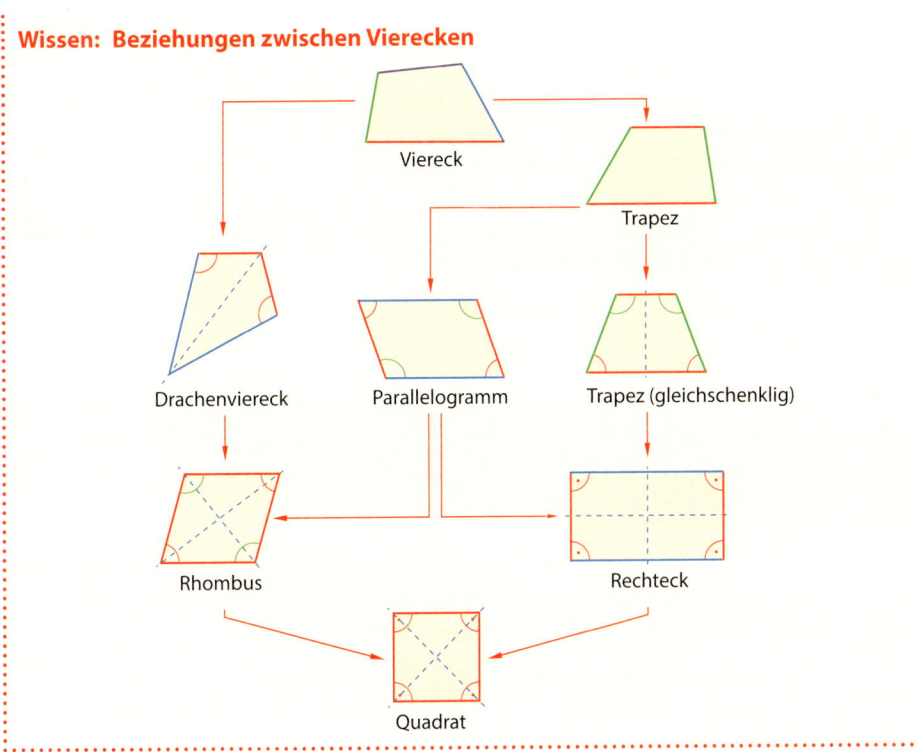

Hinweis:
Die Übersicht wird manchmal auch „Haus der Vierecke" genannt.

Beispiel 2: Formuliere zwei Aussagen über die Beziehungen zwischen den Viereckarten.
a) Rhomben; Quadrate   c) Rechtecke; Parallelogramme   d) Rechtecke; Trapeze

Lösung:
a) Quadrate sind die „speziellsten" Vierecke: Quadrate sind Rhomben mit rechten Innenwinkeln.
b) Rechtecke sind Parallelogramme mit gleich langen Diagonalen.
c) Rechtecke sind Trapeze mit vier rechten Innenwinkeln.

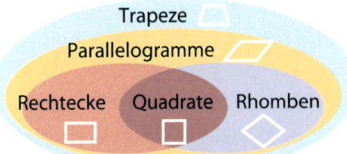
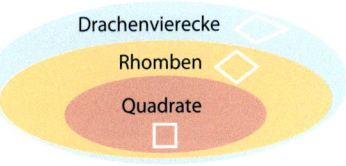

Basisaufgaben

3. Vervollständige in deinem Heft zu einer wahren Aussage.
   a) Jedes Parallelogramm ist auch ein …
   b) Alle Rhomben sind auch …
   c) Es gibt Trapeze, die …
   d) Drachenvierecke sind keine …

4. Skizziere im Heft und gib die genaue Viereckart an.
   a) ein Trapez mit zwei gleich langen und zueinander senkrechten Diagonalen
   b) ein Drachenviereck mit vier gleich langen Seiten

Weiterführende Aufgaben

5. **Durchblick:** Skizziere im Heft. Beurteile, ob es jeweils genau eine Möglichkeit oder ob es mehrere Möglichkeiten gibt. Orientiere dich an Beispiel 1 auf Seite 214.
   a) ein Parallelogramm mit gleich langen Seiten und einem Flächeninhalt von $16\,m^2$
   b) ein Drachenviereck mit gleich langen Seiten und einem Umfang von 12 cm

6. Für welche Viereckart gilt:
   a) Die Diagonalen sind zueinander senkrecht.
   b) Gegenüberliegende Winkel sind gleich groß.
   c) Benachbarte Winkel ergänzen sich zu 180°.
   d) Mindestens einer der vier Innenwinkel beträgt 90°.

7. Beurteile, ob die Aussage wahr oder falsch ist.
   a) In einem gleichschenkligen Trapez gibt es immer zwei Paare gleich großer Innenwinkel.
   b) Ein Viereck ist entweder ein Rhombus oder ein Quadrat.
   c) Wenn die Summe der Innenwinkel eines Vierecks 360° beträgt, dann ist es ein Rechteck.
   d) Es gibt keine Rhomben mit rechten Winkeln als Innenwinkel.
   e) Rhomben mit einem rechten Winkel sind immer Rechtecke.
   f) Vierecke mit zueinander senkrechten Diagonalen sind Rhomben.

8. **Stolperstelle:** Jura glaubt, jedes Parallelogramm in zwei zueinander kongruente Trapeze zerlegen zu können. Lars meint, dass die Zerlegung nur in zwei zueinander kongruente Dreiecke möglich ist. Was meinst du? Begründe deine Antwort.

9. Zeichne zuerst die Diagonalen und ergänze dann zum Viereck ABCD.
   a) Das Viereck soll ein Rhombus sein.
   b) Das Viereck soll ein Drachenviereck sein.
   c) Das Viereck soll ein gleichschenkliges Trapez sein.
   d) Das Viereck soll ein Parallelogramm mit einem rechten Innenwinkel sein.

10. Beschreibe die Konstruktion und entscheide, ob die Konstruktion eindeutig ist.
    a) Konstruiere ein gleichschenkliges Trapez ABCD mit AB = 5 cm und ∢ CBA = 90°.
    b) Konstruiere ein gleichseitiges Rechteck mit einem Umfang von 25 cm.

11. Konstruiere ein Viereck ABCD aus a = 4,4 cm; b = 3,3 cm; e = 5,2 cm; f = 6,5 cm und α = 60°. Beschreibe die Konstruktion und entscheide, welche Viereckart entstanden ist.

12. **Ausblick:** Konstruiere bei einem Parallelogramm die Winkelhalbierenden der vier Innenwinkel und entscheide, welche Viereckart die Winkelhalbierenden einschließen. Stelle analoge Vermutungen für andere Viereckarten auf.

Hinweis zu 12:
Eine dynamische Geometriesoftware kann hilfreich sein.

9.6 Vermischte Aufgaben

1. Wer bin ich?
   a) Ich habe vier Ecken und vier rechte Innenwinkel. Meine gegenüberliegenden Seiten sind zueinander parallel. Je zwei gegenüberliegende Seiten von mir sind gleich lang.
   b) Ich habe vier Ecken und keinen rechten Innenwinkel. Meine gegenüberliegenden Seiten sind zueinander parallel. Je zwei gegenüberliegende Seiten sind gleich lang.
   c) Ich habe vier Ecken und keinen rechten Innenwinkel. Zwei gegenüberliegende Seiten sind zueinander parallel, aber nicht gleich lang.
   d) Ich habe vier Ecken und keinen rechten Innenwinkel. Meine Seiten sind alle gleich lang und je zwei gegenüberliegende Seiten sind zueinander parallel.

2. Schreibe alle Eigenschaften auf, die beide Vierecke gemeinsam haben.
   a) Trapez und Parallelogramm   b) Rhombus und Quadrat

3. Was unterscheidet die beiden Vierecke?
   a) ein gleichschenkliges Trapez von einem Parallelogramm
   b) einen Rhombus von einem Drachenviereck

4. Konstruiere das Viereck ABCD und berechne seinen Flächeninhalt. Entscheide ob die Konstruktion eindeutig ausführbar ist und begründe deine Antwort.
   a) Parallelogramm ($a = 5\,cm$; $h_a = 3\,cm$)   b) Rhombus ($a = 8\,cm$; $e = 4\,cm$; $\alpha = 60°$)
   c) Trapez ($a = 6\,cm$; $c = 5\,cm$; $h_a = 6\,cm$)   d) Parallelogramm ($b = 6\,cm$; $h_b = 4\,cm$)
   e) Trapez ($a = 6\,cm$; $b = 5\,cm$; $h_a = 4\,cm$)   f) Drachenviereck ($e = 5\,cm$; $f = 6\,cm$)

5. Gib zwei Möglichkeiten für Bestimmungsstücke des Vierecks an. Zeichne beide Vierecke dann maßstabsgerecht ins Heft. Gib den gewählten Maßstab an.
   a) Rechteck ($A = 280\,m^2$)   b) Rhombus ($A = 4{,}8\,dm^2$)   c) Trapez ($A = 1025\,m^2$)

6. Hier wurde eine stilisierte Katze gezeichnet.
   a) Übertrage die Figur ins Heft und bezeichne die Eckpunkte der Figur fortlaufend (gegen den Uhrzeigersinn). Beginne mit $A(1|1)$ und schreibe auch die Koordinaten dazu.
   b) Zerlege die Figur in viereckige Teilfiguren. Bezeichne die Eckpunkte der Teilfiguren und erläutere, welche Vierecksarten entstanden sind.
   c) Ermittle den Inhalt der farbigen Fläche.
   d) Zeichne eine andere Figur aus zusammengesetzten Vierecken ins Heft, bezeichne die Eckpunkte, schreibe die zugehörigen Koordinaten auf und lasse sie von einer anderen Person nur durch Angabe der Koordinaten zeichnen.

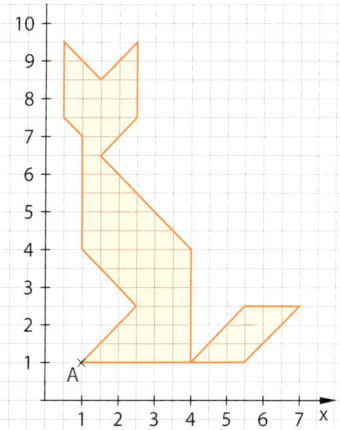

7. Zeichne die angegebenen Punkte in ein Koordinatensystem und verbinde diese jeweils in der angegebenen Reihenfolge zu einer Figur. Bestimme sowohl den Flächeninhalt als auch den Umfang jeder Figur, wenn die Einheit im Koordinatensystem 1 m beträgt. Sortiere die Figuren zuerst nach ihrem Flächeninhalt und dann nach ihrem Umfang jeweils mit der kleinsten Größenangabe beginnend. Prüfe, ob die Reihenfolge gleich bleibt.
   ① $A(0|0)$, $B(4|0)$, $C(4|4)$, $D(0|4)$ ② $E(2|3)$, $F(8|3)$, $G(8|6)$, $H(2|6)$
   ③ ABFE   ④ $I(2|7)$, $J(2|5)$, $K(7|5)$, $L(7|3)$, $M(9|3)$, $N(9|7)$

8. Gegeben ist ein 4 cm breites und 9 cm langes Rechteck.
   a) Schreibe die Seitenlängen von fünf verschiedenen Rechtecken mit gleichen Flächeninhalten auf. Welches dieser Rechtecke hat den kleinsten Umfang?
   b) Schreibe die Seitenlängen von fünf verschiedenen Rechtecken mit gleichen Umfängen auf. Welches dieser Rechtecke hat den größten Flächeninhalt?

9. Prüfe, ob die Aussage wahr oder falsch ist. Begründe deine Antwort.
   a) Vom Umfang eines Quadrates kann auf dessen Flächeninhalt geschlossen werden.
   b) Der Umfang eines Trapezes ist immer größer als der Flächeninhalt des Trapezes.
   c) Der Flächeninhalt eines Trapezes kann immer in Quadratmeter angegeben werden.
   d) Das Produkt aus Länge und Breite eines Parallelogramms gibt seinen Flächeninhalt an.
   e) Wenn ein Quadrat in zwei Teilflächen zerlegt wird, dann ist die Summe der Umfänge dieser beiden Teilflächen immer größer als der Umfang des Quadrates.
   f) Wenn von einem Rhombus eine Diagonale verdoppelt und die andere Diagonale halbiert wird, dann bleibt der Flächeninhalt vom Rhombus gleich.
   g) Wenn von einem Rhombus eine Diagonale verdoppelt und die andere Diagonale halbiert wird, dann wird der Umfang vom Rhombus größer.

10. Zwei übereinanderliegende Folienstreifen sind jeweils 2 cm breit. Der Abstand zwischen den Punkten A und B beträgt 2,5 cm.
    a) Zu welcher Viereckart gehört das Viereck ABCD?
    b) Berechne den Flächeninhalt des Vierecks ABCD.

11. Die abgebildete Figur wurde aus einem 120 mm langen und 70 mm breiten Rechteck herausgeschnitten.
    a) Übertrage die Figur im Maßstab 1 : 1 ins Heft. Entnimm der Abbildung die dazu nötigen Maße.
    b) Ermittle den Umfang und den Flächeninhalt der Figur.
    c) Berechne, welcher Anteil vom Rechteck beim Herausschneiden der Figur entfernt wurde.

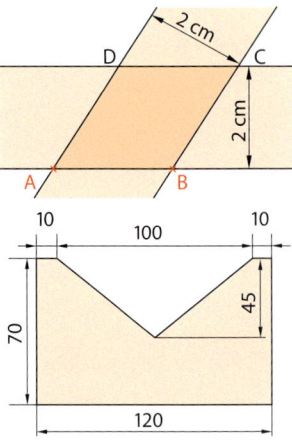

12. Begründe anhand der Figurenfolge, dass Figur 1 und Figur 4 gleichen Umfang haben.

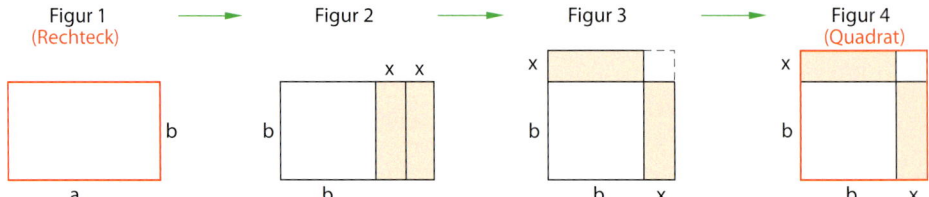

13. Der Rahmen des abgebildeten Fahrrads bildet ein Viereck.
    a) Welche Viereckart erkennst du?
    b) Miss erforderliche Stücke und zeichne das Bild des Rahmens im Maßstab 3 : 1 ins Heft.
    c) Verlängere die obere Verbindungsstrebe (Strebe vom Lenker bis zum Sattel) und die untere Verbindungsstrebe (Strebe zwischen den Zahnrädern) bis sie sich treffen. Miss den dabei entstehenden Winkel.

9.6 Vermischte Aufgaben

14. Es soll ein Drachen mit den angegebenen Maßen gebaut werden. Berechne, wie viel Euro dafür eingeplant werden müssen, wenn die Holzleisten 2,50 € je Meter und das Material zum Bespannen 5 € je Quadratmeter kosten.

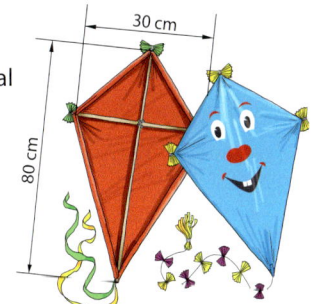

15. Grit soll den Flächeninhalt und den Umfang eines Trapezes ABCD mit a = 5,0 cm; b = d = 4,0 cm und h_a = 1,5 cm berechnen, ist aber der Meinung, dass dies unmöglich ist. Was meinst du? Begründe deine Antwort.

16. Das Walmdach eines Hauses soll einen Anstrich bekommen.
  a) Informiert euch (beispielsweise im Internet) über Walmdächer.
  b) Gebt an, welche der angegeben Streckenlängen zum Lösen der Aufgabe verwendbar sind und welche Größen noch fehlen.
  c) Wählt geeignete Maßangaben und berechnet damit, wie viele Dosen Farbe gekauft werden müssen, wenn eine Dose für etwa 15 m² reicht.

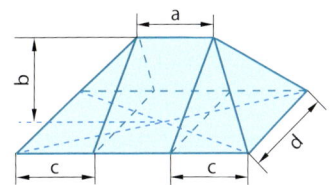

17. Zeichne ein Viereck ABCD, das folgende Bedingung erfüllt.
  a) Der Winkel α ist halb so groß wie der Winkel β. Der Winkel γ ist doppelt so groß wie der Winkel β. Der Winkel δ ist doppelt so groß wie der Winkel γ.
  b) Jeder der Winkel β, γ und δ ist um 30° größer als der vorhergehende benachbarte Winkel.

18. Zeichne ein Parallelogramm ABCD mit a = 8,0 cm; b = 4,5 cm und h_a = 3,5 cm.
  a) Zeichne ein weiteres Parallelogramm, dessen Umfang doppelt so groß wie der Umfang vom Parallelogramm ABCD ist.
  b) Zeichne ein weiteres Parallelogramm, dessen Flächeninhalt halb so groß wie der Flächeninhalt vom Parallelogramm ABCD ist.
  c) Um die Aufgaben a) und b) zu lösen gibt es mehrere Möglichkeiten. Erläutere, welche Maße dafür jeweils verändert werden müssten.

19. Berechne den Flächeninhalt der dargestellten Figur.

a) 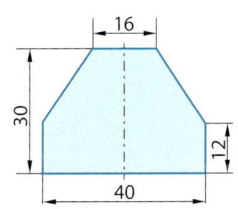   b) 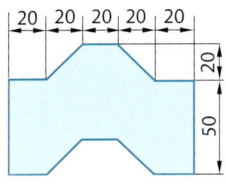   c)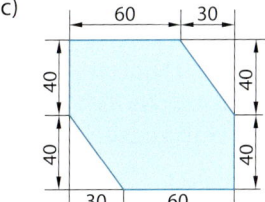

20. Zeichne eine Gerade durch zwei Punkte A und B. Zeichne dann eine Parallele zu AB durch Punkt C. Zeichne eine weitere Gerade durch die Punkte A und C und dazu eine Parallele durch den Punkt B. Beschrifte den Schnittpunkt der beiden gezeichneten Parallelen mit D. Welche Viereckssart ist entstanden? Welche speziellen Vierecke können entstehen, wenn die Lage der Punkte A, B und C geändert wird.

Hinweis zu 20: Du kannst auch eine dynamische Geometriesoftware nutzen.

Streifzug

9. Vierecke

Vielecke untersuchen

■ Olli ist der Meinung, dass sein Fußball aus 30 regelmäßigen Vielecken hergestellt worden ist.

Was meinst du? Begründe deine Antwort. ■

Eigenschaften von Vielecken

Eine ebene Figur mit mehr als vier Eckpunkten heißt **Vieleck** oder **n-Eck.** Sind bei einem Vieleck alle Seiten gleich lang und alle Innenwinkel gleich groß, heißt es **regelmäßiges Vieleck** oder **regelmäßiges n-Eck.**

regelmäßiges

 Fünfeck 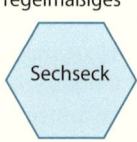 Sechseck 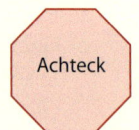 Achteck

Eine **Diagonale** entsteht durch Verbinden zweier nicht zur gleichen Seite gehörender Eckpunkte. Vierecke habe immer zwei Diagonalen. Die Anzahl der Diagonalen bei einem Vieleck hängt davon ab, wie viele Eckpunkte es hat.

> **Wissen: Diagonalen bei n-Ecken**
>
> Jedes **Viereck** hat 4 Eckpunkte, 4 Seiten und 2 Diagonalen.
>
> Jedes **Fünfeck** hat 5 Eckpunkte, 5 Seiten und 5 Diagonalen.
>
> Jedes **Sechseck** hat 6 Eckpunkte, 6 Seiten und 9 Diagonalen.
>
>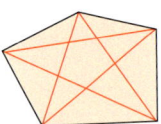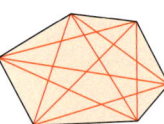
>
> Die Anzahl d der Diagonalen in einem n-Eck beträgt: $d = \frac{n \cdot (n-3)}{2}$

Beispiel 1: Übertrage die Punkte ins Heft und verbinde sie zu einem Siebeneck.
a) Berechne die Anzahl der Diagonalen und zeichne die Diagonalen ein.
b) Beschrifte die Seiten und berechne den Umfang des Siebenecks.

Lösung:
a) Setze die Anzahl der Eckpunkte (7) in die Formel

$d = \frac{n \cdot (n-3)}{2}$

ein und berechne. Es sind 14 Diagonalen.

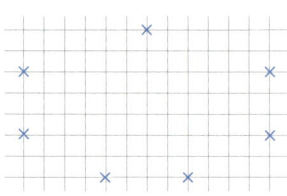

b) Berechne die Summe der Seitenlängen:
$u = a + b + c + d + e + f + g$
Der Umfang beträgt 15,8 cm.

$u = (2 + 2,2 + 1,5 + 3,2 + 3,2 + 1,5 + 2,2)$ cm
$u = 15,8$ cm

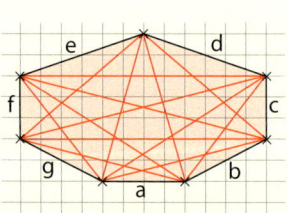

Streifzug

Flächeninhalte von Vielecken lassen sich durch vollständiges Zerlegen in Teilflächen ermitteln.

Wissen: Flächeninhaltsberechnung bei Vielecken

Zerlege das Vieleck in Teilfiguren, ermittle deren Flächeninhalte und addiere diese:

$A = A_1 + A_2 + A_3$

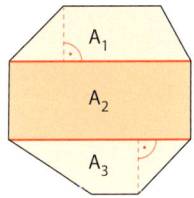

Beispiel 2: Berechne den Flächeninhalt eines regelmäßiges Achtecks mit einer Seitenlänge von 2 cm. Bei solch einem Achteck haben die Seiten zum Schnittpunkt der Diagonalen einen Abstand von etwa 2,4 cm.

Lösung:
Zerlege das Achteck durch vier Diagonalen in 8 zueinander kongruente Dreiecke.
Berechne den Flächeninhalt mit der Formel:

$A = 8 \cdot A_D = 8 \cdot \frac{2\,\text{cm} \cdot 2{,}3\,\text{cm}}{2} = 4 \cdot 4{,}6\,\text{cm}^2 = 18{,}4\,\text{cm}^2$

Der Flächeninhalt des Achtecks beträgt $18{,}4\,\text{cm}^2$.

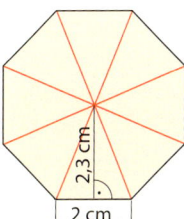

Aufgaben

1. Zeichne auf ein Blatt Papier ein Sechseck und schneide es aus. Prüfe jeweils, ob man die beiden unten genannten Figuren durch einen Schnitt aus dem Sechseck herstellen kann. Wenn die Figuren nicht hergestellt werden können, begründe, warum das nicht geht.
   a) zwei Vierecke   b) ein Dreieck und ein Viereck   c) zwei Fünfecke

2. a) Lisa behauptet, das nebenstehende Herz sei ein Zweieck. Überzeuge Lisa davon, dass das nicht stimmt.
   b) Lars meint, dass ein Würfel ein Achteck sei. Erkläre, warum das nicht stimmt.

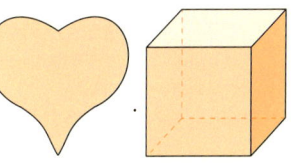

3. Berechne die Anzahl der Diagonalen bei einem 10-Eck und bei einem 20-Eck und beschreibe dein Vorgehen.

4. Zeichne das Fünfeck ABCDE mit A(2|0), B(5|0), C(6|2), D(4|4) und E(1|3) in ein Koordinatensystem, miss alle Innenwinkel und ermittle dann die Innenwinkelsumme dieses Fünfecks.

5. Übertrage die folgende Tabelle ins Heft und fülle sie aus.

	Dreieck	Viereck	Fünfeck	Sechseck	Achteck	n-Eck
Anzahl der Eckpunkte	3	4				
Summe der Innenwinkel	180°					

Prüfe dein neues Fundament

9. Vierecke

Lösungen
↗ S. 251

1. Übertrage die Zeichnungen ins Heft und ergänze sie zur jeweils angegebenen Figur. Zeichne in die Figuren alle Diagonalen ein.

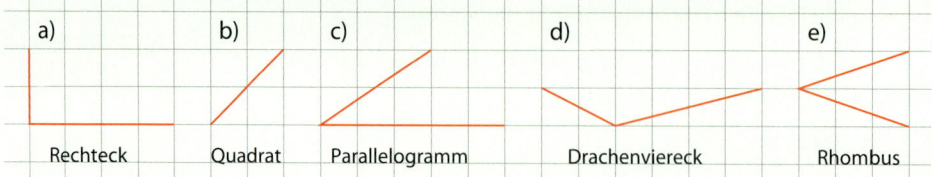

a) Rechteck   b) Quadrat   c) Parallelogramm   d) Drachenviereck   e) Rhombus

2. Übertrage das Koordinatensystem mit den angegebenen Punkten ins Heft.
   Gib die Koordinaten zweier weiterer Punkte an, sodass sich beim Verbinden der Punkte folgendes Viereck ergibt:
   (1) ein Rhombus, aber kein Quadrat
   (2) ein Trapez, aber kein Parallelogramm
   (3) ein Drachenviereck, aber kein Rhombus

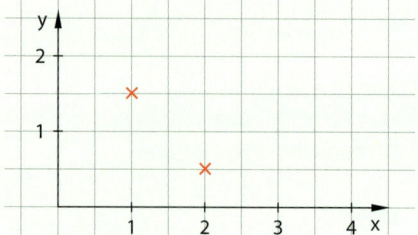

3. Zeichne einen Rhombus ABCD mit folgenden Diagonalenlängen.
   a) $\overline{AC} = 6\,\text{cm}$; $\overline{BD} = 3\,\text{cm}$ b) $\overline{AC} = 2{,}5\,\text{cm}$; $\overline{BD} = 4\,\text{cm}$ c) $\overline{AC} = \overline{BD} = 4\,\text{cm}$

4. Prüfe, für welche Viereckarten (Trapez, Parallelogramm, Rechteck, Quadrat, Drachenviereck, Rhombus) die Aussage zutrifft.
   a) Alle Seiten sind gleich lang.
   b) Alle Innenwinkel sind rechte Winkel.
   c) Alle benachbarten Seiten sind senkrecht zueinander.

5. Prüfe, wie sich der Umfang und der Flächeninhalt des Vierecks verändert.
   a) Die Seitenlängen von einem Rhombus werden alle verdoppelt.
   b) Die Diagonalen von einem Rechteck werden alle verdoppelt.
   c) Die Diagonalen von einem Quadrat werden alle halbiert.

6. Zeichne ein Quadrat, ein Parallelogramm und einen Rhombus ins Heft. Markiere bei jedem Viereck jeweils die Mittelpunkte der Seiten und verbinde diese zu einem neuen Viereck. Welche Viereckart ist jeweils entstanden?

7. Trage die Punkte A(1|3), B(6|5) und D(8|3) in ein Koordinatensystem ein. Es soll ein weiterer Punkt B so eingetragen werden, dass ein Viereck ABCD entsteht. Entscheide, welche Viereckarten so erzeugt werden können und skizziere jeweils ein Beispiel.

8. Konstruiere ein Viereck ABCD mit der Diagonale e = 5,0 cm und den Seiten d = c = 3,5 cm. Entscheide, welche Viereckart entsteht und prüfe, ob die Konstruktion eindeutig ist.

9. Beschreibe die Konstruktion für ein Viereck ABCD anhand der Konstruktionsschritte.

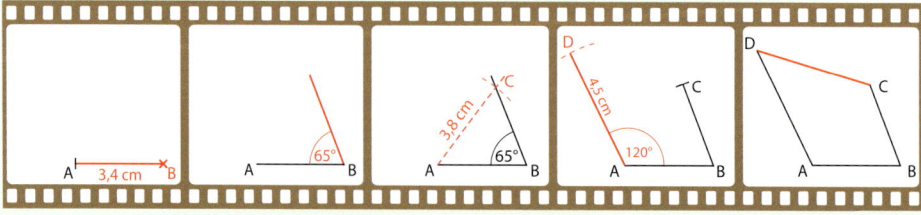

Prüfe dein neues Fundament

10. Michael will aus zwei 90 cm und 60 cm langen Leisten einen Drachen bauen.
    Die kürzere Querleiste bringt er 20 cm von der Spitze des Drachens an.
    a) Erstelle eine maßstäbliche Zeichnung des Drachens (Maßstab 1:10).
    b) Begründe, warum zum Bespannen des Drachens ein rechteckiger Bogen Papier mit einer Länge von 95 cm und einer Breite von 55 cm nicht ausreicht.

11. Berechne den Umfang und den Flächeninhalt des Parallelogramms ABCD mit den Seitenlängen a = c = 3 cm und b = d = 2,5 cm und der Höhe h_a = 2 cm.

12. Berechne die fehlenden Seitenlängen des Vierecks ABCD.
    a) Rechteck mit u = 48 mm und a = 1,8 cm   b) Rhombus mit u = $\frac{8}{3}$ m
    c) gleichschenkliges Trapez mit u = 20 dm; a = 5,5 dm und c = 35 cm
    d) Drachenviereck mit u = 77 cm und b = 85 mm
    e) Parallelogramm mit u = 40 cm und a = 2,2 dm

13. Berechne den Umfang und den Flächeninhalt der abgebildeten Figur.
    Entnimm die notwendigen Maßangaben der Zeichnung.
    a)  b) 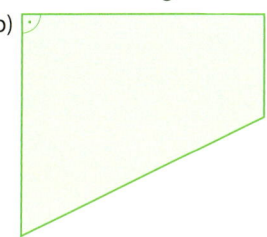 c)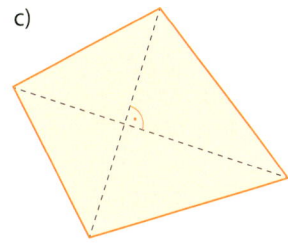

14. Es soll der Umfang von einem Quadrat, von einem Rechteck, von einem Parallelogramm, von einem Drachenviereck und von einem Rhombus berechnet werden. Gib an, wie viele und welche Bestimmungsstücke du dafür mindestens benötigst. Berechne dann für die selbstgewählte Stücke jeweils den Umfang des Vierecks.

Wiederholungsaufgaben

1. Ermittle den größeren Anteil:
   (1) 22 von 30
   (2) 32 von 40

2. Berechne das Quadrat aus der Summe von 1,5 und $1\frac{3}{4}$.

3. Mache die Brüche $\frac{1}{8}$, $\frac{1}{12}$ und $\frac{1}{15}$ gleichnamig.

4. Rechne in die angegebene Einheit um.
   a) 2,5 dm² in Quadratzentimeter
   b) 2500 cm² in Quadratdezimeter
   c) 15 a in Quadratmeter
   d) 4000 m² in Hektar

5. Konstruiere in einem gleichseitigen Dreieck mit einer Seitenlänge von 5,0 cm alle Winkelhalbierenden. Beschreibe die Lage des Schnittpunktes der Winkelhalbierenden.

Zusammenfassung

9. Vierecke

Viereckarten

Trapez
Viereck mit *einem Paar* zueinander paralleler Seiten

Drachenviereck
Viereck mit *zwei Paaren* gleich langer benachbarter Seiten

Parallelogramm
Viereck mit *zwei Paar* zueinander paralleler Seiten

Rechteck
Viereck mit vier rechten Winkeln

Quadrat
Viereck mit vier rechten Winkeln und vier gleich langen Seiten

Rhombus
Viereck mit vier gleich langen Seiten

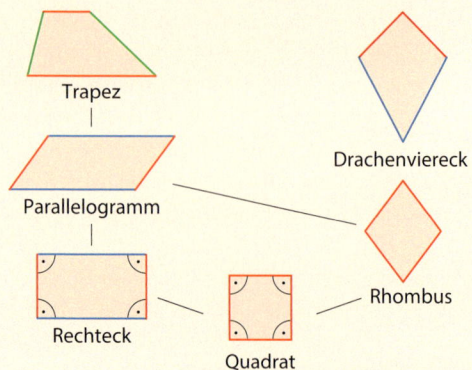

Alle *Rechtecke sind Trapeze* mit rechten Winkeln.
Alle *Rechtecke sind Parallelogramme* mit rechten Winkeln.

Alle *Quadrate sind Rechtecke* mit gleich langen Seiten.
Alle *Quadrate sind Rhomben* mit rechten Winkeln.

Alle *Rhomben sind Parallelogramme* mit gleich langen Seiten.
Alle *Rhomben sind Drachenvierecke* mit gleich langen Seiten.

Innenwinkelsatz für Vierecke

Die Summe der Innenwinkel eines Vierecks beträgt immer 360°.

Wenn α, β, γ und δ Innenwinkel eines Vierecks ABCD sind, dann gilt: $\alpha + \beta + \gamma + \delta = 360°$

Trapeze

$A = \frac{a+c}{2} \cdot h_a$
$u = a + b + c + d$

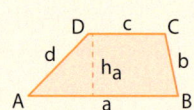

$a = 8\,cm$, $b = d = 5\,cm$, $c = 2\,cm$, $h_a = 4\,cm$

$A = \frac{a+c}{2} \cdot h_a$ $u = a + b + c + d$
$A = \frac{8\,cm + 2\,cm}{2} \cdot 4\,cm$ $u = (8 + 5 + 2 + 5)\,cm$
$\mathbf{A = 20\,cm^2}$ $\mathbf{u = 20\,cm}$

Drachenviereck

$A = \frac{e \cdot f}{2}$
$u = 2 \cdot (a + b)$

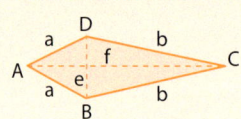

$a = 5\,cm$, $b = 8{,}5\,cm$, $e = 6\,cm$, $f \approx 11{,}95\,cm$

$A = \frac{e \cdot f}{2}$ $u = 2 \cdot (a + b)$
$A = \frac{6\,cm \cdot 12\,cm}{2}$ $u = 2 \cdot (5\,cm + 8{,}5\,cm)$
$\mathbf{A \approx 36\,cm^2}$ $u = 2 \cdot 13{,}5\,cm = \mathbf{27\,cm}$

Parallelogramm

$A = a \cdot h_a$
$u = 2 \cdot (a + b)$

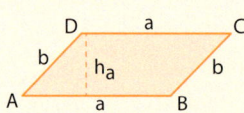

$a = 5\,cm$, $b = 6\,cm$, $h_a = 4\,cm$

$A = a \cdot h_a$ $u = 2 \cdot (a + b)$
$A = 5\,cm \cdot 4\,cm$ $u = 2 \cdot (5\,cm + 6\,cm)$
$\mathbf{A = 20\,cm^2}$ $u = 2 \cdot 11\,cm = \mathbf{22\,cm}$

Rhombus

$A = \frac{e \cdot f}{2}$
$u = 4 \cdot a$

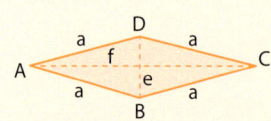

$a = 5\,cm$, $e = 6\,cm$, $f = 8\,cm$

$A = \frac{e \cdot f}{2}$ $u = 4 \cdot a$
$A = \frac{6\,cm \cdot 8\,cm}{2}$ $u = 4 \cdot 5\,cm$
$\mathbf{A = 24\,cm^2}$ $\mathbf{u = 20\,cm}$

Vierecke konstruieren

Ein allgemeines Viereck ist konstruierbar, wenn fünf geeignete Bestimmungstücke bekannt sind.
Es werden zwei Teildreiecke konstruiert. Die Konstruktion ist eindeutig, wenn beide Dreieckskonstruktionen eindeutig sind.

$\overline{AB} = 5\,cm$; $\overline{BC} = 1\,cm$; $\overline{AD} = 2\,cm$; $\alpha = \beta = 45°$

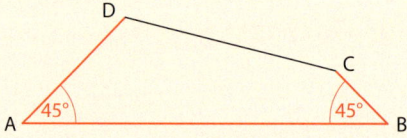

10. Aufgabenpraktikum Teil (2)

Dreiecke und Vierecke sind in unserer Umgebung an vielen Bau- und Kunstwerken zu finden.
Es sind geometrische Grundformen, die auch bei komplexen und zusammengesetzten Objekten immer wieder auftreten.
Bei den Aufgaben in diesem Aufgabenpraktikum stehen Sachverhalte im Mittelpunkt, die das Erkennen, Konstruieren und Berechnen von Größen dieser geometrischen Figuren erfordern.

Skizzieren, Zeichnen und Konstruieren

■ Im Geometrieunterricht wird zwischen Skizzieren, Zeichnen und Konstruieren unterschieden. Je nach Aufgabenstellung sind bei
– Skizzen
– Zeichnungen
– Konstruktionen
bestimmte Kriterien zu beachten. ■

Orientiert euch an folgenden Hinweisen:

Tipp:
Arbeitet immer mit spitzem Bleistift. Zeichnet Linien möglichst in einem Zug. Hilfslinien sind immer dünne Linien.

1. Eine Skizze oder Planfigur verschafft einen Überblick.

Skizzen (auch Planfiguren) werden in der Regel ohne Anspruch auf Genauigkeit oder Maßstäblichkeit angefertigt.

Sie sollten aber alles Wichtige im angenäherten Größenverhältnis enthalten.

Gegebene und gesuchte Stücke können farbig markiert werden. Zeichnet freihand oder mit Zeichengeräten.

Aufgabe:
Konstruiere ein Dreieck ABC aus
$c = 5{,}0$ cm; $h_c = 3{,}5$ cm und $\alpha = 50°$.

Planfigur:

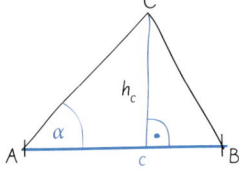

2. Eine Zeichnung ist genau oder maßstäblich.

Bei maßstäblichen Zeichnungen müssen alle Größenverhältnisse für Streckenlängen sowie die Winkelgrößen stimmen.

Zeichnet immer mit Lineal, Geodreieck und Zirkel.

Zeichenschablonen sind bei Zeichnungen erlaubt.

Aufgabe:
Zeichne unterschiedliche Drachenvierecke mit jeweils gleich langen Diagonalen von 2,0 cm.

Zeichnungen:

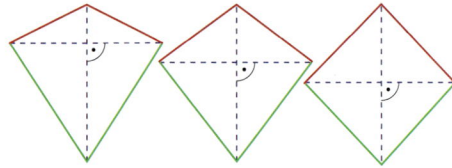

3. Beim Konstruieren sind oft nur Lineal und Zirkel erlaubt.

Beim Konstruieren dürfen, wenn nichts anderes angegeben ist, nur Zirkel und Lineal verwendet werden.

Im Unterricht wird manchmal auch das Geodreieck zugelassen.

Zeichnungen und Konstruktionen lassen sich nur schwer unterscheiden, wenn man nicht weiß, wie sie entstanden sind.

Aufgabe: Konstruiere die Winkelhalbierende des Winkels α.

Konstruktionsschritte:

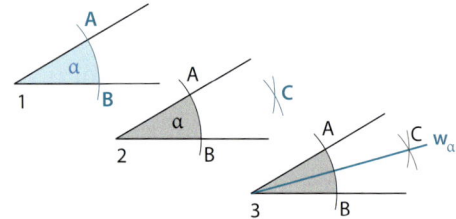

Skizzieren, Zeichnen und Konstruieren

Grundlegendes

Die folgenden Aufgaben erfordern **grundlegende Kenntnisse und Fähigkeiten**. Arbeitet beim Lösen der Aufgaben selbstständig. Kontrolliert eure Lösungswege und Ergebnisse selbst und vergleicht sie dann mit euren Banknachbarn.

Aufgabenmix zu „Dreiecke"

1. Ermittle, wie groß die fehlenden Innenwinkel des Dreiecks sind.
   a) 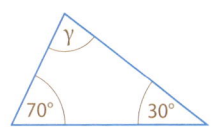   b) 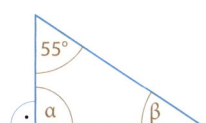   c) 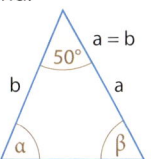   d)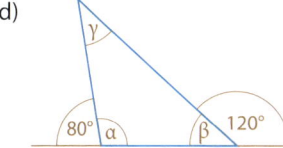

2. Gegeben sind zwei Dreiecke ABC und PQR mit den angegebenen Stücken. Untersuche, ob die beiden Dreiecke zueinander kongruent sind.
   a) 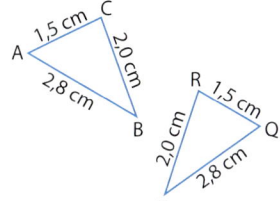   b) 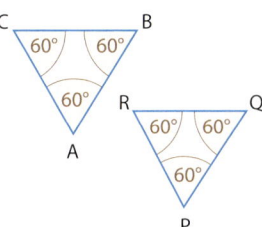   c)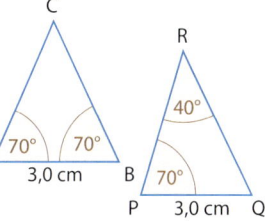

3. a) Zeichne ein gleichschenkliges Dreieck ABC mit einer Basis $\overline{AB} = c = 4{,}5$ cm und einem Winkel von 40° an der Spitze C.
   b) Berechne den Flächeninhalt und den Umfang des Dreiecks ABC. Ermittle, wenn notwendig, erforderliche Größen aus der Konstruktion.

4. Zeichne entsprechend der Skizze das rechtwinklige Dreieck ABC mit $\overline{AB} = 8$ cm, $\overline{BC} = 6$ cm und dem rechten Winkel bei B zweimal.
   a) Konstruiere den Umkreis des einen Dreiecks und den Inkreis des anderen Dreiecks.
   b) Tim behauptet, dass die Mittelpunkte der In- und Umkreise von Dreiecken stets entweder im Innern des Dreiecks oder auf den Dreieckseiten liegen. Entscheide, ob Tim recht hat und begründe dies.

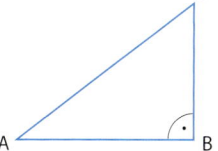

5. Prüfe, ob die Aussage wahr ist und begründe dies.
   a) Jedes gleichschenklige Dreieck ist spitzwinklig.
   b) Es gibt rechtwinklige Dreiecke, die unregelmäßig sind.
   c) Jedes gleichseitige Dreieck ist gleichschenklig.

Aufgabenmix zu „Vierecke"

1. Gib an, um welche Viereckart es sich handelt.
   a) ein Viereck mit einem Paar paralleler Seiten
   b) ein Parallelogramm mit gleich langen Diagonalen
   c) einen Rhombus mit gleich langen Diagonalen

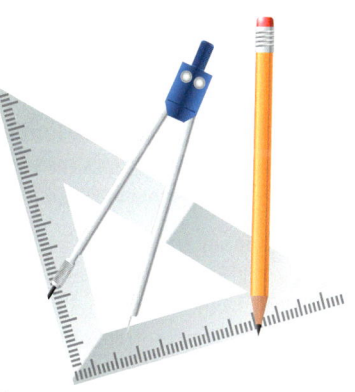

2. Konstruiere mit Zirkel und Lineal und miss die fehlenden Stücke:
   a) Rechteck ABCD mit der Seite $\overline{AB} = 5{,}0$ cm und der Diagonale $\overline{AC} = 7{,}5$ cm
   b) Parallelogramm ABCD mit $\overline{AD} = 2{,}5$ cm; $\overline{CD} = 4{,}5$ m und $\beta = \sphericalangle CBA = 120°$

3. Berechne jeweils den Flächeninhalt und den Umfang der Vierecke. Entnimm die erforderlichen Maße der Abbildung.

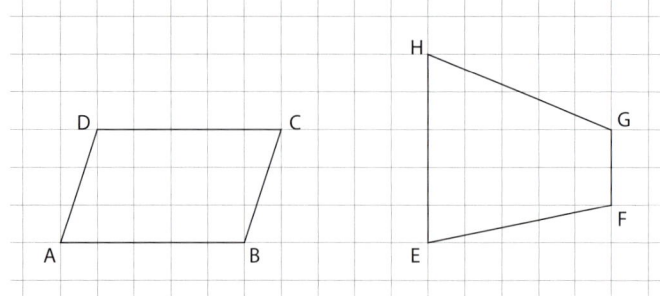

4. Albert behauptet: „Wenn ich von einem Parallelogramm einen Innenwinkel kenne, dann kann ich die anderen Innenwinkel ermitteln."
   a) Prüfe an einem selbst gewählten Beispiel, ob dies möglich ist. Fertige eine Skizze an.
   b) Erkläre an einem Parallelogramm mit selbst gewählten Maßen die Sätze über Winkel an geschnittenen Parallelen.

5. Eine Sandgrube kann nicht direkt vermessen werden. Ermittle mithilfe einer maßstäblichen Zeichnung, wie lang $\overline{XY}$ ist.

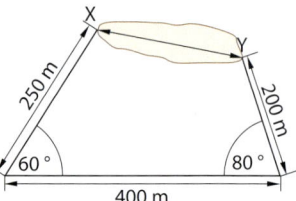

Aufgabenmix zu „Proportionalität"

1. Das Pfeildiagramm beschreibt eine Zuordnung von Zahlen x der Menge {0; 1; 2; 3; 4} zu Zahlen y der Menge {0,5; 2,5; 4,5; 6,5; 8,5}.
   a) Stelle diese Zuordnung in einer Tabelle dar.
   b) Stelle diese Zuordnung im Koordinatensystem dar.
   c) Beschreibe diese Zuordnung mit Worten.
   d) Gib für diese Zuordnung eine Gleichung an.
   e) Begründe, warum hier keine direkte Proportionalität vorliegt.

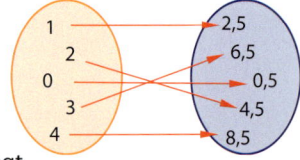

2. Zwischen den Zahlenpaaren (x|y) besteht ein direkt proportionaler Zusammenhang (y ~ x). Gib den Proportionalitätsfaktor k in der Gleichung $y = k \cdot x$ und drei weitere Paare an.
   a) (1|3)   b) (3|4,5)   c) (2|1)   d) (2|0,5)

3. Zwischen den Zahlenpaaren (x|y) besteht ein indirekt proportionaler Zusammenhang $(y \sim \frac{1}{x})$. Gib drei weitere Paare sowie den Faktor k in der Gleichung $y = k \cdot \frac{1}{x}$ an.
   a) (1|3)   b) (3|2)   c) (2|1)   d) (5|2)

4. Paul kauft drei Brötchen für insgesamt 69 ct. Paula kauft 6 Brötchen derselben Sorte und bezahlt mit einem 2-Euro-Stück.
   a) Wie viel Euro bekommt sie zurück?
   b) Stelle den Zusammenhang *Anzahl der Brötchen ↦ Preis der Brötchen (in Cent)* sowohl tabellarisch als auch grafisch in einem Koordinatensystem dar.

5. Gegeben sind die Graphen von drei Zuordnungen x ↦ y.
   a) Erstelle für jede Zuordnung eine Wertetabelle mit drei geordneten Zahlenpaaren.
   b) Untersuche jeweils, ob Proportionalität vorliegt und gib wenn möglich, eine Gleichung an, die diese Zuordnung beschreibt.

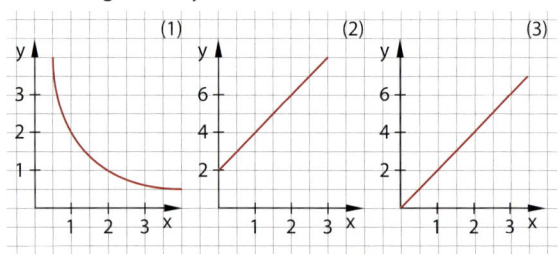

Skizzieren, Zeichnen und Konstruieren

Aufgabenmix zu „Mathematisch argumentieren und begründen"

1. Entscheide, wie man nachweisen kann, ob die Aussage wahr oder falsch ist. Begründe deine Aussage.
   a) Alle in meiner Klasse haben im Fach Mathematik auf dem Zeugnis die Zensur 1.
   b) Es gibt in meiner Klasse Schüler, die auf dem Zeugnis eine Eins in Mathematik haben.

2. Beurteile, ob die Aussage wahr ist und ob die angegebene Begründung stimmt. Gib, wenn notwendig, selbst eine korrekte Begründung an.
   a) 27 ist eine Primzahl, denn sowohl 2 als auch 7 sind Primzahlen.
   b) Die Zahl 85 ist kleiner als die Zahl 89, denn die Quersumme der ersten Zahl ist kleiner als die Quersumme der zweiten Zahl.
   c) Es gibt keine Rechtecke, die Quadrate sind, da ein Viereck entweder eine Rechteck oder ein Quadrat ist.

3. Hier sind die Konstruktionsschritte für eine Grundkonstruktion bildhaft dargestellt.
   a) Entscheide, welche Grundkonstruktion es ist.
   b) Beschreibe die Konstruktionsschritte mit Worten.

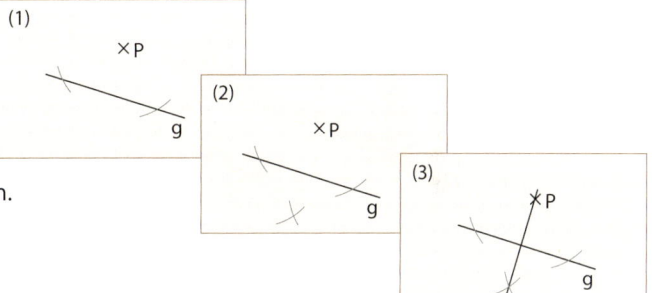

4. Zeige, dass folgende Aussage wahr ist:
   Jede Diagonale eines Rechtecks ABCD zerlegt dieses Rechteck in zwei zueinander kongruente Dreiecke.

„Wissenstest"
Schreibe die jeweils zutreffenden Auswahlantworten auf.

a) Die Summe der Innenwinkel in einem spitzwinkligen Dreieck ist ...			
(A) kleiner als 90°.	(B) genau 90°.	(C) kleiner als 180°.	(D) genau 180°.
b) Ein gleichschenkliges Dreieck hat stets ...			
(A) drei gleich große Innenwinkel.	(B) drei gleich lange Seiten.	(C) zwei gleich große Innenwinkel.	(D) zwei Symmetrieachsen.
c) Zwei Dreiecke heißen zueinander kongruent, wenn sie ...			
(A) die gleiche Form haben.	(B) den gleichen Flächeninhalt haben.	(C) in allen drei Winkeln übereinstimmen.	(D) in allen drei Seiten übereinstimmen.
d) Jedes Parallelogramm ist ein spezielles ...			
(A) Drachenviereck.	(B) Trapez.	(C) Rhombus.	(D) Rechteck.
e) Der Umfang eines Quadrates mit der Seitenlänge a ist ...			
(A) $2a^2$	(B) a^3	(C) $4a$	(D) $2 \cdot (a + a)$
f) Eine Zuordnung x → y heißt direkt proportional, wenn gilt ...			
(A) y + x = konstant („summengleich")	(B) y − x = konstant („differenzengleich")	(C) x · y = konstant („produktgleich")	(D) x : y = konstant („quotientengleich")
g) Der Umkreismittelpunkt eines Dreiecks ist der Schnittpunkt der ...			
(A) Höhen des Dreiecks.	(B) Mittelsenkrechten des Dreiecks.	(C) Seitenhalbierenden des Dreiecks.	(D) Winkelhalbierenden des Dreiecks.

10. Aufgabenpraktikum Teil (2)

Vielfältiges und Komplexes

Die folgenden Aufgaben erfordern **umfassende Kenntnisse und flexible Fähigkeiten.**
Sie enthalten auch ungewohnte Formulierungen und neue Zusammenhänge. Arbeitet beim Lösen der Aufgaben überwiegend selbstständig. Vergleicht eure Lösungswege und Ergebnisse.

Tipp:
Die Aufgaben werden vom Keller bis zum Dachgeschoss anspruchsvoller.

Tipp:
Systematisches Probieren kann helfen.

„Das Aufgabenhaus"
Löse möglichst viele Aufgaben. Du kannst in jeder Etage beginnen.

DACHGESCHOSS
Auf einem Grundstück soll ein rechteckförmiger Spielplatz mit einem Zaun gesichert werden. Auf einer Seite des Grundstücks befindet sich eine 120 m lange Mauer. Der Zaun ist also nur an drei Seiten erforderlich. Es steht Material für einen 200 m langen Zaun zur Verfügung. Für die Länge und die Breite der Einzäunung sollen nur ganzzahlige Werte in Betracht kommen.
Ermittle die Seitenlängen, so dass der Spielplatz möglichst groß wird.

OBERGESCHOSS

1. Erkläre folgende Aussage an einem Beispiel:
   Die Seitenlängen aller Rechtecke mit gleichem Flächeninhalt sind zueinander indirekt proportional.

2. Die Diagonalen eines Drachenvierecks ABCD sind 6 cm und 3 cm lang. Die kürzere Diagonale schneidet die längere Diagonale im Verhältnis 2 : 1. Zeichne das Drachenviereck ABCD.

3. Außenwinkel eines Dreiecks ABC sind jeweils Nebenwinkel zu den Innenwinkeln α, β und γ.
   Sie werden oft mit einem hoch gestellten Strich am Buchstaben angegeben: α', β' und γ'
   Fertige eine Skizze an, kennzeichne die Innenwinkel und die zugehörigen Außenwinkel und begründe, dass stets gilt: $\alpha' + \beta' + \gamma' = 360°$.

ERDGESCHOSS

1. Entscheide, ob direkte, indirekte oder keine Proportionalität vorliegt und begründe dies.
   a) zwischen der Sprungweite und der Anlauflänge eines Schülers beim Weitsprung
   b) zwischen den Seitenlängen und dem Flächeninhalt eines Quadrates
   c) zwischen der Durchschnittsgeschwindigkeit und der benötigten Zeit für die gleiche Strecke

2. Von einem Dreieck ABC sind die Innenwinkel $\alpha = 50°$ und $\beta = 80°$ gegeben.
   Gib an, zu welcher Dreiecksart (sowohl nach Seiten als auch Winkeln geordnet) dieses Dreieck gehört und begründe dies.

KELLERGESCHOSS

1. Ermittle die Breite des Kanals in nebenstehender Zeichnung mit einer maßstäblichen Konstruktion.

2. Gib die Maße für zwei verschiedene Dreiecke an, die jeweils beide einen Flächeninhalt von 10 cm² haben.

3. Beurteile folgende Aussage:
   Die Seitenlänge und der Umfang eines Quadrates sind zueinander direkt proportional.

Skizzieren, Zeichnen und Konstruieren

„Mathematik-Lexikon"
Es gibt viele mathematische Begriffe, die du im Mathematikunterricht benötigst. Um diese zu verstehen und richtig anwenden zu können, musst du genau wissen, was sie bedeuten. Es sind *„Vokabeln"* der Mathematik, ähnlich wie beim Erlernen einer Fremdsprache.

a) Verwende die Tabelle in deinem Heft als Vokabeltrainer und schreibe die fehlenden Begriffe oder Bedeutungen auf.

Begriff	Bedeutung
(1)	Viereck mit einem Paar paralleler Seiten
Diagonale im Viereck	(2)
Drachenviereck	(3)
(4)	Eigenschaft einer Zuordnung, bei der zu jedem x genau ein y gehört
indirekt proportionale Zuordnung $x \mapsto y$	(5)
(6)	Wahre Aussage in der Mathematik bestehend aus Voraussetzung und Behauptung
Höhe im Dreieck	(7)
(8)	Eigenschaft zweier geometrischer Figuren, die in Größe und Form übereinstimmen

Tipp:
Lies bei Bedarf im Lehrbuch nach und nutze das Register.

b) Gib zwei weitere Begriffe mit ihrer jeweiligen Bedeutung an.

„Autofahrten"
Frau Peters fährt jede Woche einmal nach Berlin. Eine Fahrstrecke beträgt 150 km.
a) Die Fahrt nach Berlin dauert etwa 2 h. Berechne die Durchschnittsgeschwindigkeit.
b) Erstelle eine Tabelle für die Zuordnung
 Fahrzeit (in Stunden) $\mapsto$ Durchschnittsgeschwindigkeit (in Kilometer pro Stunde)
 mit folgenden Fahrzeiten: 0,5 h; 1 h; 1,5 h; 3 h; 4 h; 5 h; 10 h
c) Entscheide, ob alle Fahrzeiten realistisch sind und begründe dies.
d) Stelle diese Zuordnung grafisch dar.
e) Untersuche die Art dieser Zuordnung.

Tipp:
Eine Tabellenkalkulation kann hier hilfreich sein.

„Trapez"
Für ein Trapez ABCD mit AB||CD gilt: $\overline{AB}$ = 5,5 cm; $\overline{AD}$ = 2,5 cm; $\overline{CD}$ = 3,5 cm und ∢ BAD = 90°
a) Konstruiere das Trapez ABCD.
b) Für die Konstruktion dieses Trapezes sind sechs Konstruktionsschritte (A) bis (F) angegeben. Ordne diese Konstruktionsschritte in der richtigen Reihenfolge:
 (A) Konstruiere eine Parallele zu $\overline{AB}$ durch den Punkt D.
 (B) Errichte im Punkt A eine Senkrechte zur Strecke $\overline{AB}$.
 (C) Zeichne die Strecke $\overline{AB}$.
 (D) Zeichne die Strecke $\overline{BC}$.
 (E) Trage auf der Senkrechten zu $\overline{AB}$ die Strecke $\overline{AD}$ ab.
 (F) Trage auf der Parallelen zu $\overline{AB}$ die Strecke $\overline{CD}$ ab.
c) Begründe, warum für dieses Trapez gilt: $\beta + \gamma = 180°$
d) Ermittle den Umfang dieses Trapezes.
 Entnimm notwendige Stücke der Konstruktion aus a).
e) Berechne den Flächeninhalt dieses Trapezes.
f) Die Diagonale $\overline{AC}$ teilt das Trapez in zwei Dreiecke.
 Berechne von jedem dieser Dreiecke den Flächeninhalt.

Tipp:
Eine dynamische Geometriesoftware kann hier hilfreich sein.

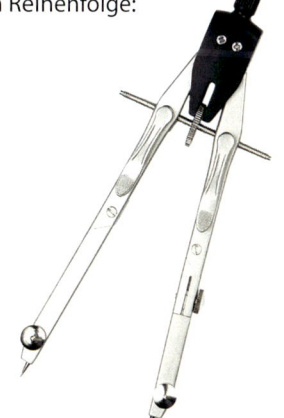

Seltsames und Unerwartetes

Die folgenden Aufgaben fordern zum **Knobeln** auf. Arbeitet überwiegend selbstständig.
Formuliert bei Bedarf zu Schwierigkeiten Fragen und tauscht euch dazu aus.
Vergleicht eure Lösungswege und Ergebnisse.

„Angemalte Quader"

Durch verschiedenartiges Aneinanderlegen gleich großer Würfel mit jeweils einer Kantenlänge von 1 cm (Einheitswürfel) lassen sich unterschiedliche Quader bilden. Solch ein Quader wird dann auf eine Begrenzungsfläche gelegt. Die dann noch sichtbaren Begrenzungsflächen, sie bestehen alle aus Einheitsquadraten, werden blau gefärbt. Es soll die Anzahl der blauen Einheitsquadrate angegeben werden.

a) Der Quader besteht aus acht senkrecht übereinander gestapelten Würfeln (Turm).
b) Der Quader besteht aus viermal zwei nebeneinander gelegten Würfeln (Wall).
c) Der Quader besteht aus viermal zwei übereinander gestapelten Würfeln (Wand).

„Quadrate auf dem Schachbrett"

Ein Schachbrett besteht aus 64 kleinen Quadratfeldern, die wir 1x1-Quadrate nennen wollen. Es gibt auch aus vier Quadratfeldern bestehende 2x2-Quadrate, usw.

a) Wie viele 2x2-Quadrate und wie viele 3x3-Quadrate lassen sich auf dem Schachbrett finden?
b) Ermittle die Anzahl der möglichen 6x6-Quadrate.

„Zahnräder, die ineinander greifen"

In einer Maschine befinden sich drei ineinandergreifende Zahnräder. Die drei Zahnräder haben 36, 18 und 8 Zähne. Das Zahnrad mit 8 Zähnen dreht sich in einer Stunde viermal. Überlege, nach wie vielen Stunden sich die drei Zahnräder erstmalig wieder in der gleichen Position wie zu Beginn befinden.

„Mäuse werden Trauer tragen"

Acht Katzen vertilgen in 16 Tagen 24 Mäuse. Ermittle, wie viele Mäuse dann von vier Katzen in acht Tagen bei gleichem Appetit vertilgt werden.

„Das Hotel mit unendlich vielen Zimmern"

Im „Mathematikland" hat ein Hotel unendlich viele Zimmer. Alle Zimmer sind nummeriert mit 1; 2; 3; 4; 5 usw. Da es keine größte natürliche Zahl gibt, endet es nie.
Ein Mathematiker möchte ein Zimmer haben.
Ihm wird gesagt: *„Wir sind leider belegt."*
Der Gast wundert sich: *„Ich denke, sie haben unendlich viele Zimmer. Da lässt sich gewiss ein freies Zimmer für mich finden. Ich weiß auch wie. …."*
Mache einen Vorschlag, auf welche Weise man in dem voll belegten Hotel mit unendlich vielen Zimmern ein freies Zimmer finden könnte.

11. Methoden

Manche Aufgaben sind echte Herausforderungen.
Egal, ob diese allein oder mit anderen Personen gemeinsam zu lösen sind, ein planmäßigen Vorgehen und ein effektives Nutzen von Techniken und Regeln beeinflussen den Erfolg wesentlich.

Methodenkarte 6 A: ICH-DU-WIR-Methode nutzen

Aufgaben könnt ihr allein oder gemeinsam lösen. Die ICH-DU-WIR-Methode kann helfen, Probleme schneller zu verstehen und schwierige Aufgaben zu bewältigen. Bei dieser Methode werden Aufgaben oder Probleme immer in drei Phasen bearbeitet:

1. *ICH-Phase (Individuelles Arbeiten):*
   Denkt allein nach und notiert eure Ideen. Es geht dabei nicht um Richtig oder Falsch, jeder Gedanke ist erlaubt. Vielleicht findest ihr sogar schon einen Lösungsansatz?

2. *DU-Phase (Lernen mit Partnern):*
   Sucht euch einen oder mehrere Partner und tauscht eure Ideen untereinander aus. Beim Vergleichen der Ideen lässt sich oft feststellen, was gut und was nicht so gut funktioniert. Vielleicht findet ihr gemeinsam auch neue Lösungsansätze.

3. *WIR-Phase (Kommunikation im Team):*
   In dieser Phase entscheidet ihr euch für einen oder für mehrere Lösungswege. Oft ist es sinnvoll, unterschiedliche Lösungswege auszuprobieren. Dann fällt es euch leichter, bei anderen Problemen Lösungsideen zu finden.

Methodenkarte 6 B: Tipps zum Lösen von Problemen

Die folgenden Tipps können beim Lösen von Problemen helfen:

– *Formuliert mit eigenen Worten.*
   Beschreibt genau, was gegeben (bekannt, vorausgesetzt) und was gesucht ist.

– *Stellt immer Fragen.*
   Manchmal sind keine Fragen formuliert. Formuliert diese dann selbst.

– *Denkt auch mal „quer".*
   Was lässt sich messen oder berechnen? Lässt sich etwas vermuten oder abschätzen?

– *Arbeitet mit Beispielen.*
   Wenn ihr keine allgemeinen Lösungsansätze und Lösungswege findet, sucht einfache Beispiele. Jedes Beispiel bringt euch der allgemeinen Lösung näher.

– *Stellt Probleme anders dar.*
   Verwendet Abkürzungen und fertigt Skizzen an. Erstellt Tabellen und Diagramme. Hebt wichtige Informationen hervor. Es gibt immer mehrere Darstellungsmöglichkeiten.

– *Begründet eure Vorschläge.*
   Erklärt euer Vorgehen und erläutert Zwischenschritte. Beschreibt, welche Hilfsmittel ihr genutzt habt und begründet, warum ihr von eurem Ergebnis überzeugt seid.

– *Überprüft eure Ideen (Ergebnisse).*
   Auch wenn es seltsam klingt, oft hat man erst nach langem Überlegen eine Idee. Macht euch dann Notizen und überprüft eure Idee an der Ausgangsfrage.

Methodenkarte 6 C: Mit dem Geodreieck arbeiten

Das Geodreieck ist ein Hilfsmittel zum Zeichnen von Geraden, Strecken und Winkeln und zum Messen von Streckenlängen und Winkelgrößen.

Hilfslinien für Parallelen:
Prüft mit diesen Hilfslinien, ob Strecken oder Geraden zueinander parallel sind. Ihr könnt damit aber auch Parallelen zeichnen.

Hilfslinie für Senkrechte:
Diese Linie ist senkrecht zur Grundseite des Geodreiecks. Prüfe damit, ob zwei Geraden einen 90° Winkel einschließen. Ihr könnt aber auch rechte Winkel damit zeichnen.

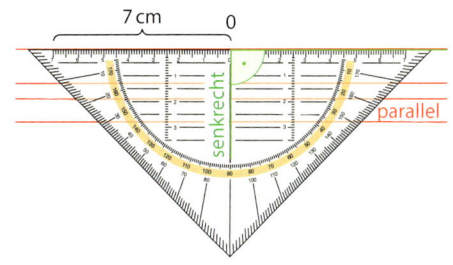

Streckenlängen messen:
Beginnt immer auf einem Endpunkt der Strecke bei 0. Ihr könnt Längen bis 7 cm messen

Winkelgrößen messen:
Legt die 0 auf den Scheitelpunkt des Winkels und die Grundseite des Geodreiecks auf einen Schenkel. Lest die Winkelgröße an der richtigen Skale ab. Schätzt vorher, ob der Winkel kleiner oder größer als 90° ist.

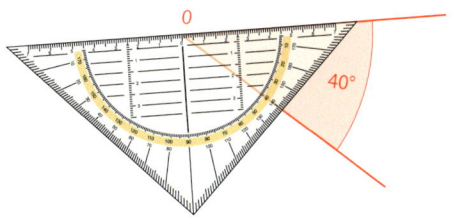

Methodenkarte 6 D: Formeln in Tabellenkalkulationen verwenden

Tabellenkalkulationen lassen sich als Hilfsmittel für Berechnungen nutzen.

1. Tragt in einer Tabellenkalkulation jeden Eingangswert für die Berechnung in eine freie Zelle ein. Zur besseren Übersicht könnt ihr die Zellen mit den Eingangswerten farblich hinterlegen.
2. Tragt in eine freie Zelle die Formel ein. Beginnt bei einer Formel immer mit einem „=".
3. Kennzeichnet in Formeln die Eingangswerte durch Verweise auf ihre Zellen mit Spaltenbuchstaben und Zeilennummern, z. B. „A2".
4. Soll der Verweis auf eine Zelle auch nach dem Kopieren oder dem Verschieben bestehen bleiben, schreibt jeweils das Zeichen „$" vor den Spaltenbuchstaben und vor die Zeilennummer, z. B. „A2". In der Tabelle sind Beispiele für Berechnungen angegeben:

Rechnung	Formel	
Addition der Zellen A1 und B1	=A1+B1	
Addition der Zelle A1 und der Zahl 7	=A1+7	
Subtraktion der Zellen A1 und B1	=A1-B1	
Multiplikation (Division) der Zellen A1 und B1	=A1*B1	=A1/B1
Addition der Zellen A1 bis A20	=SUMME(A1:A20)	=SUM(A1:A20)
Zufallszahl zwischen 1 und 10 erzeugen	=ZUFALLSZAHL(1,10)	=RANDINT(1,10)

Methodenkarte 6 E: Punkte, Strecken, Geraden, Parallelen und Senkrechte mit einer dynamischen Geometrie-Software zeichnen

Als Hilfsmittel zum Zeichnen (Konstruieren) geometrische Objekte kann eine dynamische Geometrie-Software dienen. Die Konstruktionswerkzeuge werden durch symbolische Schaltflächen im Werkzeugmenü aufgerufen und im Bearbeitungsfenster verwendet.

Punkte, Geraden und Strecken zeichnen:

Im Bearbeitungsfenster können Punkte mit dem Punkt-Werkzeug, Geraden mit dem Geraden-Werkzeug und Strecken mit dem Strecken-Werkzeug gezeichnet werden. Die Lage dieser geometrischen Objekte lässt sich nachträglich ändern. Dabei ändert sich die Lage aller von einem geometrischen Objekt abhängigen anderen geometrischen Objekte mit.

Parallelen und Senkrechte zeichnen:

Eine Parallele (eine Senkrechte) kann nur zu einer bereits vorhandenen Geraden konstruiert werden. Nach der Auswahl des Parallelen-Werkzeugs (Senkrechten-Werkzeugs) muss die Gerade markiert werden, zu der die Parallele (die Senkrechte) konstruiert werden soll.

Methodenkarte 6 F: Weitere Objekte in einer dynamische Geometrie-Software verwenden

Objekte markieren und bewegen:

Ein Objekt lässt sich mithilfe des Ziehen-Werkzeugs im Bearbeitungsfenster verschieben. Im Koordinatensystem werden die aktuellen Koordinaten des Objektes angezeigt.

Winkel konstruieren:

Mit dem Werkzeug für Winkel fester Größe können Winkel konstruiert werden.
Dazu müssen nacheinander zwei Punkte A und B gewählt und dann muss eine Winkelgröße festgelegt werden.
Es wird ein dritter Punkt A' so angezeigt, dass die Strahlen $\overrightarrow{BA}$ und $\overrightarrow{BA'}$ einen Winkel der gegebenen Größe im mathematisch positiven Sinn, also gegen den Uhrzeigersinn, einschließen.

Streckenlängen und Winkelgrößen messen:

Mit dem Werkzeug (Abstand oder Länge) kann der Abstand zweier Punkte A und B nach dem Markieren dieser Punkte gemessen werden. Es wird die Strecke $\overline{AB}$ und deren Länge angezeigt.

Wählt man das Winkel-Werkzeug und markiert nacheinander drei Punkte, wird der Winkel, den diese drei Punkte bilden, angezeigt und seine Größe angegeben. Der zweite markierte Punkt ist immer der Scheitelpunkt des Winkels.

12. Anhang

Lösungen zu
- Dein Fundament
- Prüfe dein neues Fundament

Stichwortverzeichnis

Bildnachweis

Lösungen

Lösungen zu Kapitel 1: Teilbarkeit natürlicher Zahlen

Dein Fundament (S. 6/7)

S. 6, 1.
a) 63   b) 70   c) 84   d) 2229
e) 140   f) 0   g) 390   h) 1670
i) 132   j) 4500

S. 6, 2.
a) 3549   b) 6656   c) 20 880   d) 13 560
e) 35 109

S. 6, 3.
Überschlag: 500 · 200 = 100 000
Das Ergebnis von Max (86 940) kann stimmen, da das Produkt etwas kleiner sein muss als 100 000.

S. 6, 4.
Beispiele: 120 = 2 · 60 = 3 · 40 = 4 · 30 = 6 · 20

S. 6, 5.
a) 4 (8; 20; 32; 100; 140)   (das Doppelte)
b) 6 (12; 30; 48; 150; 210)   (das Dreifache)
c) 1 (2; 5; 8; 25; 35)   (die Hälfte)
d) 10 (20; 50; 80; 250; 350)   (das Fünffache)
e) 14 (28; 70; 112; 350; 490)   (das Siebenfache)
f) 20 (40; 100; 160; 500; 700)   (das Zehnfache)

S. 6, 6.
0 · 4 = **0**;   1 · 4 = **4**;   2 · 4 = **8**;   3 · 4 = **12**;   4 · 4 = **16**;
5 · 4 = **20**,   6 · 4 = **24**;   7 · 4 = **28**;   8 · 4 = **32**
(**a**lle natürlichen Zahlen, die kleiner als 8 sind)

S. 6, 7.
a) jeweils um 2 größer als vorhergehende Zahl:
   2; 4; 6; 8; 10; 12; **14**; **16**; **18**
b) jeweils um 12 kleiner als vorhergehende Zahl:
   108; 96; 84; 72; 60; **48**; **36**; **24**
c) Die Differenz zweier Zahlen erhöht sich
   jeweils um 1:
   6; 7; 9; 12; 16; 21; **27**; **34**; **42**
d) jeweils um 3 kleiner als vorhergehende Zahl:
   66; 63; 60; 57; 54; **51**; **48**; **45**

S. 6, 8.
a) **x = 15**,   denn   5 · 15 = **75**
b) **x = 98**,   denn   14 · 7 = **98**
c) **x = 9**,   denn   9 · 25 = 225
d) **x = 8**,   denn   7 · 8 = 56
e) **x = 780**,   denn   780 · 10 = 7800
f) **x = 0**,   denn   123 · 0 = 0
g) **x = 14**,   denn   4 · **14** = 56
h) **x = 369**,   denn   3 · 123 = **369**
i) **x = 8**,   denn   8 · 9 = 72
j) **x = 4**,   denn   45 · 4 = 180

S. 6, 9.
27 200 (54 400; 136 000) Becher können in
8 (16; 40) Stunden befüllt werden.

S. 6, 10.
a) 321   b) 29   c) 604   d) 327
e) 294   f) 238   g) 3459   h) 945
i) 2031   j) 45

S. 6, 11.
a) 21   b) 69   c) 91   d) 807   e) 53

S. 6, 12.
Das Ergebnis von Eva (321) kann stimmen, da der Quotient etwa 400 sein muss.

S. 6, 13.
Der Divisor beträgt 8, denn 72 : 8 = 9.

Seite 6, 14.
a) Rest 0 (1; 4; 7; 4)   b) Rest 0 (0; 3; 3; 8)
c) Rest 1 (2; 0; 2; 5)   d) Rest 0 (0; 0; 6; 0)
e) Rest 1 (1; 1; 4; 1)

S. 7, 15.
a) 1; 2; 3; 4; 6; 12
b) 1; 2; 3; 6; 9; 18
c) 1; 7
d) 1; 2; 3; 5; 6; 10; 15; 30
e) 1; 2; 3; 4; 6; 8; 12; 24
f) 1; 2; 4; 8
g) 1; 2; 4; 8; 16; 32

S. 7, 16. (Beispiele)
6 ist teilbar durch: 1; 2; 3; 6
4 ist teilbar durch: 1; 2; 4
3 ist teilbar durch: 1; 3

S. 7, 17.
a) x = 3   b) x = 4   c) x = 468   d) x = 75
e) x = 745   f) x = 3400   g) x = 1   h) x = 0
i) x = 3   j) x = 129

S. 7, 18. (Beispiele)
340 : 10 = 34   75 : 5 = 14   105 : 5 = 21
78 : 13 = 6   144 : 12 = 12   121 : 11 = 11

S. 7, 19.
a) wahre Aussage, denn: 1 · n = n für n ∈ ℕ
b) falsche Aussage, denn: 0 : 0 ist nicht lösbar
c) wahre Aussage, denn:
   beispielsweise 3 lässt sich nur durch 1 und 3,
   also durch genau zwei Zahlen ohne Rest teilen.

S. 7, 20.
Es können genau 227 Schachteln vollständig gefüllt werden.   (1367 : 6 = 227 Rest 5)

S. 7, 21.
Lena bekommt genau 6 €.

S. 6, 22.
a) 15 Stück
b) 7 Stück, wenn ein Stück übrig bleibt.
c) 5 Stück
d) ein Stück: Es bleiben 12 Stück übrig.
   Jeder bekommt dann 3 Stück.
e) Wenn ein Stück übrig bleibt, 7 Personen.

S. 7, 23.
a) 10 € und 25 ct   (4 · 10 € + 4 · 0,25 € = 41 €)
b) Jeder bekommt 5 Stück, eine Murmel bleibt übrig.
c) Jeder bekommt 1 Stück und $\frac{1}{4}$ Stück.
d) Jeder bekommt 3 Fahrscheine,
   ein Fahrschein bleibt übrig.

Prüfe dein neues Fundament (S. 18/19)

S. 18, 1.
a) 6; 12; 18   b) 14; 28; 42; 56; 70
c) 96 ist kein Vielfaches von 14. (96 ≠ n · 14)

S. 18, 2.
a) 42; 49; 56   b) 90; 99

S. 18, 3. (Beispiele)
a) 10; 20   b) 6; 12   c) 12; 24   d) 60; 120

S. 18, 4.
a) 1; 2; 3; 5; 6; 10; 15; 30
b) Nein, denn 97 ist kein Vielfaches von 7.

S. 18, 5.
a) T_{12} = {1; 2; 3; 4; 6; 12}
b) T_{50} = {1; 2; 5; 10; 25; 50}
c) T_{23} = {1; 23}
d) T_{36} = {1; 2; 3; 4; 6; 12; 18; 36}
e) T_{66} = {1; 2; 3; 6; 11; 22; 33; 66}
f) T_{88} = {1; 2; 4; 8; 11; 22; 44; 88}

S. 18, 6.
a) 1; 2; 3; 4; 6; 8; 12; 24
b) 122 ist teilbar durch: 2
   580 ist teilbar durch: 2; 5; 10
c) 1332 ist durch 3 teilbar, denn: 3 · 444 = 1332

S. 18, 7.
a) wahr (5 · 3 = 15)   b) falsch (2 · 7 = 14; 3 · 7 = 21)
c) falsch (244 · 3 = 732 und 245 · 3 = 735)
d) wahr (770 · 10 = 7700)
e) wahr (66 · 5 = 330)   f) wahr (42 · 6 = 252)
g) wahr (5 · 3 = 15)   h) wahr (15 · 4 = 60)
i) falsch (3 · 7 = 21)
j) wahr (5 · 13 = 65 und 6 · 13 = 78)
k) wahr (20 · 5 = 100)   l) falsch (165 · 2 = 330)

S. 18, 8. (Beispiele)
a) 226 (255; 250; 250)   b) 200 (202; 205; 200)
c) 286 (285; 285; 280)   d) 200 (210; 250; 260)
e) 300 (330; 340; 350)
f) 11 500 (11 502; 11 505; 11 500)

S. 18, 9.
a) 3; 7; 23; 45; 51; 71   b) 2; 3; 7; 23; 71
c) 2; 4; 24; 100   d) 45; 100
e) 24   f) beispielsweise 7; 23

S. 18, 10.
23; 29

S. 18, 11.
18 ist teilbar durch: 6; 9
52 ist teilbar durch: 4
72 ist teilbar durch: 4; 6; 8; 9
117 ist teilbar durch: 9
224 ist teilbar durch: 4; 8

S. 18, 12. (Beispiele)
a) 5 = 2 + 3   b) 16 = 3 + 13   c) 18 = 5 + 13
d) 20 = 17 + 3   e) 26 = 23 + 3   f) 30 = 23 + 7

S. 18, 13.
a) 24 = 2 · 2 · 2 · 3   b) 49 = 7 · 7   c) 44 = 2 · 2 · 11
d) 105 = 3 · 5 · 7   e) 13 (Primzahl)   f) 36 = 2 · 2 · 3 · 3

S. 18, 14.
Nein, der Geldbetrag muss ein Vielfaches von 2 € sein.

S. 18, 15.
a) 3 Runden (39 s), 5 Runden (65 s); 9 Runden (117 s)
b) 85 : 13 = 6 Rest 7 (keine ganze Anzahl von Runden)

S. 19, 16.
a) 2   b) 6   c) 5   d) 12   e) 7

S. 19, 17. (Beispiele bei c) und d))
a) ggT (8; 12) = **4**   b) ggT (5; 13) = **1**
c) ggT (6; **10**) = 2   d) ggT (**4**; 8) = 4

S. 19, 18. (Beispiele)
4 und 8 (5 und 10; 6 und 12; 18 und 36)

S. 19, 19.
a) 6   b) 12   c) 60   d) 24   e) 24

S. 19, 20.
a) kgV (4; 7) = **28**   b) kgV (18; 4) = **36**
c) kgV (10; **50**) = 100   d) kgV (**5**; 18) = 90

S. 19, 21.
a) falsch (Die Primzahl 2 ist gerade.)
b) wahr (3 − 2 = 1)
c) wahr (100 ist Vielfaches von 10.)
d) wahr (9 ist durch 3, aber nicht durch 6 teilbar.)

S. 19, 22.
fünfmal:
6.36 Uhr; 7.12 Uhr; 7.48 Uhr; 8.24 Uhr; 9.00 Uhr.

S. 19, 23.
größtmöglicher Abstand = 4 m (ggT (40;12) = 4)
Man benötigt dann 26 Pfeiler.

Wiederholungsaufgaben (S. 19)

S. 19, 1.
a) 2 € = 200 ct   b) 12 kg = 12 000 g
c) 3 m = 30 dm   d) 3 dm^2 = 300 cm^2
e) 1 ha = 100 a   f) 2 m^3 = 2000 dm^3
g) 2 h = 120 min

S. 19, 2.
7 km

S. 19, 3.

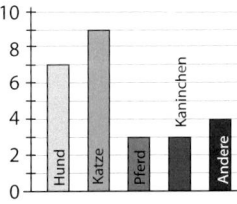

S. 19, 4.

Maßstab
1 : 100

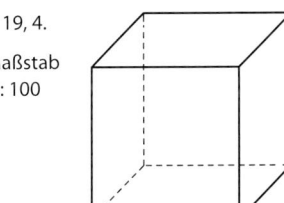

Lösungen

**Lösungen zu Kapitel 2:
Gebrochene Zahlen**

Dein Fundament (S. 22/23)

Seite 22, 1.
a) $\frac{1}{2}$ b) $\frac{2}{5}$ c) $\frac{2}{3}$ d) $\frac{18}{11}$ e) $\frac{3}{7}$

Seite 22, 2.
a) $\frac{10}{60}$ b) $\frac{25}{60}$ c) $\frac{90}{60}$ d) $\frac{45}{60}$ e) $\frac{64}{60}$

Seite 22, 3. (Beispiele)
a) $\frac{4}{12}$; $\frac{3}{12}$ b) $\frac{18}{30}$; $\frac{20}{30}$ c) $\frac{6}{12}$; $\frac{8}{12}$
d) $\frac{6}{10}$; $\frac{2}{10}$ e) $\frac{9}{12}$; $\frac{10}{12}$

Seite 22, 4.
a) $\frac{2}{3}$ b) $\frac{2}{3}$ c) $\frac{7}{10}$ d) $\frac{1}{2}$ e) $\frac{3}{5}$

Seite 22, 5.
a) $\frac{4}{5}$ b) $\frac{5}{7}$ c) $\frac{10}{11}$ d) $\frac{1}{2}$ e) $\frac{2}{3}$
f) $\frac{1}{5}$ g) $\frac{1}{4}$ h) $\frac{5}{8}$ i) $\frac{1}{3}$ j) $\frac{1}{2}$

Seite 22, 6.
a) $\frac{1+3}{8} = \frac{1}{2}$

b) $\frac{5+1}{8} = \frac{3}{4}$

c) $\frac{4+3}{8} = \frac{7}{8}$

Seite 22, 7.
a) $\frac{5-1}{6} = \frac{2}{3}$

b) $\frac{4-2}{6} = \frac{1}{3}$

c) $\frac{5-4}{6} = \frac{1}{6}$

Seite 22, 8.
a) 1 b) $\frac{3}{2} = 1\frac{1}{2}$ c) $\frac{10}{3} = 3\frac{1}{3}$ d) 1

Seite 22, 9.
a) $\frac{1}{4}$ b) $\frac{2}{3}$ c) $\frac{5}{6}$ d) $\frac{1}{5}$ e) $\frac{2}{3}$ f) $1\frac{2}{7}$

Seite 22, 10.
a) 5,9 b) 2,42 c) 14,1 d) 17,0 e) 45,37

Seite 22, 11.
a) 4,6 b) 11,8 c) 9,9 d) 12,27 e) 1,78

Seite 23, 12. (Beispielüberschläge)
a) Ü: 4 + 10 = 14 b) Ü: 13 − 10 = 3 c) Ü: 35 + 20 = 55
   Erg.: 13,39   Erg.: 2,78   Erg.: 54,1
d) Ü: 125 − 100 = 25   e) Ü: 235 + 20 = 255
   Erg.: 23,53   Erg.: 254,01

Seite 23, 13.
a) 3,4 b) 0,26 c) 0,0033 d) 6
e) 0,09 f) 23,2 g) 1,23 h) 1,44
i) 1,6 j) 0,063

Seite 23, 14.
a) 7,68 b) 0,097 c) 5,91 d) 0,6273

Seite 23, 15.
a) Ü: 3 · 3 = 9 b) Ü: 8 · 2 = 16 c) Ü: 0,5 · 0,1 = 0,05
   Erg.: 8,153   Erg.: 16,195   Erg.: 0,0588
d) Ü: 3 · 0,05 = 0,15 e) Ü: 5 · 20 = 100
   Erg.: 0,12528   Erg.: 82,8

Seite 23, 16.
a) $\frac{7}{3}$ b) $\frac{15}{4}$ c) $\frac{27}{5}$ d) $\frac{9}{7}$ e) $\frac{11}{6}$ f) $\frac{3}{2}$

Seite 23, 17.
a) $\frac{1}{2}$ b) $\frac{16}{5}$ c) $\frac{3}{25}$ d) $\frac{7}{4}$ e) $\frac{1}{5}$ f) $\frac{1}{8}$

Seite 23, 18.
a) 0,8 b) 0,25 c) 2,5 d) 0,28 e) 0,3 f) 0,35

Seite 23, 19.
a) 2 · 3 = 6 b) $2^3 = 8$ c) $2^2 · 3 = 12$
d) 2 · 3 · 5 = 30 e) $2^2 · 3 = 12$

Seite 23, 20.
a) 2,5; 2,46 b) 12,8; 12,78 c) 1,0; 0,99
d) 3,0; 3,00 e) 17,1; 17,09

Seite 23, 21.
a) viermal b) sechsmal c) dreimal d) viermal

Seite 23, 22.
a) sechsmal b) zwölfmal

Prüfe dein neues Fundament (S. 62/63)

Seite 62, 1.

0 ———— $\frac{2}{3}$ $\frac{7}{9}$ — 1 ———— $\frac{3}{2}$

Seite 62, 2.
a) $\frac{6}{16}$ b) $\frac{3}{4}$

Seite 62, 3.
a) 0,4 b) 2,5 c) 0,166…
d) 0,1 e) 3,5 f) 0,25

Seite 62, 4.
a) $2^3 · 3^2 = 72$ b) 2 · 3 = 6 c) $2^2 · 3 = 12$
d) 2 · 5 = 10 e) $2^2 · 3 = 12$ f) $2^2 · 3 · 5 = 60$

Seite 62, 5.
a) $\frac{17}{12}$ b) $\frac{19}{21}$ c) $\frac{1}{2}$ d) 0,8
e) $\frac{5}{12}$ f) 0,1 g) $\frac{101}{154}$ h) $\frac{9701}{9900}$
i) $\frac{7}{12}$ j) $\frac{89}{1000}$ k) $\frac{45}{143}$

Seite 62, 6.
a) $\frac{1}{6}$ b) $\frac{6}{35}$ c) $\frac{5}{24}$ d) $\frac{84}{143}$ e) $\frac{69}{88}$ f) $\frac{45}{8}$

Seite 62, 7.
a) 1 b) $\frac{4}{11}$ c) $\frac{24}{13}$ d) 1 e) $\frac{3}{70}$ f) $\frac{154}{3} = 51\frac{1}{3}$

Seite 62, 8.
a) $\frac{1}{4}$ b) $\frac{4}{3}$ c) $\frac{3}{2}$ d) 1 e) $\frac{3}{7}$ f) $\frac{5}{3}$
g) $\frac{1}{6}$ h) $\frac{5}{36}$ i) $\frac{4}{25}$ j) 3 k) $\frac{242}{3}$ l) 0
m) $\frac{3}{2}$ n) 1,2 o) 2 p) 5 q) $\frac{77}{24}$ r) 1

Lösungen

Seite 62, 9.
a) 1,32   b) 2,4   c) 1,380   d) 1,13

Seite 62, 10.
$3,2 = \frac{32}{10} = \frac{320}{100} = 3,20$
Beide Dezimalbrüche sind gleich.

Seite 62, 11.
a) 5,8   b) 28,4   c) 9,19   d) 1,23   e) 8,9
f) 12   g) 19   h) 56   i) 548   j) 3

Seite 62, 12.
a) 34,2 : 12 = 2,85   b) 44,1 : 7 = 6,3
c) 13,2 : 1,1 = 12   d) 29,12 : 3,2 = 9,1

Seite 62, 13.
a) $2,31 \cdot (6 \cdot \frac{1}{3}) = 2,31 \cdot 2 = 4,62$
b) $2\frac{5}{12} - 1,1 + 1\frac{1}{12} = (\frac{29}{12} - \frac{13}{12}) - 1,1 = 3,5 - 1,1 = 2,4$
c) $\frac{2}{3} \cdot (\frac{5}{4} + \frac{7}{4}) = \frac{2}{3} \cdot 3 = 2$
d) $1,4 + \frac{4}{5} \cdot (\frac{1}{2})^2 = 1,4 + \frac{1}{5} = 1,4 + 0,2 = 1,6$

Seite 62, 14. (Beispiele)
a) 5,71; 5,73; 5,75   b) 0,6195; 0,6197; 0,6199
c) $\frac{23}{24}$; 1; $\frac{25}{24}$ d) 0,3753; 0,3756; 0,3759

Seite 62, 15.
a) −11; −8; −4; −1; 0; 8
b) −10; −9; −5; 0; 5; 9; 10
c) −489; −89; −4; 50; 500

Seite 63, 16.
Überschlag: 5 € + 25 € + 9 € + 1 € = 40 €
Rechnung: 5,15 € + 24,95 € + 8,95 € + 1,47 € = 40,52 €
Mona hat noch 59,48 € übrig. (100 € − 40,52 €)

Seite 63, 17.
a) $\frac{1}{6}$ b) 4

Seite 63, 18.
375 g Butter; $\frac{3}{4}$ l Milch; 300 g Zucker; $1\frac{1}{2}$ TL Salz;
$1\frac{1}{2}$ TL Zimt; $1\frac{1}{2}$ TL Kardamom; 1,5 kg Weizenmehl;
150 g Puderzucker; 3 Eier

Seite 63, 19.
Nina ($2\frac{1}{2}$ h = 150 min); Kathrin ($2\frac{1}{4}$ h = 135 min);
Mathias ($1\frac{3}{4}$ h = 105 min)
Nina surft die längste Zeit pro Woche im Internet.

Seite 63, 20.
a) 60 Fliesen (360 : 6)   b) 2400 Fliesen (40 · 60)

Wiederholungsaufgaben

Seite 63, 1.
a) Parkplatz für Pkw
b) eine Unterrichtsstunde
c) kleines Fußballfeld
d) 4 Liter Wasser

Seite 63, 2.
$V = a^3 = 5^3 \text{ cm}^3 = 125 \text{ cm}^3$

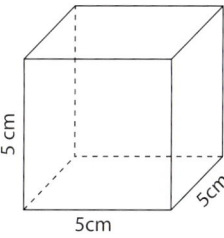

Seite 63, 3.
Die Entfernung der beiden Punkte beträgt 6 km.

Seite 63, 4.
a) 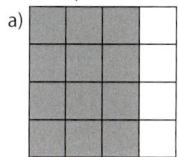   b) $\frac{6}{16} = \frac{3}{8}$

Seite 63, 5.
a) 6 cm   b) 20°

Lösungen zu Kapitel 3: Gleichungen und Ungleichungen

Dein Fundament (S. 66/67)

Seite 66, 1.
a) $\frac{3}{4}$ b) $\frac{7}{6}$ c) $\frac{5}{6}$ d) 0,32   e) 0,5
f) $\frac{1}{4}$ g) $\frac{1}{6}$ h) $\frac{1}{2}$ i) 1,08   j) 0,2

Seite 66, 2.
a) $\frac{6}{35}$ b) $\frac{4}{11}$ c) $\frac{14}{15}$ d) $\frac{9}{10}$ e) $\frac{2}{3}$
f) 1   g) $\frac{1}{8}$ h) $\frac{1}{2}$ i) $\frac{1}{70}$ j) 2

Seite 66, 3.
a) $\frac{4}{7} \cdot \frac{7}{6} = \frac{4}{6} = \frac{2}{3}$ b) $\frac{6}{7} \cdot \frac{7}{8} = \frac{6}{8} = \frac{3}{4}$ c) $4 \cdot \frac{1}{2} = 2$
d) $\frac{5}{6} - \frac{1}{6} = \frac{4}{6} = \frac{2}{3}$ e) $\frac{3}{10} + \frac{1}{10} = \frac{4}{10} = \frac{2}{5}$

Seite 66, 4.

		$\frac{1}{2}$	$\frac{3}{4}$	0,6	$\frac{3}{7}$
a)	das Doppelte	1	$1\frac{1}{2}$	1,2	$\frac{6}{7}$
b)	das Dreifache	$1\frac{1}{2}$	$2\frac{1}{4}$	1,8	$1\frac{2}{7}$
c)	die Hälfte	$\frac{1}{4}$	$\frac{3}{8}$	0,3	$\frac{3}{4}$
d)	das Zehnfache	5	$7\frac{1}{2}$	6	$4\frac{2}{7}$

Seite 66, 5. (Beispiele)
① $\frac{5}{7} - \frac{1}{14} = \frac{9}{14}$ ② $\frac{3}{10} - \frac{1}{10} = 0,2$ ③ $\frac{5}{6} - \frac{2}{3} = \frac{1}{6}$
④ 1,1 − 0,1 = 1   ⑤ $\frac{3}{4} - \frac{3}{8} = \frac{3}{8}$ ⑥ $1\frac{1}{4} - \frac{2}{10} = 1,05$

Seite 66, 6.
a) Aussage ist wahr.
b) Aussage ist falsch: Für a = 0 gilt die Aussage nicht.
   Für alle Zahlen $\frac{c}{d}$ mit d ≠ 0 ist $\frac{0}{b} \cdot \frac{c}{d} = 0$.
c) Aussage ist wahr.

Seite 66, 7.

x	15 + x	6 + 6x	(0,5 + x) : 0,5	$\frac{3}{4}$ + x − 0,25	$\frac{x}{4} \cdot 8$	x : $\frac{2}{3}$
3	18	24	7	3,5	6	4,5
5	20	36	11	5,5	10	7,5
0	15	6	1	0,5	0	0

Seite 66, 8.
a) 2,8   b) 2,12   c) 1,32   d) 2,1   e) 10,4

Lösungen

Seite 66, 9.
a) $7 \cdot 9 - 11 = 52$ b) $(19 + 14) : 3 = 11$ c) $3^2 \cdot 9 = 81$

Seite 67, 10.
a) $3 \cdot x - 7$ b) $2 \cdot (x + 5)$

Seite 67, 11.
a) $5 \cdot x$ b) $2 \cdot x + 2$ c) $x + y$ d) $x^2 - x$

Seite 67, 12.
a) Für $x > 3$ ist $3 - x$ keine natürliche Zahl.
b) Für $x = 0$ ist der Term $15 : x$ nicht erklärt.

Seite 67, 13.
a) $2 \cdot a$ b) $b + 2$ c) $3 \cdot c$

Seite 67, 14.
a) $x = 5$ b) $y = 7$ c) $z = 10$ d) $x = 6$ e) $y = 6$
f) $x = 0,5$ g) $x = 0,25$ h) $y = 0$ i) $z = \frac{1}{2}$ j) $x = \frac{1}{3}$

Seite 67, 15.
a) $3 \cdot x = 39$ b) $x : 2 = 0,4$ c) $x - 5 = 17,2$
   $x = 13$ $x = 0,8$ $x = 22,2$

Seite 67, 16.
a) 2   b) 3   c) 1   d) 2; 0   e) 4; 7

Seite 67, 17.
a) $2 \cdot x = 3 \cdot x - 3$; $(x = 3)$ b) $x + 6 = 4 \cdot x$; $(x = 2)$

Seite 67, 18.
a) $x = 3$; $(6 \cdot 3 + 3 = 21)$ b) $x = 5$; $(3 \cdot 5 = 15)$
c) $x = 8$; $(22 = 2 \cdot 8 + 6)$ d) $x = 4$; $(0,25 \cdot 4 + 3 = 4)$
e) $x = 10$; $(0,5 \cdot 10 = 5)$

Seite 67, 19.
a) $14 + 17 > 21$ b) $2\frac{5}{6} > \frac{1}{2} + \frac{3}{4}$
c) $0,9 \cdot 0,1 = 0,9 \cdot \frac{1}{10}$ d) $\frac{1}{2} : \frac{1}{4} = 1 : 0,5$

Seite 67, 20.
Eine Dose wiegt 90 g. $(5x + 50 = 500)$

Seite 67, 21.
Eine Dose wiegt 100 g. $(5x + 100 = x + 500)$

Prüfe dein neues Fundament (S. 76/77)

Seite 76, 1.
a) $5 \cdot x$ x: Streckenlänge
b) $2 \cdot (x - 3)$ x: unbekannte Zahl

Seite 76, 2.
a) ⑥ $\frac{8}{100} x$ (ℓ)   x: gefahrene Kilometer
b) ① $400 - x$ (cm)   x: Länge des Abschnittes
c) ② $400 + 80x$ (ct)   x: Zeilenanzahl der Annonce

Seite 76, 3.
a) $u = 4 \cdot a$ b) $u = 3 \cdot a$ c) $u = 8 \cdot a$

Seite 76, 4.
a) $x = 12$ b) $a = 2$ c) $y = 15$ d) $x = 5$ e) $x = 5$

Seite 76, 5.
a) $x \in \{6; 7; 8; 9; 10\}$ b) $x \in \{0; 1; 2; 3; 4; 5\}$
c) keine   d) $x \in \{0; 1; 2; \ldots; 9; 10\}$
e) $x \in \{0; 1; 2; 3; 4; 5\}$ f) $x \in \{0; 1; 2; 3; 4; 5; 6; 7\}$
g) $x \in \{2; 3; \ldots; 9; 10\}$ h) $x \in \{6; 7; 8; 9; 10\}$

Seite 76, 6.
a) $x = 2$ b) $x = 2,2$ c) $x = 2,5$ d) $x = 2$ e) $x = 0,5$
f) $x = 6$ g) $x = 0$ h) $x = 4,75$ i) $x = 9$ j) n. l.

Seite 76, 7. (Beispiele)
a) $x \in \mathbb{N}$ b) $3 \cdot x = 21$

Seite 76, 8.
a) $y < 3,3 \rightarrow y < 4$ ($y \in \mathbb{N}$)

b) $x > 4$ ($x \in \mathbb{Q}_+$)

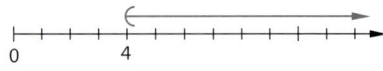

c) $z > 2\frac{1}{3} \rightarrow z > 2$ ($z \in \mathbb{N}$)

d) $y < 3$ ($y \in \mathbb{Q}_+$)

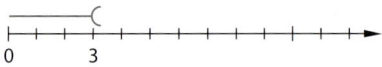

e) $x < 2,5 \rightarrow x < 3$ ($x \in \mathbb{N}$)

0 1 2

f) $y < 0 \rightarrow$ keine Lösung in $\mathbb{Q}_+$
g) $z > 2,5714\ldots \rightarrow z > 2$ ($z \in \mathbb{N}$)

h) $x > 6$ ($x \in \mathbb{N}$)

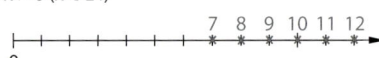

Seite 76, 9. (Beispiel)
$x + 1 < 7$; $x \in \mathbb{N}$

Seite 76, 10.
a) $x \in \{0; 1\}$ b) $x \in \{0; 1; 2; \ldots; 8; 9\}$

Seite 76, 11.
a) ja   b) ja   c) nein; $x = 0,3$ d) nein; $x = 1$

Seite 76, 12.
a) $100 + \frac{1}{2} \cdot x$ b) 131 km

Seite 77, 13.
Katja hat 4,20 € in ihrer Geldbörse. $(2 \cdot x + 0,80 = 9,20)$

Seite 77, 14.
Eine Kugel wiegt 225 g. $(3 \cdot x + 50 = x + 500)$

Seite 77, 15.

Preis pro Tarifkilometer	Tarifkilometer	Zuschlag für Fernzüge	Ticketpreis
0,18 €	1 km	3,80 €	3,98 €
0,18 €	5 km	3,80 €	4,70 €
0,18 €	10 km	3,80 €	5,60 €
0,18 €	60 km	3,80 €	14,60 €
0,18 €	100 km	3,80 €	21,80 €

Lösungen

Seite 77, 16.
$u_{Rechteck} = 2 \cdot x + 12$; $u_{Dreieck} = 6 \cdot x$
Für x = 3 ist der Umfang gleich. $(2 \cdot x + 12 = 6 \cdot x)$

Seite 77, 17.
a)
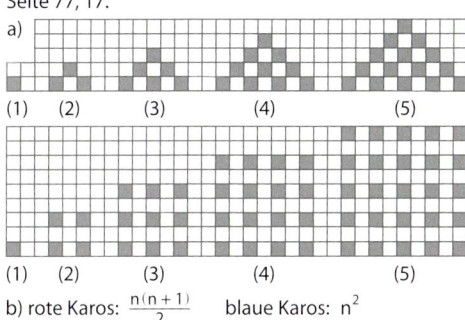

b) rote Karos: $\frac{n(n+1)}{2}$ blaue Karos: n^2

Wiederholungsaufgaben

Seite 77, 1.
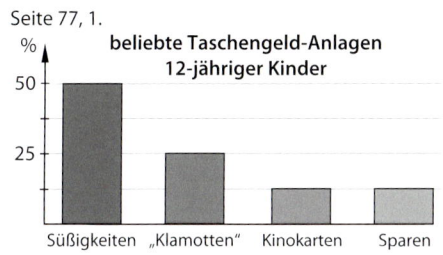

Seite 77, 2.
um 12:11 Uhr

Seite 77, 3.
a = 3 cm; b = 4 cm; u = 14 cm; A = 12 cm²

Seite 77, 4.
Claras Aussage ist falsch.
Ihre angeführte „Abrundungsregel"
gibt es nicht.
17 : 8 = 2 Rest 1
→ Der Fahrstuhl muss 3 mal fahren.

Seite 77, 5.
zwei Symmetrieachsen

Lösungen zu Kapitel 4: Winkelbeziehungen

Dein Fundament (S. 80/81)

Seite 80, 1.
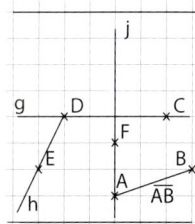

zu b) Es gibt zwei solche Geraden.

Seite 80, 2.
a) individuelle Lösung
b)
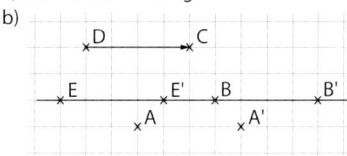

c) Da der Verschiebepfeil parallel zu der Geraden EB ist, liegt auch der Punkt E' auf der Geraden EB.

Seite 80, 3.
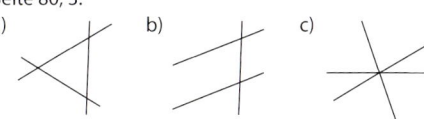

Seite 80, 4.
a) 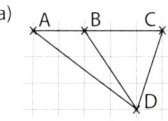 b)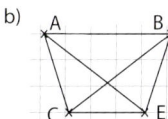

Es sind 6 Strecken: Es sind 6 Strecken:
$\overline{AB}$; $\overline{AC}$; $\overline{AD}$; $\overline{BC}$; $\overline{BD}$; $\overline{CD}$ $\overline{AB}$; $\overline{AC}$; $\overline{AE}$; $\overline{BC}$; $\overline{BE}$; $\overline{CE}$

c)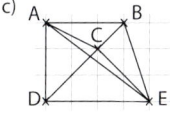

Es sind 10 Strecken:
$\overline{AB}$; $\overline{AC}$; $\overline{AD}$; $\overline{AE}$; $\overline{BC}$; $\overline{BD}$; $\overline{BE}$;
$\overline{CD}$; $\overline{CE}$; $\overline{DE}$

Seite 80, 5. (Beispiel)
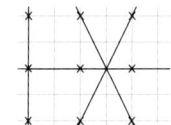

Seite 80, 6.
a)
b)
c) 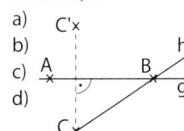   e)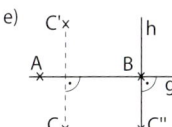
d)

Seite 80, 7.
a)
b)
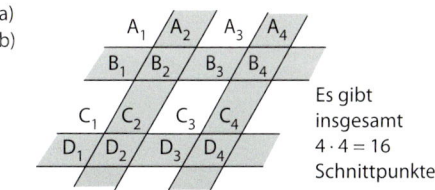

Es gibt insgesamt $4 \cdot 4 = 16$ Schnittpunkte.

Seite 81, 8.
a)
b)
c)
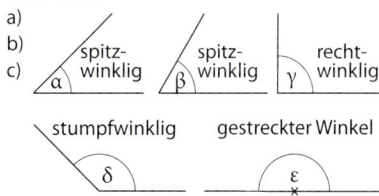

Seite 81, 9.

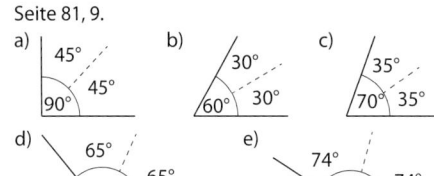

Seite 81, 10.

① 72° ② 45° ③ 36° ④ 40° ⑤ 30° ⑥ 24°

Seite 81, 11.

a) 14:00 Uhr: spitzer Winkel   60°
   8:00 Uhr: stumpfer Winkel   120°
   9:00 Uhr: rechter Winkel   90°
  24:00 Uhr: Vollwinkel   360°
   6:00 Uhr: gestreckter Winkel   180°
b) 1:00 Uhr: spitzer Winkel   30°
  13:00 Uhr: spitzer Winkel   30°
   3:00 Uhr: rechter Winkel   90°
  15:00 Uhr: rechter Winkel   90°
   5:00 Uhr: stumpfer Winkel   150°
  16:00 Uhr: stumpfer Winkel   120°
   7:00 Uhr: überstumpfer Winkel 210°
  20:00 Uhr: überstumpfer Winkel 240°

Seite 81, 12.

a) $\alpha = 30° - 18° = 12°$ b) $\beta = 180° + 27° = 207°$
c) $\gamma = 90° - 28° = 62°$

Seite 81, 13.

a) $\beta = 37°$; $\alpha = 53°$; $\gamma = 90°$
b) α, β: spitze Winkel; γ: rechter Winkel
c) b = 3 cm; a = 4 cm; c = 5 cm
d) Nebenwinkel: $\gamma' = 90°$; $\alpha' = 127°$; $\beta' = 143°$

Prüfe dein neues Fundament (S. 96/97)

Seite 96, 1.

a)

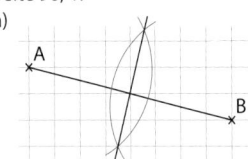

b)

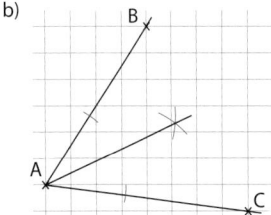

Seite 96, 2.

a) β: Nebenwinkel zu α → $\beta = 180° - 74° = 106°$
   γ: Scheitelwinkel zu α → $\gamma = \alpha = 74°$
b) β: Scheitelwinkel zu α → $\beta = \alpha = 102°$
   δ: Nebenwinkel zu γ → $\delta = 180° - 43° = 137°$
   ε: Scheitelwinkel zu γ → $\varepsilon = \gamma = 43°$

Seite 96, 3.

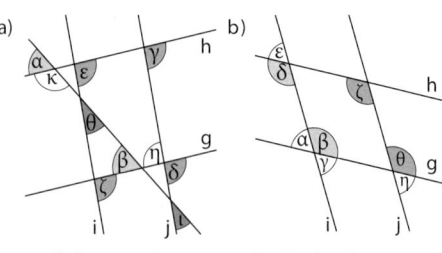

$\alpha = \beta$; $\theta = \iota$; $\gamma = \delta = \varepsilon = \eta$ $\beta = \delta = \zeta = \theta$

Seite 96, 4.

γ: Stufenwinkel zu 60°-Winkel   → $\gamma = 60°$
δ: Wechselwinkel zu 120°-Winkel   → $\delta = 120°$
ε: Nebenwinkel zu δ → $\varepsilon = 180° - 120° = 60°$

Seite 96, 5.

a)
b)
c)
d)

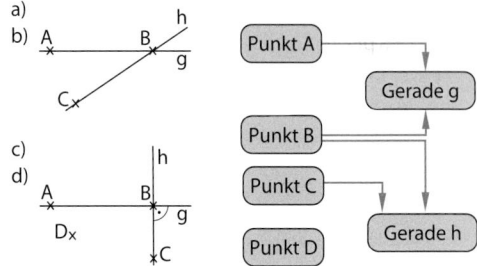

Seite 96, 6.

a) Voraussetzung: Eine beliebige Zahl x ist durch 4 teilbar. (4 · n = x)
   Behauptung: x ist durch 2 teilbar.
   (4 · n = x)
b) Voraussetzung: α und β sind Nebenwinkel
   Behauptung: $\alpha + \beta = 180°$

Seite 97, 7.

a)

Seite 97, 8.

a)

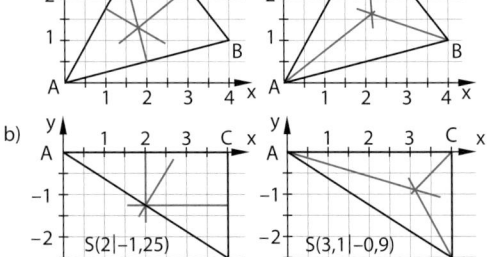

b)

c)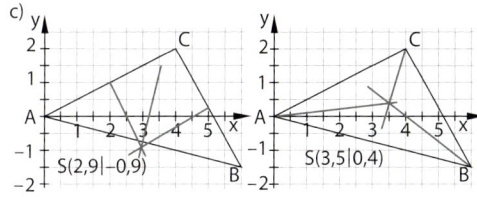

Wiederholungsaufgaben

Seite 97, 1.
a)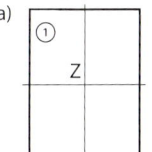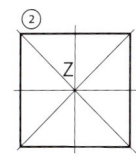

b) Rechteck und Quadrat sind sowohl achsen- als auch punktsymmetrisch. Das gleichseitige Dreieck hat drei Symmetrieachsen, ist aber nicht punktsymmetrisch.

Seite 97, 2.
a) 25 cm   b) 3,2 km   c) 8 h   d) 8,40 €

Seite 97, 3.
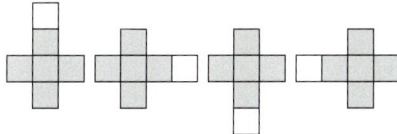

Seite 97, 4.
100 € + 0,5 € · x

Seite 97, 5.
70 Personen (27 + 15 + 5 + 23 = 70)

Lösungen zu Kapitel 5: Kenngrößen von Daten

Dein Fundament (S. 100/101)

Seite 100, 1.
a) 11 Kinder   b) 12 Kinder   c) 24 Kinder

Seite 100, 2.

Lieblingstier	Strichliste	Häufigkeit
Hund	ⅢⅡ II	7
Katze	IIII	4
Pferd	III	3
Löwe	I	1
Hamster	I	1
Schildkröte	I	1
Wellensittich	II	2
Meerschweinchen	I	1
Elefant	II	2

Seite 100, 3.
individuelle Lösung
Vermutung: zehnmal „Wappen", zehnmal „Zahl"
Vergleich:
Keine Übereinstimmung der Ergebnisse mit der Vermutung. Werte liegen aber nahe beieinander. „Wappen" und „Zahl" liegen bei sehr großer Anzahl von Würfen fast gleich oft oben.

Seite 100, 4.
a)
Name	Strichliste	Häufigkeit
Katja	ⅢⅡ	5
Nele	ⅢⅡ IIII	9
Aron	ⅢⅡ II	7
Gustav	IIII	4

b) Nele
c) Nele hat nur zwei Stimmen mehr als Aron. Aron hätte auch Klassensprecher werden können.
d) 28 Schülerinnen und Schüler (25 + 3 = 28)

Seite 100, 5.
Rhein (1200 km);   Elbe (1100 km);   Mosel (500 km)

Seite 101, 6.
a)
	7 – 8 Uhr	8 – 9 Uhr	9 – 10 Uhr	10 – 11 Uhr
Anzahl	80	70	50	60

b)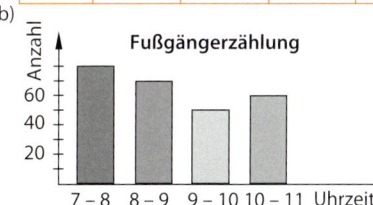

c) 54; 53; 46; 45

Seite 101, 7.
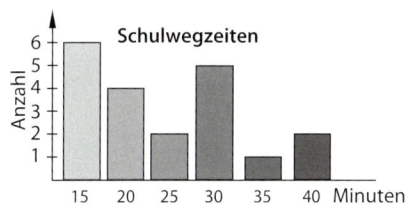

Seite 101, 8.
a) 30 Kinder   b) 221 Kinder   c) 52 mal

Seite 101, 9.
a) 13 : 5 = 2,6   b) 18 : 3 = 6   c) $\frac{6}{6} : 2 = 0,5$

Seite 101, 10.
a) 33,6 cm   b) 2100 g   c) 8025 cm^2

Seite 101, 11.
a) 0,012; 0,12; 1,20; 12,0; 120
b) $\frac{4}{16}$, $\frac{5}{4}$, $1\frac{1}{2}$, $\frac{33}{11}$, $\frac{100}{25}$

Seite 101, 12. (Beispiele)
a) 1,1 und 1,2   b) n. l.   c) 3 und 2

Seite 101, 13.
120 €

Prüfe dein neues Fundament (S. 112/113)

Seite 112, 1.
a) 355 €; 373 €; 380 €; 390 €; 394 €; 396 €; 422 €; 423 €; 449 €
b) Minimum: 355 €; Maximum: 449 €
   Spannweite: 94 €
c) arithmetisches Mittel: 398 €; Median: 394 €

Seite 112, 2.

	a)	b)	c)
Minimum	10 €	7 €	7 €
Maximum	74 €	35 €	74 €
Spannweite	64 €	28 €	67 €
arithm. Mittel	35 €	14 €	24,50 €
Median	30 €	13 €	20 €

Seite 112, 3.
Die arithmetischen Mittelwerte (4,33 m) sind gleich. Der Median bei Tinas Weiten ist größer. Sie hat aber auch eine große Spannweite. Geht es um eine Qualifikation, bei der eine Mindestweite gefordert wird, sollte Steffi, geht es um die Platzierung, sollte Tina am Wettkampf teilnehmen.

Seite 112, 4.
a) 0, 0, 0, 0, 1, 1, 2, 2, 2, 3, 3, 4, 5, 5, 8, 8, 10, 11, 15, 25
b) arithmetisches Mittel: 5,25 min;
   Median: 3 min; Modalwert: 0 min
   Beim arithmetischen Mittel werden auch extreme Verspätungen berücksichtigt.

Seite 112, 5.
a) 45 €; 47 € 49 €; 49 €; 50 €; 51 €; 52 €
b) Minimum: 45 €; Maximum: 52 €; Median: 49 €

Seite 112, 6.
a) 11 €; 12 €; 12 €; 14 €; 15 €; 15 €; 16 €; 17 €; 18 €; 18 €; 20 €; 25 €
b) Minimum: 11 €; Maximum: 25 €; Spannweite: 14 €
c) arithmetisches Mittel: 16,08 €; Median: 15,50 €

Seite 112, 7. (Beispiele)
a) 23 mm; 24 mm; 25 mm; 26 mm; 27 mm
b) 2; 2; 2; 2; 3; 4
c) 1,0 s; 1,5 s; 2,5 s; 2,5 s

Seite 113, 8.

		arithm. Mittel	Median	Spannweite
(1)	8; 13; 17; 22	15	15	14
	9; 14; 18; 23	16	16	14
	10; 15; 19; 24	17	17	14
(2)	0; 0; 0; 2 000	500	0	2 000
	0; 0; 0; 0; 2 000	400	0	2 000
	0; 0; 0; 0; 0; 2 000	333,3	0	2 000

Datenreihen (1): Die Zahlen vergrößern sich von Zeile zu Zeile jeweils um 1. Das arithmetische Mittel und der Median vergrößern sich von Zeile zu Zeile jeweils um 1. Die Spannweite bleibt konstant.

Datenreihen (2): Von Zeile zu Zeile kommt immer eine Null hinzu. Das arithmetische Mittel verkleinert sich von Zeile zu Zeile. Der Median bleibt konstant 0. Die Spannweite bleibt konstant 2000.

Seite 113, 9. (Beispiele)
a) Minimum: 1; Maximum: 6
b) 2; 3; 1; 2; 4; 3   →   arith. Mittel: 2,5
c) 1; 2; 2; 3; 4; 6   →   Median: 2,5
d) 1; 2; 3; 4; 5; 6   →   arith. Mittel, Median: 3,5

Seite 113, 10.
a)

Zahl	Häufigkeit	Zahl	Häufigkeit
1	0	11	4
2	0	12	0
3	0	13	4
4	0	14	1
5	1	15	3
6	0	16	0
7	2	17	0
8	1	18	1
9	1	19	0
10	2	20	0

b) Min.: 0; Max.: 4; Spannw.: 4; Modalw.: 0 (elfmal)

Wiederholungsaufgaben

Seite 113, 1. (Beispiele)
Maßstab 1 : 40
a)
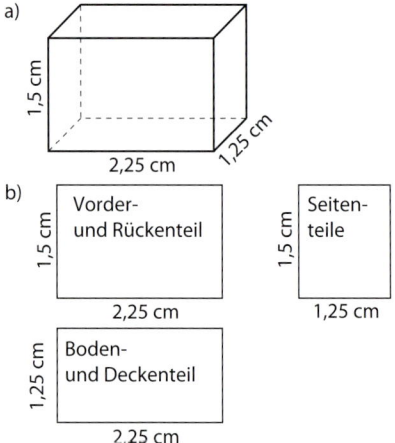
b)

Seite 113, 2.
9,00 €; $\dfrac{4,00\,€ \cdot 450\,g}{200\,g}$

Seite 113, 3.
a) 400 dm²   b) 7,5 cm²   c) 1 908,6 m

Seite 113, 4.
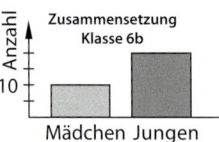

Seite 113, 5.
α = 25°; β = 15°; γ = 150°

Lösungen

Lösungen zu Kapitel 7: Dreiecke

Dein Fundament (S. 124/125)

Seite 124, 1. (Aufgaben b) und d) individuelle Lösung)
① a) α – spitz;   β – überstumpf
   c) α = 77°;   β = 283°
② a) α, β, γ – spitze Winkel
   c) α = 45°;   β = 85,1°;   γ ≈ 49,1°
③ a) β – überstumpfer Winkel   c) β = 270°
④ a) γ – gestreckter Winkel   c) γ = 180°

Seite 124, 2.
a) ③   b) ①   c) ④   d) ②

Seite 124, 3.
$α_1 = α_2 = γ_1 = γ_2 = 35°$ $δ_1 = δ_2 = β_1 = β_2 = 145°$

Seite 124, 4.
a) $α_1 = α_2 = α_5 = 23°$ $α_3 = α_6 = 67°$ $α_4 = α_7 = 90°$
b) $α_1 = α_2 = α_5 = 18°$ $α_3 = α_6 = 18°$ $α_4 = α_7 = 144°$

Seite 125, 5.
a)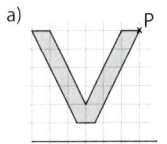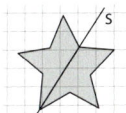

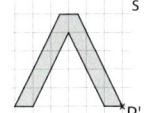 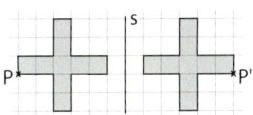

b)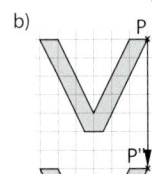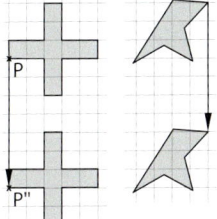

c)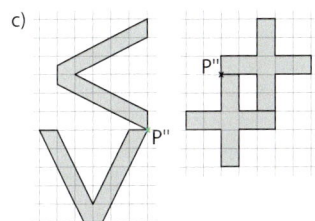

Seite 125, 6.
a) b) c) d)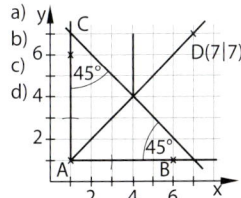

Seite 125, 7.
a) 250 m²   b) 144 m²   c) 10 000 km²   d) 5 m²

Seite 125, 8.
a) 28 cm;   A = 26,25 cm²
b) Umfang: alle Seitenlängen addieren
   Flächeninhalt: A = a · b – c · d

Prüfe dein neues Fundament (S. 162/163)

Seite 162, 1.
Folgende Figuren sind zueinander kongruent, weil sie in Form und Größe übereinstimmen:
   A ≅ G; B ≅ H; C ≅ I; E ≅ F

Seite 162, 2.

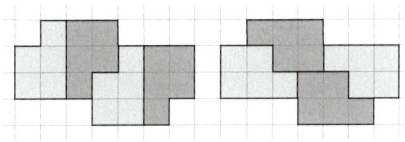

Seite 162, 3.
Dreiecke DEF und GIH:
Sie haben beide einen rechten Winkel und stimmen in den beiden Seiten überein, die den rechten Winkel einschließen (sws).

Dreiecke ABC und LJK:
Sie stimmen in allen Seiten überein (sss).

Seite 162, 4.
a) Ja, da sie in einer Seite und den anliegenden Winkeln übereinstimmen
   (wsw).
b) Nein, da die Bedingungen für den Kongruenzsatz Ssw nicht erfüllt sind.
c) Ja, da sie in einer Seite und den anliegenden Winkeln übereinstimmen
   (wsw).

Seite 162, 5.
Die Dreiecke ③ und ⑤ nach Kongruenzsatz sws.
Die Dreiecke ④ und ⑥ nach Kongruenzsatz wsw.

Seite 162, 6.
a) Zeichne eine Strecke $\overline{AB}$ = c = 3,5 cm.
   Zeichne um A und B Kreise mit r = 3,5 cm.
   Verbinde Schnittpunkt (C) der Kreise mit A und B zum gesuchten Dreieck.
b) Zeichne Winkel β = 38° mit dem Scheitelpunkt B.
   Zeichne um B zwei Kreise mit r_1 = 5,3 cm und
   r_2 = 6,5 cm. Die Kreise schneiden je einen Schenkel des Winkels in den Punkten A und C. Verbinde A und C zum Dreieck ABC
c) Zeichne Winkel β = 110° mit dem Scheitelpunkt B.
   Zeichne um B einen Kreis mit r = 3,8 cm. Der Kreis schneidet einen Schenkel des Winkels im Punkt A. Zeichne um A einen Kreis mit r = 4,6 cm. Der Kreis schneidet den anderen Schenkel des Winkels im Punkt C des gesuchten Dreiecks.
d) Zeichne eine Strecke $\overline{AC}$ = b = 4,5 cm und trage in A den Winkel α = 65° an AC an. Trage am freien Schenkel von α den Winkel β = 80° an. Verschiebe den freien Winkel von β durch C und bezeichne das Dreieck ABC.

Seite 163, 7.
a)

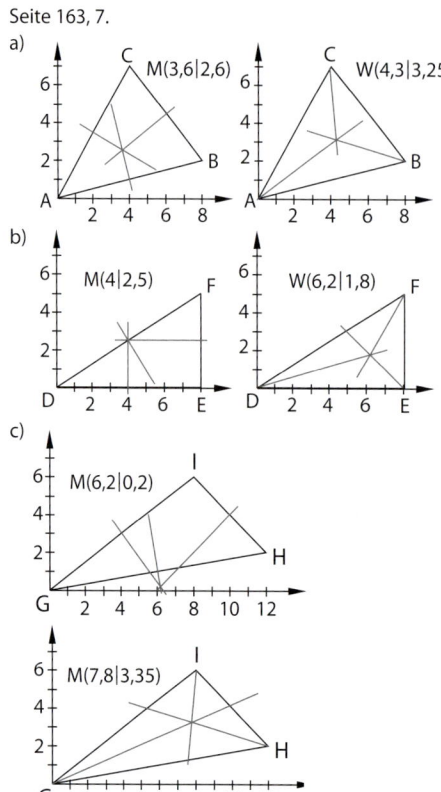

b)

c)

Seite 163, 8.
a) γ = 70°   b) α = 61°   c) β = 101°

Seite 163, 9.
a) α = 48°

Seite 163, 10.
a) $A = 9\,cm^2$ b) $A = 5\,m^2$
c) $h_g = 12\,cm$ d) g = 16 cm

Seite 163, 11.

Dreieck ABC	a	b	c	u
beliebig	8 m	1,5 m	4,5 m	14 m
gleichschenklig	2,5 m	2,5 m	4,5 cm	504,5 cm
gleichseitig	5,5 m	5,5 m	5,5 m	16,5 m

Wiederholungsaufgaben

Seite 163, 1.
a) $\frac{5}{8}$ b) 1,1   c) $\frac{73}{30}$ d) 0,45

Seite 163, 2.
79 503

Seite 163, 3.
a) x = 4   b) x = 3   c) x = 8

Seite 163, 4.
Zeichnen der beiden Quadrate und des Kreises (mit dem äußeren Quadrat beginnend). Die Seitenmittelpunkte des äußeren Quadrates sind die Eckpunkte des inneren Quadrates. Kreis um Schnittpunkt der Diagonalen durch die Eckpunkte des inneren Quadrates.

Seite 163, 5.
a) Der Tank ist zu $\frac{3}{4}$ gefüllt.
b)

Lösungen zu Kapitel 8: Zuordnungen – Proportionalität

Dein Fundament (S. 166/167)

Seite 166, 1.
Viereck ABCD ist ein Quadrat.

Seite 166, 2.
E(1|0,5); F(4|0,5); G(4|2)

Seite 166, 3.
a) P_4; P_7 b) P_1; P_3; P_8 c) P_6; P_9 d) P_2; P_5

Seite 166, 4.

a)
x	2 · x
$\frac{1}{2}$	1
1,5	3
2	4
3,5	7

b)
y	$\frac{1}{2} \cdot y$
1	0,5
2	1
3	1,5
11	5,5

c)
z	1,2 · z
2	2,4
2,5	3
3	3,6
5	6

Seite 166, 5. (Beispiel)

Anzahl	1	2	3	4	5	6
Preis in €	0,85	1,70	2,55	3,40	4,25	5,10

Seite 166, 6.
a) höchste Temperatur 10 °C (um 14 Uhr); niedrigste Temperatur 2 °C (um 2 Uhr)

b)
Uhrzeit	6:00	10:00	14:00	18:00
Temperatur in °C	4	8	10	8

Seite 166, 7. (Beispiel)

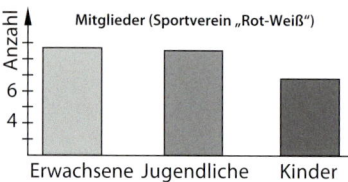

Seite 167, 8. (Beispiel)

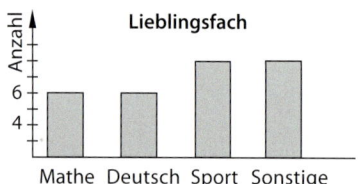

Lösungen

Seite 167, 9.
a) Ein Rosinenbrötchen kostet 0,45 €.
b) Fünf Stück Apfelkuchen kosten 6,25 €.

Seite 167, 10.
a) Martin bezahlt 6,75 €.   (5 · 1,35 = 6,75)
   Kai bezahlt 7,75 €.   (5 · 1,01 + 2,70 = 7,75)
   Martin hat günstiger eingekauft.
b) 10 Blöcke kosten im Internet (einschließlich Versandkosten): 12,80 €   (10 · 1,01 + 2,70 = 12,80)

Seite 167, 11.
Es dauert noch ein Jahr, da sich die mit Seerosen bedeckte Fläche jedes Jahr verdoppelt.

Seite 167, 12.
a) wahr   b) falsch
c) wahr, wenn nicht zu viele Personen gleichzeitig arbeiten, da sie sich dann gegenseitig behindern könnten

Seite 167, 13.
a) 4   b) 5   c) 24   d) 20
e) 14   f) 20   g) 18   h) 6

Seite 167, 14.
a) 23 mm   b) 3,321 t   c) 90 min   d) 1,025 Liter

Seite 167, 15.
a) 1750 m   b) 2 mm   c) 1 min
d) 1 km   e) 500 ml

Prüfe dein neues Fundament (S. 192/193)

Seite 192, 1.

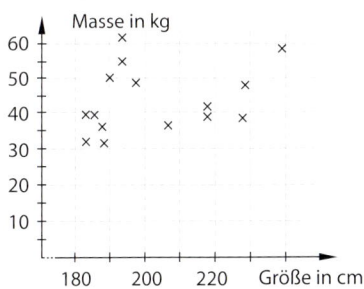

Seite 192, 2.
a)

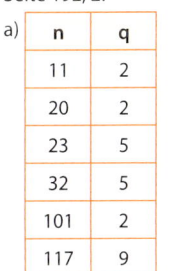

b)

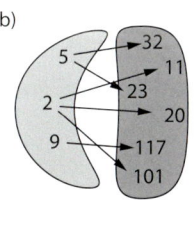

n	q
11	2
20	2
23	5
32	5
101	2
117	9

c) Die Zuordnung n ↦ q ist eindeutig, weil zu jedem n genau eine Quersumme gehört. Die Zuordnung q ↦ n ist nicht eindeutig, weil zu einer Quersumme mehrere natürliche Zahlen gehören.

Seite 192, 3.
a)

n	p
1	28 ct
2	56 ct
3	84 ct
4	112 ct
5	140 ct
6	168 ct
7	196 ct

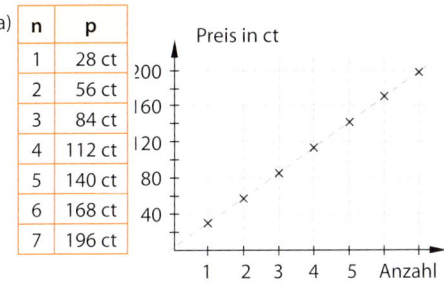

k = 28; p = 28 · n

Seite 192, 4.
Die Zuordnung ist nicht direkt proportional.
Ab 50 Brötchen wird offenbar ein Rabatt gewährt.

Seite 192, 5.
a)

Personenanzahl n	1	2	3	4
Anzahl der Tage t	96	48	24	12

t = 96 : n

Seite 192, 6.
a) indirekt proportionale Zuordnung mit: $y = \frac{4800}{x}$
b) direkt proportionale Zuordnung mit: $y = 0{,}7 \cdot x$
c) Die Zuordnung ist weder direkt noch indirekt proportional, da weder Quotientengleichheit noch Produktgleichheit vorliegt.

Seite 193, 7.
Das Diagramm C stellt den Sachverhalt richtig dar. In den ersten beiden Stunden sind 1,50 € zu zahlen und dann kommt mit jeder weiteren angebrochenen Stunde 1 € dazu, also für die angefangene 3. Stunde 2,50 €, die angefangene 4. Stunden 3,50 € usw. Der Preis steigt „stufenweise".

Seite 193, 8.
a) Die Fahrt von Stiege führt zuerst bis zur Station Birkenmoor. Auf einer Strecke von rund 3 km wird dabei ein Höhenunterschied von rund 40 m überwunden. Von Birkenmoor bis zur Eisfelder Talmühle sind es rund 6 km und es geht von etwa 530 m Höhe abwärts auf etwa 350 m.
b) Von Quedlinburg bis Gernrode sind es rund 8,5 km. Der Höhenunterschied beträgt etwa 90 m.
c) Am steilste Streckenabschnitt wird auf der kürzesten Wegstrecke der größte Höhenunterschied überwunden. Zwischen Osterteich und Sternhaus Haferfeld beträgt der Höhenunterschied auf einer Strecke von rund 3,5 km etwa 120 m.

Seite 193, 9.
a) Da V ~ m gilt: $50\,cm^3 \triangleq 390\,g$
   (quotientengleich) $1\,cm^3 \triangleq 7{,}8\,g$
                       $30\,cm^3 \triangleq 234\,g$
b) Da $h \sim \frac{1}{n}$ gilt: 20 cm ≙ 18 Stufen
   (produktgleich)   1 cm ≙ 360 Stufen
                                   15 cm ≙ 24 Stufen
c) Es besteht keine Proportionalität. Das Musikstück dauert (unabhängig von der Anzahl der Musiker) 4,5 min.

Lösungen

Wiederholungsaufgaben

Seite 193, 1.
a) wahr b) falsch $\left(\frac{3}{4}\right)$
c) falsch (28) d) falsch (2)
e) falsch $\left(\frac{1}{3} - 0{,}3 = 0{,}33333\ldots - 0{,}3 = 0{,}03333\ldots\right)$

Seite 193, 2.
a) 1,3 cm b) 0,7 cm² c) 0,0071 m³
d) 0,012 Liter e) 1500 mg f) 90 min

Seite 193, 3.
a) γ = 50°; spitzwinklig-ungleichseitiges Dreieck
b) α = 45°; rechtwinklig-gleichschenkliges Dreieck
c) β = 25°; stumpfwinklig-ungleichseitiges Dreieck
d) α = 60°; spitzwinklig-gleichseitiges Dreieck

Lösungen zu Kapitel 9: Vierecke

Dein Fundament (S. 196/197)

Seite 196, 1.

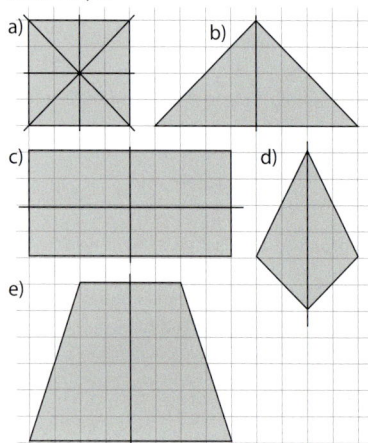

Seite 196, 2.

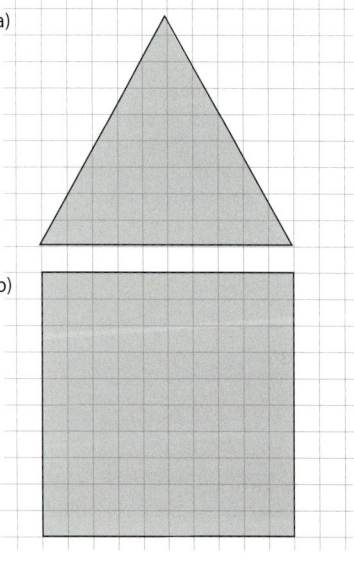

Seite 196, 3. (Beispiele)

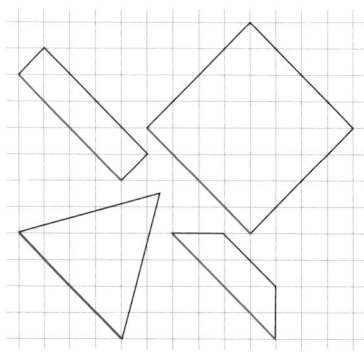

Seite 196, 4.

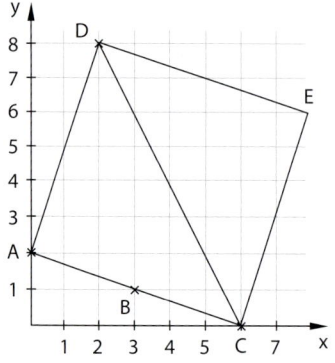

a) B liegt auf AC.
b) Es entsteht ein Dreieck.
c) E(8|6)

Seite 196, 5.
a) Zeichne eine Strecke gegebener Länge und eine dazu parallele Gerade. Zeichne dann um einen Endpunkt der Strecke einen Kreis so, dass er die Parallele schneidet. Verbinde die Schnittpunkte des Kreises mit der Parallelen jeweils mit den beiden Endpunkten der Strecke zu einem Dreieck.
b) individuelle Lösung
c) Es können zwei voneinander verschiedene Dreiecke entstehen. Der Abstand der zur Strecke gezeichneten Gerade kann unterschiedlich sein.
d) Gegeben sind zwei Seitenlängen und die Länge der Höhe des Dreiecks zu einer dieser Seiten.

Seite 196, 6. (Beispiele)

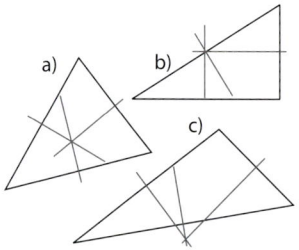

Lösungen

Seite 196, 7.
a) (1) zwei rechtwinklige Dreiecke, ein Trapez
   (2) zwei Quadrate, ein Rechteck, ein gleichschenkliges Dreieck
   (3) sechs gleichschenklige Dreiecke
b) individuelle Lösung

Seite 197, 8.

	a)	b)	c)	d)
u in cm	9	10	6,9	9
A in cm²	5	6,25	1,875	3,75

Seite 197, 9.

	a)	b)	c)	d)
u	26 cm	16 dm	20,5 m	30 cm
A	36 cm²	16 dm²	18 m²	433 cm²

Seite 197, 10. (Beispiele)

a)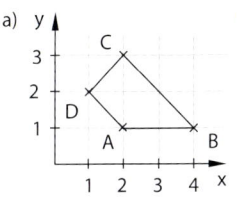
b)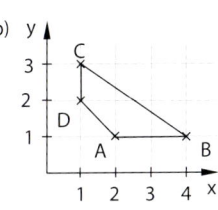
c)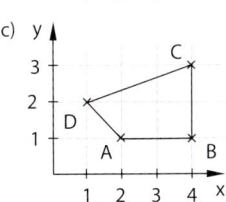

Seite 197, 11.
Dreieck ABD

Seite 197, 12.
a) 12 cm   b) 12 cm²   c) 2,4 cm   d) 49,5 mm²

Seite 197, 13.
a) 53 dm   b) 8415 dm   c) 2,4 cm

Seite 197, 14.
a) $\frac{1}{25}$ b) $\frac{2}{5}$ c) $\frac{14}{3}$ d) $\frac{5}{2} = 2,5$

Seite 197, 15.
a) 7,5   b) 1,5   c) 0,75   d) 0,875   e) 6

Prüfe dein neues Fundament (S. 222/223)

Seite 222, 1.

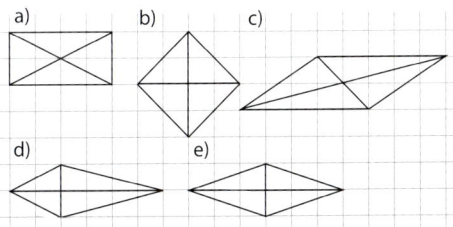

Seite 222, 2. (Beispiele)
(1) C(2,5|2); D(0,5|0)
(2) C(2|1,5); D(0,5|0,5)
(3) C(2|2,5); D(0,5|0)

Seite 222, 3. (Beispiele)

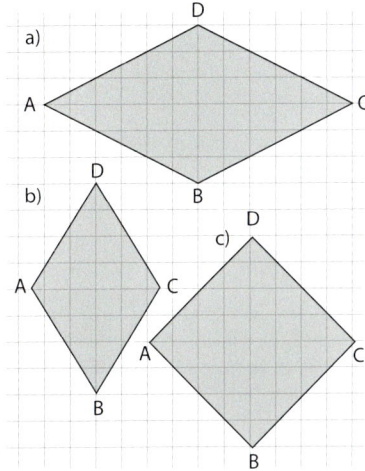

Seite 222, 4.
a) Quadrat, Rhombus
b) Quadrat, Rechteck
c) Quadrat, Rechteck

Seite 222, 5.
a) Umfang verdoppelt sich, Flächeninhalt vervierfacht sich
b) Umfang verdoppelt sich, Flächeninhalt vervierfacht sich
c) Umfang halbiert sich, Flächeninhalt viertelt sich

Seite 222, 6.
Beim Quadrat entsteht ein Quadrat.
Beim Parallelogramm entsteht ein Parallelogramm.
Beim Rhombus entsteht ein Rechteck.

Seite 222, 7. (Beispiele)
Für B(6|1) ist Viereck ABCD ein Drachenviereck.
Für B(3|1) ist Viereck ABCD ein Parallelogramm.
Für B(4|0) ist Viereck ABCD ein Trapez.

Seite 222, 8.
Nicht eindeutig, da nur drei Bestimmungsstücke gegeben sind. Ein Rhombus könnte mit den gegebenen Stücken eindeutig konstruiert werden.

Seite 222, 9.
– Zeichen eine Strecke $\overline{AB}$ = 3,4 cm.
– Trage an $\overline{AB}$ in B einen Winkel von 65° an.
– Zeichne um A einen Kreis mit r = 3,8 cm und bezeichne den Schnittpunkt des freie Schenkels mit dem Kreis mit C.
– Zeichne um A einen Kreis mit r = 4,5 cm und trage an $\overline{AB}$ in A einen Winkel von 120° an. Bezeichne den Schnittpunkt des freie Schenkels mit dem Kreis mit D.
– Verbinde A, B, C und D zu einem Viereck.

Seite 223, 10.
a)
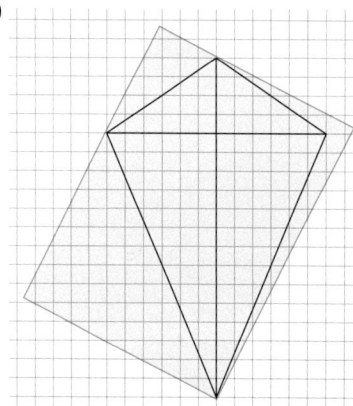

Das graue Rechteck stellt den Bogen Papier dar.
b) Der angegebene Bogen reicht nicht aus, weil er nicht breit genug ist. Er muss mindestens 57 cm breit sein.

Seite 223, 11.
u = 11 cm; A = 6 cm^2

Seite 223, 12.
a) b = 6 mm b) a = $\frac{2}{3}$ m c) b = d = 5,5 dm
d) c = 30 cm e) n. l.

Seite 223, 13.
a) u = 12 cm; A = 7,6 cm^2
b) u = 10,7 cm; A = 6,4 cm^2
c) u = 10,6 cm; A = 6 cm^2

Seite 223, 14.
Bestimmungsstücke:
Für Quadrate und Rhomben ist jeweils ein geeignetes Bestimmungsstück erforderlich, beispielsweise die Seitenlänge.

Für Rechtecke, Parallelogramm und Drachenvierecke sind jeweils zwei geeignete Bestimmungsstücke erforderlich, beispielsweise die Seitenlängen.

Berechnungen:
individuelle Lösung

Wiederholungsaufgaben

Seite 223, 1.
$\frac{32}{40} > \frac{22}{30}$

Seite 223, 2.
$\left(\frac{3}{2} + \frac{7}{4}\right)^2 = \left(\frac{6}{4} + \frac{7}{4}\right)^2 = \left(\frac{13}{4}\right)^2 = \frac{169}{16}$

Seite 223, 3.
$\frac{1}{8} = \frac{15}{120}$; $\frac{1}{12} = \frac{10}{120}$; $\frac{1}{15} = \frac{8}{120}$

Seite 223, 4.
a) 2,5 dm^2 = 250 cm^2
b) 2500 cm^2 = 25 dm^2
c) 15 a = 1500 m^2
d) 4000 m^2 = 0,4 ha

Seite 223, 5.
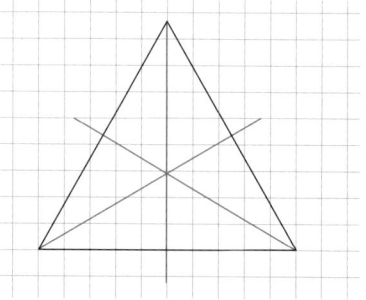

Winkelhalbierende schneiden einander im Innern des gleichseitigen Dreiecks.

(Winkelhalbierende, Mittelsenkrechte, Seitenhalbierende und Höhen in gleichseitigen Dreiecken fallen zusammen.)

Stichwortverzeichnis

Addieren
- gebrochener Zahlen 30
- von Brüchen 64

Addition 45, 49
Adresse 186
arithmetisches Mittel 102, 105, 114
Assoziativgesetz 45, 64
Ausführbarkeit von Rechenoperationen 49
Ausklammern 46
Ausmultiplizieren 46
Aussage, wahre 70, 72, 78

Balkendiagramm 100
Bedeutung von Variablen 78
Behauptung 88, 98, 143, 158, 202
Bestimmungsstücke 204, 205
- Diagonale 204
- Höhe 204
- Seite 204
- Winkel 204

Beweis 143, 158, 202
Brüche 26, 29, 34, 64
- addieren 64
- dividieren 37, 64
- multiplizieren 33, 64
- subtrahieren 64
- umwandeln 30, 43, 64

Darstellen ganzer Zahlen 54
Darstellungsformen 168, 194
Daten 99, 186
deckungsgleich 130, 164
Dezimalbrüche 26, 34, 43, 64
- dividieren 40, 41, 64
- endliche 43
- periodische 43
- unendliche 43

Diagonale 202, 204, 220
Diagramme 114, 168, 194
- direkt proportionaler Zuordnungen 173
- indirekt proportionaler Zuordnungen 176
- interpretieren 179

Dichtheit 50
direkt proportional 171, 182, 194
Distributivgesetz 46, 64
Dividend 37, 41
Dividieren 37, 46
- von Brüchen 64
- von Dezimalbrüchen 40, 41, 64

Division 41, 49, 64
Divisor 37, 41
Drachenviereck 198, 205, 209, 210, 214, 215, 224
Dreieck 123, 126, 127, 128, 146, 164
- Flächeninhalt 156, 164
- gleichschenklig 126, 155
- gleichseitig 126, 155
- Inkreis 147, 148
- Innenwinkelsatz 143
- rechtwinklig 127
- spitzwinklig 127
- stumpfwinklig 127
- Umfang 155, 164
- Umkreis 147
- unregelmäßig 126

Dreiecke konstruieren 150, 152
Dreiecksarten 126
Dreiecksungleichung 128, 164
Dreisatz 194
- bei direkt proportionalen Zusammenhängen 182
- bei indirekt proportionalen Zusammenhängen 183

Durchschnitt 102
dynamische Geometriesoftware 211

eindeutige Zuordnung 168, 194
Einheit 182, 183
Element 9, 168, 194
endlicher Dezimalbruch 43
Endziffernregel 11, 20
entgegengesetzte Zahlen 54

Figuren
- deckungsgleiche 130
- kongruente 130

Flächeninhalt 125, 130, 164
- von Dreiecken 155, 156, 164
- von Vielecken 221
- von Vierecken 209, 210

Fünfeck 220
ganze Zahlen
- darstellen 54
- ordnen 54, 55
- vergleichen 54, 55

gebrochene Zahlen 24, 30, 45, 48, 49, 64
- addieren 30
- Dichtheit 50
- multiplizieren 33, 34
- ordnen 26
- subtrahieren 30
- vergleichen 26

gegenüberliegende Winkel 86
gemeinsame Teiler 13, 29
gemeinsame Vielfache 13
GEOGEBRA 211
Geometrie 158
Geometrie-Software 82
- abhängige (verknüpfte) Objekte 83
- Gerade 82
- Punkte 82
- Winkel an Gerade antragen 84
- Winkel messen 84

geometrischer Beweis 158
Gerade 84, 86, 87, 124, 173
gerade Zahlen 8
ggT 14, 20
gleichschenkliges Dreieck 126, 155
gleichseitiges Dreieck 126, 155

Gleichungen 69, 78, 168, 194
Gleichungen lösen 70, 78
Größenangabe 182, 183
größter gemeinsamer Teiler 14, 20
Grundbereich 78
Grundseite 156
Hauptnenner 29
Haus der Vierecke 215
Höhe 145, 146, 156, 164, 204
Hundertstel 26
Hyperbel 176, 194
indirekt proportional 175, 194
indirekt proportionale Zuordnungen 175, 176, 183, 194
Inkreis eines Dreiecks 147, 148
Inkreismittelpunkt 164
Innenwinkel 127
Innenwinkelsatz
– für Dreiecke 143
– für Vierecke 202, 224
Innenwinkelsumme 164
Kehrwert 37
Kennwerte 107
– Maximum 107
– Median 107
– Minimum 107
– Spannweite 107
– von Daten 107, 114
kgV 14, 20
kleinstes gemeinsames Vielfaches 14, 20
Kommutativgesetz 45, 64
kongruent 164
kongruente Figuren 129, 130
Kongruenz 164
– von Dreiecken 140, 141
Kongruenzsätze 150, 152, 158, 164, 206
– sss 132
– SsW 138
– sws 134
– wsw 136
Konstruierbarkeit von Vierecken 206

konstruieren 93, 226
Konstruktionsbeschreibung 153, 207
Kontrolle 72, 78
Koordinatensystem 194

leere Menge 73
Lösen
– von Gleichungen 70, 78
– von Ungleichungen 72, 78
Lösung 70, 72, 78
Lösungsmenge 72, 73, 78

mathematischer Satz 88, 98
Maximum 114
Median 107, 114
Menge der gebrochenen Zahlen 24
Mengendiagramm 48
Minimum 114
Mittelsenkrechte 91, 98, 125, 145, 146, 147, 164
Mittelwert 102
Modalwert 108, 114
Multiplikation 45, 49
Multiplizieren 34, 46
– von Brüchen 33, 34, 64
– von Dezimalbrüchen 34

Nachkommastellen 43
natürliche Zahlen 48, 64
Nebenwinkel 86, 98
Nebenwinkelsatz 86
n-Eck 220
– regelmäßiges 220
negative Zahlen 54
Nenner 33

Parallele 87, 93
Parallelogramm 198, 209, 210, 214, 215, 224
Periode 43
periodische Dezimalbrüche 43, 64
Pfeildarstellung 168, 194
Planfigur 226
positive Zahlen 54
Potenzieren 46
Primfaktor 13, 20
Primfaktorzerlegung 13

Primzahl 8, 20
Probe 70
produktgleich 175
Proportionalitätsfaktor 171, 194
Punkt 80, 173, 176
Punktrechnung 46

Quadrat 198, 205, 215, 224
Quersumme 11
Quersummenregel 11, 20
quotientengleich 171, 194

Rechengesetze 45, 64
Rechenoperationen 49
Rechenregeln 45
Rechenzeichen 54
Rechteck 198, 205, 215, 224
rechtwinkliges Dreieck 127
regelmäßiges n-Eck 220
regelmäßiges Vieleck 220
Reziprokes 37
Rhombus (Raute) 198, 205, 209, 210, 214, 215, 224

Säulendiagramm 100, 114
Scheitelwinkel 86, 98
Scheitelwinkelsatz 86
Schnittpunkt 147, 164
Schnittpunkt von Winkelhalbierenden 164
Sechseck 220
Seite 138, 204
Seitenhalbierende 146, 164
Seitenlänge 132, 209
Seiten-Winkel-Beziehung 128, 164
Skizzieren 226
Spalten 186
Spannweite 107, 114
spitzwinkliges Dreieck 127
Strahl 80
Strecke 80
Streckenzug 199
Strichliste 100
Strichrechnung 46
Stufenwinkel 87, 88, 98
Stufenwinkelpaare 98
Stufenwinkelsatz 87
stumpfwinkliges Dreieck 127

Stichwortverzeichnis

Subtrahieren
- gebrochener Zahlen 30
- von Brüchen 64

Subtraktion 49
symmetrisch 54

Tabelle 114, 168, 194
Tabellenkalkulation 186
Teilbarkeitsregeln 11, 20
Teilbarkeit von Zahlen 8
Teiler 8, 20
- gemeinsamer 13
- größter gemeinsamer 14, 20

teilerfremd 20
Teilermenge 9, 20
Teilmenge gebrochener Zahlen 48, 64
Term 68, 78
Trapez 198, 205, 209, 210, 214, 215, 224

Überschlag 40, 41
Uhrzeigersinn 128
Umfang 164
- von Dreiecken 155, 164
- von Vierecken 209

Umkehroperationen 78, 183
Umkreis eines Dreiecks 147
Umkreismittelpunkt 164
unendliche nicht-periodische Dezimalbrüche 43
ungerade Zahlen 8
ungleichnamige Brüche
- addieren 29
- subtrahieren 29

Ungleichungen lösen 72, 78
unregelmäßiges Dreieck 126
Ursprung 173

Variable 68, 78
Variablengrundbereich 48, 68, 78
Vergleichen ganzer Zahlen 54, 55
Verknüpfungsgesetz 45
Vertauschungsgesetz 45
Verteilungsgesetz 46
Vieleck 220
- regelmäßiges 220

Vielfaches 8, 20
- kleinstes gemeinsames 14, 20

Viereck 198, 204, 209, 215, 220, 224
- allgemeines 204
- besonderes 205
- Flächeninhalt 210
- Innenwinkelsatz 202
- Umfang 209

Viereckskonstruktion 204, 206
Voraussetzung 88, 98, 143, 150, 158, 202
Vorrangregeln 46
Vorzeichen 54

wahre Aussage 70, 72, 78
Wechselwinkel 87, 98
Wechselwinkelpaare 98
Wechselwinkelsatz 87
Wert eines Terms 68
Winkel 81, 84, 92, 124, 128, 134, 136, 138, 204
- antragen 84
- gegenüberliegende 86
- messen 81
- Nebenwinkel 86
- zeichnen 81

Winkelarten 124
Winkelbeziehungen 79
Winkelhalbierende 91, 92, 98, 125, 145, 146, 147, 164
Winkelsätze 86, 98

Zahlen
- gebrochene 48, 49
- gerade 8
- natürliche 48
- negative 54
- positive 54
- Primzahlen 8
- ungerade 8

Zahlengerade 54, 55
Zahlenmenge 48
Zahlenstrahl 55, 72, 78
Zähler 33
Zehnerbruch 64
Zehnerpotenz 11
Zeichnen 226
Zelle 186
Zentralwert 107, 114
zueinander kongruent 130, 134, 136, 138, 164
Zuordnung 168, 194
- direkt proportionale 171
- eindeutige 168, 194
- indirekt proportionale 175

Zusammenhänge
- direkt proportionale 182
- indirekt proportionale 183

Bildnachweis

Einband: F1online | **5** Fotolia/SSilve (TVscreen); Fotolia/by-studio (Bilderwand) | **7** Fotolia/StockPhotosArt | **7** Fotolia/mrjpeg | **8** imago | **9** Fotolia/Eleonora Ivanova | **10** epd-bild/Andreas Fischer | **11** Fotolia/Ivonne Wierink | **12** Fotostudio Pfluegl | **13** Fotolia/Jacek Chabraszewski | **16** Liechtensteinische PostAG | **18** Fotolia/Ro | **19** Fotolia/styleuneed | **21** Fotolia/mediagram | **25** Fotolia/science photo | **26** Fotolia/Dreaming Andy (Schatzkiste), Fotolia/electriceye (Krone) | **27** Fotolia/Eleonora Ivanova o.; **27** fotolia/matthias21 u. | **28** Fotolia/kraska o.; Fotolia/karandaev u. | **29** Fotolia/macrovector l.; Fotolia/iricat r. | **31** Fotolia/mouse_md | **32** Fotolia/Kara (Marathonlauf), Fotolia/koya979 (Stoppuhr) | **35** Fotolia/Fotosasch o.; Fotolia/antimartina u. | **37** Fotolia/richterfoto | **38** Fotolia/Eleonora Ivanova | **39** Fotolia/Eleonora Ivanova | **40** Fotolia/Taffi | **42** Fotolia/Taffi | **43** Fotolia/Africa Studio o.; Fotolia/THesIMPLIFY M. | **47** Fotolia/graphlight | **48** Fotolia/Onidji | **49** Fotolia/Alexander Limbach | **51** Fotolia/Felix Pergande | **52** Fotolia/Taffi M. | **53** Fotolia/Onidji | **54** Deutsches Museum | **56** Fotolia/Matthew Cole | **59** Fotolia/Lili-Graphie | **61** Fotolia/guy o.; Fotolia/Africa Studio M. | **61** Fotolia/amitiel u. hinten; Fotolia/playstuff u. vorn | **63** Fotolia/grafikplusfoto o.; Fotolia/Gerhard Seybert M. | **64** Fotolia/Freesurf | **74** Fotolia/djama | **75** Fotolia/Finist o.; Fotolia/ajdebre u. | **76** Fotolia/markus_marb | **79** Fotolia/belleepok | **80** Fotolia/pureshot | **93** PantherMedia/Pius Lee | **99** Fotolia/David Steele | **102** Fotolia/contrastwerkstatt o. | **104** Fotolia/jörn buchheim | **106** Fotolia/Sabine Naumann o.; Fotolia/jazavac l. | **107** Fotolia/mmmg | **111** Fotolia/Neyro | **112** Fotolia/ibphoto | **115** Fotolia/industrieblick | **116** Fotolia/Octus | **117** Fotolia/autofocus67 | **119** Fotolia/W. Heiber Fotostudio | **120** Fotolia/nickylarson974 l.; Fotolia/Abundzu r. | **121** ullstein bild/The Granger Collection | **122** Fotolia/beermedia.de o.; Fotolia/SerrNovik u. | **123** Fotolia/Mauro Dalla Pozza | **128** Fotolia/Fotowerk | **132** Fotolia/iuneWind | **133** Fotolia/PattySia | **137** Fotolia/kelttt | **143** Maya Brandl, Berlin | **150** Fotolia/diego1012 | **152** Fotolia/Xuejun li | **157** Cornelsen Schulverlage GmbH/Red. Geografie | **161** Fotolia/fusolino o. r. | **164** Fotolia/Ingo Bartussek | **166** Fotolia/Quade | **167** Fotolia/Artur Synenko | **168** Fotolia/Elmar Gubisch | **169** Fotolia/Jérôme SALORT | **170** Fotolia/Marco2811 o. r.; Fotolia/Eleonora Ivanova u. l. | **171** Fotolia/trotzolga | **172** Fotolia/M. Schuppich | **173** Fotolia/ZIQUIU | **174** Fotolia/mouse_md | **175** Fotolia/stefan1179 | **177** Fotolia/kraska o. r.; Fotolia/Andreas Gradin u. | **178** Fotolia/fraismediao.; Fotolia/Teteline M. | **178** REUTERS/Eliseo Fernandez u. | **179** Fotolia/Daniel Ernst | **180** Fotolia/K.-U. Häßler | **181** Fotolia/JiSign | **182** Fotolia/Africa Studio | **183** Fotolia/Jag_cz | **184** Fotolia/Mopic o.; Fotolia/fotomek u. | **185** Fotolia/Lorena Nasi o.; Fotolia/Stauke u. | **186** Fotolia/Paulus Rusyanto | **189** Fotolia/michelaubryphoto o.; Fotolia/Uwe Landgraf M. | **190** Fotolia/Zebra-Arts o. r.; Fotolia/rdnzl M. l.; Fotolia/sudok1 M. | **191** Fotolia/He2 | **192** Fotolia/ulien tromeur o. r.; Fotolia/Visual Concepts l. | **195** Fotolia/Max Krasnov | **198** Fotolia/Xuejun li | **199** Fotolia/Flo-Bo | **201** Fotolia/scusi | **208** Fotolia/bahram7 | **218** Fotolia/GeniusMinus | **220** Fotolia/Smileus | **222** Fotolia/bahram7 | **225** Fotolia/Grafvision | **226** Fotolia/robodread(Blase), Artenauta(Gesicht) o. l.; Fotolia/electriceye o. r. | **227** Fotolia/jessiketta | **230** Fotolia/VRD | **231** Fotolia/Ben | **232** Fotolia/pupes1 o.; Fotolia/Jiripravda M. o.; Fotolia/blumer1979, Fotolia/alphaspirit M. u. | **232** Fotolia/Sergey Karpov | **233** Fotolia/djama | **234** Fotolia/Schlierner o.; Fotolia/Maurizio Pittiglio u. | **237** Fotolia/everythingpossible